国家出版基金资助项目

Projects Supported by the National Publishing Fund

国家出版基金项目
NATIONAL PUBLICATION FOUNDATION

钢铁工业协同创新关键共性技术丛书

主编 王国栋

中厚板轧制过程精细化
智能化控制技术研究与应用

Research and Application of Fine and Intelligent
Control Technology in Plate Rolling Process

王 君 何纯玉 矫志杰

赵 忠 吴志强 徐建忠 著

（彩图资源）

U0342384

北 京

冶 金 工 业 出 版 社

2021

内 容 提 要

本书系统介绍中厚板轧制过程中的轧件温度、厚度、板凸度和平直度、平面矩形度、侧弯、头部翘曲、变厚度等指标的精细化智能化控制新技术研究与应用，主要包括基于生产大数据的轧区自动化系统、轧件厚度和温度的高精度控制方法、嵌入中厚板轧制过程控制系统中的多智能体系统、各参数影响率计算数学模型、中厚板平面形状控制的智能感知和智能优化控制系统、侧弯反馈控制模型及控制、变厚度轧制工艺模型、翘扣头的控制、最新智能技术在中厚板轧制控制中应用等。

本书可供从事中厚板生产和控制的科研技术人员阅读，也可供相关专业的大专院校师生参考。

图书在版编目（CIP）数据

中厚板轧制过程精细化智能化控制技术研究与应用/王君等著.—北京：冶金工业出版社，2021.5

（钢铁工业协同创新关键共性技术丛书）

ISBN 978-7-5024-8988-5

Ⅰ.①中… Ⅱ.①王… Ⅲ.①厚板轧制—智能控制—研究 Ⅳ.①TG335.5-39

中国版本图书馆 CIP 数据核字（2021）第 236025 号

中厚板轧制过程精细化智能化控制技术研究与应用

出版发行	冶金工业出版社	电　　话	（010）64027926
地　　址	北京市东城区嵩祝院北巷 39 号	邮　　编	100009
网　　址	www.mip1953.com	电子信箱	service@ mip1953.com

责任编辑　卢　敏　美术编辑　彭子赫　版式设计　禹　蕊
责任校对　石　静　责任印制　李玉山
北京捷迅佳彩印刷有限公司印刷
2021 年 5 月第 1 版，2021 年 5 月第 1 次印刷
710mm×1000mm　1/16；29 印张；564 千字；444 页

定价 129.00 元

投稿电话　（010）64027932　投稿信箱　tougao@cnmip.com.cn
营销中心电话　（010）64044283
冶金工业出版社天猫旗舰店　yjgycbs.tmall.com
（本书如有印装质量问题，本社营销中心负责退换）

《钢铁工业协同创新关键共性技术丛书》
总　　序

　　钢铁工业作为重要的原材料工业，担任着"供给侧"的重要任务。钢铁工业努力以最低的资源、能源消耗，以最低的环境、生态负荷，以最高的效率和劳动生产率向社会提供足够数量且质量优良的高性能钢铁产品，满足社会发展、国家安全、人民生活的需求。

　　改革开放初期，我国钢铁工业处于跟跑阶段，主要依赖于从国外引进产线和技术。经过40多年的改革、创新与发展，我国已经具有10多亿吨的产钢能力，产量超过世界钢产量的一半，钢铁工业发展迅速。我国钢铁工业技术水平不断提高，在激烈的国际竞争中，目前处于"跟跑、并跑、领跑"三跑并行的局面。但是，我国钢铁工业技术发展当前仍然面临以下四大问题。一是钢铁生产资源、能源消耗巨大，污染物排放严重，环境不堪重负，迫切需要实现工艺绿色化。二是生产装备的稳定性、均匀性、一致性差，生产效率低。实现装备智能化，达到信息深度感知、协调精准控制、智能优化决策、自主学习提升，是钢铁行业迫在眉睫的任务。三是产品质量不够高，产品结构失衡，高性能产品、自主创新产品供给能力不足，产品优质化需求强烈。四是我国钢铁行业供给侧发展质量不够高，服务不到位。必须以提高发展质量和效益为中心，以支撑供给侧结构性改革为主线，把提高供给体系质量作为主攻方向，建设服务型钢铁行业，实现供给服务化。

　　我国钢铁工业在经历了快速发展后，近年来，进入了调整结构、转型发展的阶段。钢铁企业必须转变发展方式、优化经济结构、转换增长动力，坚持质量第一、效益优先，以供给侧结构性改革为主线，推动经济发展质量变革、效率变革、动力变革，提高全要素生产率，使中国钢铁工业成为"工艺绿色化、装备智能化、产品高质化、供给服务化"的全球领跑者，将中国钢铁建设成世界领先的钢铁工业集群。

2014年10月，以东北大学和北京科技大学两所冶金特色高校为核心，联合企业、研究院所、其他高等院校共同组建的钢铁共性技术协同创新中心通过教育部、财政部认定，正式开始运行。

自2014年10月通过国家认定至2018年年底，钢铁共性技术协同创新中心运行4年。工艺与装备研发平台围绕钢铁行业关键共性工艺与装备技术，根据平台顶层设计总体发展思路，以及各研究方向拟定的任务和指标，通过产学研深度融合和协同创新，在采矿与选矿、冶炼、热轧、短流程、冷轧、信息化智能化等六个研究方向上，开发出了新一代钢包底喷粉精炼工艺与装备技术、高品质连铸坯生产工艺与装备技术、炼铸轧一体化组织性能控制、极限规格热轧板带钢产品热处理工艺与装备、薄板坯无头/半无头轧制+无酸洗涂镀工艺技术、薄带连铸制备高性能硅钢的成套工艺技术与装备、高精度板形平直度与边部减薄控制技术与装备、先进退火和涂镀技术与装备、复杂难选铁矿预富集-悬浮焙烧-磁选（PSRM）新技术、超级铁精矿与洁净钢基料短流程绿色制备、长型材智能制造、扁平材智能制造等钢铁行业急需的关键共性技术。这些关键共性技术中的绝大部分属于我国科技工作者的原创技术，有落实的企业和产线，并已经在我国的钢铁企业得到了成功的推广和应用，促进了我国钢铁行业的绿色转型发展，多数技术整体达到了国际领先水平，为我国钢铁行业从"跟跑"到"领跑"的角色转换，实现"工艺绿色化、装备智能化、产品高质化、供给服务化"的奋斗目标，做出了重要贡献。

习近平总书记在2014年两院院士大会上的讲话中指出，"要加强统筹协调，大力开展协同创新，集中力量办大事，形成推进自主创新的强大合力"。回顾2年多的凝炼、申报和4年多艰苦奋战的研究、开发历程，我们正是在这一思想的指导下开展的工作。钢铁企业领导、工人对我国原创技术的期盼，冲击着我们的心灵，激励我们把协同创新的成果整理出来，推广出去，让它们成为广大钢铁企业技术人员手中攻坚克难、夺取新胜利的锐利武器。于是，我们萌生了撰写一部系列丛书的愿望。这套系列丛书将基于钢铁共性技术协同创新中心系列创新成果，以全流程、绿色化工艺、装备与工程化、产业化为主线，结合钢铁工业生产线上实际运行的工程项目和生产的优质钢材实例，系统汇集产学研协同创新基础与应用基础研究进展和关键共性技术、前沿引领技术、现代工程技术创新，为企业技术改造、转型升级、高质量发展、规划未来发展蓝图提供参考。这一想法得到了企业广大同仁的积极响应，全力支持及密切配合。冶金工业出版社的领导和编辑同志特地来到学校，热心指导，提出建议，商量出版等具体事宜。

国家的需求和钢铁工业的期望牵动我们的心，鼓舞我们努力前行；行业同仁、出版社领导和编辑的支持与指导给了我们强大的信心。协同创新中心的各位首席和学术骨干及我们在企业和科研单位里的亲密战友立即行动起来，挥毫泼墨，大展宏图。我们相信，通过产学研各方和出版社同志的共同努力，我们会向钢铁界的同仁们、正在成长的学生们奉献出一套有表、有里、有分量、有影响的系列丛书，作为我们向广大企业同仁鼎力支持的回报。同时，在新中国成立 70 周年之际，向我们伟大祖国 70 岁生日献上用辛勤、汗水、创新、赤子之心铸就的一份礼物。

中国工程院院士

2019 年 7 月

前　言

　　中厚板是重要的钢材品种，大约占钢材总产量的10%左右。中厚板产品广泛应用于基础设施建设、造船、工程机械、容器、能源、建筑等众多领域，在国民经济建设中占有重要的地位。自改革开放，特别是进入21世纪以来，我国的中厚板产业得到了飞跃发展，目前已投产和在建的中厚板轧机约76套，全部建成后我国将具备近1亿吨中厚板生产能力。

　　我国通过自主创新以及对引进先进技术的消化吸收再创新，建设了具有自主知识产权的3500mm中厚板轧机，开发的高刚度轧机、自动化控制系统、控制冷却系统等具有鲜明的特色和优良的性能，开创了我国自主研发大型中厚板轧机的先河。我国新近建设的一批中厚板轧机，集成了世界上一大批先进的中厚板生产技术和装备，同时采用了我国自主创新的关键技术和共性技术，使得我国的中厚板生产技术和装备达到了国际先进水平。主轧机实现了强力化和高刚度，采用了厚度自动控制、板形控制、平面形状控制、自动轧钢等先进、实用的计算机控制技术。自主开发了具有世界先进水平的新一代控制冷却系统，实现了TMCP技术的创新发展。开发了经济建设亟需的高级别中厚板产品，自主开发了中厚板组织性能预测预报技术。可以说我国已经跻身于世界中厚板强国之列。现在，以智能化为手段，以绿色化为目标的新一代中厚板生产新技术的研究与应用，已经成为中厚板研究者和生产者的共识。

　　本书共分11章。第1章从中厚板轧制控制的特点和核心技术指标出发，沿着精细化、智能化的技术发展路径，总体介绍了中厚板轧制控制新技术进展。第2章针对中厚板轧区自动化系统，基于生产大数据平台，连接生产过程数据孤岛，将更多的智能化模型、算法投入到轧制生产过程中，解决生产过程中面临的实际难题。第3章在轧机电液位置控制系统、相对和绝对值AGC等厚度控制技术基础上，采用基于道次间加工历程多维信息的轧件头尾非稳定段厚度精细控制算法，实现轧件厚度的高精度控制。第4章基于经典传热学理论和有限差分计算方法，对中厚板轧制的温度变化历程进行精确预测，作为中厚板轧制工艺控制的基础。第5章针对高精度智能化中厚板厚度控制系统展开研究工作，将所建立的多智能体系统嵌入中厚板轧制过程控制系统中，并成功应用于多条生产线，取得了良好使用效果。第6章根据轧辊弹性变形理论，系统地分析了各种工艺及设备参数对中厚板出口凸度的影响规律；建立了高精度的基本中心板凸度、支撑辊直径影响率、工作辊直径影响率、单位宽度轧制力影响率、工作辊弯辊力影响率、工作辊凸度影响率、带钢入口凸度影响率和负荷分布影响率计算数学模型；为高精度板形控制系统模型的建立及参数优化提供了通用解析工具。第7章建立多维变尺度平面形状控制设定模型，配合以机器视觉+大数据的智能优化技术，建立中厚板平面形状控制的智能感知和智能优化控制系统。研究成果自稳定投入中厚板生产实践以来，成材率提高1%以上，累计新增经济效益1亿元以上，取得了显著的经济效益和良好的社会效益。

第8~10章针对中厚板轧制过程的侧弯、翘扣头等工艺问题以及变厚度轧制等新技术开展研究。第8章建立侧弯运动方程和横向不对称辊系弹性变形方程，分析各种不对称因素对侧弯的影响规律；建立侧弯反馈控制模型及控制策略，总结中厚板侧弯诊断策略及其应用。第9章提出采用变厚度轧制技术提高中厚板轧制道次压下率，改善芯部性能的技术思路，建立变厚度轧制工艺模型，采用数值模拟方法研究变厚度轧制工艺过程，开展变厚板轧制的工程应用研究工作。第10章采用数值模拟方法分析轧件头部弯曲产生原因和影响因素，提出了中厚板头部翘扣头判定依据，并提出了翘扣头合理有效的控制措施，现场应用效果显著。第 11 章介绍了最新智能技术在中厚板轧制控制中应用，将机器视觉技术应用于轧件头尾位置跟踪、平面形状、侧弯和翘扣头等检测；建立轧制过程的大数据平台；基于大数据分析技术进行过程模型智能优化和生产过程故障诊断和质量分析。

本书结合东北大学轧制技术及连轧自动化国家重点实验室多年来在中厚板轧制控制技术方面的研究成果与工程应用业绩，针对中厚板轧制控制中的轧件温度、厚度、板凸度和平直度等产品控制指标，平面形状、侧弯、翘扣头等关键轧制工艺控制问题，以及自动化控制系统、水平定位和精细跟踪控制等关键控制技术，进行了系统的梳理和总结，为进一步以"信息深度感知、精准协调控制、智能优化决策"的智能化为手段，以"高精度成型、高性能成性、减量化成分设计、减排放清洁工艺"的绿色化为目标，为研究与开发新一代的智能化绿色化中厚板轧制控制系统，总结经验、聚焦问题和开拓发展奠定坚实的基础。

作　者

2020 年 10 月

目　录

1　中厚板高精度轧制控制新技术进展

钢铁工业是一个国家国民经济的基础，钢铁的产量和质量是一个国家工业水平的重要体现。中厚板是重要的钢材品种，其生产水平是反映一个国家钢铁工业水平的重要标志。中厚板轧制过程具有结构复杂、强耦合、非线性等特点，因此开发高精度中厚板轧制控制新技术，提高中厚板成材率和产品质量也成为行业内一直关注的重点问题。

1.1　轧区自动化

现代冶金工业中的轧制自动化是一个典型的多学科综合融合技术，从基本的执行元器件到一体化管控平台，涉及多个学科的交叉。轧制过程的高精度成型和成性，离不开现代化的自动控制技术和信息技术，轧制过程控制的核心内容，例如轧制过程变形规律的描述、轧制过程数学模型的建立与应用、控制轧制和控制冷却规程的制定等轧制过程的重要内容都是与自动化技术紧密相连，依靠自动化技术来实现的。

目前，轧钢自动化系统基本配备了基础自动化系统、过程自动化系统、以生产管控为核心的制造执行系统以及以信息和管理技术为核心的企业信息化系统，各级之间由高速通信网络连接，构成一个按功能和区域划分的分布式控制系统，在此基础上实现了从基础自动化的逻辑和顺序控制、过程控制系统对工艺的设定与优化、数据平台对通讯与数据处理的支撑以及人机界面系统的交互操作。从硬件、软件和数学模型的配置方面来说，我国轧钢自动化已经处于世界领先水平，如何利用这些高水平的设备，提高生产效率、降低成本、增加效益、生产出高质量的产品，是我们长期需要解决的现实问题。基于生产大数据平台，连接生产过程数据孤岛，将更多的智能化模型、算法投入到轧制生产过程中，解决生产过程中面临的实际难题。

1.2　纵向精细化跟踪与高精度控制技术

中厚板 GM-AGC 模型是以厚度计模型为基础，在控制中实测出轧制力和辊缝信号，实时计算出轧件出口厚度，与目标厚度对比，不断改变辊缝值使出口厚度尽可能接近目标厚度。由于中厚板轧制具有坯料短、道次变化频繁、温度不均匀、咬钢冲击大、扭振大以及产品品种、规格多等特点，这些因素影响了产品厚度的高精度控制，使得传统的基于反馈控制的 GM-AGC 模型的控制精度难以进一步提升。

利用中厚板可逆轧制的特点，对整个轧制过程中轧件的加工历程信息进行跟踪，在厚度方向上建立高精度预测模型，实时跟踪轧制过程中坯料的厚度变化，在控制器中开辟存储区存储上道次与轧件轧制长度对应的厚度信息，开发多点平滑设定模型，利用之前道次轧制的已知信息对后续道次进行智能化修正；在传统的绝对 AGC 控制模型基础上，特别针对厚度头尾、水印等厚度急剧变化区域进行自适应厚度前馈控制，减少非稳定段的厚度偏差。基于多维信息的厚度控制方法能够解决轧件在小范围内厚度急剧变化所导致的厚差难以控制的难题，对于成品的成材率的进一步提高具有实际意义。

1.3　轧件温度高精度预测与控制技术

温度作为中厚板生产最重要的工艺参数，不仅影响轧制过程轧件尺寸形状精度控制，还是决定中厚板产品的组织性能和表面质量的最重要影响因素，因此在中厚板轧制过程控制技术中，轧件温度的精确预测和控制具有非常重要的地位。随着中厚板轧制过程温度控制工艺和设备的发展，对温度预测和控制技术提出了更高的要求，产品工艺性能的发展也要求更窄的工艺窗口，即更小的温度可调范围，这也意味着必须有更高的温度控制精度。

为满足近机架喷水急冷差温轧制条件下的轧件温度场计算精度要求，在进行厚度方向一维有限差分网格划分时进行变尺寸处理。将钢板沿厚度方向从表面到心部，以厚度对数值相等，厚度真实值呈指数分布的方式进行网格划分，形成表面网格较细密、心部网格较宽泛的分布形式，从而在保证计算效率的同时，提高轧件温度场计算精度。

借助现场在不同工艺位置安装的测温仪，基于软测量和推理控制原理，实现全线轧件温度的精确检测反馈。利用精确的温度检测反馈对温度预测模型进行在线自学习。通过对不同工艺条件下换热系数的自学习修正，优化各阶段换热系数计算模型，提高温度场计算精度。

基于精确的轧件温度计算模型，构建在线轧件的温度监控进程。对生产线上同时存在的多块不同尺寸、不同位置和不同边界条件的轧件，进行温度的实时监控。通过定时触发和事件调用不同方式，实现轧件从出炉到轧制结束整个工艺过程的温度精确计算。

1.4　智能化高精度工艺设定技术

过程自动化控制系统和基础自动化系统是构成中厚板厚度控制系统最重要的

组成部分，轧制过程工艺的设定就是通过过程自动化控制系统实现的。工艺设定的精度直接影响产品的质量，特别是厚度精度。传统的工艺设定过程借助数学模型来实现。由于模型本身结构的限制，而且中厚板轧制过程还具有结构复杂、强耦合、非线性等特点，即使采用了自适应技术，也难以提供足够精确的近似值。

随着科技的发展，智能优化技术逐渐成为工业过程控制研究的热点。以数学模型 1 为基础的智能优化技术也被逐渐应用在中厚板轧制过程的工艺设定中，成为提高工艺设定精度的有效手段之一。

多智能体系统作为分布式人工智能研究的一个重要分支，其自身具有的特性显然可以很好地用于解决智能体之间的协作协调问题。可以说，由分布自主到协作协调，再到多智能体系统，是技术发展的逻辑必然。采用多智能体技术，将各种控制方法及数学模型、模糊系统、神经网络等进行集成，发挥它们的长处，同时避免冲突和负面作用，从而达到轧制的分布式智能控制，实现整个生产过程的高度自动化和智能化。

将东北大学轧制技术及连轧自动化国家重点实验室建立的多智能体系统嵌入中厚板轧制过程控制系统中，并成功应用于多条中厚板生产线的生产实际控制，取得了良好应用效果。

1.5　板凸度与平直度控制新技术

板形是评价带钢产品质量的重要指标之一。轧制过程中带材板形受入口凸度、轧制力、弯辊力、轧制速度等诸多因素的影响，并且具有较强的非线性。通过对轧辊弹性变形进行深入系统的分析，准确地模拟出一定工艺条件下的轧件轧后断面分布，研究了带钢凸度随各种影响因素的变化规律，为板形控制系统模型的建立和参数优化提供了理论依据，具有重要的理论意义和实际应用价值。

结合宝钢 2050mm 热轧厂生产实际，根据轧辊弹性变形理论，系统地分析了压下量、支撑辊直径、工作辊直径、单位宽度轧制力、工作辊弯辊力、工作辊凸度、带钢入口凸度和负荷分布变化对带钢出口凸度的影响规律；建立了高精度的基本中心板凸度、支撑辊直径影响率、工作辊直径影响率、单位宽度轧制力影响率、工作辊弯辊力影响率、工作辊凸度影响率、带钢入口凸度影响率和负荷分布影响率计算数学模型；为高精度板形控制系统模型的建立及参数优化提供了通用解析工具。

1.6　平面形状控制新技术

我们以近年承担的国内中厚板平面形状控制和自动化系统开发项目为背景，结合多年来承担的国内十余条中厚板生产线自动化控制系统开发调试的经验，针对中厚板平面形状控制技术开展了以下工作。

（1）高精度的平面形状控制设定模型及轧件长度的精准计算。研究可控点二维变尺度设定模型，提出采用复合高斯曲线形式进行中厚板平面形状控制方法；针对辊缝随载荷和生产过程不断变化的实际情况，建立考虑带载辊缝状态的复合高斯曲线设定模型；研究前滑和打滑现象对长度的影响，建立精确的长度计算模型；为实现多点平面形状控制策略提供行之有效的手段。

（2）平面形状控制效果的反馈方法和轧件尺寸的计算。提出中厚板平面形状机器视觉检测系统的实施方案；研究视觉图像处理及轧件形状的辨识技术；开发基于机器视觉的平面形状智能感知系统；实现平面形状的即时、数字化、定量化的反馈，为实现中厚板平面形状的智能控制开辟一条新途径。

（3）平面形状控制的智能优化技术。研究基于机器视觉反馈数据的平面形状控制设定和精细跟踪的智能优化技术；构建适用于现场实际的平面形状数据采集与存储数据平台；采用极限学习机算法，在数据的基础上通过对比 BP 神经网络、隐层节点数量和输入节点内容，确定适用于现场实际的极限学习机与传统模型的结合方式和结构，实现平面形状的智能优化。

1.7　中厚板侧弯控制新技术

我们以近年承担的国内某 4300mm 中厚板生产线板形板厚以及生产工艺技术优化项目为背景，结合多年来承担的国内十余条中厚板生产线自动化控制系统开发调试的经验，针对中厚板轧制过程中的侧弯问题，建立了轧件入出口侧弯运动方程；完善了横向不对称辊系弹性模型；采用影响函数法研究和分析各种因素对轧件侧弯的影响规律，特别是轧件入口和出口侧弯的耦合关系；建立了适于各种因素的统一的侧弯反馈控制模型；提出了一套侧弯故障诊断策略，取得了以下创新性研究成果。

（1）中厚板轧件入口和出口侧弯运动方程的建立。深入分析了中厚板轧制过程中侧弯产生的机理，运用刚体平面运动基本理论，建立了轧件入口和出口侧弯运动方程；进而根据不对称轧制过程轧件体积流量增量方程获得了轧件入出口侧弯曲率和轧件入出口楔形率差的关系；通过严密的理论推导，指出了中岛侧弯模型存在的问题。

（2）横向不对称四辊轧机辊系弹性模型研究。采用影响函数法对横向不对称轧制状态下轧机的受力及变形规律进行研究，建立了工作辊及支撑辊刚性倾斜模型，改进了轧件及辊间变形协调方程；通过调整工作辊刚性倾斜系数，解决了工作辊力矩平衡的问题；建立了完善的横向不对称辊系弹性变形模型，为研究各种工艺参数对中厚板侧弯的影响规律奠定基础。

（3）轧件入口和出口侧弯的耦合关系研究。基于轧件侧弯运动方程及横向不对称辊系弹性模型，开发了中厚板侧弯研究分析应用软件；深入系统地研究了入口轧件楔形、轧件温度不对称、轧件跑偏、轧机两侧刚度不相等以及轧机辊缝倾斜等影响因素下入口和出口轧件侧弯规律，特别是轧件入口偏转对出口侧弯的影响规律。

（4）中厚板侧弯反馈控制模型和控制策略研究。在轧辊刚性假设的条件下，根据单位宽度轧制力分布方程及力矩平衡方程，结合轧件塑性变形方程和轧机弹性变形方程，针对入口轧件楔形、轧件温度不对称、轧件跑偏、轧机两侧刚度不相等以及轧机辊缝倾斜5种因素，建立了适于各种影响因素的统一的出口轧件侧弯及其反馈控制数学模型；采用该模型建立的侧弯反馈控制系统具有无滞后特性，为侧弯反馈控制奠定了理论基础。

（5）中厚板侧弯诊断策略的研究与应用。通过对各种因素所造成的侧弯的具体特征进行分析，提出了切实可行的中厚板侧弯诊断策略；针对现场宽薄规格中厚板侧弯严重难以生产的问题，通过分析和诊断，采取针对性措施，侧弯控制效果良好。

1.8 变厚度轧制新技术

为克服厚规格钢板内部组织疏松、晶粒粗大和偏析等问题，保证产品内在质量，可以采用增大单道次压下量的方式。但单道次压下量的增加受到设备能力条件的限制，尤其是中厚板咬钢瞬间，轧机受到较大冲击，轧制力与轧制力矩会急剧上升到峰值，如果咬钢瞬间轧制扭矩超限将会危及设备安全，这也是影响道次压下量增加的很重要因素。因此，为了挖掘设备潜能，提高产品性能，在不改变现有轧制设备的前提下，采用变厚度轧制方法进行中厚板生产，克服上述限制条件并增加单道次压下量。

变厚度轧制新技术以两道次为一组：第一道次以较小的压下量咬入，稳定轧制后带载压下进行变厚度轧制，轧制完成后轧件为头厚尾薄的楔形板；第二道次反向轧制，以较薄的尾端咬入，稳定轧制后以压下量逐渐增大的方式进行变厚度轧制，轧制完成后轧件为头尾厚度一致的平板。两道次轧制头部压下量都较小，避开咬钢冲击峰值，并通过逐渐加大压下量，提高单道次压下量。

变厚度轧制新技术首先对板带轧制过程中动态调节辊缝进行变厚度轧制的工艺技术进行了综述，介绍了中厚板平面形状控制、LP板生产，以及冷轧TRB板等采用变厚度轧制的工艺技术。随后，对两道次一组减小头部冲击增大道次压下量的变厚度轧制新技术的研究工作进行系统介绍。

首先对变厚度轧制过程进行了有限元数值模拟，对比分析了常规轧制和变厚度条件下轧制力变化和轧件变形规律。模拟结果表明，通过变厚度轧制可以减少头部的咬钢冲击，提高单道次压下量。钢板厚度方向上的变形增大，促使变形渗透到钢板心部，增大轧制过程中心部累积变形量，从而达到细化心部晶粒，改善轧后厚向变形均匀性的目的。模拟研究了变厚度轧制过程中纵向和横向的金属流动规律，并系统研究了轧件厚度、压下率、轧制速度、接触摩擦、轧辊直径等工艺条件对变厚度轧制变形均匀性的影响规律。

为了实现变厚度轧制的在线控制，根据变厚度轧制过程趋薄道次出口厚度不断变化以及趋平道次入口厚度不断变化的特点，基于几何学和力学基本理论，建立与常规轧制过程不同的变厚度轧制工艺参数模型，获得变厚度轧制的咬入角、变形区长度、中性角、前滑等主要工艺参数以及厚宽长等尺寸参数计算模型。

进行变厚度轧制的应用研究，介绍实现中厚板变厚度轧制新技术的机械设备、检测仪表和自动化系统的配备情况。通过多点动态压下设定、轧制过程钢板微跟踪、钢板长度预测与自学习技术的研发，实现轧制过程水平轧制速度和垂直压下速度的协调匹配控制。现场与常规轧制工艺进行对比实验，变厚度轧制可以提高单道次压下量，对于改善中厚板厚度变形的均匀性和金相组织具有积极的意义。

1.9　翘扣头控制新技术

中厚板是重要的钢材品种，广泛应用于国民经济建设的各个领域中，随着现代工业的迅速发展，提高中厚板成材率和产品质量也成为行业内关注的重点问题。在中厚板轧制过程中，轧件头部弯曲问题普遍存在，头部弯曲程度过大会造成板材的切割浪费，降低中厚板成材率，影响产品质量，造成一系列不良影响。

根据中厚板轧制实际生产情况，建立有限元模型。针对影响轧件头部弯曲的三个重要因素：轧件初始板厚、压下率和轧制线高度进行研究，分析各因素对中厚板轧制头部弯曲的影响规律，并给出了可以有效预测轧件头部弯曲现象的研究思路和方法。

（1）根据实际生产情况，针对影响轧件头部弯曲的三个重要因素：轧件初始板厚、压下率和轧制线高度，制定模拟方案，设定参数，利用 DEFORM 数值模拟软件建立中厚板轧制二维有限元模型，研究不同轧制条件下的头部弯曲规律。

（2）通过分析轧件头部弯曲状态，拟合轧件头部弯曲曲线，计算轧件头部弯曲曲率值，从而探究各单一因素和两因素耦合条件下对轧件头部弯曲曲率的影响规律；分析轧件厚度方向上的等效应变分布情况，从而进一步验证各影响因素对轧件头部弯曲变形的影响，为轧件头部弯曲规律提供理论支撑。

（3）基于有限元模拟所得结果数据，利用 MATLAB 自适应神经网络模糊推理系统，将三个影响因素作为输入变量，轧件头部弯曲曲率作为输出变量进行数据训练，得到输入输出变量间的映射关系，建立自适应模糊神经网络结构，并进行准确性验证，从而最终实现对轧件头部弯曲的预测。

1.10 中厚板轧区智能化控制技术

先进轧制技术由自动化向智能化升级已经越来越被各钢铁企业所重视。因此，探索和研究人工智能与机器学习在中厚板轧制过程中的应用，成为未来中厚板轧制控制技术研究的重心。

机器视觉技术是人工智能正在快速发展的一个分支，首先围绕机器视觉技术在中厚板轧区的几个应用展开讨论，其中主要涉及了板坯的翘曲检测、板坯的头尾形状检测、板坯转钢的角度检测、板坯在轧线上的位置检测。

（1）中厚板板坯在轧制过程中头部翘曲和头尾形状检测。传统检测手段都采用人工测量+人工输入，这就产生了测量严重滞后和反馈数值具有很强随意性的问题。板坯的平面形状控制和头部翘曲直接关系到产品的质量与成材率。因此，采用基于机器视觉的检测方法，直接将检测设备安装在轧制现场，在线检测的同时也最大限度避免了人为因素造成的误差，对于产品质量的提高有着相当重要的现实意义。

（2）国内中厚板轧机的自动化程度相对较高，自动转钢控制成为实现全自动轧钢的唯一瓶颈；特别是中厚板轧制产线集控趋势下，实现自动转钢控制具有现实意义。要实现转钢自动控制，首先就要实时检测板坯转动的角度，而采用机器视觉是一个很好的技术方案。

（3）热轧板坯在轧线上的位置检测。待温轧制是中厚板厂提高生产效率的常用方法，板坯在辊道上的位置跟踪是待温控制的前提。采用机器视觉的方法对轧线板坯位置进行识别，既可以减少轧线位置检测仪表的数量，也可以安装在远离轧线、环境较好的位置。

数据也是一种资源，而且是一种极其重要的资源。在智能化趋势下如何构建适应于中厚板轧钢生产线大数据平台是具有十分重要意义的课题，从大数据平台的通讯结构、工业数据的采集以及海量数据库的管理三个方面进行讨论。其中重点是数据采集方案的设计。首先，根据中厚板厂生产系统的控制层级的划分，设计了从 L0 设备级、L1 基础自动化级、L2 过程自动化级以及其他数据的层级采集方案。其次，依据钢铁企业生产具有流程化、成块化的特点，同时轧钢生产又具有连续化、过程化的特点，采用了边缘云方案，设计边缘计算管理平台，将数据平台+边缘计算结合，既适应过程化大生产的现场控制，又适应流程化体系整体协调。最后，无线数据采集。中厚板厂作为流程工业、过程控制的典型代表，生产现场设计了大量的检测仪表，而且现场环境恶劣，显然这些仪表的布线和维护的工作量是巨大的。无线通信是有线通信系统的一种发展和重要补充，特别在 5G 通信不断推广的今天，工业控制网络的趋势将是有线和无线相结合的发展方向。结合中厚板厂的特点，尝试设计了中厚板轧区有线、无线网络数据传输架构。

2 轧区自动化系统

2.1 轧区自动化控制系统概述

轧区自动化系统的主要功能包括坯料运送、推床的夹紧与打开、主机转速控制以及辊缝与厚度控制,这些功能通过基础自动化与过程自动化相互配合实现精细化控制。为了能够实现以上功能,一个典型双机架中厚板轧机的自动化控制系统的构成包括:基础自动化系统的轧机主令控制以及轧机的机架控制部分、过程控制系统以及人机界面系统。系统典型硬件组成包括如下内容。

(1)人机界面服务器。现场设备和工艺状态显示和设定,直接和基础自动化系统通讯,对数据进行历史存档,所包含的画面有轧制主画面、跟踪主画面、传动状态监控画面、轧机调零与刚度测试画面、精轧机参数输入画面及轧机液压系统监控画面等。

(2)人机界面客户机。和人机界面服务器进行通讯,显示内容与人机界面服务器相同,布置于各个操作台上,接受操作人员指令。

(3)轧制过程机服务器。通过以太网与基础自动化和人机界面服务器通信,为基础自动化系统计算最佳设定和控制参数,一般需要完成模型计算、规程设定、过程监控、数据采集和物料跟踪等功能。

(4)基础自动化系统。水平方向主令控制与垂直方向机架控制功能相互独立,水平方向主令控制实现辊道控制、主机控制、推床控制、换辊控制以及轧机液压润滑系统控制;垂直方向机架控制完成辊缝控制、厚度控制、平面形状控制等功能。

过程控制系统主要完成轧制规程的预计算、轧制规程再计算和自学习计算,过程控制模型按照 PDI 数据进行轧制规程设定与控制参数设定,计算结果传递给基础自动化。基础自动化系统的主令控制和机架控制两部分相互配合,按照轧制规程实现钢坯的多道次可逆轧制过程。人机界面系统实现轧制规程的设定和显示、控制功能投入、控制参数修改、人工调整和干预等功能[1]。

2.1.1 自动化控制系统的发展概况

自 20 世纪 90 年代开始,在信息技术和控制技术的迅猛发展和广泛应用的推动下,冶金行业中涌现的与高效率、低能耗相关的新技术、新工艺被不断应用,与提高产品外形尺寸精度、表面和内部质量相关的技术更加受到重视。与此同时，生产技术装备向大型化、连续化迈进，信息技术、控制技术使检测和执行设备取代了传统的人工操作，工艺参数的检测方法和检测仪表得到了高速发展，以信息检测、模型控制、系统优化为核心的轧制自动化技术也在向着智能化、信息化、绿色化方向发展。

现代冶金工业中的轧制自动化是一个典型的多学科综合融合技术，从基本的执行元器件到一体化管控平台，涉及电气工程、控制科学与工程、信息与通信工程、计算机科学与技术、机械工程、材料科学与工程、管理科学与工程等多个一级学科。随着企业对质量要求和成本目标的不断提升，工艺装备与管理水平也不断进步，企业由粗放型经营向集约化经营转变，以自动化、信息化、智能化为特点的现代轧制技术为这种转变过程提供了强有力的支撑[2]。

2.1.2　轧区自动化控制系统的总体架构

传统意义上的轧制自动化系统为典型的三级结构，由基础自动化系统（L1级）、过程自动化系统（L2级）和以生产管控为核心的制造执行系统（L3级）组成，各级之间由高速通信网络连接，构成一个按功能和区域划分的分布式控制系统。随着轧制工艺进步和产品质量水平的不断提升，轧制自动化技术的内容和范围也有了扩展，向前包含了以电气与液压传动为代表的设备执行系统（L0级），向后可以外延到以信息和管理技术为核心的企业信息化系统（L4级），还包括以设备状态和产品质量监控为目标的综合分析检测系统[2,3]。

（1）设备执行系统。轧制过程中的设备执行系统主要包括各类电动机、液压缸、电磁铁、阀门和开关等，其中与自动化控制水平密切相关的关键设备主要为轧机的主传动电动机控制及液压伺服控制。

轧机主传动系统是轧制生产的核心装备，其特点是单机容量大，要求电流和速度响应快、调速精度高、转矩脉动低、动态速降小。随着功率半导体器件的更新换代、矢量控制与直接转矩控制等先进控制算法的出现，交流变频调速系统逐步开始取代直流调速系统。以新型全控功率半导体器件为代表的交直交变频调速能够克服交交变频系统的输入侧谐波大、功率因数低、调速范围窄等上述缺点，逐步成为近些年轧机主传动系统改造的主要方向。高速、高精度的液压伺服控制是实现精确轧制质量控制的关键，其闭环控制部分主要在基础自动化系统中实现，对精度要求高的应用场合，作为执行机构的高响应伺服阀和高精度液压缸为基本的装备要求。

（2）基础自动化系统。轧制过程的基础自动化系统（L1级）一般采用高性能控制器、可编程控制器等对轧机及其辅助设备进行直接控制，承担着各种生产工艺参数的计量检测和设备逻辑控制任务，包括速度控制、位置控制、开关控制、启动逻辑、轧件跟踪等，实施控制的主要依据来自冷与热金属检测器、测温仪、压力传感器、测宽仪、测厚仪等检测仪表，通常还配置人机接口系统及数据采集系统。L1 级一般通过现场总线、工业以太网等多种通信网络分别与 L0 设备执行级和 L2 过程自动化级进行数据交换。

基础自动化系统作为设备与工艺直接衔接的重要组成部分，起着承上启下的作用。一般来说，生产工艺控制越复杂，基础自动化系统的复杂程度和功能要求就越高。中国在中、宽厚板系统集成及控制功能开发上已具备与国外先进技术抗衡的能力，成套技术已经应用于国内多条中厚板生产线。

（3）过程自动化系统。过程自动化级（L2）是提高产品质量、保证生产过程优化控制的重要环节，一般由过程控制计算机系统的软硬件实现，包括工艺控制数学模型、数据库、中间件平台、过程数据接口（PDI）等。L2 级的主要功能包括轧制规程设定、模型计算、数据分析、质量控制、报表生成等，其中，轧制规程设定与模型计算为核心功能，它们直接决定了材料轧制中的变形情况，同时生产中的板形控制、平面形状控制功能也依托这一级来实现，对产品的形状尺寸精度和组织性能有至关重要的影响。为了提高设定计算的精度，除了进行初始设定计算外，还需根据轧制过程中实测的温度、厚度、轧制力等参数的变化情况，对计算结果进行不断修正，通过模型的自适应、自校正功能实现轧制过程的最优化，从而提高系统的预报和控制精度。

（4）制造执行系统。制造执行系统（MES）由各区域管理计算机系统的软硬件和数据库平台构成，主要完成在线作业计划和生产调度管理、质量跟踪控制等功能。轧制过程的 MES 作为整个流程的重要组成部分，使生产控制系统和管理信息系统能够实现无缝对接和系统集成，生产中的实际数据和生产管理指令顺畅地上传和下达，在整个系统架构中的位置和作用十分重要。

（5）企业信息化系统。随着冶金企业管理水平的不断提高，基于上述生产过程控制及 MES 平台，企业信息化系统建设也得以进一步发展，以互联网和工业以太网为基础的企业资源计划（ERP）、客户关系管理（CRM）和供应链管理（SCM）等都有了成功的应用。以管控衔接、产销一体、信息流、物资流、资金流同步为特征的体系通过信息化技术可以对分散的信息数据孤岛实现信息融合与共享，并把信息化从生产性环节延伸到服务性环节，为更好地满足客户需求、实现精细控制生产成本等发挥更大作用。

2.2　轧区基础自动化系统

2.2.1　基础自动化系统硬件设计

轧区基础自动化系统各级的控制设备选型和系统结构设计遵循通用、开放、速度快、可靠性高、便于升级和扩展的原则，以适应今后计算机技术不断进步和预留发展的需要。

轧区系统选型采用层次结构，过程自动化系统由高档 PC 服务器及终端构成；水平主令控制器与垂直方向的机架控制器由 S7-400PLC 和 TDC 组成；过程机服务器、HMI 服务器、TDC 及主令 PLC 之间通过以太网络连接。PLC、TDC 与压下电机变频器、传感器及操作台远程 IO 之间通过 PROFINET 或 Profibus-DP 现场总线（或硬线）连接。

粗、精轧基础自动化各配置一套 TDC 机架控制器和 S7-400 速度控制器，用于粗轧及精轧辊缝、厚度和平面形状控制以及水平方向的辊道、主电机和推床的控制。

2.2.2 基础自动化系统网络设计

轧区总体网络设计如图 2-1 所示，整个轧区采用星形网络设计，各站点通过以太网连接到中心交换机，实现数据通信、数据采集与规程的设定。

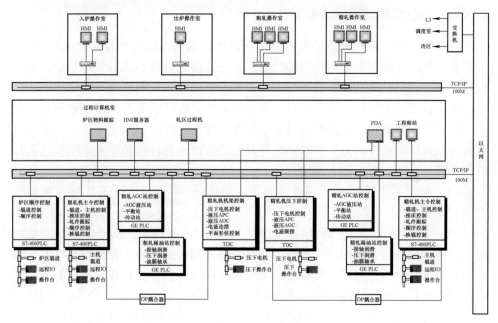

图 2-1　轧区典型自动化网络设计

2.2.3 基础自动化系统主要功能

基础自动化系统核心由西门子 PLC、TDC 组成，通过 Profibus DP 连接区域内的远程 IO，轧线上各个区域的控制保持独立，通过工业以太网共享数据。

自动化系统的设定数据来自过程计算机或操作员的设定数据，生产过程中的检测数据以数值、棒图、曲线和图形的方式显示在 HMI 上。通过 HMI 可以手动输入和修改部分设定参数，启动和终止辊缝清零、轧机刚度测试、油膜厚度测试等操作。HMI 还包括辅助系统（例如传动系统、液压站等）的监控功能。

系统的操作模式分为手动和自动方式。在自动方式下，过程计算机把各道次规程数据发送给基础自动化，基础自动化按照设定数据实现自动控制。在自动模式下，允许操作员在安全范围内进行手动干预，干预值发送给过程计算机进行自学习。在维护和检修时使用手动方式，可进行轧机换辊、辊缝清零、推床清零等操作[4]。

基础自动化的主要功能包括：辊道运钢控制、推床控制、主电机速度控制、电动压下位置控制、液压位置控制、电液联合摆辊缝控制、自动清零控制、轧机刚度测试、厚度自动控制、平面形状控制。

2.3　轧区过程控制系统

2.3.1　过程控制系统平台架构设计

中厚板轧机过程控制系统承担着整个轧机区的过程监视和优化控制的任务，其需要实现的功能包括：系统维护功能，数据通信、处理和数据管理功能，轧件跟踪功能，设定计算功能，自动轧钢的逻辑控制功能，轧制节奏控制功能。

轧机过程控制的特点决定了对过程控制系统有较高的要求，系统必须具备较高的实时性、稳定性、高速性以及可维护性。考虑过程控制系统的功能需求以及过程控制系统的软件特点，并兼顾软件开发的方便，在设计和开发中厚板过程计算机开发平台时，基于以下原则：

（1）系统具有开放性。采用易于扩展的软硬件配置，便于系统的维护和升级。

（2）建立完善的任务调度功能。使用线程和进程技术，基于任务的同步与灵活的通讯配置使系统形成一个资源共享、并发同步的环境，并提高系统的容错能力和自恢复能力；利用多线程设计来保证控制系统的多任务性。系统的维护功能作为主线程；其他功能根据需要拆分或者合并成不同的功能模块，在不同的子线程中实现。通过作为主线程的系统维护功能来控制子线程的启动和停止。

（3）系统功能的模块化设计。各子线程执行的功能模块之间相对独立，各功能模块内部的修改不涉及其他的功能模块。各功能模块之间的数据交流通过全局变量进行，尽量减小各功能模块之间的联系，保证系统的通用性和灵活性。

（4）基于消息驱动机制，对生产过程的事件进行封装。通过操作系统平台提供的消息驱动机制作为各功能模块线程之间通信的手段，根据预先定义的消息标志符，在一个线程里通过发送消息，可以启动另一个线程中的相应功能。建立过程控制模型触发事件的数据通讯接口，保证数据传递过程的安全和快速。

（5）系统可进行离线调试。可仿真生产现场触发事件，测试过程控制模型的健壮性，方便过程控制模型的调试和开发，缩短调试时间。

2.3.2 过程控制系统的通讯实现

过程控制系统采用多线程结构设计，多线程环境中的各个模块线程具有独立性，可以实现任务的并发处理，并容易共享进程内资源，简化了数据的规范管理。为了保证过程控制计算机对采集数据和触发的快速响应，过程控制软件在设计上采用事件调度方式，协调各模块之间的关系。过程控制系统软件设计规划为：（1）系统由通讯模块、跟踪调度模块、数据管理模块、过程模型计算模块组成，处于同一进程中；（2）跟踪调度模块为主调线程，其他模块与跟踪调度模块进行事件通讯；（3）模块线程间采用全局变量实现数据共享和传递；（4）采用自定义消息进行事件触发，实现模块间通讯；（5）使用信号量保证模块间的任务同步。

采用通讯与模型相分离的两层进程结构设计了过程控制系统架构，模型进程只需负责处理少量的触发事件和接收通讯进程传来的数据，而不用关心具体数据的外部来源，通讯进程与模型进程之间各负其责，简化了过程控制模型的后期调试工作。过程计算机进程、模块线程之间关系如图 2-2 所示。

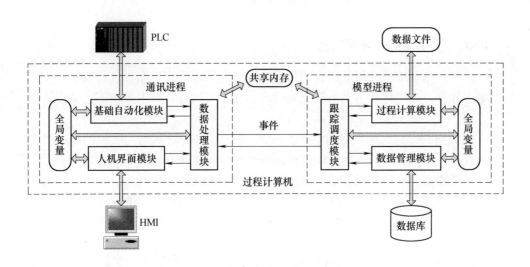

图 2-2　过程计算机系统进程之间的关系

过程计算机控制软件系统使用面向对象的设计模式对整个控制系统进行了规划和开发，并建立了线程、进程间事件调度的基础类库，使系统结构具有较强的灵活性、复用性与扩展性，便于调试和二次开发（见图 2-3）。

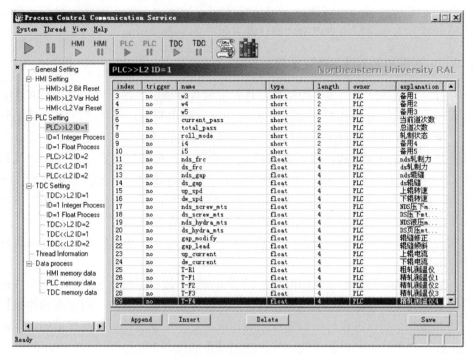

图 2-3　过程控制系统运行主画面

2.3.3　过程控制系统主要功能

过程控制系统通过与基础自动化系统通讯，采集生产数据，进行规程设定与自学习计算，并将计算结果下发至基础自动化系统执行，其主要功能包括以下几个方面。

（1）过程跟踪。轧机区过程跟踪是实现过程控制的基础，准确的跟踪信息是过程控制投入的前提。健壮的过程跟踪系统应该实现双机架、半自动和自动模式的有效跟踪，并能在跟踪出现故障时，进行手动修正。

（2）轧制策略确定。双机架轧制规程策略和轧制规程分配包含成型轧制、展宽轧制和延伸轧制。过程控制系统通过对 PDI 数据的校核，自动生成合理的轧制策略。

（3）轧制规程计算。轧制规程的计算是根据轧机限制和工艺限制来逐道次进行的。轧制规程模型根据最大轧制力、轧制力矩、咬入角等限制条件计算下道次许可最大压下量。该过程逐道次进行直至第 N 道次的出口厚度小于目标厚度，然后通过厚度分配圆滑处理满足目标厚度。

轧制规程计算由跟踪模型进行触发并调用，包括轧制规程预计算、道次修正计算、阶段修正计算和自学习计算过程。

2.4 人机界面系统

人机界面 HMI 系统采用基于以太网的服务器/客户端结构形式，对轧区基础自动化和过程自动化系统实现统一的人机界面 HMI 系统设计。人机界面服务器通过以太网与基础自动化控制器、过程自动化服务器实现通讯。

服务器负责管理过程通讯、数据存储和与客户机的通讯。客户机用于显示从服务器下达的数据，接受操作员的输入指令并回传服务器，供操作员对区域内设备进行监视和干预操作。

HMI 系统设计考虑操作的便捷性和操作的一致性，具体要求如下：

（1）整个自动化系统的操作统一且可视化。

（2）可以采用密码保护功能，保证安全操作。

（3）HMI 系统的事件管理可以用于自动化系统中事件的获得、缓冲、存储、显示和分析，包括时间记录。

（4）测量和控制数据的大容量存储，提供数据、图表、曲线等手段，实现监视和分析诊断功能。

2.4.1 人机界面系统设计原则

（1）操作。主要使用鼠标进行操作，仅在需要时使用键盘；考虑安全原因，每个过程操作必须由操作员确认；考虑安全原因，操作员输入需要进行极限值检查。

（2）图形界面标准化。

（3）采用标准化颜色。每个颜色代表特定信息，界面的区域分布如图 2-4 所示。

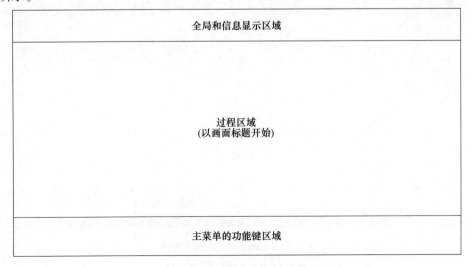

图 2-4 轧区 HMI 系统画面设计

全局和信息显示区域显示画面名称、登录用户和运行信息等信息。过程区域可以显示过程数据、操作窗口、跟踪信息等。功能键区域显示画面切换按钮。

HMI 系统根据显示内容的不同可以划分为基础自动化、过程自动化、传动、介质、联锁、启动、事件系统等不同的功能。

2.4.2　基础自动化系统界面功能

基础自动化与操作人员的接口通过 HMI 进行。需要显示和干预的信息包括：轧件的位置、重要原始数据、实际值、设定值、控制值、单元集合的状态（开/关/错误）、单元集合的操作模式。

2.4.3　过程控制系统界面功能

过程自动化与操作人员的接口通过 HMI 终端进行。过程自动化需要在 HMI 上显示或干预的重要参数有：轧制规程及其设定值、下块钢的 PDI 数据和轧制规程、换辊后的轧辊参数输入、报警或错误功能显示、修正板坯（或钢板）的数据信息、修正钢板目标尺寸信息、修正轧制策略、修正平面形状控制参数、输入板形反馈信息、物料跟踪信息、物料跟踪操作。

2.4.4　主要监控界面

轧制过程主画面、轧制过程辅画面、仪表棒图画面、轧机自动调零画面、轧机故障报警画面示例如图 2-5~图 2-9 所示。

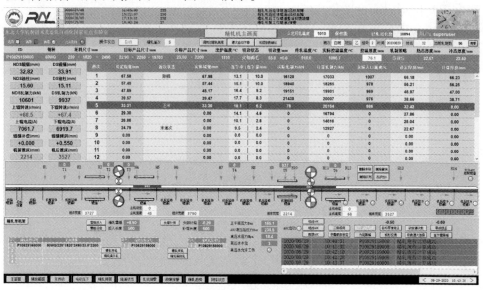

图 2-5　轧制过程主画面示意图

（扫书前二维码看精细图）

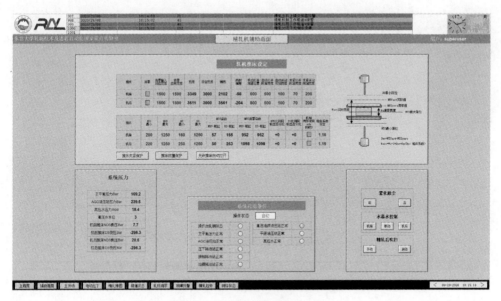

图 2-6 轧制过程辅画面示意图

（扫书前二维码看精细图）

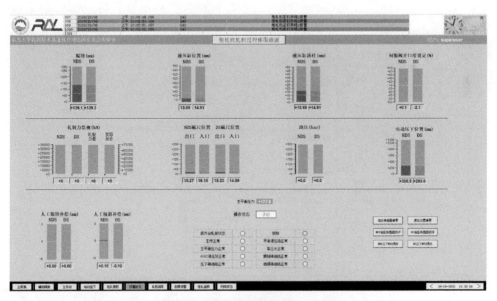

图 2-7 仪表棒图画面示意图

（扫书前二维码看精细图）

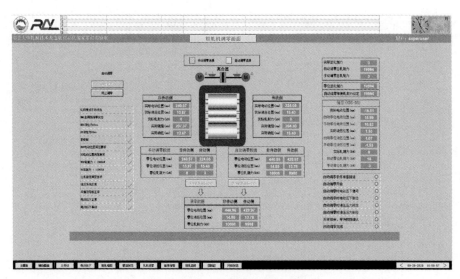

图 2-8　轧机自动调零画面示意图

（扫书前二维码看精细图）

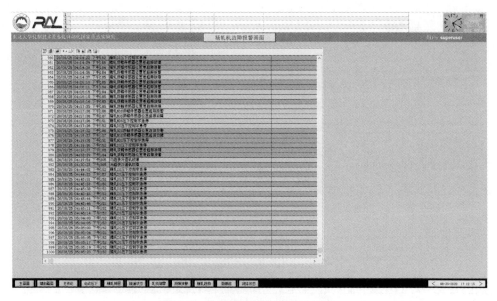

图 2-9　轧机故障报警画面示意图

（扫书前二维码看精细图）

参 考 文 献

［1］王国栋. 我国热轧板带技术的进步和发展趋势——纪念《轧钢》杂志创刊 30 周年［J］.
      轧钢，2014，31（4）：1~8.
［2］张勇军，何安瑞，郭强. 冶金工业轧制自动化主要技术现状与发展方向［J］. 冶金自动
      化，2015，39（3）：1~9.
［3］刘文仲. 中国轧钢自动化现状及实现轧钢智能化的思考［J］. 冶金自动化，2016，
      40（6）：1~5.
［4］丁修堃. 轧钢自动化［M］. 2 版. 北京：冶金工业出版社，2006.

3 纵向精细化跟踪与高精度控制技术

3.1 纵向精细化跟踪与控制技术进展

厚度自动控制是现代中厚板轧机的一个基本的控制手段，它使钢板延伸方向上厚度均匀，减小同板厚差和异板厚差，从而提高成材率和改善产品质量。近年来我国新建和引进了多条轧机生产线，具备了自动轧钢系统和 AGC 控制功能，但传统的 AGC 模型简单，控制过程考虑因素少，产品的精度难以得到进一步提升。随着我国中厚板轧机技术装备和产业结构的优化升级，首先就要开发高精度、精细化控制模型、投入并提高整个系统的控制精度，这对于提高产品的质量具有重要意义。

中厚板轧制具有来料短、道次变化频繁、空载压下速度快、咬钢承受冲击大、扭振大以及产品品种、规格多等特点，这些因素影响了厚度的高精度控制。中厚板轧机早期使用的厚度控制手段是相对值 AGC，这种控制方式的特点是把钢板头部轧出厚度值作为目标值，整个长度方向上的厚度都以头部实测厚度为基准，如图 3-1 所示。此种 AGC 能控制同板厚差，但由于轧制力预测精度问题以及头部位置的厚度波动大，这种算法不能有效控制异板厚差。

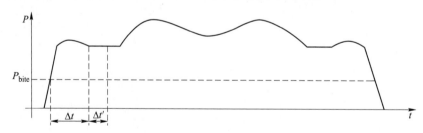

图 3-1　相对 AGC 控制示意图

绝对值 AGC 是以厚度计模型为基础，在控制中实测出轧制力和辊缝信号，计算出轧件出口厚度，再与目标厚度对比，改变辊缝值使出口厚度尽可能接近目标厚度。可见这种厚控策略是以目标厚度为基准值，而不是锁定厚度，因此从理论上可以严格达到目标厚度，既可改善同板差又可改善异板差，这也是这种控制方式较相对值 AGC 的优越之处。在当今对质量要求越来越严格的形势下尤有实际意义，并被广泛地应用到实际的轧机控制中。

纵向精细化跟踪是指在厚度方向上建立高精度预测模型,实时跟踪轧制过程中坯料的厚度变化,其关键是高精度的轧机弹跳模型。需要切实考虑各种补偿的高精度的轧机弹跳方程,包括全辊身长空压靠模型、轧件宽度的影响模型、轧辊的热凸度和磨损模型、油膜轴承油膜厚度模型等。

绝对值 AGC 的投入需要基础自动化系统与过程控制模型相配合,要求基础自动化系统与过程控制系统使用的弹跳模型一致,每道次过程控制模型把此道次的轧辊磨损、热膨胀、零点修正值、设定厚度传递给基础自动化系统;基础自动化系统根据轧制力、辊缝计算轧机牌坊弹跳,根据轧制力、钢板宽度计算轧辊挠曲,根据主机转速、轧制力计算油膜厚度,附加过程控制系统传递的轧辊磨损、热膨胀、零点修正值实时计算坯料的厚度,接着通过计算厚度与设定厚度的比较,进行厚度 AGC 控制。

厚度控制精度是中厚板生产厂主要技术指标,尤其在轧制高级别钢种时常采用低温大压下工艺,手动控制方式已经很难满足厚度精度要求。厚度精细化的研究与应用,对于钢板的同板差、异板差的控制及产品的负公差轧制具有重要意义。

3.2 绝对值 AGC 及高精度轧机弹性方程的补偿方法研究

3.2.1 压下系统动态控制模型

厚度自动控制系统(AGC)建立在位置自动控制系统(APC)的基础上并且与之组成双闭环系统,其功能的实现是靠辊缝的定位和动态调节来实现的。

电动压下系统由压下电机通过涡轮蜗杆带动压下螺丝旋转来调节辊缝,电动压下位置的测量目前常采用直线式绝对值位移传感器来测量,如图 3-2 所示。

轧机压下控制系统的功能是在指定时刻,通过电动压下和液压压下将辊缝调节到给定的目标值上,使调节后的辊缝实际值与目标值之差保持在允许的误差范围内。轧机压下控制系统主要完成空载的预摆辊缝和带载的辊缝快速调整,压下系统的稳态精度和动态响应特性对 AGC 系统产生直接影响。轧机压下系统主要包括电动 APC 和液压 APC 两种系统。电动 APC 系统是由压下电机靠涡轮蜗杆带动压下丝杠的移动来实现辊缝定位的,特点是有效行程大,但短行程内响应速度慢、定位精度低且无法在高载荷的情况下工作。液压 APC 系统动态响应速度快,定位精度精确,能实现带载情况下的快速调整,但它的有效行程很短。中厚板轧制的特点是轧件短,采用可逆轧制,道次变化频繁,而且辊缝变化范围大,所以只有协调响应速度快、定位精度高的液压 APC 和大行程的电动 APC 才能实现快速辊缝定位。

电动 APC 的原理是根据电动压下目标位置与实际位置的偏差 E,确定压下电机的给定速度 v,实际 APC 控制曲线如图 3-3 所示。由于电动压下系统的固有缺

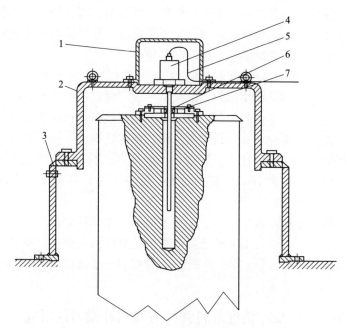

图 3-2　电动压下传感器装配示意图

1—小顶罩；2—大顶罩；3—压下箱体上盖；4—顶冒传感器；

5—传感器导线；6—磁环滑动机构；7—传感器磁环

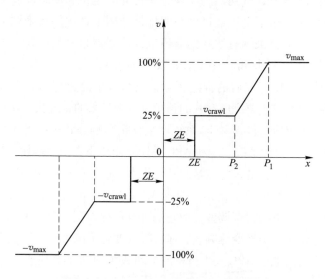

图 3-3　电动压下位置-设定速度曲线

v_{max}—最大速度；v_{crawl}—爬行速度；ZE—死区；P_1—最大偏差；P_2—中间偏差

点，辊缝设定精度较低，剩余的辊缝偏差将留给液压缸去调节。为了尽量满足其摆动的快速性，在位置设定值附近设置速度死区。

电动压下 APC 控制属于开环控制，要求摆动迅速，无回复。当电动压下位置设定值与实际值之差接近零时，压下电机的设定速度为零，同时通过抱闸令压下螺丝快速停止转动，停止位置落入死区内，完成电动 APC 的控制过程。

液压压下控制 HCC（hydraulic cylinder control），作为 AGC 控制的执行内环，对 AGC 的应用效果起着决定性的作用。液压缸的闭环控制包括位置闭环和压力闭环控制两种方式，在轧钢过程中，液压缸一般工作在液压位置闭环方式。压力闭环是指调节伺服阀的开口度，在液压缸工作行程内保持轧制压力在某一设定值。在轧机进行辊缝调零、刚度测试和油膜厚度测试的过程中，液压缸工作在压力闭环方式。

$$
\begin{cases}
v = v_{\max} & x \geqslant P_1 \\[2mm]
v = v_{\max} - \dfrac{v_{\max} - v_c}{P_1 - P_2} \times (P_1 - x) & P_2 \leqslant x < P_1 \\[2mm]
v = v_c & ZE < x < P_2 \\[2mm]
v = 0 & -ZE \leqslant x \leqslant ZE \\[2mm]
v = -v_c & -P_2 < x < -ZE \\[2mm]
v = -\left[v_{\max} - \dfrac{v_{\max} - v_c}{P_1 - P_2} \times (P_1 - x) \right] & -P_1 \leqslant x < -P_2 \\[2mm]
v = v_{\max} & x < -P_1
\end{cases}
\tag{3-1}
$$

图 3-4 给出了单侧液压位置闭环和压力闭环工作原理。在液压位置闭环方式下，液压位置基准、AGC 调节量、附加补偿和手动辊缝干预量的和与液压缸位置检测值相比较，所得偏差值与一个和液压缸油压相关的变增益系数相乘后送入

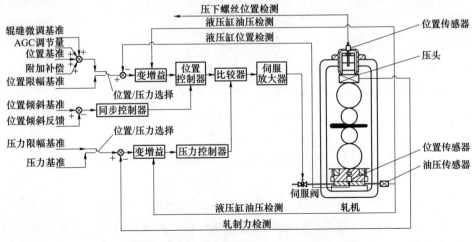

图 3-4 液压缸位置闭环和压力闭环控制原理

位置控制器（PID 调节器），位置控制器的输出值和以压力限幅基准为设定值的压力控制器的输出值都送入一个比较器，将两者之中的小者作为给定值输出到伺服放大器，进而驱动伺服阀，从而控制液压缸的上下移动以消除位置偏差。

从上述内容可以看出，液压系统是高精度辊缝设定和 AGC 投入的基础，而液压位置的调节是通过改变伺服阀开口度进而改变伺服阀流量来实现的。PLC 对两个液压缸实际位置和给定值不断进行检测，利用两者之差，通过 PID 环来控制伺服阀的流量，从而控制了液压缸的位置。

液压油通过伺服阀的流量（正比于柱塞移动速度）与伺服阀开口度和阀口压力差有如下关系：

$$Q_{\mathrm{L}} = KI\sqrt{\Delta P} = \frac{I}{I_{\mathrm{N}}}Q_{\mathrm{N}}\sqrt{\frac{\Delta P}{\Delta P_{\mathrm{N}}}} \tag{3-2}$$

式中　Q_{L}——控制流量（负载流量）；

　　　Q_{N}——负载额定流量；

　　　K——阀系数；

　　　ΔP——伺服阀实际压力降；

　　　ΔP_{N}——伺服阀额定压力降；

　　　I——输入电流；

　　　I_{N}——伺服阀额定电流。

从上式可以看出，通过伺服阀的控制流量不仅由给定电流来控制，还受到阀口油压差的影响，即控制对象具有变增益特性，因而不利于整定参数，难以对伺服阀开口度进行精确控制。为此，系统加入了非线性补偿环节，以改善系统性能，流量非线性补偿分液压缸出油和进油两种情形：

进油：　　　　　　　　　　$\Delta P = P_{\mathrm{sys}} - P_{\mathrm{cyl}}$

出油：　　　　　　　　　　$\Delta P = P_{\mathrm{cyl}}$

式中　P_{sys}——油源压力；

　　　P_{cyl}——液压缸油压。

实际使用时，引入变增益系数 K_{P}，其计算公式如下：

$$K_{\mathrm{P}} = \sqrt{\frac{\Delta P_{\mathrm{N}}}{\Delta P}} \tag{3-3}$$

这样在控制时乘以一个变增益系数后，伺服阀流量公式可写成：

$$Q_{\mathrm{L}} = KK_{\mathrm{P}}I\sqrt{\Delta P} = \frac{I}{I_{\mathrm{N}}}Q_{\mathrm{N}}\sqrt{\frac{\Delta P_{\mathrm{N}}}{\Delta P}} \times \sqrt{\frac{\Delta P}{\Delta P_{\mathrm{N}}}} = \frac{I}{I_{\mathrm{N}}}Q_{\mathrm{N}} \tag{3-4}$$

通过式（3-4）处理后，伺服阀的流量便与伺服阀电流成线性关系，从而可用程序对其进行精确控制。

3.2.2 厚度高精细计算方法研究

由于轧件和轧机的条件变化导致了钢板出口厚度产生波动，根据轧机弹跳方程和轧件塑性方程可以求解出厚度变化量，为厚度控制提供调节基准。轧机压下控制系统的功能是在指定时刻，通过电动压下和液压压下将辊缝调节到给定的目标值上，使调节后的辊缝实际值与目标值之差保持在允许的误差范围内。

凡是影响轧制力、原始辊缝和油膜厚度等的因素都将对实际轧出厚度产生影响，概括起来有如下几个方面：

（1）温度变化的影响。温度变化对钢板厚度波动的影响，实质就是温度差对厚度波动的影响，温度波动主要是通过对金属变形抗力和摩擦系数的影响而引起厚度差。

（2）来料厚度变化的影响。来料厚度波动造成轧制力的变化，导致轧机弹跳量产生变化，造成钢板厚度波动。

（3）速度变化的影响。它通过摩擦系数、变形抗力、轴承油膜厚度来改变轧制力和辊缝值而起作用。

（4）辊缝变化的影响。当钢板轧制时，因轧机部件的热膨胀、轧辊的磨损和轧辊的偏心等都会使辊缝发生变化，直接导致轧件出口厚度的变化。

由轧机弹跳方程和轧件塑性方程组成的方程组绘制成的曲线称为弹塑性曲线，如图 3-5 所示，可以定量地说明原料厚度 H_0、钢板轧出厚度 h、轧制时的出口厚差、轧制力 P、轧辊预摆辊缝 S 及轧机弹跳量 ΔS 这六个参数间的关系。

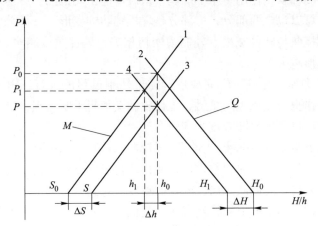

图 3-5　钢板厚差消除原理

M—轧机刚度；Q—轧件塑性系数

厚度为 H_0，预摆辊缝为 S_0，得到轧件出口厚度为 h_0（曲线 1、2）。此时如果轧件来料厚度变为 H_1，则出口厚度变为 h_1（曲线 1、4），得到由于来料厚差

ΔH 引起的轧件厚差为 Δh。为了消除厚差使 $\Delta h = 0$，由图可知轧机弹跳曲线应按曲线 3 方向移动，当辊缝移动了 ΔS 后轧件出口厚度又变为 h_0（曲线 3、4），轧件出口厚差消除，从图中可以得到消除厚差的辊缝调整量为：

$$\Delta S = \left(1 + \frac{Q}{M} \right) \times \Delta h \tag{3-5}$$

中厚板的厚度自动控制是通过传感器（如辊缝仪或压头等）对钢板实际轧出厚度持续地进行测量和计算，得到与设定值相比较后的偏差信号，借助于控制回路或计算机的功能程序，改变压下位置把厚度控制在允许偏差范围内。

钢板厚度控制算法以厚度计算模型为基础，在轧制过程中基于实测的轧制力和辊缝值，间接计算出轧件出口厚度。轧件的出口厚度与初始辊缝和轧制力有关，轧制过程的辊缝是基于清零轧制力进行标定的，即：

$$h = S_0 + \Delta S = S_0 + \frac{P - P_0}{M} \tag{3-6}$$

式中　　P_0——零点轧制力。

厚度预测模型的核心部分即为精确的计算出轧机的弹跳得到轧件精确的出口厚度，这直接决定了厚度预测的精度。在实际轧制过程中，除了式（3-6）所提到的初始辊缝、轧制力、零点轧制力和轧机刚度外，还有其他的影响因素，必须加以考虑。

（1）轧辊挠曲变形。由轧件变形所产生的轧制力通过工作辊传递至支承辊，再由支承辊两侧轴承座作用于压下螺丝，最后传递至轧机两侧牌坊。所以轧机设备的弹性变形可以包含两部分，一部分是轧机牌坊的变形，一部分为工作辊的挠曲。工作辊的挠曲与轧件宽度、轧制力密切相关，轧件宽度越窄、轧制力越大，轧辊的挠曲变形越大。

（2）轧辊磨损。轧机换辊完成后，随着轧制过程的进行，由于工作辊与轧件的接触、工作辊与支承辊的接触，工作辊和支承辊不断磨损，导致辊缝逐渐变大，使得轧件出口厚度也随着逐步变厚。

（3）轧辊热膨胀。中厚板轧件温度较高，在轧制过程中，轧件与轧辊接触的过程中，通过热传导、热辐射作用，使得轧辊温度逐步升高。轧辊本身有喷水冷却装置，进入稳定轧制状态后，轧辊的温度会达到平衡。由于生产过程中高级别钢种的待温控制及生产节奏控制问题，轧机常常并不连续生产，导致轧辊的温度始终处于变化过程，所以轧辊的热膨胀量是一个变化的过程。如果不考虑轧辊的热膨胀量，仍按照冷态工作辊状态进行厚度控制，会导致轧件轧薄。

（4）油膜厚度。支承辊的油膜厚度会随着转速、轧制力的变化而变化，转速越高、轧制力越小，油膜厚度越大。由于轧机上辊系的平衡和下辊系的压紧装置，使得油膜越厚，轧件实际的出口厚度要比式（3-6）计算值偏薄。油膜厚度的精确计算不但提高了轧件厚度预测的精度，也减少了 AGC 系统的厚度调节误差。

（5）其他因素对厚度计算的影响。在以上对厚度计算的影响因素中，模型的预测值与实际值无法做到完全吻合，再加上现场其他因素的影响，轧件出口厚度的预测与实际测量值之间还会存在一定偏差，这个偏差可以通过轧机后面的测厚仪测量来进行补偿，也就是说，以上模型计算的厚度由测厚仪进行校验，得到测厚仪零点厚度修正值，这个修正值对下块钢板进行补偿，以保证异板差的稳定。

考虑以上厚度影响因素，轧件的实际出口厚度可以由下式计算：

$$h = S_{act} + \Delta h_{spring} + \Delta h_{roll} - \Delta h_{oilfilm} - \Delta h_{crown} + \Delta h_{wear} \tag{3-7}$$

式中　S_{act}——实际辊缝；

　　　Δh_{spring}——轧机弹跳引起的厚度偏差；

　　　Δh_{roll}——辊系弯曲变形和压扁引起的厚度偏差；

　　　$\Delta h_{oilfilm}$——油膜厚度补偿量；

　　　Δh_{crown}——轧辊热膨胀补偿量；

　　　Δh_{wear}——轧辊磨损补偿量。

厚度计算以轧机的弹跳模型为基础，而轧机弹跳的测量常常采用全辊身压靠的方法，在上、下工作辊接触的情况下，通过改变压力，测量辊缝变化与辊系变形之间的数据，得到全辊身压靠情况下的辊系变形与压力的回归曲线，这个回归曲线中的辊系变形包含了轧机立柱变形、轧辊压扁和轧辊弯曲。

基于刚度曲线的高精度厚度计算方法是使用相关模型计算出全辊身压靠条件下的轧辊压扁和轧辊弯曲值，在回归曲线中剔除轧辊压扁和轧辊弯曲，剩下部分为立柱变形与压力之间的关系曲线。这种情况下在轧制过程中轧件的出口厚度计算模型为：

$$h = S_{act} + \Delta h_{spring} + \Delta h_{flat} + \Delta h_{piece} + \Delta h_{bend} - \Delta h_{oilfilm} + \Delta h_{crown} - \Delta h_{wear} + \Delta h_{zero}$$

$$\tag{3-8}$$

式中　Δh_{flat}——工作辊与支撑辊之间弹性压扁影响项；

　　　Δh_{piece}——工作辊与轧件之间弹性压扁影响项；

　　　Δh_{bend}——辊系弯曲影响项；

　　　Δh_{zero}——厚度零点修正项。

3.2.3　高精度厚度控制模型开发

3.2.3.1　轧机刚度曲线

轧件出口厚度的预测直接依赖于轧机牌坊刚度的测量精度，由于轧机刚度随着轧制力的变化而有所区别，生产过程中常常采用全辊身压靠的方法来进行测量，具体步骤如下：

（1）主电机处于爬行状态。

（2）液压缸正常，工作在位置闭环状态。

（3）利用压下电机驱动压下螺丝，使得上、下工作辊接触后停止。

（4）液压缸切换至压力闭环，设定一系列轧制压力基准值，每改变一次压力基准值后，保持支承辊旋转一周以上。

（5）采集各阶段压力值和辊缝变化值，直至所有压力测试完成。

（6）液压缸切换至位置闭环，完成轧机刚度测试过程。

以上的刚度测试过程是利用液压缸在工作辊接触的时候进行带载压下，随着轧制力变化而得到的辊缝变化可以认为是轧机牌坊的弹跳变形，对采集的压力和辊缝数据进行处理就可以求得轧机牌坊刚度与轧制力之间的关系。

图3-6为对某轧机进行刚度测试得到的轧制力与轧机弹跳变化的关系曲线。为了整定参数，水平轴为轧制力影响因素，对采集得到的辊缝数据取反得到刚度测试过程中轧件弹跳的变化，从图中可以看出，轧制力的变化与轧机弹跳并不是线性的。

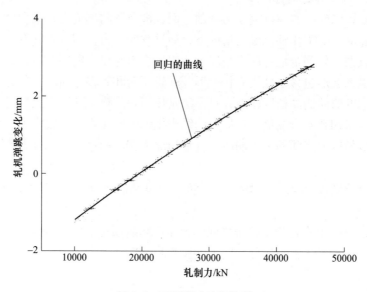

图 3-6　刚度测试采集数据

为了能够精确计算轧机弹跳与轧制力的关系，这里的弹跳值包含了轧机立柱变形、工作辊与支承辊压扁、工作辊间压扁、辊系弯曲变形。采用如下公式对刚度数据进行回归：

$$Y = A_0 + A_1 x^{0.5} + A_2 x + A_3 x^{1.5} + A_4 x^2 \tag{3-9}$$

式中　Y——轧机弹跳变化，mm；

　　　　x——轧制力，$\times 10^4$kN；

$A_0 \sim A_4$——刚度曲线回归系数。

采用以上公式对图 3-6 中的数据进行回归处理后，就可以得到此轧机的刚度回归系数：$A_0 = -4.97873$；$A_1 = 2.79176$；$A_2 = 0.26873$；$A_3 = 0.05684$；$A_4 = 0.00525$。

通过这样处理，在得到实际轧制力的情况下，就能计算出轧机相对于零点轧制力的弹跳量。

3.2.3.2　宽度补偿模型

目前采用的弹跳模型结构主要有以下几种：

$$h = S - S_0 + \frac{P}{K_0 - C\Delta B} - \frac{P_0}{K_0} \qquad (3-10)$$

$$h = S - S_0 + \frac{P - P_0}{K_0} + AP\Delta B \qquad (3-11)$$

$$h = S - S_0 + \frac{P - P_0}{K_0} + P(D_1\Delta B^2 + D_2\Delta B) \qquad (3-12)$$

式中　　　　h——轧件出口厚度；

　　　　　　S——设定辊缝；

　　　　　　S_0——调零压力对应的辊缝；

　　　　　　P——轧制力；

　　　　　　P_0——调零压力；

　　　　　　K_0——轧机自然刚度；

　　　　　　ΔB——辊间接触长度与轧件宽度之间的差值；

C，A，D_1，D_2——与宽度相关的系数。

式（3-13）将宽度补偿间接反映成轧件宽度的变化与轧机刚度之间的线性关系，即：

$$K = K_0 - C\Delta B \qquad (3-13)$$

式（3-14）将宽度补偿直接表述成轧制力和宽度变化的线性函数关系：

$$\Delta W = AP\Delta B \qquad (3-14)$$

式（3-10）~式（3-12）实际上是轧机弹跳方程的简化公式，即将轧机在调零压力附近的基本刚度考虑成常数，这种处理造成的影响需要进一步分析。因为一般轧机的实际刚度曲线在低轧制力下表现为非线性，在高轧制力段表现为线性，而中厚板轧制过程的轧制力范围变化较大。宽度补偿与弹跳曲线是否为线性关系不大，即宽度补偿与轧制力的大小成正比，这与式（3-10）~式（3-12）的形式中对轧制力的处理方式是相同的。

但是，如将宽度对模型的影响考虑成线性关系，则会带来一定误差。因为中厚板轧制的宽度变化范围大，而且一些中厚板轧机的工作辊和支撑辊接触长度有时短于轧件宽度，所以将宽度变化对宽度补偿模型的影响考虑二次形式可保证拟合精度。总之，宽度补偿是轧制力和轧件宽度的函数。一般来说，轧制力越大，宽度补偿越大；轧件宽度越窄，宽度补偿越大，而且根据分析，式（3-14）的数学形式更合理。

在实际的中厚板轧制过程中，由于轧件的宽度比轧辊辊身长度要短，轧辊边部有害弯矩使得轧辊挠曲增大，造成轧机实际刚度下降，所以在辊缝设定模型中，必须考虑轧件宽度的影响即宽度补偿。如果不考虑弯辊的影响，将轧制压力与宽度补偿的影响考虑成正比例关系，则轧辊的挠曲用下式来表示：

$$\Delta\omega = \frac{P}{1000} \times \left(A_1 \times \frac{\Delta B}{100} + A_2 \times \frac{\Delta B}{100} \times \frac{\Delta B}{100} \right) \tag{3-15}$$

式中　A_1，A_2——宽度补偿回归系数。

3.2.3.3　油膜厚度计算模型

支承辊油膜厚度对轧件出口厚度有影响，不对油膜厚度进行补偿会使 AGC 的调整效果变得更差，所以在绝对 AGC 系统中对于油膜的精确地变化必须要进行补偿。

油膜厚度直接与支承辊转速和轧制力的大小密切相关，其测量方法可以在液压缸工作于压力闭环时，通过改变支承辊转速、压力基准，测量辊缝的改变量。由于轧机处于压力闭环，这个辊缝该变量可以看作为油膜的厚度变化。

依据以上方法对某 3000mm 中厚板轧机进行油膜厚度测量，工作辊辊速变化范围为 0~70r/min，轧制力变化范围为 0~50000kN。为了能够对油膜厚度进行拟合，自变量 x 采用如下形式：

$$x = \frac{F}{1000N} \tag{3-16}$$

式中　F——轧制力，kN；

　　　N——支承辊转速，r/min。

图 3-7 中的散点为油膜厚度变化情况，为得到的油膜厚度与轧制力、转速之间的关系，我们采用以下公式对油膜厚度数据进行拟合：

$$y = ax^b \tag{3-17}$$

式中　y——油膜厚度，mm；

　　　x——自变量，见式（3-16）；

　　a，b——油膜厚度影响系数。

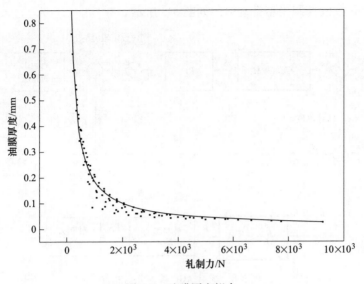

图 3-7 油膜厚度拟合

按照式（3-17）对采集的数据处理并拟合后得到系数：$a = 0.18493$，$b = -0.88085$。

得到的油膜计算公式可以直接应用到厚度计算模型中。根据采集轧制力和轧辊转速在线计算实际油膜厚度，保证厚度预测的精度。

3.2.4 绝对 AGC 自适应厚度控制算法

绝对 AGC 的厚度精度取决于厚度计算模型，可以避免由于轧制力模型精度低而造成的轧板厚度精度差的问题。在该系统中过程计算机同时向 AGC 系统提供目标厚度及预设定辊缝，在基础自动化中应用厚度计原理，用厚度偏差值调整辊缝得到目标厚度。

绝对 AGC 是以厚度计模型为基础，在控制中实测出轧制力和辊缝信号，间接求出轧件厚度与目标厚度之差，再去改变辊缝值而使出口厚度恒定。由此可知，绝对 AGC 是以预报轧制力作为基准轧制力，以目标厚度（成品厚度）为基准厚度，以确保异板差良好。因此从理论上可以严格达到目标厚度，既可改善同板差又可改善异板差，这也是绝对 AGC 的优越之处。

实现绝对 AGC 的要点是：

（1）开发高精度厚度计模型。

（2）高精度测厚仪的在线测量及模型变量的数据处理。

（3）为了使板材两端和水印部位的厚度变化最小，必须实现控制系统的快速响应。

绝对 AGC 的控制模型系统框图如图 3-8 所示。

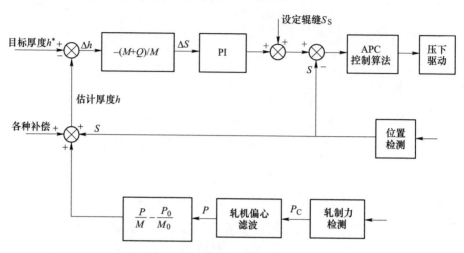

图 3-8　绝对 AGC 控制系统框图

绝对 AGC 控制模型的数学表达式为：

$$\Delta S_{AGC} = K_P \times \frac{M+Q}{M} \times \left(\Delta h + \frac{1}{T_I} \int \Delta h dt \right) \tag{3-18}$$

绝对 AGC 具体调节过程为：每个轧制道次的板厚设定值 h^* 为轧机咬钢 Δt 时间后的负载辊缝设定值（由过程机计算），AGC 的控制功能也是在轧机咬钢 Δt 时间后参与辊缝调节。绝对 AGC 以预报轧制力作为基准轧制力，以目标厚度（成品厚度）为厚度基准，确保异板差良好。

假设轧制过程中 k 时刻的辊缝为 S_k，那么 k 时刻的油柱相对于锁定值时的油柱的改变量为：

$$\Delta Y_k = S_k - S_0 \tag{3-19}$$

在油柱已调节 ΔY_k 的基础上，根据计算 k 时刻的轧制力、辊缝与锁定值处的轧制力、辊缝进行比较，为保证 $k+1$ 时刻钢板的厚度与 k 时刻的相同，油柱需继续执行的调节量为：

$$\Delta Y'_k = \left(1 + \frac{Q}{M} \right) \times \Delta h \tag{3-20}$$

所以，第 $k+1$ 时刻油柱的设定值为：

$$Y_{set} = Y_{base} + (S_k - S_0) + \left(1 + \frac{Q}{M} \right) \times \Delta h \tag{3-21}$$

式中　Y_{base}——基准油柱。

上式为轧制过程中 GM-AGC 算法投入时的油柱设定公式，式中 $k+1$ 时刻的油柱设定值包括了 k 时刻的油柱已调节量和根据 k 时刻的辊缝、轧制力数据计算

的 $k+1$ 时刻油柱仍需的调节量，调节过程稳定，无超调现象发生。

将 GM-AGC 算法应用于中厚板轧机精轧控制系统中，并进行了在线应用测试。图 3-9 为轧制某 10mm 钢板时根据轧机弹跳方程由实际辊缝、实际轧制力、零点轧制力和轧机刚度计算的纵向厚度变化。由图可见，去除头部补偿之后的 AGC 算法投入后，钢板的同板差变化非常稳定，沿着钢板平均厚度波动很小。经实际测试，30mm 以下钢板投入绝对 AGC 之后，同板差厚度变化范围可以控制在 0.2mm 以内。

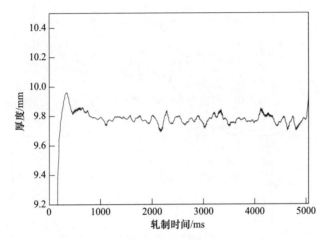

图 3-9 绝对值 AGC 算法投入后钢板的纵向厚度变化

3.3 非稳定段智能化多点设定厚度控制技术

3.3.1 非稳定段厚度控制特点

中厚板在可逆轧制过程中，轧件头部咬入阶段是不稳定的阶段，头部的轧制力与中部轧制力相比常常有较大的差值，这导致在轧件头部与中部处的轧机的弹跳量不同，而引起厚度差异。

轧件的厚度直接影响了头部轧制力的分布，这主要是由于温度的影响。当轧件较厚时，头尾温度与中部温度差异很小，轧件的最大轧制力发生在加热炉加热时的黑印处；当轧件逐渐变薄时，由于头尾的冷却速度要大于中部，头尾与中部的温差逐渐增大，而加热炉两个导轨引起的黑印由于热传导作用逐步扩散，此时的最大轧制力发生在头尾两端，图 3-10 和图 3-11 分别示出了不同厚度的轧件轧制过程中轧制力分布。

常见的头部前馈补偿方法是在轧制前，利用液压系统使辊缝多压下一固定值，轧件咬钢后在固定时间内逐步以线性方式将辊缝恢复至正常设定值，这种补

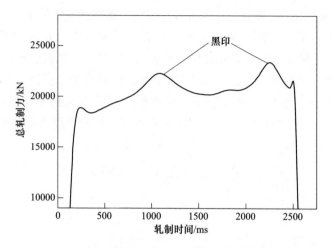

图 3-10　厚度为 70mm 轧件的轧制力分布

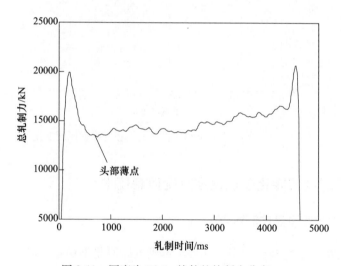

图 3-11　厚度为 16mm 轧件的轧制力分布

偿方法主要有以下缺点：

（1）厚板与薄板的轧制力分布形式不同，厚板轧制时本来头部偏薄，补偿后头部与中部的厚度差会更严重。

（2）轧制不同厚度钢板时，头部与中部的厚度差不同，以固定值作为头部的补偿量，适应范围窄。

（3）未考虑轧件的咬入速度，由于现场操作的随意性，不同厚度轧件咬入速度无法度量，用固定时间进行头部的补偿控制，补偿曲线常常无法与轧件头部厚度变化对应。

（4）较薄规格钢板轧制时，头部轧制力先增大后减小，常常在靠近头部处会有一段的轧制力小于中部平均轧制力。如图 3-11 所示，如果头部补偿位置未对应好，头部凹陷现象会加剧。

图 3-12 为 Q345 钢、26mm 厚度轧制过程的厚度波动曲线，采用常规的补偿方法，头部补偿量为 0.25mm，补偿时间为 200ms。从图中可以看出，头部补偿效果并不理想，头部存在着凹陷现象。在轧制过程中如果负公差轧制量未控制好，这种头部凹陷现象常常导致成品的改判；为了保证成品的厚度公差，兼顾头部的凹陷，钢板中部就要偏厚，影响了成材率。

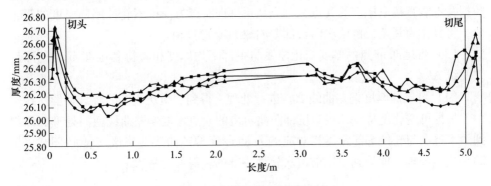

图 3-12　钢板的纵向厚度分布

3.3.2　非稳定段厚度多点设定自适应补偿方法

为提高头部厚度补偿精度，头部非稳定段厚度补偿应满足如下要求：

（1）根据厚板和薄板的轧制特点，头部的补偿值有正负之分。

（2）由于咬入速度的不同，不能以时间作为头部补偿值的计算依据。

（3）头部的厚度补偿前馈值不应为固定值，应根据实际头部与中部厚度差进行计算。

（4）应提高头部厚度变化的跟踪精度，减少或消除头部的凹陷现象，减小同板差，提高成材率。

根据以上要求和中厚板轧机的可逆轧制特点，开发了根据前道次轧件尾部的厚度分布曲线来补偿当前道次轧件的头部厚度，根据咬入长度值在补偿曲线中寻找相应的头部补偿值进行头部的前馈控制，具体步骤如下：

（1）咬钢后根据轧机的弹跳方程计算轧件厚度的相对值，轧件厚度相对值公式如下：

$$h_{\text{act}} = S_{\text{act}} + \frac{P_{\text{act}} - P_{\text{zero}}}{M} \tag{3-22}$$

式中　h_{act}——轧制过程的相对厚度；

　　　S_{act}——轧制过程的实际辊缝；

P_{act}——实际轧制力；

P_{zero}——零点轧制力；

M——轧机刚度。

在 PLC 中开辟存储空间，在轧制过程中每间隔一定时间（10ms）计算一次轧件的相对厚度及对应的轧制速度并存储。

（2）抛钢后对存储数据进行处理，得到中部平均厚度和与尾部距离 d_i 相对应的 n 点厚度变化曲线 h_i。由于受到轧件尾部圆弧外端的厚度干扰，尾部的厚度数据并不能直接取尾部的 n 点，首先从尾部向头部方向搜索轧件尾部厚度的最大值，将其作为基点，再依次向头部方向取 m 点厚度值。

（3）将尾部 m 点的厚度变化曲线与中部平均厚度相减得到尾部 m 点的厚度差曲线 Δh_i。

（4）对尾部厚度偏差曲线 Δh_i 进行处理，得到下道次头部的辊缝补偿曲线。

根据可逆轧制特点，将与尾部距离对应的 n 点厚度偏差曲线逆向处理，即得到了下道次与轧件头部距离相对应的 m 点厚度偏差曲线，将这 m 点按照式（3-23）进行处理，即得到了当前道次轧件头部的辊缝补偿量 C_i：

$$\sum_{i=1}^{m} C_i = \sum_{i=1}^{m} \Delta h_i \times \left(1 + \frac{Q}{M} \right) \qquad (3-23)$$

式中　Q——轧件轧制过程的塑性系数。

同时根据当前道次压下量，按式（3-24）对与头部补偿值对应的距离头部长度值进行修正：

$$\sum_{i=1}^{m} d_i' = \sum_{i=1}^{m} d_i \times \frac{H}{h} \qquad (3-24)$$

式中　d_i'——辊缝补偿曲线中距离头部长度修正值；

　　　H——当前道次入口厚度；

　　　h——当前道次预测出口厚度。

当前道次咬钢后，按轧制速度计算轧件头部的轧制长度，在头部补偿曲线 C_i 中搜索相对于轧件头部长度对应的补偿量，并利用液压系统改变辊缝值，实现头部补偿。

3.3.3　非稳定段厚度自适应补偿结果分析

图 3-13 为厚度 25mm、Q235 钢板倒数第二道次尾部的厚度偏差曲线。利用式（3-23）和式（3-24）处理后，即可作为末道次的头部前馈补偿曲线。

图 3-14 为某 16mm 钢板末道次头部补偿曲线示意图。根据头部厚度计算值可见，头部补偿曲线的投入极大地改善了头部与中部之间的厚差，减小了钢板的同板差，提高了成材率。

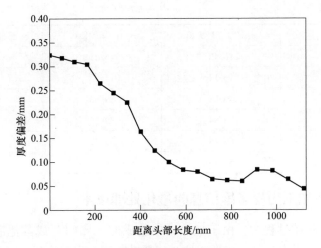

图 3-13 头部厚度前馈补偿曲线

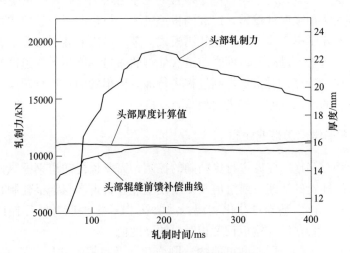

图 3-14 头部补偿过程示意图

采用以上头部厚度自适应补偿方法对现场生产的一组钢板进行跟踪,见表3-1,测量结果表明剪切后钢板的头部厚度与中部厚度之间的厚度差可以控制在允许范围以内,不同规格的钢板靠近头部处没有明显的凹陷现象,表明此种头部补偿方法可以满足工程应用要求。

表 3-1　头部厚度与平均厚度对比　　　　　　　　　　　（mm）

成品目标厚度	头部厚度最大值	平均厚度	头部与平均厚度之差
10	9.89	9.71	0.18
	10.12	9.88	0.24

成品目标厚度	头部厚度最大值	平均厚度	头部与平均厚度之差
16	16.43	16.21	0.22
	16.17	15.98	0.19
40	39.78	39.63	0.15
	39.94	39.85	0.09
60	59.48	59.57	−0.09
	59.79	59.91	−0.12

3.4　道次间加工历程多维信息的量化处理技术

中厚板在轧制过程中，由于加热炉中造成的"水印"或其他温度不均匀因素仅影响了钢板纵向的某一位置，这一位置在轧制过程中轧制力明显区别于其他位置。由于这一位置长度很短，基于厚度计工作模式下的 AGC 系统因为系统响应温度常常无法消除厚度偏差，造成同板差过大，故影响了产品的成材率。

中厚板的轧制属于多道次可逆轧制模式，某一道次的轧制过程是在上一道次已轧制完成的基础上进行的，即当前道次轧制的入口厚度为上一道次轧制的出口厚度。利用这一特点，对钢板轧制过程进行加工历程的信息进行跟踪，针对厚度波动增加精确的前馈控制，提高同板差。

3.4.1　道次多维信息数据处理

为了能够对钢板的厚度进行更精确的控制，需要预先知道钢板纵向的厚度分布情况，根据轧辊的转速、前滑值及厚度模型计算每道次与钢板轧制长度对应的厚度值。这一工作由基础自动化实现，需要在 PLC 中提前开辟存储区，随着轧制过程的进行，会存储与钢板长度相对应的厚度值。

考虑钢板上一些位置厚度可能的急剧变化，两点厚度之间的距离不能太大，即要保证钢板厚度的跟踪精度。根据现场的实际经验，综合数据量的大小及控制精度要求选取合适的厚度跟踪间隔点，钢板厚度跟踪示意图如图 3-15 所示。

厚度计算是随着轧制过程的进行不断触发的，当一道次轧制完成时，钢板纵向的厚度分布即被存储在 PLC 缓冲区中。由于可逆轧制的特点，本道次的厚度跟踪数据即作为下道次轧件的入口厚度分布。

3.4.2　基于多维信息的厚度前馈控制方法

钢板厚度 AGC 控制属于反馈控制，控制系统根据轧制力、辊缝等数据的变化在线计算钢板的厚度，并与目标设定相比较，驱动液压系统消除厚度偏差。对于类似"水印"等因素影响的厚度急剧变化区域，液压系统的响应会跟不上厚

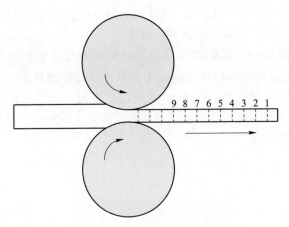

图 3-15 钢板纵向厚度跟踪计算

度的变化速度，导致这一区域的厚度偏差调节能力差。

在已知钢板纵向厚度分布的基础上进行下道次的 AGC 调节时，将钢板的纵向厚度分布作为入口厚度。对于厚度 AGC 控制不仅使用原来的反馈 AGC 算法，还可以将预先获得的入口厚度信息加入到厚度控制中，缓解入口厚度变化大造成的液压响应慢来不及调整的问题，加入的厚度前馈算法具体步骤如下：

（1）每一道次当钢板咬入时根据辊速、前滑值计算与轧出长度对应的厚度变化值，存储于缓冲区中，作为钢板纵向厚度跟踪数据。

（2）头部厚度偏差单独实施控制，所以 AGC 控制是从头部控制之后开始进行的。

（3）原有的厚度反馈控制功能保留，即将实时计算厚度与目标设定厚度之差输入至 PI 控制器中，控制液压缸消除厚度偏差。

（4）从厚度缓冲区中提取当前道次轧出长度附近对应的入口厚度值，与入口厚度基准值进行比较，根据厚度偏差输出辊缝调整结果，并将结果输出控制液压缸消除入口厚度变化对板厚的影响。当入口厚度变化很小时，以上控制对原有厚度控制系统基本无影响；当厚度变化大时，入口厚度就会影响液压缸的调节量，使厚度调节能力加大，即加入了前馈控制，前馈控制值利用式（3-25）计算。

$$\Delta S = \frac{Q}{M}\Delta H \qquad (3-25)$$

式中　ΔS——辊缝前馈控制量；

　　　Q——轧件塑性系数；

　　　M——轧机刚度；

　　　ΔH——跟踪厚度与入口基准厚度差值。

（5）当这一道次轧制完成时，钢板的纵向厚度跟踪结果同样被存储至缓冲区，为下一道次的厚度反馈和前馈控制做准备。

增加了利用钢板初始纵向厚度信息进行前馈厚度控制的功能，可以对类似"水印"等因素导致的钢板厚度急剧变化区域进行较好的自适应厚度控制，减少了厚度偏差，提高了成材率。图3-16为通过可逆道次对水印位置进行跟踪后的补偿曲线，基于多维信息的厚度前馈控制方案解决了钢板在小范围内厚度急剧变化厚差难以控制的难题。

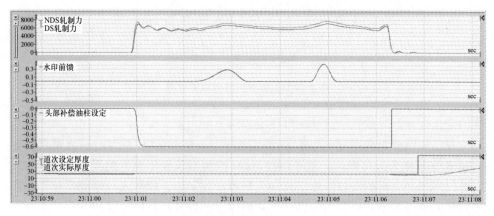

图 3-16　水印前馈控制曲线

参 考 文 献

[1] 王君，王国栋. 压力 AGC 模型综述 [J]. 钢铁研究，2001 (2)：54~57.

[2] 王君，牛文勇，王国栋. 压力自动厚度控制（AGC）模型研究与改进 [J]. 东北大学学报（自然科学版），2001，22 (3)：323~326.

[3] 何纯玉，吴迪，王君，等. 中厚板轧制过程计算机控制系统结构的研制 [J]. 东北大学学报（自然科学版），2006，27 (2)：173~176.

[4] 矫志杰，何纯玉，赵忠. 面向对象的中厚板轧线模拟系统设计开发 [J]. 哈尔滨工业大学学报，2015，45 (10)：59~63.

[5] 刘相华，胡贤磊，杜林秀. 轧制参数计算模型及其应用 [M]. 北京：化学工业出版社，2007.

4 轧件温度高精度预测与控制技术

中厚板轧制作为典型的热轧过程,温度是其最重要的工艺参数。轧件在轧制过程中的温度变化直接影响轧制力的变化,并影响产品的厚度、宽度、板形等形状尺寸控制。同时轧制过程中轧件温度控制也是中厚板产品性能控制最重要的手段,通过对轧制过程中温度变化历程的控制,可以控制最终产品的性能。因此在中厚板轧制过程控制技术中,轧件温度的精确预测和控制是其他控制技术的基础。

4.1 轧件温度预测与控制技术发展概况

中厚板轧制过程中轧件温度预测和控制技术与中厚板轧制工艺和控制技术的发展同步。最初的中厚板生产以尺寸和形状控制为第一目标,对温度控制的要求不高。随着控制轧制和控制冷却技术在中厚板生产中的应用,温度作为最重要的工艺参数在中厚板生产工艺控制中得到充分的重视,使得生产过程中温度预测和控制技术得到了快速发展。

作为温度控制手段,轧后冷却设备已经是中厚板生产线必备的工艺设备,轧后温度控制设备也从常规冷却设备发展到以实现温度更大调节区间和调节速度为目标的超快速冷却设备。而轧制过程中温度控制手段,也从传统的空冷控温发展到实现中间阶段快速冷却的中间冷却设备,以及最新的为实现道次间冷却和差温轧制而设计的即时冷却设备[1~5]。本节重点关注轧制过程温度控制,轧后冷却温度控制不在本书的讨论范围,但关于温度的预测和控制基础理论和技术手段是相通的。

随着温度控制工艺和设备的发展,对温度预测和控制技术提出了更高的要求,产品性能和工艺的发展也要求更窄的工艺窗口,即更小的温度可调范围,这也意味着必须有更高的温度控制精度。

最初的轧件温度预测和控制模型以经验模型为主,通过现场的经验积累获得相对准确的控制精度。随着技术发展和研究深入,尤其是传热基础理论的引入,对温度预测和控制模型的发展起了决定性的推动作用。基于传热基础理论,在离线理论研究时可以采用有限元计算方法,获得三维温度的精确分布预测。在线应用时,为保证计算速度,忽略轧件宽向和长度方向温度差异,简化为厚度方向的一维温度分布，并采用有限差分法进行求解，这种方式已经成为最常规和普遍的在线温度计算方法。以此为基础，辅助以自学习方法或基于大数据的智能优化，可以基本保证温度在线控制精度的要求[6~13]。

随着以超快冷技术为基础的道次间冷却和差温轧制等技术的应用，以及产品工艺对温度控制的更高要求，在线温度预测和控制技术也在不断寻求突破。对常规有限元方法进行改进的快速有限元方法；精确的解析解方法；厚度方向的变尺寸网格划分；长度或宽度方向的多点计算；考虑宽度方向或长度方向的二维或三维的有限差分法等也不断应用，并取得不错的效果[14~18]。

总之，需求是推动技术发展的动力，随着对温度精度要求的提高，温度预测和控制技术必将不断取得进步。

4.2   温度计算基础理论

中厚板轧制过程轧件温度变化是固体与外界的传热过程，本质是由温差引起的热量传导过程。这个传导过程包括：轧件内部的热传导过程以及钢板和周围介质的外部热交换过程，因此轧件温度计算的基础理论是传热学。基于传热学基本理论，可以准确计算轧件在整个生产过程中热量传导和不同时空状态下轧件温度分布情况，并以此为基础对轧件温度进行控制。

传热学是研究由温差引起的热量传递规律的科学，凡是有温度差的地方，就会有热量自发地由高温处传向低温处。就物体温度的变化与时间的关系而言，热量传递过程可区分为两大类：物体中各点温度不随时间而改变的传热过程称为稳态传热过程；反之，则称为非稳态传热过程。传热过程有三种基本方式：热辐射、对流和热传导[19,20]。

4.2.1   辐射换热

辐射是由物体本身产生的电磁波传递能量的现象，由于热的原因而产生的电磁波辐射称为热辐射。热辐射的电磁波是物体内部微观粒子的热运动状态改变时激发出来的，只要物体的温度高于"绝对零度"，物体总是不断地把热能变为辐射能，向外发出热辐射；同时也不断地吸收外界投射来的辐射能，并将吸收的辐射能变成热能。

辐射换热就是指物体之间相互辐射和吸收的综合效果。辐射换热区别于导热、对流换热的两个特点：一是热辐射以光速在空间传播，不需要借助中间介质，更不需要相互接触；二是在产生能量转移的同时还伴随着能量形式的转换，即热能→辐射能（发射过程）和辐射能→热能（吸收过程）。

实验表明，物体的辐射能力与温度有关，斯蒂芬-玻耳兹曼定律揭示了黑体（指能吸收投射到其表面上的所有热辐射能的物体）在单位时间内发出的热辐射热量和温度的四次方成正比：

$$Q = \sigma T^4 F \tag{4-1}$$

式中　σ——斯蒂芬-玻尔兹曼常数（黑体辐射常数），其值为 $5.67×10^{-8}$ W/（m²·K⁴）；

T——物体的绝对温度，K；

F——辐射面积，m²。

而一切实际物体的辐射能力都小于同温度下的黑体，实际物体辐射热流量可采用斯蒂芬-玻尔兹曼定律的经验修正形式：

$$Q = \varepsilon \sigma T^4 F \tag{4-2}$$

式中　ε——实际物体的发射率（又称黑度），它小于 1，与物体种类、表面温度和状态有关。

斯蒂芬-玻尔兹曼定律是辐射换热计算的基础，其所求的是物体自身向外辐射的热流量，而不是辐射换热量，给出一种简单的辐射换热形式是表面积为 F_1、表面温度为 T_1、发射率为 ε_1 的物体被包容在一个很大的表面温度为 T_2 的空腔内，则该物体与空腔表面间的辐射换热量计算式如下：

$$Q = \varepsilon_1 \sigma (T_1^4 - T_2^4) F_1 \tag{4-3}$$

该物体相应的辐射换热热流密度即为：

$$q = \varepsilon_1 \sigma (T_1^4 - T_2^4) \tag{4-4}$$

将上式写成牛顿冷却公式的形式，引入辐射换热系数 h，则辐射换热热流密度可表示成：

$$q = h(T_1 - T_2) \tag{4-5}$$

综合式（4-4）和式（4-5），可得到辐射换热系数 h 的表达式：

$$h = \varepsilon_1 \sigma \frac{T_1^4 - T_2^4}{T_1 - T_2} = \varepsilon_1 \sigma (T_1^2 + T_2^2)(T_1 + T_2) \tag{4-6}$$

4.2.2　对流换热

对流是指由于流体的宏观运动使其各部分之间发生相对位移，冷、热流体相互掺混所引起的热量传递过程。由于流体中的分子同时在进行着不规则的热运动，因而对流必然伴随热传导现象。

对流换热是特指流体流过某一物体表面时的热量传递过程。轧制过程空冷阶段钢板与空气进行对流换热，除鳞阶段钢板与除鳞水进行对流换热。对流的基本计算式是牛顿冷却公式：

$$q = h\Delta T \tag{4-7}$$

$$Q = h\Delta T F \tag{4-8}$$

式中　ΔT——物体表面温度和流体温度的差值（始终为正值），℃；

h——对流换热系数（又称表面传热系数），$W/(m^2 \cdot K)$；

F——换热面积，m^2。

4.2.3 热传导

热传导是物体各部分之间不发生相对位移时，依靠分子、原子及自由电子等微观粒子的热运动而产生的热量传递。通过对实践经验的提炼，导热现象的规律已经总结为傅里叶定律，具体表达式为：

$$q = - \lambda \, \mathrm{grad} t \tag{4-9}$$

式中　q——热流密度矢量，W/m^2；

λ——比例系数，称为导热系数，$W/(m \cdot K)$；

$\mathrm{grad} t$——物体空间某点的温度梯度，K/m。

可见，如物体中的温度分布已知，就可按傅里叶定律计算出各点的热流密度矢量。因此，求解导热问题的关键是要获得物体中的温度分布。为求得物体温度场的数学表达式，需根据能量守恒定律与傅里叶定律建立其温度场应当满足的数学关系式，称为导热微分方程。取导热物体内一个任意的微元平行六面体，将热流密度矢量分解为三个坐标方向的分量 q_x、q_y、q_z，通过 $x=x$，$y=y$，$z=z$ 三个微元表面导入的热流密度可写出为：

$$q_x = - \lambda \frac{\partial t}{\partial x} \tag{4-10}$$

$$q_y = - \lambda \frac{\partial t}{\partial y} \tag{4-11}$$

$$q_z = - \lambda \frac{\partial t}{\partial z} \tag{4-12}$$

同样，热流量也可分解为三个坐标方向的热流分量 Q_x、Q_y、Q_z，通过 $x=x$、$y=y$、$z=z$ 三个微元表面导入的热流量可写出为：

$$Q_x = q_x \mathrm{d}y\mathrm{d}z = - \lambda \frac{\partial t}{\partial x}\mathrm{d}y\mathrm{d}z \tag{4-13}$$

$$Q_y = q_y \mathrm{d}x\mathrm{d}z = - \lambda \frac{\partial t}{\partial y}\mathrm{d}x\mathrm{d}z \tag{4-14}$$

$$Q_z = q_x \mathrm{d}x\mathrm{d}y = - \lambda \frac{\partial t}{\partial z}\mathrm{d}x\mathrm{d}y \tag{4-15}$$

通过 $x=x+\mathrm{d}x$、$y=y+\mathrm{d}y$、$z=z+\mathrm{d}z$ 三个微元表面导出的热流量可写出为：

$$Q_{x+\mathrm{d}x} = Q_x + \frac{\partial Q}{\partial x}\mathrm{d}x = Q_x + \frac{\partial}{\partial x}\left(- \lambda \frac{\partial t}{\partial x}\mathrm{d}y\mathrm{d}z\right)\mathrm{d}x \tag{4-16}$$

$$Q_{y+\mathrm{d}y} = Q_y + \frac{\partial Q}{\partial y}\mathrm{d}y = Q_y + \frac{\partial}{\partial y}\left(- \lambda \frac{\partial t}{\partial y}\mathrm{d}x\mathrm{d}z\right)\mathrm{d}y \tag{4-17}$$

$$Q_{z+dz} = Q_z + \frac{\partial Q}{\partial z}dz = Q_z + \frac{\partial}{\partial z}\left(-\lambda\frac{\partial t}{\partial z}dxdy\right)dz \tag{4-18}$$

对于所取的微元体而言，根据能量守恒定律，在单位时间内有以下热平衡关系：

导出的总热流量 + 热力学能(即内能)增量 = 导入的总热流量 + 内热源的生成热

$$\tag{4-19}$$

其中

$$微元体热力学能的增量 = \rho c\frac{\partial t}{\partial \tau}dxdydz \tag{4-20}$$

$$微元体内热源的生成热 = \dot{Q}dxdydz \tag{4-21}$$

式中　ρ——密度，kg/m^3；

　　　c——比热，$J/(kg\cdot K)$；

　　　τ——时间，s；

　　　$\dot{Q}$——单位时间、单位体积中内热源的生成热，W/m^3。

将式（4-13）~式（4-18）、式（4-20）和式（4-21）代入式（4-19）中，整理得：

$$\rho c\frac{\partial t}{\partial \tau} = \frac{\partial}{\partial x}\left(\lambda\frac{\partial t}{\partial x}\right) + \frac{\partial}{\partial y}\left(\lambda\frac{\partial t}{\partial y}\right) + \frac{\partial}{\partial z}\left(\lambda\frac{\partial t}{\partial z}\right) + \dot{Q} \tag{4-22}$$

该式即为三维非稳态导热微分方程的一般形式，当导热系数为常数并认为无内热源时，式（4-22）可简化为：

$$\frac{\partial t}{\partial \tau} = \alpha\left(\frac{\partial^2 t}{\partial x^2} + \frac{\partial^2 t}{\partial y^2} + \frac{\partial^2 t}{\partial z^2}\right) \tag{4-23}$$

式中　α——热扩散率（又称导温系数），$\alpha = \lambda/\rho c$，m^2/s。

4.3　基于有限差分法的轧件温度场模型

有限差分方法是用于微分方程定解问题求解的最广泛的数值方法，近年来有限差分法在工程问题的很多领域中得到广泛应用。相对于有限元法，有限差分法具有求解过程简单、计算速度快的优点，更适用于具有规则形状的中厚板在线温度场的数值求解。

有限差分法基本思想是把连续区域用有限个离散点构成的网格来代替，这些离散点称为网格节点。把连续区域上连续变量的函数用离散变量函数来近似，把原方程和定解条件中的微商用差商来近似，积分用积分和来近似，于是微分方程和定解条件就近似地代之以代数方程组，即有限差分方程组，解此方程组就可以得到原问题在离散点上的近似解。

在用有限差分法求解轧制过程温度场时，先将钢板按区域进行离散化。例如，沿钢板厚度方向划分一定数量的节点；同时将时间也进行离散化处理，这样构建出空间和时间域的网格，每个节点都对应不同的时间节点。将导热微分方程应用于某一时刻的某一节点，采用差分格式近似代替微商。求解各个节点组成的方程组，便可得到钢板瞬时温度场[21]。

4.3.1　导热微分方程

对于中厚板的轧制过程来说，通过钢板水平表面与环境产生的热交换占整个热交换过程绝大部分，而通过轧件侧表面与环境产生的热交换很有限，所以在温度模型中对侧表面产生的热交换忽略不计。忽略轧件长度方向的温度变化，只研究厚度方向的温度变化，因此中厚板轧制的温度场计算可以简化为一维状态下的计算式，相应的轧件的一维导热微分方程表示为：

$$\frac{\partial T}{\partial \tau} = \alpha \frac{\partial^2 T}{\partial x^2} + \frac{q_\mathrm{d}}{\rho c} \tag{4-24}$$

式中　α——热扩散率，$\alpha = \lambda / \rho c$；

　　　λ——材料的热传导系数，$W/(m \cdot K)$；

　　　q_d——单位时间单位体积中生成热，W/m^3；

　　　c——比热容，$J/(kg \cdot K)$。

首先给出几个计算过程中用到的无量纲的量：

（1）傅里叶数：表达式为：

$$Fo = \frac{\lambda \Delta t}{\rho_\mathrm{m} c_\mathrm{m} (\Delta x)^2} \tag{4-25}$$

傅里叶数的物理意义可以理解为两个时间间隔相除所得到的无量纲时间，即 $Fo = \dfrac{\Delta t}{(\Delta x)^2 / \alpha}$，其中分子 Δt 是从边界上开始发生的热扰动的时刻起到所计算时刻为止的时间间隔；分母 $(\Delta x)^2 / \alpha$ 可以视为使边界上发生的有限大小的热扰动穿过一定厚度的固体层扩散到一定面积上所需的时间。因此 Fo 数可以看成是表征非稳态过程进行深度的无量纲时间。在非稳态导热过程中，这一无量纲时间越大，热扰动就越深入地传播到物体内部，因而物体内各点的温度越接近周围介质的温度。

（2）上表面毕渥数：

$$Bi_\mathrm{u} = \frac{\Delta x h_\mathrm{u}}{\lambda} \tag{4-26}$$

（3）下表面毕渥数：

$$Bi_\mathrm{l} = \frac{\Delta x h_\mathrm{l}}{\lambda} \tag{4-27}$$

毕渥数的物理意义可以理解为固体内部单位导热面积上的导热热阻与单位表面积上的换热热阻（即外部热阻）之比，即 $Bi = \dfrac{\Delta x / \lambda}{1/h}$。表征这两个热阻比值的无量纲数称为毕渥数。在相同 Fo 数的条件下，Bi 数越大意味着表面上的换热条件越强，使得物体的中心温度越能迅速地接近周围介质温度。

4.3.2 导热微分方程定解条件

导热微分方程是描述导热过程的通用表达式，适用于一切导热过程。然而，每一个具体的导热过程总是在自己特定的条件下进行的，这种特定条件包括几何条件、物理条件、时间条件、边界条件。只有把微分方程的通解和这些特定条件结合得出的解，才是适用于具体过程的解。以下四项特定条件称为定解条件。

（1）几何条件：表明导体的几何形状、尺寸及相对位置。

（2）物理条件：表明与导热现象有关的导热体的物理性质，如热导率 k、密度 ρ、比热容 c 等。

（3）时间条件：也叫初始条件，表明对导热过程有影响的初始时刻温度分布情况。稳态导热时，没有初始条件。

（4）边界条件：表明与导热现象有关的边界温度分布或传热情况。一般情况下分为以下三类边界条件。

1）第一类边界条件：导热体在任何时间边界上的温度分布是已知的，表达式为：

$$T_w = f_1(x, y, z, t) \tag{4-28}$$

2）第二类边界条件：导热体在边界上的热流密度是已知的，表达式为：

$$q_w = -k \left(\frac{\partial T}{\partial n} \right)_w = f_2(x, y, z, t) \tag{4-29}$$

3）第三类边界条件：规定了边界上物体与周围的表面换热系数 h 及其环境温度 T_{env}，表达式为：

$$-k \left(\frac{\partial T}{\partial n} \right)_w = h(T_w - T_{env}) \tag{4-30}$$

研究轧制问题的温度场时通常会遇到以下几种边界面：

（1）对称面。假设几何对称面的两侧温度分布也对称，在对称面上没有热量交换，故可以认为对称面上的边界条件规定了热流密度值，且热流密度值为零，也称为绝热边界条件。

（2）自有表面。轧件的自有表面通过辐射和对流与外界进行热交换。

（3）轧件与轧辊的接触面。热轧时轧件与轧辊的温差很大，轧制过程中的接触面上发生热量交换，此为热流连续、温度不连续的热阻问题。

轧制过程的温度计算问题是非稳态问题，给出边界温度值的第一类边界条件很少见，对称面可归为热流密度为零的第二类边界条件，自有表面和接触面都可以归为第三类边界条件。

4.3.3　区域离散化

首先将钢板沿厚度方向进行区域离散化，如图 4-1 所示。把坐标原点 O 点定在钢板厚度下表面，x 轴表示厚度方向，将钢板厚度分成 $n-1$ 等分，共 n 个节点，节点间距即空间步长 $\Delta x = x_{i+1} - x_i$；同样，沿时间 τ 轴也离散化，时间步长 $\Delta \tau = \tau_{n+1} - \tau_n$。然后采用差商近似代替微商，可使导热微分方程（4-23）转化为差分格式。为方便书写，将 x_i 记为 i，将 τ_n 记为 n，将 τ_n 时刻 x_i 处的温度 $T(x_i, \tau_n)$ 记为 T_i^n。

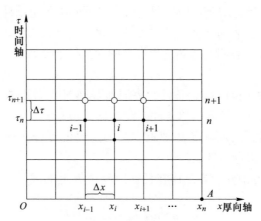

图 4-1　一维系统区域离散化

4.3.4　构建差分格式

构建差分格式有以下方法：

（1）内部节点。一阶微商用向后差商近似代替，二阶微商用中心差商格式近似代替。

$$\left(\frac{\partial T}{\partial \tau}\right)_i^n \approx \frac{T_i^n - T_i^{n-1}}{\Delta \tau} \tag{4-31}$$

$$\left(\frac{\partial^2 T}{\partial x^2}\right)_i^n \approx \frac{T_{i+1}^n - 2T_i^n + T_{i-1}^n}{(\Delta x)^2} \tag{4-32}$$

$$\frac{T_i^n - T_i^{n-1}}{\Delta \tau} = \alpha \times \frac{T_{i+1}^n - 2T_i^n + T_{i-1}^n}{(\Delta x)^2} + \frac{q_{\mathrm{d}}}{\rho c_{\mathrm{p}}} \tag{4-33}$$

将上式代入导热微分方程，整理得：

$$- FoT_{i+1}^n + (1 + 2Fo)T_i^n - FoT_{i-1}^n = T_i^{n-1} + q_d Fo \times \frac{(\Delta x)^2}{\lambda} \qquad (4\text{-}34)$$

程序中在上式两边除以傅里叶系数，得：

$$- T_{i+1}^n + \left(\frac{1}{Fo} + 2\right)T_i^n - T_{i-1}^n = \frac{1}{Fo}T_i^{n-1} + q_d \times \frac{(\Delta x)^2}{\lambda} \qquad (4\text{-}35)$$

（2）上表面边界节点计算公式为：

$$- \lambda \left.\frac{\delta T}{\delta x}\right|_{x=0} = - h_u(T - T_{env}) + q_u \qquad (4\text{-}36)$$

假设节点 u 在 1 点之上，采用中心差分近似得出：

$$- \lambda \frac{T_2^n - T_u^n}{2\Delta x} = - h_u(T_1^n - T_{env}) + q_u \qquad (4\text{-}37)$$

$$T_u^n = T_2^n - 2Bi_u(T_1^n - T_{env}) + \frac{2\Delta x}{\lambda} \times q_u \qquad (4\text{-}38)$$

代入内节点式可得出：

$$\left(Bi_u + 1 + \frac{1}{2Fo}\right)T_1^n - T_2^n = \frac{1}{2Fo}T_1^{n-1} + Bi_u T_{env} + q_d \times \frac{(\Delta x)^2}{2\lambda} + \frac{\Delta x}{\lambda} \times q_u$$

$$(4\text{-}39)$$

（3）下表面边界节点。同理可得下表面隐式差分方程为：

$$- T_{i-1}^p + \left(Bi_l + 1 + \frac{1}{2Fo}\right)T_i^p = \frac{1}{2Fo}T_{i-1}^{p-1} + Bi_l T_{env} + q_d \times \frac{(\Delta x)^2}{2\lambda} + \frac{\Delta x}{\lambda} \times q_u$$

$$(4\text{-}40)$$

将表面节点及内部节点联立，得到方程组：

$$\begin{pmatrix} Bi_u + 1.0 + \frac{1}{2Fo} & -1 & & & \\ -1 & \frac{1}{Fo} + 2 & -1 & & \\ & & \vdots & & \\ & & -1 & \frac{1}{Fo} + 2 & \\ & & & -1 & Bi_l + 1.0 + \frac{1}{2Fo} \end{pmatrix} \begin{pmatrix} T[0] \\ T[1] \\ \vdots \\ T[i-2] \\ T[i-1] \end{pmatrix}^n$$

$$= \begin{cases} \dfrac{1}{2Fo} \times T[0]^{n-1} + Bi_u T_{envU} + q_d \times \dfrac{(\Delta x)^2}{\lambda} + \dfrac{\Delta x}{\lambda} \times q_u \\[2mm] \dfrac{1}{Fo} T[1]^{n-1} + q_d \times \dfrac{(\Delta x)^2}{\lambda} \\[2mm] \quad\quad\quad\vdots \\[2mm] \dfrac{1}{Fo} T[i-2]^{n-1} + q_d \times \dfrac{(\Delta x)^2}{\lambda} \\[2mm] \dfrac{1}{2Fo} \times T[i-1]^{n-1} + Bi_l T_{envL} + q_d \times \dfrac{(\Delta x)^2}{\lambda} + \dfrac{\Delta x}{\lambda} \times q_l \end{cases} \quad (4\text{-}41)$$

求解该方程组便可得到轧件沿厚度方向上的瞬时温度分布。将中厚板轧制过程轧件温度变化考虑成一维非稳态热传导过程，对温度场的求解归结为在定解条件下求解导热微分方程。对于中厚板轧制过程来说，只需确定初始条件和边界条件即可满足对温度场求解的必要条件，其中初始条件可以认为出炉后轧件温度分布均匀，工作重心为如何确定边界条件。

通过推导轧件厚度方向各节点导热方程得出，求得精确温度场的关键即为精确设定在轧制各阶段的轧件上下表面换热系数的计算模型。

4.3.5　模型参数确定

在差分方程表达式中，涉及三个重要参数：密度、比热容和导热系数，这三个物性参数均和温度有关，需要合理考虑温度的影响。其中密度对温度的依赖性非常小，可以认为是一个固定值 $7800 kg/m^3$；换热系数差分方程的前提件是比热和导热系数为常数，然而比热和导热系数随温度的变化较大，须合理确定与温度的关系，同时比热模型中必须考虑相变潜热，以满足差分方程的前提条件。

4.3.5.1　比热容

比热容是指物体每升高或者降低1℃时，需要吸收或释放的热量。显然，比热容对物体的升温或降温过程有着重要影响。中厚板在轧制过程中，轧件的比热容不仅随温度的变化而变化，而且不同组织的轧件其比热容也不相同。确定比热系数时可以先确定轧件内各组织成分的比例，然后根据各组织的比热容计算得到轧件的平均比热。采用这种方法计算的轧件平均比热容比较准确，但是首先要确定轧件组成相，具有一定的难度，因而工程上的应用不多见。另一种比热系数的确定方法是将常用钢种的比热制成表格形式，计算时根据轧件成分和温度查取比热系数。表 4-1 是常用钢种的比热表。

表 4-1 比热表

温度/℃	比热容/kcal·(kg·℃)⁻¹				
	沸腾钢(0.06%C)	镇静钢(0.08%C)	低碳钢(0.23%C)	中碳钢(0.4%C)	Si-Mn 钢
400~450	0.150	0.150	0.150	0.146	0.150
450~500	0.158	0.158	0.158	0.156	0.160
500~550	0.168	0.166	0.168	0.164	0.168
550~600	0.180	0.178	0.178	0.170	0.180
600~650	0.192	0.188	0.188	0.174	0.168
650~700	0.206	0.204	0.202	0.184	0.198
700~750	0.264	0.272	0.342	0.378	0.216
750~800	0.206	0.230	0.228	0.148	0.326
800~850	0.192	0.206	0.178	0.122	0.146
850~900	0.200	0.194	0.154	0.130	0.150
900~950	0.158	0.156	0.156	0.150	0.150
950~1000	0.160	0.156	0.154	0.148	0.152
1000~1050	0.160	0.158	0.156	0.152	0.154

注：1cal = 4.1868J。

表 4-1 中的比热容是依赖于温度和含碳量的离散值，在实际的计算过程中由于轧件的含碳量和温度几乎是连续变化的，为了满足模型计算的需要根据表 4-1 建立比热模型。根据轧件的温度和含碳量，对表 4-1 进行线性插值得到轧件当前状态下的比热容，比热容计算曲线如图 4-2 所示。

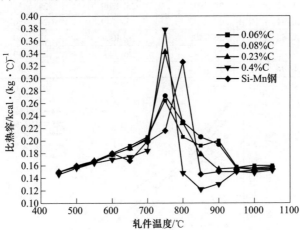

图 4-2 典型钢种的比热容值曲线

(1cal = 4.1868J)

4.3.5.2 导热系数

导热系数是指一定温度梯度下单位时间单位面积上传导的热量，单位为

W/(m·K)。导热系数是表征材料导热性能优劣的物性参数。不同材料的导热系数的值是不同的，即使是同一种材料，导热系数值还与温度等因素有关。中厚板在轧制过程中，导热系数不仅与温度有关，还与轧件的组织成分有关。同比热的计算类似，通过确定当前状态下轧件的组织成分，根据各组织相的导热系数计算轧件的平均导热系数能够比较准确地得到轧件的导热系数。但是，由于很难在线确定轧制过程中轧件的组织成分，因此限制了这种方法的使用。在计算轧件的导热系数时，通常根据测定的已知钢种不同温度下的导热系数，采用分段插值的方法得到当前轧件的导热系数，其计算方法与比热容计算方法相同。表 4-2 是常用钢种不同温度下的导热系数表，导热系数计算曲线如图 4-3 所示。

表 4-2　导热系数表

温度/℃	导热系数/W·(m·K)$^{-1}$				
	沸腾钢 0.06%C	镇静钢 0.08%C	低碳钢 0.23%C	中碳钢 0.4%C	Si-Mn 钢
400	46.5200	44.7755	42.6821	41.8680	30.9358
450	43.4962	42.3332	41.0539	40.2398	30.9358
500	41.0539	40.2398	39.3094	38.1464	30.9358
550	39.3094	38.1464	37.6812	36.0530	30.5869
600	37.6812	36.0530	35.5878	33.9596	30.1217
650	36.0530	33.9596	33.9596	32.2151	29.3076
700	33.9596	31.8662	31.8662	30.1217	28.0283
750	31.8662	29.7728	28.4935	27.2142	26.4001
800	30.1217	28.4935	25.9349	24.6556	25.1208
850	27.6794	27.2142	25.9349	24.6556	25.1208
900	27.2142	26.7490	26.4001	25.5860	25.5860
950	27.2142	27.2142	26.749	25.9349	25.93490
1000	27.6794	27.6794	27.2142	26.749	26.4001

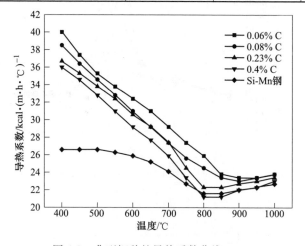

图 4-3　典型钢种的导热系数曲线

(1kcal/(m·h·℃)=1.163W/(m²·K))

4.4 不同工艺条件下的换热系数

将轧制区域定义为加热炉后至控制冷却区前，在轧制区域影响轧件温度场变化的各阶段有空冷、除鳞及在辊缝中轧制引起的热传导与塑性功，如图 4-4 所示。采用隐式差分法求解轧制过程温度场的关键就是合理确定轧制各环节的边界条件，也就是换热系数，确定换热系数后结合温度场模型即可对轧件温度场进行计算，换热系数模型的精度将直接影响温度场计算精度。因此将不同工艺条件下的换热系数确定作为单独一节重点研究，分别确定轧制区域的空冷、除磷和辊缝中热传导与轧制阶段的换热系数。

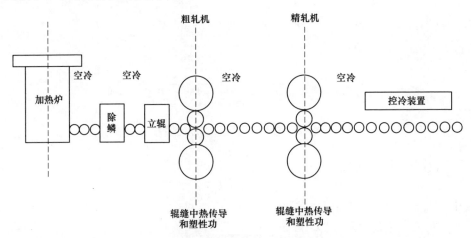

图 4-4 轧制过程工艺流程

4.4.1 空冷阶段的换热系数

空冷是指轧件从加热炉出炉后在辊道上发生热辐射和与空气自然对流导致温度变化的过程。轧件在辊道上进行空冷的时间占据整个轧制过程的大部分时间，且空冷阶段的热量传递相对轧制、除鳞阶段要平稳，温度下降趋势平缓。根据控制轧制的要求，许多轧件在轧制到一定厚度时需要运送到待温辊道上进行控温，直至温度降低到工艺允许值时才能进行下一阶段轧制。因此，空冷阶段由以下几个阶段组成：从加热炉出炉至除鳞之间的空冷阶段、除鳞至轧机的空冷阶段、轧制间隙的空冷阶段、控温冷却时的长时间待温空冷阶段。

根据传热学的基础理论，空冷阶段的温度变化主要因素为热辐射和对流换热。

4.4.1.1 热辐射换热系数

辐射率的准确设定是影响轧件空冷阶段温度变化的重要因素。影响轧件辐射率的因素主要有轧件平均温度、氧化铁皮、表面粗糙度等，本章在计算过程中将轧件辐射率考虑成与轧件平均温度的线性函数，如图4-5所示。氧化铁皮产生的影响在计算换热系数的时候单独考虑。

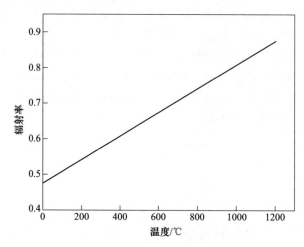

图 4-5 辐射率与轧件温度的关系

辐射率计算公式为：

$$\varepsilon = \varepsilon_0 + k_\varepsilon T \tag{4-42}$$

式中 ε_0——0℃下的辐射率常数；

k_ε——辐射率斜率，℃$^{-1}$；

T——轧件表面温度，℃。

由于热辐射产生的换热系数：

$$h = \frac{\sigma \varepsilon}{T - T_{env}} \times \left[(T + 273.15)^4 - (T_{env} + 273.15)^4 \right] \tag{4-43}$$

式中 h——轧件表面换热系数，W/（m^2·K）；

σ——热辐射常数，5.67×10^{-8}W/（m^2·K^4）；

T——轧件表面温度，℃；

T_{env}——环境温度，℃。

例如，2m 宽、8m 长的轧件，其表面温度 $T_1 = 1000℃$，空气温度 $T_0 = 25℃$，经计算黑度为 0.81，则其热辐射换热系数为：

$$h = \frac{5.67 \times 10^{-8} \times 0.81}{1000 - 25} \left[(1000 + 273.5)^4 - (25 + 273.5)^4 \right] = 123.5W/（m^2 \cdot K）$$

$$\tag{4-44}$$

4.4.1.2 对流换热系数

在计算轧件表面换热系数时，打破以往对轧件温度分布以厚度中心线对称的假设。实际轧制过程中由于轧件上下表面存在温差，温度分布不均，在轧制过程中形成不对称轧制，影响板形质量，严重时可造成头尾弯曲的现象。因此，分别计算轧件上下表面换热系数。轧件在辊道上运送时热辐射放热，上表面同时与空气发生自然对流；下表面由于辊道的影响，热辐射受到阻碍，同时轧件与辊道接触发生热传导。

A　上表面换热系数

在辊道上轧件上表面与空气进行对流，计算轧件上表面换热系数时要在考虑辐射产生换热系数的基础上再加上空气自然对流系数，范围一般为 1 ~ 10W/(m² · K)。

$$h_u = h + h_{AIR} \tag{4-45}$$

式中　h_u——上表面换热系数，W/(m² · K)；

h_{AIR}——空气自然对流系数，W/(m² · K)。

由于中厚板轧制过程轧制速度不是很高，可以将轧件表面的对流换热简化为水平平板表面自然对流换热，这样有式（4-46）和式（4-47）。

$$Nu = 0.54\,(GrPr)^{1/4} = \frac{h_u d}{\lambda_a} \qquad (10^5 < GrPr < 2 \times 10^7, 层流状态) \tag{4-46}$$

$$Nu = 0.15\,(GrPr)^{1/3} = \frac{h_u d}{\lambda_a} \qquad (2 \times 10^7 < GrPr < 3 \times 10^{10}, 紊流状态)$$

$$\tag{4-47}$$

$$Gr = \frac{g\beta(T_s - T_a)d^3}{\nu^2} \tag{4-48}$$

式中　Nu——轧件表面的努塞特数；

Pr——普朗特数；

Gr——葛拉晓夫数；

g——重力加速度；

β——空气的体积膨胀系数；

d——轧件尺寸特征数，等于轧件表面积除以轧件周长；

ν——空气动黏性系数；

λ_a——空气的热传导率。

如果 2m 宽、10m 长的轧件，其表面温度 $T_s = 1000℃$，空气温度 $T_a = 25℃$，Pr、β 及 ν 取温度 500℃ 对应的数值，则有：

$$Gr = \frac{9.8 \times (1000 - 25) \times 20/24}{773 \times 0.84^2 \times 10^{-8}} = 14.6 \times 10^8 \tag{4-49}$$

$$GrPr = 14.6 \times 10^8 \times 0.71 = 1.04 \times 10^9 \tag{4-50}$$

其对流状态属于紊流，所以有：

$$h_{\mathrm{AIR}} = \frac{0.15\,(GrPr)^{1/3}\lambda_{\mathrm{a}}}{d} = \frac{0.15 \times (1.04 \times 10^9)^{1/3} \times 0.052}{20/24} = 9.48\mathrm{W}/(\mathrm{m}^2 \cdot \mathrm{K})$$

$$(4\text{-}51)$$

B　下表面换热系数

由于辊道的影响轧件下表面辐射放热受到阻碍，计算下表面换热系数时要乘以一个权重 $k_{\mathrm{h}}(0<k_{\mathrm{h}}<1)$，同时还要考虑与辊道接触引起的换热系数的变化。

$$h_1 = hk_{\mathrm{h}} + h_{\mathrm{RT}} \tag{4-52}$$

式中　h_1——下表面换热系数，$\mathrm{W}/(\mathrm{m}^2 \cdot \mathrm{K})$；

　　　h_{RT}——辊道的换热系数，$\mathrm{W}/(\mathrm{m}^2 \cdot \mathrm{K})$，其取值与轧件厚度对应。

在实际生产的过程中，轧件与运钢辊道之间接触时，其下表面与辊道有接触传热。如图4-6所示，假设轧件与辊道在接触之前分别为温度 t_{a} 和 t_{b}，当轧件与轧辊发生接触时，会产生一个介于 t_{a} 和 t_{b} 之间的温度 t_{c}，在这个接触面上的热流密度是相等的，即：

$$q_{\mathrm{a}} = q_{\mathrm{b}} = \frac{\lambda_{\mathrm{a}}(t_{\mathrm{a}} - t_{\mathrm{c}})}{\sqrt{\pi\alpha_{\mathrm{a}}t}} = \frac{\lambda_{\mathrm{b}}(t_{\mathrm{c}} - t_{\mathrm{b}})}{\sqrt{\pi\alpha_{\mathrm{b}}t}} \tag{4-53}$$

式中　α_{b}——热扩散率，$\alpha_{\mathrm{b}}=\lambda/\rho c_{\mathrm{p}}$；

　　　λ_{a}——轧件导热系数；

　　　λ_{b}——辊道导热系数；

　　　t——轧件与辊道的接触时间，s；

　　　ρ——密度，$\mathrm{kg/m}^3$。

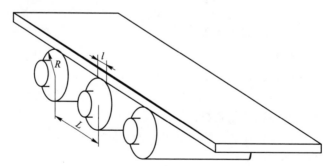

图4-6　轧件与辊道接触图

变换热扩散率的公式可知，吸热系数 $\lambda/\sqrt{\alpha}$ 为：

$$\lambda/\sqrt{\alpha} = \sqrt{\lambda\rho c_{\mathrm{p}}} \tag{4-54}$$

所以由式（4-53）和式（4-54）可得：

$$\frac{t_a - t_c}{t_c - t_b} = \frac{\sqrt{\lambda_b \rho_b c_{pb}}}{\sqrt{\lambda_b \rho_b c_{pa}}} \tag{4-55}$$

由于轧件与辊道的材质可以近似认为相同，因此其热扩散率也近似相同，所以接触温度为：

$$t_c = (t_a + t_b)/2 \tag{4-56}$$

待温轧件与辊道的接触区域长度可以根据赫兹公式得出：

$$l = 3.04\sqrt{\frac{\rho h R g L}{E}} \tag{4-57}$$

设钢板厚度 $h = 200mm$、密度 $\rho = 7800kg/m^3$、辊道半径 $R = 0.18m$、杨氏模量 $E = 14000MPa$（$t = 1000℃$ 时）、辊道间距 $L = 0.75m$、重力加速度 $g = 9.81m/s^2$，计算得 $l = 0.116m$。设辊道的导热系数 $\lambda_b = 35W/(m \cdot K)$、定压比热容 $c_p = 550J/(kg \cdot K)$，计算得到辊道的热扩散率 $\alpha_b = 8.16 \times 10^{-2} m^2/s$。当钢板的速度为 $v_a = 1.5m/s$ 时，接触时间为：

$$t = l/v_a = 0.116/1.5 = 0.076s \tag{4-58}$$

当 $t_a = 1000℃$、$t_b = 200℃$ 时，接触温度 $t_c = 600℃$，则辊道在接触面上的热流密度为：

$$q_b = \frac{\lambda_b(t_c - t_b)}{\sqrt{\pi \alpha_b t}} = \frac{2 \times 35 \times 400}{\sqrt{3.14 \times 8.16 \times 10^{-2} \times 0.076}} = 2.0 \times 10^5 \ W/m^2 \tag{4-59}$$

单根的辊道之间存在的距离为 $0.75m$，则其平均热流密度是：

$$q_m = \frac{q_b l}{L} = 2.0 \times 10^5 \times \frac{0.116}{0.75} = 3.1 \times 10^4 \ W/m^2 \tag{4-60}$$

$$h_{RT} = \frac{q_m}{t_a - t_c} = \frac{3.1 \times 10^4}{400} = 77W/(m^2 \cdot K) \tag{4-61}$$

通过数据可以看出，轧件与辊道之间的换热系数是应该给予考虑的。在计算轧件下表面换热系数时要考虑辊道对热辐射阻碍产生的影响和轧件与辊道接触产生的换热系数，并且辊道接触换热系数与轧件厚度对应。

C 氧化铁皮对换热系数影响

假设轧件经除鳞后氧化铁皮完全清除，但由于轧件表面温度较高，在辊道上待温和轧制过程中又有氧化铁皮产生。氧化铁皮的热传导率和轧件自身的热传导率不同，对表面换热系数产生影响，且不同氧化铁皮厚度对换热系数影响有差异，下面为氧化铁皮厚度的计算式。

$$ih_S = K\sqrt{\left(\frac{h_S}{K}\right)^2 + t} \tag{4-62}$$

式中 ih_S——新的氧化铁皮厚度，m；

h_S——之前的氧化铁皮厚度，m；

t——轧件出炉后时间，s。

$$K = 10^{k_1 \lg T_s + k_2} \tag{4-63}$$

式中　k_1，k_2——氧化铁皮增厚常数；

T_s——轧件表面温度，℃。

考虑到氧化铁皮的轧件上表面换热系数为：

$$h_u = k_{AirU} h_u \times \frac{T_u - \dfrac{k_m i h_S \Delta T}{k_s} - T_{envU}}{T_u - T_{envU}} \tag{4-64}$$

式中　k_{AirU}——轧件上表面换热系数自学习因子；

T_u——轧件上表面温度，即厚度方向上第一个节点的温度，℃；

T_{envU}——上表面环境温度，℃；

k_m——轧件热导率，W/(m·K)；

k_s——氧化铁皮热导率，W/(m·K)；

ih_S——氧化铁皮厚度，m；

ΔT——温度梯度，℃/m。

$$\Delta T = \frac{T_{[1]} - T_u}{h/(n-1)} \tag{4-65}$$

式中　$T_{[1]}$——轧件厚度方向上第二个点的温度，℃；

h——轧件厚度，m；

n——轧件厚向节点数。

考虑到氧化铁皮的轧件下表面换热系数：

$$h_1 = k_{AirD} h_1 \times \frac{T_1 + \dfrac{k_m i h_S \times \Delta T}{k_s} - T_{envL}}{T_1 - T_{envL}} \tag{4-66}$$

式中　k_{AirD}——轧件下表面换热系数自学习因子；

T_1——轧件下表面温度，即厚度方向上最下面一个节点的温度，℃；

T_{envL}——下表面环境温度，℃；

ΔT——温度梯度，℃/m。

$$\Delta T = \frac{T_1 - T_{[n-2]}}{h/(n-1)} \tag{4-67}$$

式中　$T_{[n-2]}$——轧件厚度方向上倒数第二个节点温度，℃；

h——轧件厚度，m；

n——轧件厚向节点数。

4.4.2 除鳞阶段的换热系数

中厚板出炉后温度较高，表面形成一层氧化铁皮，轧制前一般采用高压水击破、去除氧化铁皮。由于高压水冲击使得轧件温度降低，这种传热方式可以认为轧件与除鳞水对流换热。除鳞阶段的换热系数，根据除鳞箱设备能力确定。在除鳞后轧件上表面尾部温降比头部大，这是因为除鳞液逆向流动造成的，使得轧件尾部的换热系数大于头部的换热系数，对长度方向上 i 节点换热系数的具体计算式为：

$$h_u = k_d h_d \times (1.0 + |L_{[i]} - L_{[0]}|k_{MD}) \tag{4-68}$$

式中 k_d——除鳞阶段换热系数自学习因子；

      h_u——修正后的轧件上表面换热系数，$W/(m^2 \cdot K)$；

      h_d——除鳞箱设备能力确定的换热系数，$W/(m^2 \cdot K)$；

    $L_{[i]}$——轧件长度方向上节点；

    $L_{[0]}$——轧件长度方向上距头部最近的节点；

   k_{MD}——除鳞水逆向流动造成轧件头尾温差的修正值。

假设轧件出炉后温度沿长度方向分布均匀，在辊道上运行经除鳞后上表面温度沿长度方向各点分布如图 4-7 所示，该图体现出除鳞后由于除鳞液逆向流动造成的轧件尾部温度低于头部温度，其中节点 1 为距离轧件头部最近的节点。

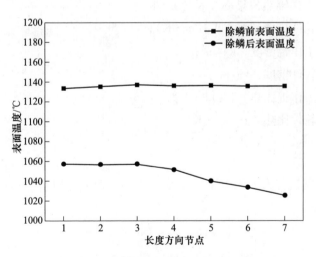

图 4-7   除鳞后轧件上表面头尾温度分布

4.4.3 轧辊热传导与塑性功

轧件进入辊缝后与轧辊接触发生热传导，同时轧件塑性变形产生变形热。这两项引起轧件温度场变化的因素几乎同时发生，且两者密切联系，分别求得热传导换热系数、塑性变形导致的轧件温升和生成热。综合考虑前两项因素计算辊缝中的换热系数。

4.4.3.1　轧辊热传导

轧制过程中，温度较高的轧件和温度较低的轧辊接触，轧件热量流向轧辊，使得轧件温度降低。计算出轧辊热传导环节中的轧辊换热系数，影响该换热系数的因素为轧件、轧辊和氧化铁皮的物性参数、轧件与轧辊接触时间等。

$$h_g = k_h \frac{b_e}{\sqrt{t_c}} \tag{4-69}$$

式中　h_g——轧辊换热系数，$W/(m^2 \cdot K)$；

　　　b_e——热透系数；

　　　t_c——接触时间，s。

　　　k_h——与接触时间、氧化铁皮热传导率 k_s 和厚度 h_S、热透系数 b_e 有关的模型参数。

$$b_e = \frac{\sqrt{k_m \rho_m c_m} \times \sqrt{k_w \rho_w c_w}}{\sqrt{k_m \rho_m c_m} + \sqrt{k_w \rho_w c_w}} \tag{4-70}$$

式中　k_w——工作辊热传导率，$W/(m \cdot K)$；

　　　k_m——轧件热传导率，$W/(m \cdot K)$；

　　　ρ_w——工作辊密度，kg/m^3；

　　　ρ_m——轧件密度，kg/m^3；

　　　c_w——工作辊比热，$J/(kg \cdot K)$；

　　　c_m——轧件比热，$J/(kg \cdot K)$。

4.4.3.2　塑性功

中厚板轧制过程为无张力控制过程，因此可以假设从出口点到入口点角度的 1/3 作为中性面。

$$h_b = \frac{h_1}{h_0} \tag{4-71}$$

$$z = \sqrt{\frac{h_b}{1 - h_b}} \tag{4-72}$$

$$w_u = \sqrt{\frac{R'}{h_1}} \tag{4-73}$$

$$\begin{cases} R' = R\left(1 + \dfrac{CF}{\Delta hb}\right) \\ C = \dfrac{16(1 - \nu^2)}{\pi E} \end{cases} \tag{4-74}$$

式中　F——轧制力，N；

　　h_0，h_1——轧件入口、出口厚度，m；

　　　　R'——轧辊压扁半径，m；

　　　　Δh——压下量，m；

　　　　b——轧件宽度，m；

　　　　C——轧辊压扁系数，m²/N；

　　　　ν——轧件泊松比，近似等于 0.3；

　　　　E——轧辊弹性模量。

$$x = \frac{2.0F\lg\dfrac{h_0}{h_1}}{\sqrt{3.0}\,l_c b Q_F} \tag{4-75}$$

$$Q_F = z \times \left[\left(2\arctan\frac{1}{z}\right) + w_u \lg\frac{\sqrt{h_b}}{h_b + (1 - h_b)/9}\right] - 1 \tag{4-76}$$

式中　x——轧件与轧辊接触面上，单位面积上受力，N/m²；

　　　　l_c——接触弧长，m；

　　　　b——轧件宽度，m。

　　轧件由于塑性变形会导致生成热：

$$q_d = \frac{x}{t_c} \tag{4-77}$$

式中　q_d——生成热，W/m³；

　　　　t_c——轧件与轧辊接触时间，s。

　　轧件变形温升：

$$dT = \frac{x}{\rho_m c_m} \tag{4-78}$$

式中　dT——轧件温升，℃。

　　综合以上两种热量传导和产生方式，辊缝中的换热系数归结为：

$$h = k_g h_g \frac{T + kdTdT - T_w}{T_{[0]} - T_w} \tag{4-79}$$

式中　h——轧件表面换热系数，W/(m²·K)；

　　　　k_g——辊缝中换热系数自学习因子；

　　　　h_g——计算出的轧辊换热系数，W/(m²·K)；

kdT——考虑的变形温升的有效系数；

dT——轧件变形导致的温升，℃；

$T_{[0]}$——轧件厚度方向上第一个节点温度，即表面温度，℃；

T_{w}——轧辊温度，℃。

4.5　轧件温度预测和控制模型的应用研究

4.5.1　基于软测量的温度推理技术

推理控制是指在工业控制中，由于检测装置的限制，某些过程输出的采样间隔非常大，影响了对扰动的有效监测。利用过程模型由可测输出变量将不可测的被控过程的输出变量推算出来，以实现反馈控制，或将不可测扰动推算出来，以实现前馈控制的一种控制系统[22]。

4.5.1.1　温度推理控制模型

中厚板轧制线上安装有一定数量的测温仪，以国内某 3500mm 四辊单机架轧机生产线为例，其测温仪布置图如图 4-8 所示。

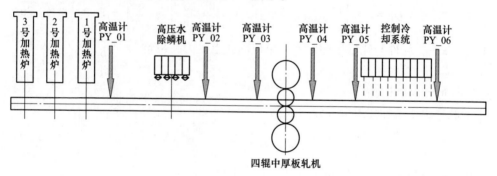

图 4-8　中厚板轧机的工艺布置

由图 4-8 可以看到，从加热炉经轧区到控制冷却区共有六个测温仪，分别安装在加热炉后、高压水除鳞机后、轧机前、轧机后、层流冷却系统前以及层流冷却系统后。

板坯从加热炉出炉后，其上表面有一层厚厚的氧化铁皮，此时经过测温仪 PY_01 时，其红外线正好照射到这层氧化铁皮，而并非板坯的真实表面，这样将导致 PY_01 测量的板坯表面温度数据严重失真。

板坯经过高压水除鳞机除鳞后，由于高压水除鳞机除鳞过程中除鳞水导致板坯表面温度骤降，板坯表面并未来得及返红即遇到 PY_02，此时 PY_02 温度测量值与返红后温度值存在很大偏差，导致其测量值无法提供给二级过程机控制系统使用和参考。

　　板坯进入轧机后，高压水除鳞道次会产生大量的水汽或水雾，这将严重影响测温仪的测量精度，并且在轧钢过程中，轧辊冷却水在轧件上形成了一层水膜，不少厂家在机前和机后测温仪各加入一组侧喷吹扫设备来吹掉轧件表面的水膜，但有些厂家的应用效果并不是太理想，这也大大增加了测温仪的测量误差。

　　中厚板轧制过程中，轧件厚度方向存在一定的温度梯度。在轧件为单纯热辐射温降时，随着时间的推移其温度分布可近似看成是二次曲线，如图 4-9 所示。

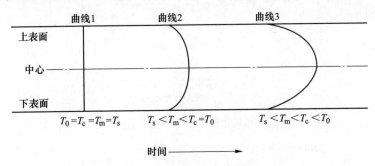

图 4-9　温度梯度曲线随时间变化过程

T_0—出炉温度；T_c—中心温度；T_m—平均温度；T_s—表面温度

A　出炉后板坯温度测量

　　红外线测温仪工作原理遵循的是黑体辐射定律，根据辐射定律，只要知道材料的发射率，就知道了任何物体的红外辐射特性。轧件的发射率与氧化铁皮的发射率存在很大差别，然而板坯经过测温仪 PY_01 时，红外线只是打在氧化铁皮表面，此时的温度实际测量值并非轧件表面真实温度，必须通过氧化铁皮厚度估算出两者发射率之间的差异。

　　板坯在加热炉内加热时间为 t，出炉前其温度为 T_f，根据（4-62）得出板坯氧化铁皮厚度为 H_{s_1}。当板坯经过测温仪 PY_01 时，温度测量值 T_{py_01}，与此同时可根据前述一维隐式有限差分法算出由板坯表面到中心的温度依次为 T_0，T_1，…，T_n，则新的温度测量值 $T_{PY\_01\_new}$ 为：

$$T_{PY\_01\_new} = \frac{(T_0 - T_{air})\lambda_s \Delta x}{T_0 \lambda_s \Delta x - \lambda H_{s\_1}(T_1 - T_0) - T_{air}\lambda_s \Delta x} \times T_{PY\_01} \tag{4-80}$$

　　测温仪 PY_01 新的温度测量值 $T_{PY\_01\_new}$ 与测量初值 T_{PY_01} 之间的偏差随氧化铁皮厚度和板坯温度变化对比如图 4-10 所示。

B　除鳞机出口板坯温度测量

　　板坯经过高压水除鳞箱后，表面温度迅速下降，而此时板坯的温度沿厚度方向已非二次曲线分布。从高压水除鳞机到测温仪 PY_02 过程中，其表面与中心温度变化如图 4-11 所示。

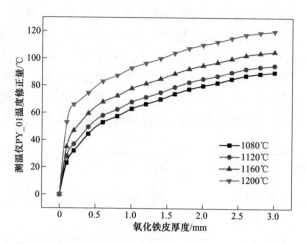

图 4-10　随温度和氧化铁皮厚度变化测温仪 PY_01 修正量

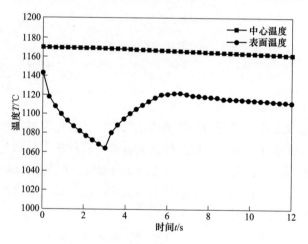

图 4-11　高压水除鳞后板坯温度对比

由图 4-11 看出，板坯经过除鳞机后，板坯表面温度迅速下降。当表面温度下降到最低点后，由于轧件返红现象，表面温度又逐渐回升，测温仪 PY_02 此时测量值 T_{PY_02} 明显偏低，需要对该测量值进行修正得出新的测量值 $T_{PY\_02\_new}$：

$$T_{PY\_02\_new} = \begin{cases} \dfrac{k_1(T_{PY\_02} - 140.0) \times \left(\dfrac{Dis}{v_{tbl}}\right)^2}{H} \times \sqrt{\dfrac{\lambda\alpha}{\pi}} + T_{PY\_02} & \dfrac{Dis}{v_{tbl}} \leqslant t_f \\[6mm] \dfrac{k_2(T_{PY\_02} - 140.0) \times \left(\dfrac{Dis}{v_{tbl}} - t_f\right)^2}{H} \times \sqrt{\dfrac{\lambda\alpha}{\pi}} + T_{PY\_02} & \dfrac{Dis}{v_{tbl}} > t_f \end{cases}$$

$$(4\text{-}81)$$

式中　k_1，k_2——修正因子；

　　　　t_f——返红时间常数，s；

　　　　Dis——高压水除鳞箱与测温仪 PY_02 之间的距离，m；

　　　　v_{tbl}——实测辊道速度，m/s；

　　　　H——板坯厚度，mm；

　　　　λ——轧件的热传导率，W/(m·K)；

　　　　α——导温系数。

C　轧钢过程板坯温度测量

板坯进入轧区后，需经过二次高压水除鳞、转钢、待温、二次开轧以及终轧动作，然后进入控制冷却系统进行冷却。对于机前和机后测温仪 PY_03 和 PY_04 而言，二次高压除鳞水喷射过程产生的水汽和水雾以及轧辊冷却水对其测量精度的影响比较大，而当机前或机后侧喷吹扫装置出现故障不能正常使用时，轧件表面会附着一层水膜，测温仪红外线照射在这层水膜，导致测温仪温度测量值失真，此时需要通过软测量方法来得到当前道次的实际温度。

对于相同轧制条件下轧件，其轧制力越大，反映出来的是其温度越低；反之，轧制力越小，其温度越高。以 Q235B 为例，轧件宽度为 2200mm，入口厚度为 100mm，出口厚度为 80mm，其温度与实测轧制力之间的变化曲线如图 4-12 所示。

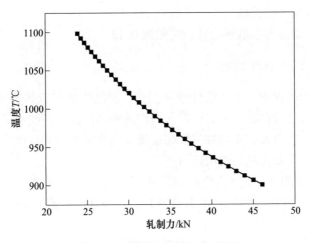

图 4-12　温度与轧制力关系图

轧制力传感器为压磁式矩形测力压头，安装在轧机下支撑辊下面，直接测量轧机两侧的轧制力。压头信号对于中厚板生产而言是一个可信度比较高的检测仪表，即使压头出现故障时，可用油压传感器来测量液压缸油压，根据液压缸的横截面面积间接测量轧制力。以压头实测轧制力为辅助变量，可得当前道次温度为：

$$T_{\text{frc\_mea}} = \frac{\ln \dfrac{\sigma}{\varepsilon^m \dot{\varepsilon}^n} - \beta}{\alpha} \qquad (4\text{-}82)$$

$$\sigma = \frac{F_{\text{mea}}}{1.15 W_{\text{mea}} \sqrt{R' \Delta h}\, Q_{\text{p}} k_{\sigma} k_{\text{Qp}} k_{\text{T}}} \qquad (4\text{-}83)$$

式中　F_{mea}——实测轧制力，kN；

$\quad\ W_{\text{mea}}$——实测轧件宽度，mm；

$\quad\ \ R'$——轧辊压扁半径，mm；

$\quad\ \ \Delta h$——压下量，mm；

$\quad\ \ \sigma$——变形抗力，MPa；

$\quad\ \ Q_{\text{p}}$——变形区形状影响系数；

$\quad\ \ k_{\sigma}$——变形抗力修正系数；

$\quad\ \ k_{\text{T}}$——开轧温度修正系数；

$\quad\ \ k_{\text{Qp}}$——变形区形状影响系数；

$\quad \alpha, \beta$——硬度系数；

$\quad\ \ \varepsilon$——变形率；

$\quad\ \ \dot{\varepsilon}$——变形速率；

$\quad\ \ m$——加工硬化指数，一般取 0.21；

$\quad\ \ n$——变形速率敏感指数，一般取 0.13。

4.5.1.2　温度推理控制

中厚板生产过程中，生产条件较为恶劣，再加上测温仪本身所存在的误差，导致各个测温仪之间存在一定的误差。可在这些测温仪中，找出某一个测温仪或者测温仪在某一个道次，实测数据置信度最高的测量值，并以此为基准，对其他测温仪或者同一测温仪其他道次进行校正。

以国内某 3500mm 中厚板生产线某班生产实际数据为例，产品目标厚度为 20mm，钢种为 Q345R，轧制总道次数为 12，机前和机后侧喷吹扫设备状态良好，各个测温仪实测数据对比如图 4-13 所示。

由图 4-13 可以看出，轧件在往复轧制过程中，机后测温仪 PY_04 明显比机前测温仪 PY_03 的实际测量值要低，该差异会降低过程控制计算机系统对产品质量和性能的控制精度。

A　测温仪实测温度置信区间计算

对于测温仪 PY_03 和 PY_04 而言，除了氧化铁皮模型修正以及高压水除鳞修正之外，测温仪本身也存在一定的误差，那么我们可以通过数学手段对该误差

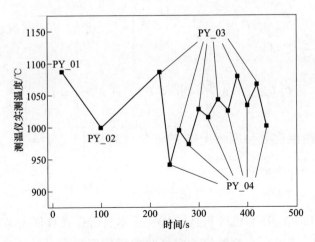

图 4-13　测温仪实测数据趋势图

进行估计。与此同时，我们可以确定一个误差范围，希望这个范围包含测温仪实测数据的可信程度，并以区间的形式给出。

置信度也称为可靠度或置信水平，即在样本对总体参数作出估计时，由于样本的随机性，其结论总是不确定的。因此，采用一种概率的陈述方法，也就是数理统计中的区间估计法，即估计值与总体参数在一定允许的误差范围以内，其相应的概率有多大，这个相应的概率称为置信度。置信度是指总体参数值落在样本统计值某一区间内的概率；而置信区间是指在某一置信度下，样本统计值与总体参数值间误差范围。置信区间越大，置信水平越高。

设 θ 为总体分布的未知参数，x_1，x_2，$\cdots$，x_n 是取自总体 X 的一个样本，对给定的数 $1-\alpha(0<\alpha<1)$，若存在统计量 $\underline{\theta}=\underline{\theta}(x_1,x_2,\cdots,x_n)$ 及 $\bar{\theta}=\bar{\theta}(x_1,x_2,\cdots,x_n)$，使得：

$$P\{\underline{\theta}<\theta<\bar{\theta}\}=1-\alpha \qquad (4\text{-}84)$$

称 $1-\alpha$ 为置信度，称随机区间 $[\underline{\theta}(x_1,x_2,\cdots,x_n),\bar{\theta}(x_1,x_2,\cdots,x_n)]$ 为参数 θ 的置信度为 $1-\alpha$ 置信区间。

已知测温仪实测温度 T_{mea}，一维隐式有限差分模型计算值为 T_{rf}，有压头信号所得温度为 T_{frc_mea}，定义实测温度误差值为 T_{err}，则：

$$T_{err}=\alpha T_{rf}+(1-\alpha)T_{frc\_mea}-T_{mea} \qquad (4\text{-}85)$$

取最近生产过的 n 块钢，测温仪测量误差为 T_{err_1}，$\cdots$，T_{err_i}，$\cdots$，T_{err_n}，设其期望值为 μ，均方差为 σ，样本均值为 T_{err_avg}，则：

$$\frac{T_{err\_avg}-\mu}{\dfrac{\sigma}{\sqrt{n}}}\sim N(0,1) \qquad (4\text{-}86)$$

记 $u = \dfrac{T_{\text{err\_avg}} - \mu}{\dfrac{\sigma}{\sqrt{n}}}$, 令 $P\left(\left|\dfrac{T_{\text{err\_avg}} - \mu}{\dfrac{\sigma}{\sqrt{n}}}\right| < \lambda\right) = 1 - \alpha$。上式可写成：

$$P\left(T_{\text{err\_avg}} - \lambda\frac{\sigma}{\sqrt{n}} < \mu < T_{\text{err\_avg}} + \lambda\frac{\sigma}{\sqrt{n}}\right) = 1 - \alpha \tag{4-87}$$

测温仪实测温度置信度为 $1-\alpha$ 的置信区间是 $\left[T_{\text{err\_avg}} - \lambda\dfrac{\sigma}{\sqrt{n}},\ T_{\text{err\_avg}} + \lambda\dfrac{\sigma}{\sqrt{n}}\right]$，其中 λ 由正态分布表确定。

B　推理估计器

机前测温仪 PY_03 和机后测温仪 PY_04 本身所存在着仪表误差，当该误差比较大的时候，其中一个测温仪的实测数据可信度将会降低。如图 4-13 所示，PY_04 在各个道次测量的温度要明显低于 PY_03 所测量温度，那么可将可信度最高的测温仪实测温度为基准，通过推理估计方法来得到另外一个测温仪的实测温度偏差。当可信度最高的测温仪出现故障时，能够较为准确地得到可信度较低的测温仪的实测温度值。机前测温仪和机后测温仪以及轧件表面喷气吹扫设备示意图如图 4-14 所示。

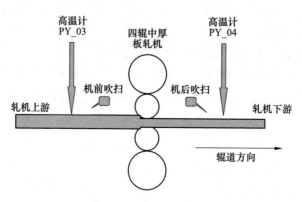

图 4-14　轧钢过程示意图

由图 4-14 可以看到，测温仪 PY_03 和 PY_04 之间的距离比较近，轧件由其中一个测温仪到达另外一个测温仪的时间为 3~5s。该温降大小可根据热辐射模型、水冷模型、接触传热模型以及塑性变形温升模型计算得出，将其定义为 $\Delta T_{\text{py\_dis}}$，假设测温仪 PY_03 实测数据可信度最高，则 PY_04 实测温度偏差修正量 ΔT 为：

$$\Delta T = T_{\text{PY\_03}} - \Delta T_{\text{py\_dis}} - T_{\text{PY\_04}} \tag{4-88}$$

ΔT 跟轧件厚度、速度、PY_04 实测温度有关。当测温仪 PY_03 出现故障时，采用部分最小二乘法进行推理估计获得 PY_04 实测温度偏差修正量 ΔT。

部分最小二乘法，又称为特征结构投影法，是一种将降维空间的每个元素的预测矩阵 X 与被预测矩阵 Y 间的协方差最大化的降维技术。部分最小二乘法的一种常见用法是选择矩阵 Y 只包含测温仪偏差 ΔT_i 数据，矩阵 X 包含轧件厚度 h_i、速度 v_i、实测温度 T_i 等过程变量。

部分最小二乘法需要一个矩阵 $X \in R^{n \times m}$ 和一个矩阵 $Y \in R^{n \times p}$，其中 m 是预测变量的数目，n 是训练集中的观测的总数，而 p 是 Y 中观测变量的数目。当选择的 Y 只包含实测温度偏差修正量时，p 就是样本变化的个数。

首先对数据进行预处理，使得 X 和 Y 的均值中心化和标准化。把矩阵 X 分解为得分矩阵 $T \in R^{N \times \alpha}$ 和负荷矩阵 $P \in R^{m \times \alpha}$（其中 α 为部分最小二乘法元），再加上残差矩阵 $E \in R^{n \times m}$：

$$X = TP^{\mathrm{T}} + E \tag{4-89}$$

矩阵乘积 TP^{T} 可以表示为得分向量 t_j（T 的第 j 列）与负荷向量 p_j（P 的第 j 列）的乘积之和：

$$X = \sum_{j=1}^{\alpha} t_j p_j^{\mathrm{T}} + E \tag{4-90}$$

类似地，Y 分解成一个得分矩阵 $U \in R^{n\alpha}$，一个负荷矩阵 $Q \in R^{p\alpha}$，再加上一个残差矩阵 $\tilde{F} \in R^{n \times m}$：

$$Y = UQ^{\mathrm{T}} + \tilde{F} \tag{4-91}$$

矩阵乘积 UQ^{T} 可以表示为得分向量 u_j（U 的第 j 列）与负荷向量 q_j（Q 的第 j 列）的乘积之和：

$$Y = \sum_{j=1}^{\alpha} u_j q_j^{\mathrm{T}} + \tilde{F} \tag{4-92}$$

部分最小二乘算法利用下式估计的 Y 的得分向量 $\hat{u}_j$ 回归为 X 的得分向量 t_j：

$$\hat{u}_j = b_j t_j \tag{4-93}$$

式中 b_j——回归系数。

这个关系可以用矩阵形式表示为：

$$\hat{U} = TB \tag{4-94}$$

负荷和得分的物理意义，主成分负荷是对数据点拟合最好的直线。所谓拟合最好指参差最小。因此，负荷的物理意义是两个线性回归的平均，它的分量是负荷单位长度在两个轴上的余弦。所谓得分，就是数据点在负荷上的投影。

实测温度推理过程示意图如图 4-15 所示。

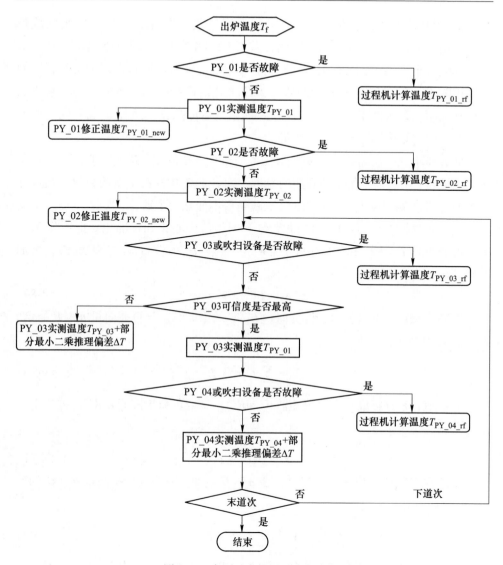

图 4-15　实测温度推理过程示意图

4.5.1.3　推理控制应用实例

国内某钢铁公司 3500mm 中厚板生产中，取产品目标厚度为 20mm，钢种为
Q345R，轧制总道次数为 12，出炉温度为 1180℃，各个测温仪均正常运行时，机
前和机后喷气吹扫设备运行正常，轧件温度实测对比如图 4-16 所示。当机前测
温仪 PY_03 或机前喷气吹扫设备出现故障时，轧件温度对比如图 4-17 所示；当
机后测温仪 PY_04 或机后喷气吹扫设备出现故障时，轧件温度对比如图 4-18
所示。

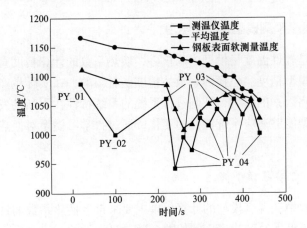

图 4-16 实测温度测量趋势图

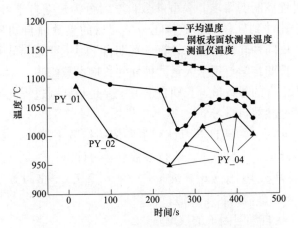

图 4-17 当 PY_03 故障时实测温度测量趋势图

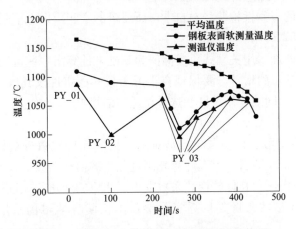

图 4-18 当 PY_04 故障时实测温度测量趋势图

4.5.2　轧件温度预测模型在线自学习

换热系数是轧件温度场模型中的核心，换热系数的计算精度直接影响轧件温度预测和控制模型精度。但换热系数的精度是有限的，在实际生产中，由于诸多已知或不可预测因素的影响，轧制过程系统的系统特性在不断的发生变化。为了使换热系数模型能够适应系统特性的变化，通过自学习模型对换热系数实时在线修正。

4.5.2.1　自学习模型概述

在计算过程中，温度模型的计算偏差主要来自于换热系数的计算偏差、模型参数的精度及模型本身结构产生的偏差。通过自学习的方法，可以使温度模型的计算精度满足过程控制的要求。模型参数自学习分为短期自学习和长期自学习。短期自学习用于轧件到轧件的参数修正，学习后的参数值自动替代原有的参数值，用于对下一块同种轧件的设定计算，短期自学习主要是与轧件自身相关的模型参数自学习。长期自学习用于大量同种轧件长期参数修正，学习后的参数值可以选择性地替代原有的参数值，长期自学习主要是与轧制过程轧件温度场计算系统特性有关的模型参数自学习。

（1）短期自学习。短期自学习计算主要依赖指数平滑法，取最近轧制的 10 块轧件进行参数修正，主要按下式进行参数自学习计算：

$$f_{n+1} = \alpha[10]f_n + \alpha[9]f_{n-1} + \cdots + \alpha[2]f_{n-8} + \alpha[1]f_{n-9} \tag{4-95}$$

式中　f_n——第 n 次参数的自学习值；

　　　$\alpha[i]$——第 i 次自学习因子的权重。

模型参数自学习的具体步骤如下：

1）实测值的可靠性检验。对自学习所要求的实测值做上下限及一致性检验，以确保实测值可靠可用。

2）实测值处理。用关系式以实测值为基础来计算出一些可用间接实测值。

3）选择自学习的增益。要保证自学习参数的稳定性及其收敛速度，对不同的自学习参数及不同的轧制条件，选择相适应的增益。

4）参数自学习。

（2）长期自学习。长期自学习是对同一批次轧件参数进行处理，下一批次轧件轧制时将根据长期自学习表计算轧制过程中的换热系数。长期自学习反映由于时间和环境的变化，轧件的换热系数发生了相应的变化。经过长期自学习后的轧件温度场计算参数，将更接近实际参数。长期自学习仍采用在线方式，见下式：

$$f_1 = gf_1 + (1 - g)f_s \quad (0 < g \leqslant 1) \tag{4-96}$$

式中 f_1——长期自学习参数；

　　f_s——实测参数；

　　g——自学习增益。

同一批次的轧件参数长期自学习具体步骤如下：

1）对同一批次的轧件数据进行过滤，取过滤后的数据进行自学习计算。

2）根据轧件实际温度与目标温度的偏差分配权重，权重按偏差量下降。

3）实际温度与目标温度的偏差超过50℃的轧件参数不进行自学习。

4）自学习因子等于所有带权重轧件参数的平均值。

4.5.2.2　轧制各阶段换热系数自学习修正

轧制各阶段自学习模型主要是为了通过学习获得用于修正各个阶段换热系数的自学习因子。取最近10块轧件的自学习因子，并根据它们轧制的时间先后顺序对自学习因子取权重。将这10块轧件取权重后的平均值作为当前轧件的短期自学习因子。将上一块钢的长期自学习因子与本块轧件实测瞬时学习因子进行指数平滑处理，所得值作为本块轧件的长期自学习因子。

轧制线上安装有多个测温仪，分布在出炉后、除鳞箱前后、轧机前后及粗精轧机间的辊道待温区，可以得到轧制各个阶段的开始与结束的温度，采信工作环境好、测量精度高的测温仪数据对轧制各个阶段的换热系数进行自学习计算。各阶段自学习的基本原理是：根据当前轧件在轧制的各个阶段开始与结束的实测值和计算值的偏差，对模型中的换热系数进行修正。学习原理如下：

$$f^* = f \times \frac{FT_{\text{mea}} - ST_{\text{mea}}}{FT_{\text{cal}} - ST_{\text{cal}}} \tag{4-97}$$

式中 f^*——修正后各阶段换热系数因子；

　　f——修正前各阶段换热系数因子；

　　FT_{mea}——实测结束温度，℃；

　　ST_{mea}——实测开始温度，℃；

　　FT_{cal}——计算结束温度，℃；

　　ST_{cal}——计算开始温度，℃。

自学习模型在计算换热系数时，将学习到的换热系数的短期自学习因子 k 带入空冷换热系数模型、除鳞阶段换热系数模型、轧制阶段辊缝中换热系数模型中，优化各阶段换热系数计算模型，提高轧件温度场的计算精度。

4.5.3　轧件全流程温度准确预测与控制

在轧制过程中，生产线上常常同时存在多块轧件，每块轧件的尺寸、位置及温度边界条件均不一致。为了能够同时预测多块轧件的温度值，需要建立一个队列对轧线上的轧件进行管理，计算时基于温度模型不断地对轧件队里进行遍历，根据每块轧件的边界条件求解温度值。具体方法包括：

（1）跟踪程序在轧件出炉时将轧件加入跟踪队列，在整个轧制阶段完成后从队列中删除。

（2）根据轧件所占用的辊道速度、方向和计算触发时间周期，计算头部的位置变化。

（3）利用金属检测器的上升沿、下降沿信号，以及轧机的咬钢、抛钢信号对队列中轧件的位置进行修正计算。

（4）轧制过程随着轧件的变薄、变长，根据轧制工艺对轧件的尺寸进行更新。

轧件的微跟踪过程如图 4-19 所示。在过程控制系统中开发轧件温度计算的一维显式差分模型，对队列中的所有轧件按照一定的触发周期实时计算轧件厚度方向的温度变化，计算结果数据存储于队列内跟踪轧件的属性中。轧件温度计算主要考虑空冷、除鳞水冷和轧制过程三种边界条件，计算结果通过通讯接口传递力能参数模型和人机界面，用于规程分配计算和温度数据的实时显示。

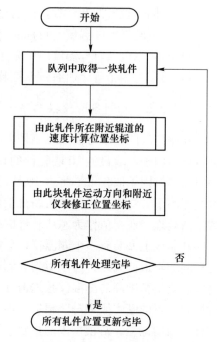

图 4-19　轧件跟踪队列处理

4.5.3.1　轧件温度监控进程架构建立

轧件轧制过程中，轧件温降过程包括空冷、轧制和除鳞过程三个过程，分别对应前述的三类不同的换热系数计算公式。根据换热方式不同，在计算机中对队列中轧件的温度计算分为两种调用方式：一种方式为定时调用，计算轧件的空冷温降，每间隔固定时间计算一次，考虑到计算精度和系统资源的协调，采用 1s 的中断周期，在过程控制系统中通过时间定时中断进行迭代计算。即每 1s 扫描轧件队列一次，对队列中的轧件进行温度计算更新。另外一种方式为有条件调用，即轧制过程和除鳞过程。轧件每轧制一道次产生一次轧制调用触发，根据当前轧件厚度、轧制时间、轧件与轧辊之间的换热系数计算轧件温度变化，并按照实际的轧制厚度对轧件属性中的厚度进行修改；同样，高压水除鳞时产生除鳞调用触发，根据轧件厚度、除鳞时间、轧件与高压水之间的换热系数计算温度变化。

　　轧件传导系数、比热等热物性参数受到钢种成分和温度的影响而变化，在温度进程中提前建立传导系数、比热容与温度、成分相关的层别表，计算温度时按照需要进行查表差值计算获得精确的初始参数。基于有限差分方法计算轧件温度的流程如图 4-20 所示。

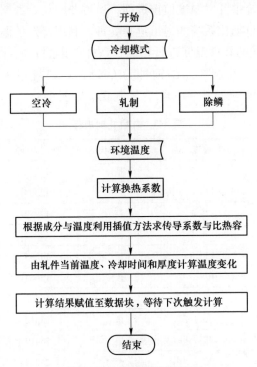

图 4-20　轧件温度计算流程

　　在过程控制系统中将温度模型独立出来，开发温度监控进程，满足跟踪队列中轧件温度在线计算的需要。温度监控进程的程序结构设计如下：

　　（1）在温度计算进程中建立一时间触发器，触发时间为 1s，定时调用空冷计算子程序。在微跟踪队列中遍历轧件，计算每块轧件在空冷条件下的换热系数，利用一维有限差分模型，迭代计算空冷影响下的温度分布。

　　（2）对应于轧制、除鳞条件建立对应的触发事件，按事件的发生时间调用轧制、除鳞条件下的温度计算子程序。根据轧制、除鳞所对应的轧件 ID，在队列中寻找其位置，计算轧制、除鳞对应的换热系数和轧辊、冷却水与轧件的接触时间，使用有限差分模型，迭代计算此块轧件在轧制和除鳞条件影响下的温度分布。

　　（3）在轧制过程中轧件的厚度会发生改变，为保证温度计算与轧件厚度的对应关系，在轧制触发条件下计算温度的同时，按照轧制工艺更新当前轧件属性中的厚度和长度。

（4）轧件温度的初始值在轧件出炉时进行赋值，每次在空冷、轧制或除鳞条件下的温度计算完成后，覆盖原来的温度数据，为下次迭代计算做准备。

4.5.3.2 温度监控进程在线应用

在过程控制系统中开发温度监控进程，所需要的初始数据及触发事件来自过程控制系统与基础自动化系统的通讯进程处理。利用开发的温度进程对某双机架3000mm 中厚板轧线的轧件温度进行预测，从轧件出炉开始计算，至轧制结束整个产品的生产过程。轧制产品的钢种为 Q235，坯料规格为 230mm×1250mm×2250mm，钢坯的出炉温度为 1180℃，轧制规程见表4-3。

表4-3 轧机轧制规程

道次	设定辊缝/mm	出口厚度/mm	是否除鳞状态	轧制力/kN	轧机
1	213.5	212.2	是	11772	粗轧机
2	194.8	193.6	否	12384	粗轧机
3	176.2	175.1	否	12959	粗轧机
4	157.6	156.5	否	13093	粗轧机
5	131.7	130.8	是	14235	粗轧机
6	105.7	105.0	否	15663	粗轧机
7	79.5	79.4	否	19339	粗轧机
8	55.3	56.1	是	25312	粗轧机
9	41.1	42.1	是	26419	精轧机
10	31.1	32.2	否	26972	精轧机
11	23.8	24.9	否	27410	精轧机
12	20.5	20.9	否	22549	精轧机
13	18.7	18.5	否	18428	精轧机
14	17.4	17.0	是	17401	精轧机

针对以上生产现场的轧制工艺与道次间歇时间，利用温度监控进程在线预测的轧件空冷、除鳞和轧制过程的轧件中心、中部和表面温度变化曲线如图 4-21 所示，预测结果很好地模拟了中厚板热轧过程温度的变化过程；与测温仪测量值相比较，温度预测偏差小于 20℃，可以满足工程应用要求。

4.5.4 差温轧制工艺下的轧件温度模型研究

4.5.4.1 差温轧制工艺概况

为了使中厚板产品的组织性能满足要求，要求轧制过程有足够的道次压下

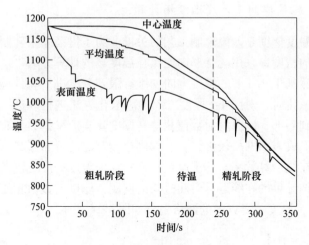

图 4-21　轧制过程温度变化曲线

量，使变形能够深入轧件心部。但是，由于中厚板尤其是厚板的轧制变形量不足以使厚度方向上变形均匀，板坯心部不发生塑性变形或变形很小，而表层变形较大，心表晶粒尺寸差别较大，板坯中心的一些缺陷难以压合。

　　差温轧制是指在轧机前后增加近置的水冷设备，道次轧制前喷水快速冷却，轧制时温度变化来不及深入到板坯内部，在板坯厚度方向上形成上下表层低温、中心层高温的大温度分布梯度。轧制时由于温度梯度的存在，造成轧件心表变形抗力的差异，上下表面温度低于心部，变形抗力大，不易变形，而心部温度高，容易变形。这就会促使变形深入到板坯心部，提高心部质量[23,24]。差温轧制工艺的示意如图 4-22 所示。

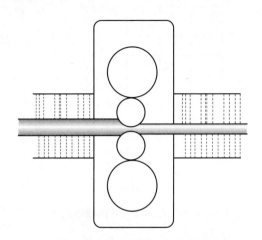

图 4-22　差温轧制工艺示意图

4.5.4.2 轧件厚向变尺度温度场计算

轧件厚向温度梯度是差温轧制工艺的关键。为了提高差温轧制时厚向温度预测和控制模型的精度，采用轧件厚向变尺寸温度场的计算方法[17]。

该方法仍然基于 4.3 节的厚度方向一维有限差分法进行轧件温度场计算，但在进行区域离散化时，对图 4-1 厚度方向的离散化方法进行改进。将钢板沿着厚度方向从表面到心部，以厚度对数值相等、厚度真实值呈指数分布的方式进行网格划分，使其形成表面网格较细致，心部网格较宽泛的分布形式，从而提高温度场计算模型的在线运算效率，解决厚规格钢板在大温度梯度轧制条件下，厚度方向网格划分过细导致的在线运算时间过长的问题。厚度对数值相等分布的示意图如图 4-23 所示，厚度一半方向的网格划分如图 4-24 所示。

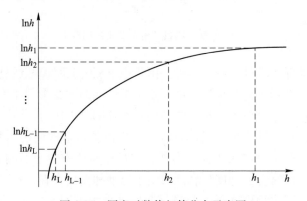

图 4-23 厚度对数值相等分布示意图

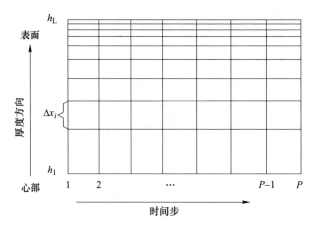

图 4-24 厚向变尺寸的网格划分

在使用 4.3 节的一维有限差分法进行温度场求解时，要考虑厚度网格划分的非一致性, 在需要代入厚度网格尺寸时, 将每个网格的厚度变化量 Δx_i 带入相应位置进行计算即可。差温轧制过程轧件的温度场计算流程如图 4-25 所示。

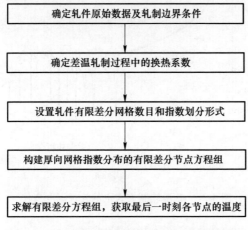

确定轧件原始数据及轧制边界条件

确定差温轧制过程中的换热系数

设置轧件有限差分网格数目和指数划分形式

构建厚向网格指数分布的有限差分节点方程组

求解有限差分方程组, 获取最后一时刻各节点的温度

图 4-25　差温轧制过程轧件温度场计算流程图

4.5.4.3　差温轧制的轧件温度计算

采用上述厚向变尺寸轧件温度场计算方法进行轧件温度计算, 坯料尺寸(厚度)300mm×(宽度)1800mm×(长度)2800mm, 轧制成品尺寸: 75mm×2600mm×7269mm。采用普通轧制方式下轧件温度变化如图 4-26 所示, 差温轧制方式下轧件温度变化如图 4-27 所示。在轧制过程的第 1、3、5、7 道次前进行道次间冷却, 两种方式下的轧件心部、表面和平均温度变化不明显, 但表面温度在这四道次急剧下降。

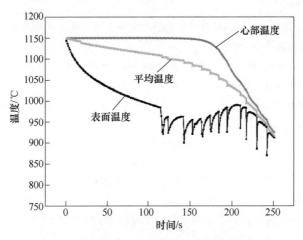

图 4-26　普通轧制方式下的轧件温度变化

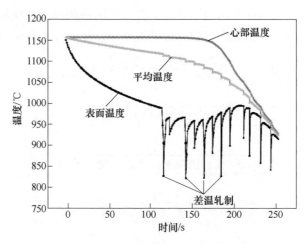

图 4-27 差温轧制方式下的轧件温度变化

参 考 文 献

[1] 王国栋. 中国中厚板轧制技术与装备 [M]. 北京：冶金工业出版社，2009.

[2] 王国栋. 新一代控制轧制和控制冷却技术与创新的热轧过程 [J]. 东北大学学报（自然科学版），2009，30（7）：913~922.

[3] 王国栋. 新一代 TMCP 技术的发展 [J]. 轧钢，2012，29（1）：1~8.

[4] 王国栋. 中国钢铁轧制技术的进步与发展趋势 [J]. 钢铁，2014，49（7）：23~29.

[5] 王国栋. 钢铁全流程和一体化工艺技术创新方向的探讨 [J]. 钢铁研究学报，2018，30（1）：1~7.

[6] [美] V. B. 金兹伯格. 高精度板带材轧制理论与实践 [M]. 姜明东，王国栋，等译. 北京：冶金工业出版社，2002.

[7] Gierulski B，Clerniak M. Temperature field on strip cross-section during hot rolling [J]. Steel Research International，1989（5）：33~35.

[8] 徐申. 中厚板轧制过程中的温度模型 [J]. 甘肃冶金，2000（2）：13~19.

[9] 胡贤磊. 中厚板轧机过程控制模型的研究 [D]. 沈阳：东北大学，2003.

[10] 胡贤磊，矫志杰，李建民，等. 中厚板精轧过程的高精度温度预测模型 [J]. 东北大学学报（自然科学版），2003，24（1）：71~74.

[11] 周晓光，吴迪，赵忠，等. 中厚板热轧过程中的温度场模拟 [J]. 东北大学学报（自然科学版），2005，26（12）：1161~1163.

[12] 刘华强，唐荻，杨荃，等. 中厚板轧后加速冷却过程的温度场模型 [J]. 上海金属，2007，29（1）：48~51.

[13] 何凌云. 中厚板温度场模型 [J]. 冶金自动化，2007，S2：544~546.

［14］于明. 中厚板轧后冷却过程温度场解析解研究与应用［D］. 沈阳：东北大学，2008.

［15］Kiuchi M, Yanagimoto J, Wakamatsu E. Thermal analysis of hot plate/sheet rolling［C］. Proceedings of the 7th International Conference on Steel Rolling. Tokyo, Japan, 1998：227.

［16］Zhang T, Xiong L, Tian Y, et al. A Novel 1.5D FEM of Temperature Field Model for an Online Application on Plate Uniform Cooling Control［J］. ISIJ International, 2017, 57（4）：770~773.

［17］Ding Jingguo, Zhao zhong, Jiao Zhijie, et al. Temperature Control Technology by Finite Difference Scheme with Thickness Unequally Partitioned Method in Gradient Temperature Rolling Process［J］. ISIJ International, 2017, 57（7）：1141~1148.

［18］Ding J G, Zhao Z, Jiao Z J, et al. Central Infiltrated Performance of Deformation in Ultra-Heavy Plate Rolling with Large Deformation Resistance Gradient［J］. Applied Thermal Engineering, 2016, 98：29~38.

［19］俞昌铭. 热传导及其数值分析［M］. 北京：清华大学出版社，1982.

［20］杨世铭，陶文铨. 传热学［M］. 4 版. 北京：高等教育出版社，2006.

［21］关健. 中厚板轧制过程轧件温度场模型建立与研究［D］. 沈阳：东北大学，2011.

［22］丁敬国. 中厚板轧制过程软测量技术的研究与应用［D］. 沈阳：东北大学，2009.

［23］叶长根. 厚规格钢板差温轧制变形均匀性的研究［D］. 沈阳：东北大学，2014.

［24］赵森. 中厚板差温轧制及变形渗透性的数值模拟与实验研究［D］. 沈阳：东北大学，2015.

5 智能化高精度工艺设定技术

5.1 中厚板轧机工艺设定技术概况及发展趋势

5.1.1 中厚板轧机工艺设定技术概况

随着中厚板轧机设备的发展，相应的中厚板生产工艺技术也得到了很大的发展。特别是在 20 世纪七八十年代以后，在轧机设备发展到一定水平后，人们将注意力更多地投向中厚板生产工艺技术的发展。中厚板轧制技术的发展是比较快的，随着液压 AGC、测压、测厚、测宽、测长及测板形等自动化检测手段以及计算机控制系统在中厚板厂的广泛应用，钢板厚度最小偏差已达±0.055mm，宽度最小偏差达±3mm，长度最小偏差在 8mm 以下，使成材率最高可接近 95%[1,2]。

过程自动化控制系统和基础自动化系统是构成中厚板厚度控制系统最重要的组成部分[5]。新引进和自主建设的中厚板生产线都配备了过程控制系统和基础自动化系统，其主要功能是[3~7]：

（1）过程自动化控制系统的中心任务是为轧机的各项控制功能进行设定计算，其核心功能是轧机的负荷分配和轧机设定，为提高设定计算的精度，还需要具有根据实测数据进行模型自学习的功能。其他辅助功能还有原始数据及轧制过程跟踪数据管理、实测数据处理、数据通讯等。过程控制系统还必须具有为生产管理（三级系统）提供工艺数据报表和记录等功能。

轧制规程制定的任务是在轧机负荷（轧制力、轧制力矩、电机功率、压下量）允许的条件下制定压下规程，保证总轧制时间最短，同时产品规格、性能等满足要求。随着中厚板轧机开始配备液压弯辊装置和板形检测手段，在轧制规程制定时开始考虑板凸度和板形的要求，使轧制规程制定更加趋于完善。其实现步骤为：通过各过程机之间的通讯将计算所需的 PDI 数据传入到模型计算模块中；通过调用数据库，将设备参数输入到模型计算模块中。输入的数据经过预处理模块进行数据检查和某些参数初始化；之后调用预计算模块进行参数计算、轧制策略计算、各段规程计算和板型控制；然后调用跟踪模块传入实测数据进行道次修正计算，将计算结果同时发送到界面上和用于过程控制。

轧机设定计算是在合理轧制规程的基础上，计算得到轧机生产过程中的辊缝、辊速等设定值。具体实现过程是：将轧件 PDI 数据通过通讯系统传递到模型计算模块中，将轧机数据通过数据库传递到模型计算模块中；得到这些数据后，调用预处理模块对数据进行检查和变量初始化，之后调用数学模型进行参数计算；计算结果经过处理发送给基础自动化和过程机界面用于过程自动控制。

轧件跟踪根据功能可以划分为宏跟踪和微跟踪[8]。宏跟踪是指轧件数据跟踪、监控和处理轧件加工过程中生成的大量数据信息，如轧件的原始数据、加热过程数据、轧制参数数据和轧件跟踪信息等。微跟踪是指轧件位置跟踪，明确轧件具体位于生产线哪一物理位置，通常采用各种检测仪表的信号、辊道及主机等传动设备的实际速度、轧制过程的实测数据等信息进行运算，跟踪轧件在生产线上的位置和尺寸状态的变化。轧件微跟踪目的是将轧线设备以及所有在轧线上的轧件分布全部映射到计算机中，是轧制节奏控制的基础。

（2）基础自动化控制系统是中厚板厚度控制的直接执行者，它直接控制设备和执行机构，主要通过自动厚度控制技术和自动辊缝控制技术实现。

自动厚度控制的定义是通过测厚仪或其他传感器（如辊缝仪和压头等）对轧件实际轧出厚度进行连续测量，并根据实测值与给定值比较后的偏差信号，借助于计算机的功能程序，改变辊缝、轧制力、张力、轧制速度或金属秒流量等，把厚度控制在允许偏差范围之内的方法[3,9]，简称为 AGC（Automatic Gauge Control）。在 AGC 系统发展的过程中[5]，经历了进步较大的三个阶段：液压 AGC 的采用，绝对值 AGC 的采用，近置式 γ 射线测厚仪的监控 AGC 或反馈 AGC 系统的应用。随着 AGC 技术的不断进步，中厚板的厚度偏差在逐渐减小。

辊缝控制是厚度控制系统的执行机构。为了获得良好的厚度精度，自动辊缝控制技术很早就应用于中厚板轧机上。在 20 世纪 60~70 年代以前，中厚板轧机主要采用电动辊缝控制（Electrical Gap Control，EGC），通过控制压下电动机驱动压下螺丝带动上辊系升降达到控制辊缝的目的。随着液压技术的进步，液压辊缝控制（Hydraulic Gap Control，HGC）技术开始得到广泛应用。与 EGC 相比，HGC 系统具有更好的动态特性，阶跃响应时间一般为 30ms 左右，响应频率在10Hz 以上；而 EGC 阶跃响应时间仅为 500ms，响应频率为 1Hz 以下。HGC 的应用可以快速地调节辊缝，克服中厚板水印和温度不均造成的厚度偏差，提高产品的厚度精度，减少钢板的同板差。

另外，基础自动化系统还必须完成现场实际数据的采集和处理、故障的诊断和报警以及数据的通讯等辅助功能。人机界面系统是基础自动化控制系统的一部分，主要显示轧制过程实时数据和历史数据曲线以及过程自动化系统的设定数据，同时还可以作为"软操作台"接受操作人员的操作指令，对轧制过程进行人工干预。

（3）厚度控制数学模型的发展。厚度控制涉及众多数学模型，如轧制力模型、辊缝设定模型、轧制力矩模型、温度模型等，其中核心为轧制力模型和辊缝设定模型，每个模型的建立都是通过一系列简化与近似建立起来[10]。

数学模型的发展与计算机计算能力的发展密不可分。早期计算机的计算能力比较弱，轧制过程数学模型大多是简化公式和表格[11]，而且数据的采集和处理很麻烦，这些限制对轧制过程数学模型的设定精度影响很大。

随着计算机的能力迅速发展和价格的下降，厚度控制数学模型的形式和精度有了质的飞跃，模型的结构性、合理性以及精度比以前有了很大提高，而且能完成大量的数值计算。

数学模型的结构性、合理性以及精度虽然有了很大提高，但是现场条件的不断变化，降低了数学模型的设定精度。为了提高厚度控制数学模型的设定精度，自学习过程被引入到在线设定。自学习就是通过收集轧制过程实测信息对数学模型中的系数进行在线修正，使之能自动跟踪轧制过程状态的变化，从而减少设定值与实际值之间的偏差。

层别的划分也是提高轧制过程数学模型精度的一个有效方法[12]，但是它必须与自学习方法进行结合才能发挥出相应的效果。因为厚度控制数学模型一般都是非线性模型，其计算精度取决于数学模型的非线性拟合程度。采用层别划分在某种意义上降低了模型的非线性程度，所以可以大幅度提高数学模型的计算精度。

随着社会发展、技术进步，人们对产品质量提出更高的要求，以神经网络等数值模拟技术辅助经典模型的新轧制理论与方法应运而生。

5.1.2　智能优化控制的发展

进入 20 世纪 90 年代以来，首先在日本，然后在德国，接着在全世界掀起了一个在轧制过程中应用人工智能的热潮。目前在轧制过程中的各个环节，从生产计划的编排、坯料的管理、加热中的优化燃烧控制、轧制中的设定计算及厚度和板形控制，到成品库的管理等都有人工智能方法成功运用的例子。因此，人工智能已经成为现代化轧机实现高精度控制的一个非常有效的工具。

人工智能在轧制领域的应用其意义是深远的。从某种意义上说，它引起了人们对轧制过程本质认识方法的革命。由于轧制过程多变量、非线性、强耦合的特征，利用传统方法，从几条基本假设出发，按照推理演绎的方法，导出某个或某些参数的计算公式，这条路已被证明不能够满足现代化高精度轧制过程控制的要求。其原因是要么假设条件偏离实际情况太多，所得出的解已经反映不了实际过程；要么所列出的基本方程式太复杂，得不出显式的解析解。轧制技术的发展，呼唤着新的、更加强有力的方法出现。

人工智能适应了这种需求。首先，它避开了过去那种对轧制过程深层规律无止境的探求，转而模拟人脑来处理那些实实在在的发生了的事情。它不是从基本原理出发，而是以事实和数据作根据，来实现对过程的优化控制。过去轧机自动控制系统的缺憾和不足，是靠操作工头脑的判断、通过人工干预来弥补的。有了人工智能参与之后，这部分工作有可能也通过计算机来实现。区别在于：操作工依赖的是经验，这种经验与操作工的个人素质有很大关系。而利用人工智能方法武装起来的计算机依靠的是数据，从这条生产线上所发生的过程中采集实际数据，经过处理后用于指导同一条生产线。这样针对性强，可靠性高，更有利于轧制过程的优化控制；况且计算机的反应速度快、计算精度高、存储容量大，这些方面的优点是不言而喻的。

随着物联网、云计算等信息技术与通信技术的迅猛发展，数据量的暴涨成了许多行业共同面对的严峻挑战和宝贵机遇。随着制造技术的进步和现代化管理理念的普及，中厚板生产企业的运营越来越依赖信息技术。如今，中厚板生产过程中产品的整个生命周期，都涉及到诸多的数据。同时，中厚板生产企业的数据也呈现出爆炸性增长趋势。

大数据可能带来的巨大价值正在被中厚板生产企业逐步认可和重视，它通过智能化信息处理系统实现工厂、车间的设备传感和控制层的数据与企业信息系统融合，使得生产大数据传到数据中心进行存储、分析，形成决策并反过来指导生产、优化参数。

具体而言，中厚板生产线、生产设备都将配备传感器，抓取数据，然后经过数据通信连接互联网，传输数据，对生产本身进行实时监控。而生产所产生的数据同样经过快速处理、传递、分析与参数优化，反馈至生产过程中，将中厚板生产厂升级成为可以被管理和被自适应调整的智能网络，使得工业控制和管理最优化，对有限资源进行最大限度使用，从而降低企业资源的配置成本，使得生产过程能够高效地进行。

大数据在中厚板轧制过程应用需要配合人工智能技术。人工智能技术已经在轧制领域得到了比较成功的应用，并已经为特定工艺模型对象赋予人类的智慧，而如果能够对整个工艺模型系统重新构建，让众多模型都具有智能化，并组织起来像人类社会一样协作，这也正贴合了当前人工智能研究的最新动向。

多智能体系统是分布式人工智能研究的一个重要分支，多智能体系统的应用研究始于20世纪80年代中期，在随后21世纪迅速增长。多智能体系统具有自主性、分布性、协调性，并具有自组织能力、学习能力和推理能力，这些特性显然可以很好地用于解决智能体之间的协作协调问题。可以说，由分布自主到协作协调，再到多智能体系统，是技术发展的逻辑必然。采用多智能体技术，将各种控制方法及数学模型、模糊系统、神经网络等进行集成，发挥它们的长处，同时避免冲突和负面作用，从而达到轧制过程的分布式智能控制，实现整个生产过程的高度自动化和智能化。

5.1.2.1　多智能体的划分机制

在多智能体系统中，智能体是物理或抽象的实体。多智能体系统可以由多个能力较低或较单一的智能体组成，也可由几个较复杂的智能体为基础，结合其他简单智能体共同组成。对多智能体系统进行划分后得到的单个智能体应具有对外界环境做出响应、推理、决策和相互间的协作协调的能力，且可以解决给定的问题并实现特定目标。由上述定义可以看出，智能体的划分具有很高的自由性，但并不代表具有随意性。因此，既不能将单个智能体的结构过于简单，因为虽然简化了智能体的复杂程度，但是智能体个数过多，会使智能体间的通讯和协作产生困难；同时，也不能使智能体的结构过于复杂，否则将增加智能体的设计难度，智能体数过少也无法很好体现出多智能体系统的优势。

5.1.2.2　多智能体的协作机制

轧制过程控制是复杂的快速、动态、实时的过程，资源和时间都有限且信息量很大，单一的系统没有足够的资源和能力完成控制目标，因而引入多智能体，研究如何使较多的智能体之间相互协调和相互合作，以解决较大规模的复杂问题是必要的。在多智能体轧制模型中，多智能体结构及其相互之间协作机制的研究是核心问题之一。如何将多个智能体组织成为一个有机系统，并使各个智能体之间有效地进行相互协作，进而从总体上增强解决问题的能力，提高系统性能，具有重要的意义。

因此，多智能体中厚板轧制工艺模型系统的设计将从实际轧制过程的特点出发，既考虑单个智能体的种类又考虑系统的运行方式，既考虑单个智能体的复杂程度又考虑有利于系统性能提升的多智能体间的协作机制。借鉴现有轧制自动化系统的经典方法和工艺，有针对性地避免或解决现有系统中存在的问题。多智能体中厚板轧制工艺模型系统的整体结构如图 5-1 所示。

将多智能体系统分为三层，即管理协作层、业务层和辅助层。管理协作层智能体的功能是管理所有智能体之间的协作。业务层包含一些实现核心控制功能的智能体，包含轧制力能智能体、规程分配智能体、轧机设定智能体以及道次修正智能体和自学习智能体。辅助层包括通讯管理智能体、跟踪管理智能体和数据管理智能体，实现工艺模型系统之间的通讯、跟踪等辅助功能。从不同层所实现的功能可以看出，越靠近上层的智能体其复杂程度和智能水平越高，所以管理协作智能体采用慎思型结构。多智能体轧制模型系统属于集中式与分布式相结合的异构混合型系统。各个智能体实现的功能不同，且它们之间没有主次之分，管理协作智能体虽然起着管理协调所有智能体的作用，但不是处于绝对领导地位，各个智能体的自主性很强，因此即使管理协作智能体出现问题，对系统也不会产生太

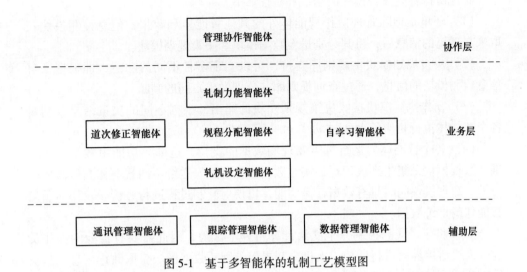

图 5-1 基于多智能体的轧制工艺模型图

大影响，同时也需要管理协作智能体掌握全局动态，以避免完全分布式结构带来的缺陷。

5.1.2.3 管理协作层智能体

管理协作智能体，它的目的是监督、协调、管理所有的智能体和数据信息，并保证生产线的安全稳定运行。由管理协作智能体的特性及执行方式可知，管理协作智能体属于慎思型智能体，其结构如图 5-2 所示。

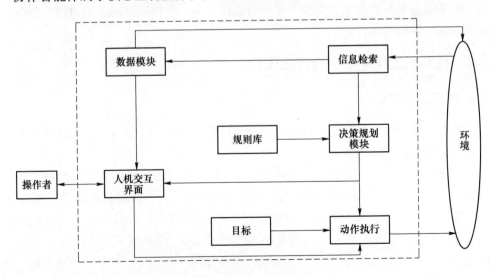

图 5-2 管理协作智能体结构

管理协作智能体各模块的功能和特性如下：

（1）环境是指除管理协作智能体外的其他智能体和数据，信息检测模块获取来自环境的信息后，将其分别送至数据模块和决策规划模块。

（2）决策规划模块由规则库支持，可以实现多种不同的功能，即根据来自信息检测模块的信息，通过查询规则库并分别做出不同的判断。

（3）动作执行模块接收决策规划模块的输出，根据不同的决策结果分别对各个智能体执行相应的动作。

（4）各个智能体的运行都需要现场数据的支持，这部分功能由数据模块实现。数据模块采集生产线运行的实时数据，并同步发送给不同智能体其所需要的数据。数据模块同时具有数据存储功能，以便对轧制过程进行分析以及作为预测智能体的训练数据。

（5）将生产线的控制完全交给计算机并不保险，因此需要有经验的操作员通过人机监控界面进行监控。人机交互界面分别从数据模块获取数据信息，从决策模块获取状态信息，操作人员依照其专家经验，对各方面信息进行综合评判后，对管理协作智能体的人工干预，通过人机交互界面进行相应的操作。

5.1.2.4　业务层智能体

业务层智能体是具体实现轧制工艺模型功能的核心，根据功能和结构要求，可以划分为多个单智能体，在图 5-1 中划分为轧制力能智能体、规程分配智能体、轧机设定智能体、道次修正智能体和自学习智能体。这些智能体单元构成了业务层，它们分别有自己的任务，但是并不是只关心自己的任务，每个智能体之间的数据都是根据需要相互交换。单个智能体作为一个智能单元采用自己的智能优化方法，实现单体任务。

5.2　核心工艺设定模型的智能优化

5.2.1　轧制力模型

轧制力模型的计算精度一直是影响设定精度的瓶颈。轧制力模型的计算偏差严重时，将造成厚度超差。

大多数轧制压力数学模型的共同特点是在模型中考虑轧件的宽度、轧辊的压扁半径、压下量、变形抗力和应力状态影响系数[13~22]。目前普遍认为，基于OROWAN（奥罗万）变形区力平衡推导的 SIMS（西姆斯）公式是最适于热轧带钢轧制力模型的理论公式，公式的轧制力模型采用以下基本形式[18,21,22]：

$$F = B\sqrt{R'\Delta h}\,Q_{\mathrm{P}}\sigma \tag{5-1}$$

式中　F——轧制力，kN；

σ——平均变形抗力，MPa；

B——轧件宽度，mm；

R'——轧辊压扁半径，mm；

Δh——压下量，mm；

Q_P——应力状态系数。

其中带宽 B 乘以接触弧水平投影长度为接触面积，是决定轧制力的几何因素。变形抗力和应力状态影响系数是决定平均轧制压力的因素。应力状态影响系数 Q_P 描述了轧件在几何尺寸变化过程中对轧制力的影响，为决定轧制力的力学因素。变形抗力 σ 描述了轧件在高温、高速变形的过程中对轧制力的影响，为影响轧制力的物理（化学）因素。

西姆斯公式在宝钢某中板厂、日本和歌山厚板厂等国内外许多厂家得到广泛应用，它是目前轧制力模型的最佳方案。该轧制力模型有三项因素影响计算精度：轧辊压扁半径、变形抗力、应力状态系数。

5.2.1.1 轧辊压扁半径模型

由于轧辊受到轧制力的作用发生变形，产生压扁，使得接触弧长长度增加，导致轧制力变大。由于轧辊的压扁使轧制力一般增大 1% ~ 6%，特别是在最后几个道次，对轧制力的计算精度影响更大。如果不考虑此因素，将严重降低轧制力的预测精度，进而使过程控制精度严重下降，所以必须在计算轧制力时考虑轧辊压扁的影响[23~25]。

在计算轧辊弹性压扁时，采用 Hitchcock 公式的简化形式：

$$\begin{cases} R' = R_0 \times \left(1 + \dfrac{CF}{\Delta hB} \right) \\ C = \dfrac{16(1 - \nu^2)}{\pi E} \end{cases} \tag{5-2}$$

式中　R_0——轧辊初始半径，mm；

　　　ν——轧件泊松比；

　　　E——轧辊弹性模量，MPa；

　　　F——轧制力。

在计算轧辊压扁半径时，需要知道实际轧制力的大小，而实际轧制力又需要最终计算的结果。为此可以通过迭代法来提高计算精度，但要对其迭代次数加以限制，避免程序计算时间过长或陷入死循环，其计算流程图如图 5-3 所示。

5.2.1.2 变形抗力模型

影响变形抗力模型的因素较多。从微观分析，加热制度造成的奥氏体晶粒的

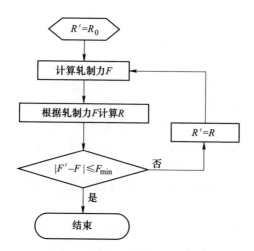

图 5-3　轧辊压扁半径计算流程图

原始尺寸、开轧温度的高低、再结晶区的变形制度、部分再结晶区的变形制度、未再结晶区的变形制度、化学成分造成的强化效果都会影响变形抗力。从宏观看，某一钢种的温度制度和变形制度应该是比较固定的工艺，但是化学成分是一个波动量，而且加热温度和开轧温度会根据现场情况允许波动。某一钢种的变形抗力模型应该考虑的因素：变形温度、应变、应变速率[13,23,26]。

中厚板轧制过程中变形抗力随温度的变化可分为奥氏体再结晶区、奥氏体未再结晶区。在奥氏体区，由于晶粒结构的特点，其初始变形抗力值较低。随着温度的降低，变形抗力随之升高。温度降低首先引起加工硬化；另外，温度的降低还会导致滑移不易进行；而且随着温度的降低，阻碍了回复和再结晶等软化行为的发生，因而巩固了加工硬化的效果。

变形程度对变形抗力的影响也比较大。在同一变形程度下，随变形温度的升高，变形抗力降低；但在同一变形温度下，在变形程度范围内，变形抗力与变形程度的关系基本是单调增加函数。一般地，人们将变形抗力随变形程度增大而增加的速度用强化强度来度量。硬化指数可用应力-应变曲线相应点上切线的斜率来表示[14]，它随着变形程度的增加而降低。

变形速率增大在一定程度上增大了变形抗力。当变形速率达到一定程度时，变形速率提高会引起变形抗力的提高，同时也会使所有的软化过程、物理过程和需要时间来实现有强烈扩散性质的塑性变形机构受到阻碍。此外，在变形过程中由于变形速率的升高，会引起变形物体的热效应。

国内外众多学者通过研究和分析提出了许多变形抗力模型[3,23,27]。日本学者提出的变形抗力模型[23]：

$$\begin{cases} \sigma = N_0 \varepsilon^n \dot{\varepsilon}^m \exp(N_1/T) \\ \dot{\varepsilon} = \dfrac{2v}{H+h} \times \sqrt{\dfrac{\Delta h}{R}} \end{cases} \tag{5-3}$$

式中，N_0、n、m、N_1 为系数；ε 为真应变；$\dot{\varepsilon}$ 为应变速率，s^{-1}；v 为轧制速度，mm/s。

苏联学者提出的模型[3]：

$$\begin{cases} \sigma = \sigma_0 K_t K_\varepsilon K_{\dot{\varepsilon}} \\ K_t = A_1 \exp(-m_1 t) \\ K_\varepsilon = A_2 \varepsilon^{m_2} \\ K_{\dot{\varepsilon}} = A_3 \dot{\varepsilon}^{m_3} \end{cases} \tag{5-4}$$

式中，A_1、A_2、A_3、m_1、m_2、m_3 为系数；t 为变形温度，$℃$；σ_0 为在变形温度 $t=1000℃$、$\dot{\varepsilon}=10s^{-1}$、$\varepsilon=0.1$ 时的变形抗力。

爱克伦得模型[3,23]：

$$\begin{cases} \sigma = K + \eta \dot{\bar{\varepsilon}} \\ K = 9.8 \times (14 - 0.01t) \times [1.4 + w(C) + w(Mn) + 0.3w(Cr)] \\ \eta = 0.1 \times (14 - 0.01t) \end{cases} \tag{5-5}$$

式中，$w(C)$、$w(Mn)$、$w(Cr)$ 分别为 C、Mn、Cr 的质量分数，%。

当温度大于 800℃ 并且锰含量小于等于 1.0% 时，变形抗力的计算公式正确。爱克伦得公式的修正公式[27]：

$$\eta = 0.1 \times (14 - 0.01) \times C' \tag{5-6}$$

式中 C'——取决于轧制速度的系数，见表 5-1。

表 5-1 C' 与轧制速度的关系

轧制速度/mm·s⁻¹	<6	6~10	10~15	15~20
C'	1	0.8	0.65	0.60

志田茂模型[3,23,27]：

$$\begin{cases} \sigma = \exp(a_1 + a_2 T) \times \dot{\varepsilon}^{(a_3 + a_4 T)} f(\varepsilon) \\ f(\varepsilon) = 1.3 \times \left(\dfrac{\varepsilon}{0.2}\right)^n - 0.3 \times \dfrac{\varepsilon}{0.2} \end{cases} \tag{5-7}$$

式中，T 为轧件的热力学温度，K；a_1、a_2、a_3、a_4、n 为与钢种有关的系数。

志田茂模型的改进形式[27]：

$$
\begin{cases}
\sigma = \sigma_f f(\varepsilon) \times \left(\dfrac{\dot{\varepsilon}}{10}\right)^m \\[2mm]
\sigma_f = \begin{cases}
0.28\exp\left(\dfrac{5.0}{T'} - \dfrac{0.01}{w(C) + 0.05}\right) & (T' \geqslant T_d) \\[2mm]
0.28\exp\left(\dfrac{5.0}{T_d} - \dfrac{0.01}{w(C) + 0.05}\right) \times g & (T' < T_d)
\end{cases} \\[4mm]
m = \begin{cases}
[0.019w(C) + 0.126] \times T' + [0.075w(C) - 0.05] & (T' \geqslant T_d) \\[2mm]
[0.081w(C) - 0.154] \times T' + [-0.019w(C) + 0.207] + \dfrac{0.027}{w(C) + 0.32} & (T' < T_d)
\end{cases} \\[4mm]
g = 30.0 \times [w(C) + 0.90] \times \left[T' - 0.95 \times \dfrac{w(C) + 0.49}{w(C) + 0.42}\right]^2 + \dfrac{w(C) + 0.06}{w(C) + 0.09} \\[3mm]
T_d = 0.95 \times \dfrac{w(C) + 0.41}{w(C) + 0.32} \\[3mm]
T' = \dfrac{T}{1000}
\end{cases}
$$

$$(5\text{-}8)$$

　　美板佳助和吉本友吉采用落锤压缩试验的方法, 测定了碳钢 (含碳量 0.05%~1.16%) 的变形抗力。

$$
\sigma = \exp\left[0.126 - 1.75w(C) + 0.594w(C)^2 + \frac{2851 + 2968w(C) - 1120w(C)^2}{T}\right] \times
$$
$$
\varepsilon^{0.21} \dot{\varepsilon}^{0.13}
$$

$$(5\text{-}9)$$

　　王国栋提出的计算变形抗力的公式:

$$
\begin{cases}
\sigma = \sigma_0 \exp(-M_1 t + M_4) \times \left(\dfrac{\varepsilon}{\varepsilon_0}\right)^{M_2} \times \left(\dfrac{\dot{\varepsilon}}{\dot{\varepsilon}_0}\right)^{M_3 + M_5 t} \times \exp\left(\dfrac{-M_6 \varepsilon}{\ln^2 Z}\right) \\[3mm]
Z = \dot{\varepsilon} \exp\left(\dfrac{Q}{rT}\right)
\end{cases}
$$

$$(5\text{-}10)$$

式中　　σ_0——在变形温度 $t = 1000\,℃$、$\dot{\varepsilon} = 10\,s^{-1}$、$\varepsilon = 0.1$ 时的变形抗力, MPa;

　　　$M_1 \sim M_6$——回归系数;

　　　Q——激活能;

　　　r——气体常数;

　　　Z——Zener-Hollomon 因子。

　　在中厚板控制轧制过程中, 变形抗力不仅与变形条件和化学成分有关, 而且还受到变形历程的影响。钢中存在微合金元素, 在变形过程中会析出产生强化, 对钢材的再结晶过程产生抑制作用, 使材料的再结晶温度升高。如果在未结晶区内变形, 不仅本道次内由于材料的硬化变形抗力会明显升高, 而且微合金元素碳氮化物析出会阻碍硬化奥氏体晶粒道次间的再结晶软化过程, 造成奥氏体软化不充分, 从而会发生残余应变积累。应变积累会对下一道次的变形抗力产生重要影响。即使是普通的碳锰钢, 在低温阶段如果道次间的间歇时间不是足够长, 也会由于再结晶软化不充分而在后续变形中造成应变积累, 同样会对变形抗力造成影响[28,29]。

很多学者进行大量实验, 分析了不同温度下微合金元素对静态回复过程的影响, 得出在 800~950℃ 之间时, 残余应变与上一道次应变的比值与控温时间 Δt 之间基本呈负指数关系, 即残余应变与上一道次应变的关系为:

$$\Delta\varepsilon = \varepsilon'\exp(-\Delta t/\tau) \tag{5-11}$$

式中 $\Delta\varepsilon$——残余应变;

     ε'——上道次应变;

     Δt——道次间隔时间, s;

     τ——与轧件温度相关的常数。

东北大学根据实测数据回归得到 τ 的计算公式:

$$\tau = \begin{cases} 4 & t > 1150℃ \\ 7.733 \times 10^{-4}t^2 - 1.7693t + 1016 & 1150℃ \geqslant t \geqslant 900℃ \\ 50 & t < 900℃ \end{cases} \tag{5-12}$$

该计算公式没有考虑微合金元素的影响, 国外学者提出了基于 Nb 含量的残余应变计算公式[30]:

$$\begin{cases} \Delta\varepsilon = K_{dr}\varepsilon' \times \exp\left[-0.693 \times \left(\dfrac{t_p}{T_A}\right)^{0.63}\right] \\ T_A = \eta\varepsilon'^{-0.5} \times \exp(\mu/T) \\ \eta = \eta_0 + K_\eta \times w(\mathrm{Nb}) \\ \mu = \mu_0 + K_\mu \times w(\mathrm{Nb}) \end{cases} \tag{5-13}$$

式中 $\Delta\varepsilon$——残余应变;

     ε'——上道次应变;

     t_p——道次间隔时间, s;

     T——钢板热力学温度, ℃;

   $w(\mathrm{Nb})$——Nb 元素的质量分数, %;

   K_η, K_μ——增益因子;

     K_{dr}——奥氏体晶粒尺寸大小对残余应变修正因子。

$$
\begin{cases}
K_{dr} = K_{\alpha} \times \sqrt{\dfrac{D_{ref}}{D_{dr}}} \\[3mm]
D_{ref} = \left[\dot{\varepsilon} e^{Q_d/RT} \right]^m \\[3mm]
D_{dr} = \sqrt{D_{ref}^2 + A_{DG} \left(C_{eq} \right)^{\varphi} e^{-\frac{Q_{dg}}{T} t^{\theta}}}
\end{cases}
\tag{5-14}
$$

式中　　　　　　Q_d——动态再结晶激活能，kJ/mol；

　　　　　　　　Q_{dg}——动态再结晶长大激活能，kJ/mol；

　　　　　　　　D_{dr}——动态再结晶长大后的晶粒尺寸，μm；

　　　　　　　　D_{ref}——动态再结晶晶粒尺寸，μm；

　　　　　　　　C_{eq}——碳当量；

　　A_{DG}，m，φ，θ——常数。

5.2.1.3　应力状态影响系数模型

现有的大多数轧制理论公式主要是计算 Q_p 的公式。在热轧中目前应用最为广泛的是西姆斯轧制理论计算公式。西姆斯公式是在 OROWAN（奥罗万）单位压力微分方程的基础上，认为热轧时变形区接触为全黏着及轧件高度上产生不均匀变形的轧制条件下，推导了平均单位压力计算公式，其 Q_p 的计算式如下[17]：

$$
\begin{cases}
Q_p = \dfrac{\pi}{2} \times \sqrt{\dfrac{1-\varepsilon}{\varepsilon}} \times \arctan\sqrt{\dfrac{\varepsilon}{1-\varepsilon}} - \dfrac{\pi}{4} - \sqrt{\dfrac{1-\varepsilon}{\varepsilon}} \times \\[3mm]
\qquad \sqrt{\dfrac{R}{h}} \times \ln\dfrac{h_r}{h} + \dfrac{1}{2} \times \sqrt{\dfrac{1-\varepsilon}{\varepsilon}} \times \sqrt{\dfrac{R}{h}} \times \ln\dfrac{\varepsilon}{1-\varepsilon} \\[3mm]
\dfrac{h_r}{h} = 1 + \dfrac{R}{h}\gamma^2
\end{cases}
\tag{5-15}
$$

式中　h_r——轧件在中性面处的厚度，mm；

　　　γ——中性角。

由于西姆斯应变影响状态公式比较繁杂，不便于计算机在线控制，因此习惯上采用其简化回归公式。

目前现场应用中，通过回归得到如下回归形式。

志田茂模型：

$$
Q_p = 0.8 + (0.45\varepsilon + 0.04) \times \left(\sqrt{\dfrac{R}{h}} - \dfrac{1}{2} \right)
\tag{5-16}
$$

翁克索夫模型：

$$
Q_p = l_c + 0.25 \times \dfrac{l_c}{h}
\tag{5-17}
$$

式中　l_c——接触弧长，mm；

　　　$\bar{h}$——轧件的道次平均厚度。

美板佳助模型：

$$Q_p = \frac{\pi}{4} + 0.25 \times \frac{l_c}{\bar{h}} \qquad (5\text{-}18)$$

克林特里模型：

$$Q_p = 0.75 + 0.27 \times \frac{l_c}{\bar{h}} \qquad (5\text{-}19)$$

爱克伦得模型：

$$Q_p = 1.0 + \frac{1.6a \times (1.05 - 0.0005t) \times \sqrt{R\Delta h} - 1.2\Delta h}{H + h} \qquad (5\text{-}20)$$

式中　a——常数，钢轧辊 $a=1$，铸铁轧辊 $a=0.8$。

　　在同一轧辊半径下，针对不同的入口厚度、不同的压下率，将不同公式的计算结果加以比较；发现对于同一厚度，压下率变化造成的计算误差通过计算处理可以控制在 3%，而不同厚度造成的计算误差通过数学处理可以减少到 1%。

　　从上面分析可以看出，轧辊压扁和变形区形状影响函数对轧制力方程的计算精度影响不大，通过调整可以将其造成的偏差减少到 5% 以内，所以轧制力方程的计算精度主要取决于变形抗力模型的计算精度[3]。

5.2.2　辊缝设定模型

　　辊缝设定是轧件厚度自动控制的重要影响因素，辊缝设定模型的精度将直接影响到产品的终轧尺寸精度和绝对 AGC 的顺利投入等，辊缝设定模型比轧制力模型能更直接快速的影响厚度设定精度[31,35]。既然厚度精度受到轧制时辊缝的影响，因此必须研究影响辊缝设定的因素。影响辊缝的因素主要有轧机的弹性变形、轧辊的不均匀热膨胀、不均匀磨损、轧件厚度、油膜厚度，考虑以上因素，可以将辊缝设定模型写成下列形式：

$$S = h + ds - dt_w + O_f - ds_w - dp_w + S_0 \qquad (5\text{-}21)$$

其中　S——辊缝设定值，mm；

　　　S_0——设定零点，mm；

　　　h——轧件目标出口厚度，mm；

　　　ds——轧机弹跳，mm；

　　　O_f——油膜厚度，mm；

　　　dt_w——轧辊挠曲，mm；

　　　dp_w——轧辊的热膨胀，mm；

　　　ds_w——轧辊的磨损，mm。

5.2.2.1　弹跳的影响

轧制过程中，轧辊对轧件施加压力使轧件发生塑性变形，从而使轧件的厚度变薄，由入口厚度 h_0 压缩到出口厚度 h_1，压下量为 dh，这是轧制过程的主要目的之一[8]。但与此同时轧件却给轧辊以同样大小、方向相反的反作用力，使机座各零件产生一定的弹性变形，而这些零件的弹性变形的累积后果，都反映在轧辊的辊缝上，使轧辊辊缝增大，由空载辊缝 S_0 增大到有载辊缝 S_P，而 $S_P = h$，这称为弹跳或辊跳，如图 5-4 所示。同时由于轧辊产生弯曲变形，也导致辊缝沿宽度方向不均匀，这将引起板形变化[36]。

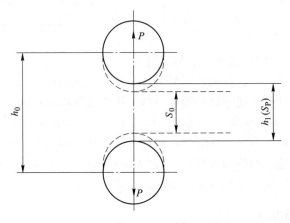

图 5-4　轧辊弹跳

轧机弹跳量一般可达 $1 \sim 5\text{mm}$，这对于中厚板轧制过程来说是不能忽略的。因为中厚板轧制的后几个道次的压下量仅为几毫米，轧机的弹跳量与压下量属同一数量级，因此必须考虑弹跳影响，并需对弹跳进行精确计算，这样才能得到符合公差要求的中厚板产品。

根据实践，机座的弹跳变形与压力之间不是简单的线性关系，而是在低压力段为一曲线，当压力大到一定值后，压力和弹跳变形才近似呈线性关系，这一现象的产生主要是零件之间存在接触变形和轴承间隙。这一非线性区并不稳定，每次换辊后都有变化，特别是压力接近于零的变形很难精确确定，因此上面的关系式很难实际应用。

在现场实际操作中，为了消除上述不稳定的影响，都采用所谓的人工零位的方法，即先将轧辊预压靠一定的压力 P_0，此时将辊缝仪的指示清零，作为零位，这样可克服不稳定段的影响[5]。

图 5-5 示出了压靠零位与轧制过程中轧辊位置和轧件的相互关系。曲线 C 为预压靠曲线，曲线 B 为轧件的塑性曲线。在 O 处轧辊受力开始变形，压靠力为

P_0 时变形为 Ok，此时将辊缝仪清零，然后抬辊，如抬到 g 点，此时辊缝仪指示为 $kg=S$，由于曲线 A 和曲线 C 完全对称，因此，$Ok=gf$，所以 Of 即为 S，如此时轧入厚度为 H 的轧件产生轧制压力为 P，轧出厚度为 h_1。

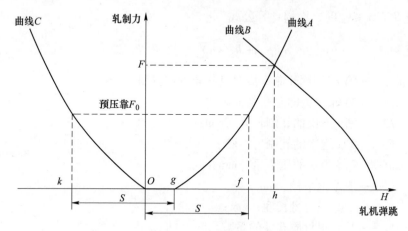

图 5-5 压靠零位及轧制时的弹性变形曲线

回归得到轧机弹性变形量和轧制力的二次曲线，见式（5-22）：

$$ds = a_0 + a_1 F + a_2 F^2 \tag{5-22}$$

式中 ds——弹跳值，mm；

F——实测轧制力，kN；

a_0，a_1，a_2——回归拟合系数。

5.2.2.2 轧辊磨损

中厚板轧制过程中，轧辊会产生各种磨损。高温轧件（850℃以上）表面再生的氧化铁皮在轧制力作用下破碎，其碎片作为磨粒不断磨削轧辊辊面，形成磨粒磨损；工作辊受周期性轧制载荷、轧材加热和水雾冷的热负荷作用，表层会出现机械疲劳和热疲劳；当轧制较硬的材料时，高温轧件与辊面在压力下紧密接触，会产生轧辊黏着磨损。中厚板轧辊磨损变化的时间周期很长，它是一个缓慢的过程[3,23]。它的计算精度对中厚板的辊缝设定产生很大影响。

理论上精确计算轧辊磨损量的分布是极为困难的，它受道次轧制力、轧件宽度、轧辊材质、轧制长度等多种因素的影响，而且中厚板现场轧制时，轧件规格变化十分频繁，所以一般在现场通常采用回归模型预报轧辊的磨损[37]。考虑工作辊和支撑辊之间的压力，工作辊磨损基本公式如下：

当 $0 \leqslant x \leqslant B/2$ 时，磨损计算公式为：

$$\delta_{w,m} = \delta_{w,m-1} + b_1 \times \sum_{i=1}^{n_m} \frac{L_i}{2R_w} \times \left[F_i/(B \times \sqrt{R_w \Delta h_i}) \right]^{1.77} +$$

$$b_2 \times \sum_{i=1}^{n_m} \frac{L_i}{2R_w} \times \left[F_i/L_b \right]^{0.5} \tag{5-23}$$

当 $B/2 < x \leqslant L_b$ 时，磨损计算公式为：

$$\delta_{w,m} = \delta_{w,m-1} + b_2 \times \sum_{i=1}^{n_m} \frac{L_i}{2R_w} \times \left[F_i/L_b \right]^{0.5} \tag{5-24}$$

式中　$\delta_{w,m}$——第 m 块钢轧制完成时工作辊的磨损量，mm；

n_m——第 m 块钢的总轧制道次数；

L_i——第 i 道次的轧制长度，mm；

F_i——第 i 道次的轧制力，kN；

Δh_i——第 i 道次的压下量，mm；

R_w——工作辊半径，mm；

L_b——支撑辊辊身长度，mm；

b_1，b_2——与轧辊材质有关的系数。

支撑辊的磨损计算模型采用二次多项式，即：

$$\begin{cases} \delta_{b,m} = \delta_b^m \times \left[1 - (2x/L_b)^2 \right] \\ \delta_b^m = \delta_b^{m-1} + \eta \times \sum_{i=1}^{n_m} \frac{L_i}{2R_w} \times \left[F_i/L_b \right]^{0.5} \end{cases} \tag{5-25}$$

式中　$\delta_{b,m}$——第 m 块钢轧制完成时支撑辊的磨损量，mm；

δ_b^m——支撑辊中心磨损量，mm；

η——与轧辊材质有关的系数。

则总的磨损量为：

$$ds_w = \delta_{w,m} + \delta_{b,m} \tag{5-26}$$

沿长度方向来看，轧辊的磨损是不均匀的，中间磨损比两头严重，实际应用中通常采用分片计算的方法，如图 5-6 所示。

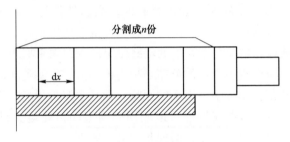

图 5-6　工作辊分片

将轧辊分成 n 份，对轧辊磨损计算模型进行差分计算，则在一个周期结束时轧辊的实际磨损量和模型计算磨损量比较如图 5-7 所示。

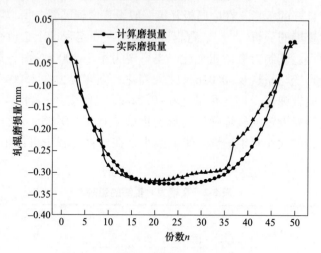

图 5-7　轧辊磨损计算值与实测值比较

5.2.2.3　轧辊的不均匀热膨胀

轧制过程中，轧辊同轧件接触受热而导致热膨胀，同时轧辊又受到冷却水的作用而使辊身温度降低出现冷缩，但轧辊的受热和冷却条件沿辊身分布是不均匀的，辊身中部和边部的温度存在差异[23]。所以，在设定辊缝时要考虑轧辊热膨胀的影响。通过现场数据回归得到轧辊热膨胀系数和温度的关系，将轧辊分成 n 份，然后求得每一片对应的热膨胀系数，最后求出热膨胀系数平均值计算轧辊的热膨胀量[37]。

$$\begin{cases} \mathrm{d}p_\mathrm{w}(j) = \dfrac{2(1+\nu)}{R} \times \alpha \times \int_0^R \left[\theta(r,j) - \theta_0(r,j) \right] \times r\mathrm{d}r \\ \mathrm{d}p_\mathrm{w} = \dfrac{1}{n} \times \sum_{j=0}^n \mathrm{d}t_\mathrm{w}(j) \end{cases} \tag{5-27}$$

式中　$\mathrm{d}p_\mathrm{w}$ ——轧辊的平均热膨胀量，mm；

$\mathrm{d}p_\mathrm{w}(j)$ ——第 j 份对应的热膨胀量，mm；

α ——轧辊的线膨胀系数，℃$^{-1}$；

ν ——轧辊的泊松系数；

$\theta(r,j)$ ——轧辊当前温度，℃；

$\theta_0(r,j)$ ——轧辊初始温度，℃。

5.2.2.4　轧辊挠曲

为了保持良好的板形，在中厚板轧机一般设置弯辊装置，所以需要进行弯辊力对轧辊弹性变形的分析[3,23,37]。弯辊力的添加在一定程度上会改变辊间压力的分布，从而使得总轧制力有微量变化。当弯辊力小于 1000kN 时，影响辊缝设定的轧辊弹性变形变化量从 0~0.01mm 之间变化；当弯辊力在 1500kN 左右时，影响辊缝设定的轧辊弹性变形变化量从 0~0.02mm 之间变化；当弯辊力在 2000kN 左右时，影响辊缝设定的轧辊弹性变形变化量从 0.01~0.03mm 之间变化，所以可以认为弯辊力的大小对辊缝设定影响很小，在计算过程中可以用表5-2 的数据简单考虑[6,7]。

表 5-2　弯辊力对辊缝的影响

弯辊力/kN	辊缝变化量/mm
<1000	0
1500	0.01
2000	0.02

除了弯辊力的影响，在实际的中厚板轧制过程中，由于轧件的宽度比轧辊辊身长度要短，轧辊边部有害弯矩使得轧辊挠曲增大，造成轧机实际刚度下降，所以在辊缝设定模型中，必须考虑轧件宽度的影响即宽度补偿[38,41]。如果不考虑弯辊的影响，将轧制压力与宽度补偿的影响考虑成正比例关系，则轧辊的挠曲用下式来表示：

$$\mathrm{d}t_{\mathrm{w}} = F\big[\,\omega_1(B - L_{\mathrm{w}}) + \omega_2(B - L_{\mathrm{w}})^2\,\big] \tag{5-28}$$

式中　ω_1，ω_2——宽度补偿回归系数；

　　　　L_{w}——工作辊辊身长度，mm；

　　　　F——轧制压力，kN。

5.2.2.5　油膜厚度

目前大部分中厚板轧机支撑辊轴承采用油膜轴承，随着轧制速度和轧制力的变化，轧机轴承油膜厚度会产生一定的变化。在同一轧制力下，轧制速度越快，油膜厚度越大；对于同一轧制速度，轧制力越大，油膜厚度越小。对于高精度的辊缝设定模型，必须要考虑油膜厚度变化对辊缝设定的影响[10,37]。因此，可以将油膜厚度看成是轧制速度和轧制力的函数，油膜厚度计算模型通常采用 Reynolds 模型：

$$Q_{\mathrm{f}} = \frac{q_1(N_{\mathrm{roll}}/F)}{N_{\mathrm{roll}}/F + q_2} \tag{5-29}$$

式中　Q_f——油膜厚度，mm；

　　N_{roll}——轧机转速，r/min；

　　q_1，q_2——油膜厚度模型回归系数。

将 Reynolds 公式进行变形，得到：

$$\frac{1}{Q_f} = \frac{1}{q_1} + \frac{q_2}{q_1}\left(\frac{F}{N_{roll}}\right) \tag{5-30}$$

采取最小二乘法即可求出模型系数 q_1、q_2。油膜厚度测量过程可以采用如下方法：在轧辊压靠状态（即没有轧件的情况下使上下辊压靠）施加载荷，分别在加速、减速以及等速情况下进行测试，但是轧辊的偏心会对加减速过程产生较大影响，有效数据还是等速状态下的测量数据。

5.2.2.6　相对零点的确定

零点是轧机弹跳曲线在零压力下的弹跳，但在实际生产中，由于轧机各零件之间、轴承之间存在间隙，同时零件之间存在着接触变形，特别是轧制力为零时的变形很难测定，所以开始时采用标准零点的轧制力测定零点值，然后采用厚度偏差计算零点修正值修正零点[17,37,40]。

得到弹跳曲线后采用零压靠下的轧制力作为零点轧制力计算零点，同时考虑轧辊挠曲和油膜厚度的影响，零点计算公式如下：

$$S_0 = S + dS_0 + dS_{w_0} + dt_{w_0} + dp_{w_0} - O_f \tag{5-31}$$

式中　S_0——零点辊缝，mm；

　　S——零点轧制力的压下量，mm；

　　dS_0——零点轧制力的弹跳，mm；

　　dS_{w_0}——零点轧制力的轧辊挠曲，mm；

　　dt_{w_0}——零点轧制力下轧辊磨损，mm；

　　dp_{w_0}——零点轧制力下轧辊的热膨胀，mm；

　　O_f——零点轧制力的油膜厚度，mm。

5.2.3　核心工艺设定方法的智能优化

5.2.3.1　对轧制力模型的传统优化

传统中厚板轧制力模型为西姆斯模型[3,23]，为进一步提高轧制力计算模型的精度，优化了变形抗力模型，轧制力模型如下：

$$F = B\sqrt{R_f \Delta h}\,\sigma Q(A) k_{hm} k_F \tag{5-32}$$

式中　B——轧件宽度，mm；

　　R_f——轧辊压扁半径，mm；

　　Δh——压下量，mm；

　　σ——平均变形抗力，MPa；

　Q(A)——变形区形状因子对轧制力的影响函数；

　k_{hm}——自学习系数；

　k_F——道次间自适应修正系数。

A　变形抗力模型

中厚板厂传统使用的变形抗力模型如下：

$$\sigma = \exp(\alpha T + \beta)\varepsilon^n \dot{\varepsilon}^m \qquad (5\text{-}33)$$

式中　α，β——依赖于轧件钢种的系数，并在实时控制中不断通过自适应来
　　　　　　修正；

　　　ε——变形率；

　　　$\dot{\varepsilon}$——变形速率，s^{-1}；

　　　m——变形速率影响系数；

　　　n——变形率影响系数。

　　综合研究国内外学者提出的变形抗力模型，结合现场自动控制过程，将变形抗力中的各种因素，化学成分、温度、轧制速度、应变速率的影响进行优化，得到改进的变形抗力模型如下：

$$\sigma = f(cel)f(T)f(\varepsilon)f(\dot{\varepsilon}) \qquad (5\text{-}34)$$

式中　cel——化学成分因子；

　f(cel)——在变形温度 t = 1000℃、$\dot{\varepsilon}$ = 10s^{-1}、ε = 0.1 时的变形抗力，MPa；

　　f(T)——变形温度对变形抗力的影响系数；

　　f(ε)——变形程度对变形抗力的影响系数；

　　$f(\dot{\varepsilon})$——变形速率对变形抗力的影响系数。

a　化学成分的影响

　　金属的化学成分及其组织对变形抗力的影响是极为显著的。志田茂公式、爱克伦得公式中采用化学成分计算变形抗力，但是志田茂模型中只考虑了碳元素的影响，爱克伦得公式只考虑了碳、锰的影响，没有考虑其他化学成分对变形抗力的影响，当带钢中其他化学元素的含量发生明显的改变时，模型不能很好地反映出这些改变带来的影响。为了提高变形抗力的计算精确度进而提高轧制压力模型预测的命中率，使该轧制力模型能够更加广泛地适用于各钢种，这便需要在研究变形抗力模型时顾及其他化学成分的影响，因此要考虑诸多合金元素对于金属变形抗力的影响。在标准条件下，f(cel)的计算公式可以写成下面形式：

$$f(cel) = c_0 + c_1 cel = Akm_0 + \sum_{j=1}^{N} Akm(j) \times w(j) \qquad (5\text{-}35)$$

式中　c_0，c_1——通过现场数据的回归系数；

　　　　Akm——化学元素的变形抗力参数；

　　　　　　j——化学成分号；

　　　　　　w——化学成分对应的影响系数。

　　其中 cel 包含各种化学成分的影响因素，具体化学成分的影响系数采用回归的方法确定，碳含量考虑为 $Akm(C) = 1.0$。

　　$f(cel)$ 用以解决化学元素含量发生改变后造成的轧制压力预报不准确，以及轧制压力自学习系数波动范围较大的缺点。

　　下面将对基准变形抗力进行尝试的计算，计算 $f(cel)$ 通过以下步骤进行：选取了近 1000 块轧件（包括钢厂所轧的几个钢种），作为样本分别研究，轧件的各种化学元素含量影响基准变形抗力。这些化学元素都包括：C、Si、Mn、Cr、Ni、Mo、V、Ti、Cu、Nb、B、N、P、S、Al，共有 15 种。

　　根据实测轧制力、计算接触弧长、应力状态影响系数、轧件宽度等变量，通过轧制力模型反算出变形抗力 σ 的大小，公式为：

$$\sigma = \frac{F}{l_c Q(A) B k_F k_{hm}} \tag{5-36}$$

式中　F——实测轧制力，kN；

　　　l_c——接触弧长，mm；

　　　B——轧件宽度，mm；

　$Q(A)$——变形区形状因子对轧制力的影响函数；

　　k_{hm}——自学习系数；

　　k_F——道次间自适应修正系数。

　　通过变形抗力模型反算出 $f(cel)$，公式为：

$$f(cel) = \frac{\sigma}{f(T) f(\varepsilon) f(\dot{\varepsilon})} \tag{5-37}$$

　　用多元线性回归分析的方法得到 cel 的表达式。由于在所有的化学成分中某些元素对 $f(cel)$ 的影响很微小，所以在回归过程中应当予以剔除，不作为回归方程的自变量。回归公式中自变量的选择标准主要考虑了以下几点：首先，该种化学成分在采样的数据中的分布比较均匀[42]；第二，在回归分析时将碳元素的系数固定为 1.0；第三，在采样数据中，含量非常少的元素在回归分析中予以剔除。通过数据分析，最后考虑 C、Mn、Si、Cr、Mo、V、Ni、Cu 8 种化学元素的影响。

　　在回归分析中[20]，如果有两个或两个以上的自变量，就称为多元回归。事实上，一种现象常常是与多个因素相联系的，由多个自变量的最优组合共同来预测或估计因变量，比只用一个自变量进行预测或估计更有效，更符合实际。

b　变形温度影响系数

在中厚板轧制过程中，变形温度较高，一般集中在奥氏体区进行变形。在奥氏体区再结晶区，其变形抗力较低。随着温度的降低，阻碍了回复和再结晶等软化行为的发生，另外，温度的降低还会导致滑移不易进行，变形抗力随之升高。温度对变形抗力的影响是非常关键的，粗略计算，温度变化 10℃，变形抗力波动值为 2%~4%。在变形抗力计算公式中，可以将温度对变形抗力的影响写成如下形式：

$$f(T) = a_0 + a_1 \exp\left(-\frac{T - b_0}{b_1}\right) + a_2 \exp\left(-\frac{T - b_0}{b_2}\right) \tag{5-38}$$

式中，T 为轧件温度，℃；a_0、a_1、a_2、b_0、b_1、b_2 为模型系数。

c　变形程度影响系数

变形程度对变形抗力的影响，可根据应力-应变曲线，将轧件整个变形过程分为三个阶段[18,21]：

（1）在变形的初始阶段，由于在高温进行变形，在变形过程中同时发生加工硬化和软化两个过程。在变形的初期，随着变形的进行，坯料内部的位错密度将不断增加，产生加工硬化，并且加工硬化的增加速率较快，使变形抗力迅速上升。同时，当坯料在较高温度下进行变形时，其内部位错会在变形过程中通过交滑移和攀移的方式运动，因而会使其部分相互抵消，材料发生回复过程。随着位错密度的增加，位错的消失速度也加快，使加工硬化逐渐减弱。在这一阶段，加工硬化的作用强于动态回复的软化作用，反映在应力-应变曲线上，随着变形量的增大，应力值不断增大。

（2）在这一阶段的变形过程中，坯料的应力-应变曲线变得平缓。随着变形量的增加，应力值变化不大。在这一阶段，动态软化作用加强，应力值随变形量的增加而增加的速率变得平缓。

（3）在坯料变形的最后阶段，应力值随变形的增大，有一个急剧升高的阶段，是由于轧件中的微合金的应变诱导析出引起的。随着变形的进行，在晶界和位错上会析出弥散细小的微合金化合物，这些析出物会钉扎位错和晶界，阻碍位错的进一步移动，随着变形量的增加，应力值升高。

根据本道次的总变形率 ε_T，可以得到变形程度对变形抗力的影响系数，该系数可以写成如下形式：

$$f(\varepsilon_T) = g_0 + g_1 \times \left[1 - \exp\left(-\frac{\varepsilon_T}{j_1}\right)\right] + g_2 \times \left[1 - \exp\left(-\frac{\varepsilon_T}{j_2}\right)\right] \tag{5-39}$$

式中，g_0、g_1、g_2、j_1、j_2 为模型系数。

在中厚板控制轧制过程中，由于合金元素（尤其是 Nb）的影响和控温轧制工艺的采用，使得上一道次的变形不能得到充分回复，存在残余应变，从而对变形抗力产生影响。因此，变形率的计算公式需要考虑残余应变：

$$\varepsilon_T = \varepsilon + \Delta\varepsilon \tag{5-40}$$

式中，ε_T 为总应变；ε 为该道次的应变；$\Delta\varepsilon$ 为残余应变。

上道次平均温度、道次间隔时间、铌的含量为残余应变的主要影响因素，简化国外学者的残余应变模型，得到下式：

$$\begin{cases} \Delta\varepsilon = \varepsilon' \exp\left[-d_1 \times \left(\dfrac{\Delta t}{x\varepsilon'^{d_2}\exp(d_3/T_{\mathrm{m}})} \right)^{d_4} \right] \\ x = x_0 + k_x w(\mathrm{Nb}) \\ d_1 = d_0 k_a w(\mathrm{Nb}) \end{cases} \tag{5-41}$$

式中，ε' 为本道次之前的变形率；Δt 为本道次发生变形之前的间隙时间，s；x、x_0、$d_0 \sim d_4$、k_a、k_x 为模型回归系数；T_{m} 为上道次的轧件平均温度，K。

假设当前道次的压下率为 25%，在不同钢板温度条件下，Nb 含量与残余应变关系如图 5-8 所示。由此可见，不能忽略残余应变的影响。

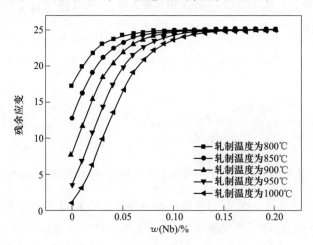

图 5-8 Nb 含量对残余应变的影响

d 变形速率影响系数

变形速率为变形率与时间的比值，简化得到下面的公式：

$$\dot{\varepsilon} = v \times \sqrt{\dfrac{h_0 - h_1}{h_0^2 R}} \tag{5-42}$$

式中 $\dot{\varepsilon}$——变形速率，s^{-1}；

v——轧制速度，$\mathrm{mm/s}$；

R——工作辊半径，mm。

当变形速率达到一定程度时，变形速率提高会引起变形抗力的提高，同时也会使所有的软化过程、物理过程和需要时间来实现有强烈扩散性质的塑性变形机构受到阻碍。此外，在变形过程中由于变形速率的升高，会引起变形物体的热效应。综合几方面的作用，变形速率对变形抗力的影响系数公式采用如下形式：

$$f(\dot{\varepsilon}) = l_0 + l_1 \times [1 - \exp(-\dot{\varepsilon}/n_1)] + l_2 \times [1 - \exp(-\dot{\varepsilon}/n_2)] \quad (5\text{-}43)$$

式中，l_0、l_1、l_2、n_1、n_2 为模型系数。

B　应力状态影响系数

应力状态的影响系数经过简化，可以写成变形区形状因子为自变量的函数。变形区形状因子的计算公式如下：

$$A = \frac{(2h_1 + h_2)/3}{l_c} \quad (5\text{-}44)$$

变形区的形状影响轧件的受力情况，以形状因子 $A = 1.0$ 为分界点，变形区的各单元应力状态发生变化，经过现场数据回归，形状因子对变形抗力的修正系数可以写成下面公式：

$$Q(A) = \begin{cases} m_0 + m_1A + m_2\exp\left(-\dfrac{A - t_0}{t_1}\right) & 0.05 < A < 1.0 \\[3mm] p_0 + \dfrac{p_2 - p_1}{1 + A^{p_3}} & 1.0 \leqslant A \leqslant 9.0 \end{cases} \quad (5\text{-}45)$$

式中，$m_0 \sim m_2$ 和 $p_0 \sim p_3$ 为模型系数。

5.2.3.2　基于变异 PSO 算法协同神经网络的轧制力智能体

中厚板生产过程中，轧制力预报精度对钢板厚度精度至关重要。随着用户对中厚板厚度、板形精度的要求越来越高，提高轧制力预设定精度也越来越迫切。近些年的生产实践表明，中厚板生产中，改善钢板头部厚差以及提高换规格的前几块钢的厚度控制精度，已成为目前各厂面临的重要问题。因此，攻关的主要目标集中在轧件的头部和换规格的前几块钢，解决的途径就是设法提高轧机的设定精度。

采用大数据技术对中厚板生产过程中所产生的海量数据与信息进行大数据处理与挖掘。同时，在进行这些非标准化中厚板生产过程中，产生的生产信息与数据也是大量的，需要及时收集、处理和分析，然后通过人工智能手段优化模型控制系统参数。

传统的轧制力计算借助数学模型来进行。由于模型本身结构的限制和现场环境千变万化，即使采用了自适应技术，也难以提供足够精确的近似值。随着人工智能技术在轧制领域的广泛应用，BP 神经元网络预报轧制力的研究日趋成熟，德国西门子公司已经成功将 BP 神经元网络应用到在线控制中，使在线控制精度有了大幅度的改善。但是，基于梯度下降的 BP 算法容易陷入局部极值，使之存在一定的局限性。

粒子群优化算法（particle swarm optimization，PSO）作为一种新型的随机全局群智能优化算法，因为其简单可行以及效果显著而越来越广泛地被应用于神经元网络训练中，该方法有效地避免了 BP 神经元网络易陷入早熟收敛和局部极小问题，并且该算法结构简单、计算精度高，基于大数据技术，将 PSO 协同上神经元网络方法应用于轧制力智能体，从而提高轧制力的预报精度及厚度的控制精度。

A　神经元网络结构

神经元网络是由众多简单的神经元连接而成的，根据神经元连接方式的不同，神经元网络可以分成两大类，即前向网络和反馈网络。人工神经元是对生物神经元的简化和模拟，它是神经元网络的基本处理单元。图 5-9 显示了一种简化的神经元结构。它是一个多输入、单输出的非线性元件，其输入输出关系可描述为：

$$\begin{cases} I_i = \sum_{j=1}^{n} w_{ji}x_j - \theta_i \\ y_i = f(I_i) \end{cases} \tag{5-46}$$

式中　x_j——从其他细胞传来的输入信号，$j = 1, 2, \cdots, n$；

　　　　θ_i——阈值；

　　　　w_{ji}——从细胞 j 到细胞 i 的连接权值。

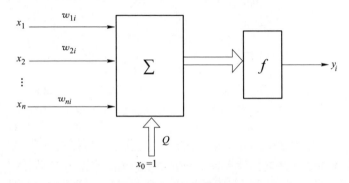

图 5-9　神经元结构模型

有时为方便起见，常把 $-\theta_i$ 也看作是对应恒等于 1 的输入量 x_0 的权值，这时式（5-46）中的和式记为：

$$\begin{cases} I_i = \sum_{j=0}^{n} w_{ji}x_j \\ x_0 = 1 \\ w_{0i} = -\theta_i \end{cases} \tag{5-47}$$

$f(x)$ 称为作用函数，通常为象阶跃函数或 S 状曲线那样的非线性函数。常用的神经元非线性函数有指数或正切等函数，如：

$$\begin{cases} f(x) = \dfrac{1}{1 + \exp(-x)} \\ f(x) = \tanh(x) \end{cases} \tag{5-48}$$

典型的三层前向网络的结构如图 5-10 所示。它从大量的输入数据和所涉及的关系中进行"学习"，并从系统观察重复发生的事件中获得经验。该网络适合于各种因素和条件的模糊信息处理问题。神经元网络具有集体运算的能力和自学习能力，此外，它还具有很强的容错性和鲁棒性，善于联想、综合和推广。

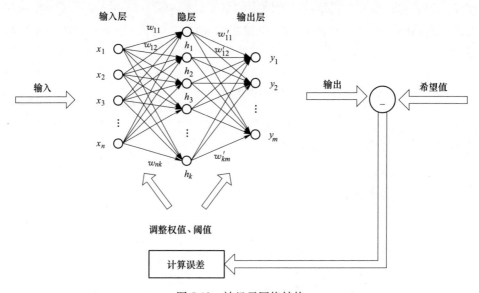

图 5-10　神经元网络结构

$x_1 \sim x_n$—输入层节点；$h_1 \sim h_k$—隐层节点；$y_1 \sim y_m$—输出层节点；w_{ji}—输入层节点 i 与
隐层节点 j 之间的权值；w'_{ji}—隐层节点 i 与输出层节点 j 之间的权值

其学习过程分为两个阶段：第一阶段（信息正向传播过程），输入信息从输入层经隐层逐层处理并进行计算各个单元的实际输出值；第二阶段（误差反向传播过程），若输出层能够得到期望的输出，则逐层计算要求输出与计算输出之差值（误差），据此误差调整权重。

神经元网络采用的是一种映射表示法，根据对象的输入输出数据直接建模，无需对象的先验知识，网络只根据训练样本的输入、输出数据来自动寻找其中的相互关系，具有自学习的特点。

B 粒子群算法

粒子群优化算法（PSO）是一类基于群智能的随机优化算法。粒子群算法从鸟寻食的生物模型中得到启示，并可将其用于解决优化问题。在此算法中，每个优化问题的解都是搜索空间中的一只鸟，被称为"粒子"。所有的粒子都有一个由被优化的函数决定的适应值，每个粒子还有一个速度决定它们飞翔的方向和距离，然后粒子们就追随最优粒子在解空间中搜索。

粒子群算法（PSO）表述为：初始化为一组随机粒子，然后通过迭代寻找最优解。粒子追随两个最优值来更新自己，一个是粒子迄今为止寻找到的最优值，叫做个体极值（pBest）；另外一个是整个粒子群迄今为止寻找到的最优值，叫做全局极值（gBest）。粒子用以下公式更新：

$$\begin{cases} v_i = wv_{i-1} + c_1 r_1 \times (p_b - x_i) + c_2 r_2 \times (p_g - x_i) \\ x_i = x_{i-1} + v_i \end{cases} \tag{5-49}$$

式中　v_i——当代粒子移动速度；

　　v_{i-1}——前一代粒子移动速度；

　r_1，r_2——介于 [0, 1] 之间随机数；

c_1，c_2——学习因子，一般取 $c_1 = c_2 = 2$；

　　x_i——当代粒子位置；

　x_{i-1}——前一代粒子位置；

　　w——惯性因子；

　　p_g——整个粒子群的最优位置；

　　p_b——某一个粒子的局部最优位置。

使用式（5-48）和式（5-49）为速度更新公式的算法称为全局版粒子群算法，因为 p_g 是整个粒子群的最优位置。如果把某个粒子的邻居们搜索到的最优位置作为 p_g，则称为局部版粒子群算法。全局粒子群优化的步骤如下：

（1）在 n 维空间随机地初始化粒子向量 x_i^0 和速度 v_i^0（$i = 1, \cdots, n$），其中 n 为解向量的维数，迭代次数 $iter = 1$。

（2）计算每个粒子在当前情况下的适应函数值 p_i^{iter}。

（3）每个粒子的当前适应值与其本身最好适应值 p^{besti} 进行比较：若 $p_i^{iter} < p^{besti}$，则 $p^{besti} = p_i^{iter}$，$x^{besti} = x_i^{iter}$。

（4）将每个粒子的最好适应值 p^{besti} 与所有粒子最好适应值 g^{besti} 进行比较：若 $p^{besti} < g^{besti}$，则 $g^{besti} = p^{besti}$，$x^{best} = x^{besti}$。

（5）按照公式（5-49）改变粒子移动速度，修正粒子的位置。

（6）返回到（2）直到收敛条件满足（收敛条件可设为全局最好适应值的差或给定一个最大迭代次数）。

C 构建 PSO-神经元网络结构

设计神经元网络基于 PSO 的学习算法，首先必须建立合理的粒子模型并确定适应函数和搜索空间。神经元网络学习过程主要是权重和阈值的更新过程，PSO 搜索过程主要是其不同维度上速度和位置的改变，因而神经元网络训练过程中的连接权重和阈值个数应与粒子的维度相对应。网络结构示意图如图 5-11 所示。

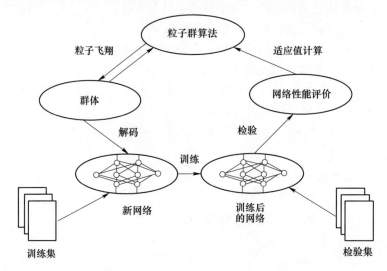

图 5-11 PSO-神经元网络结构示意图

神经元网络结构优化具体步骤如下：

（1）确定神经元网络的网络结构，包括神经元网络的层数、输入层节点和阈值个数、隐层节点和阈值个数以及输出层节点和阈值个数，并对各个层之间的连接权值和阈值进行定义和初始化。

（2）确定粒子种群的大小，初始化种群的位置向量、速度向量、目标误差以及最大迭代次数，并根据各个层之间的连接权值和阈值的总数定义粒子的位置向量 x_k，即：

$$x_k = x_k(\cdots \omega_{j,i} \cdots \theta_j \cdots) \tag{5-50}$$

式中 $\omega_{j,i}$——节点 j 与前一层的节点 i 的连接权值；

θ_j——节点 j 的阈值。

（3）确定适应度函数，以各个层之间的连接权值和阈值确定的网络输出与期望值的方差作为种群的适应度函数，即：

$$J(t) = \sum (y_j - \hat{y}_j^t)^2 \quad t = 1, 2, \cdots, T \tag{5-51}$$

式中　t——迭代次数；

　　　$\hat{y}_j^t$——第 t 次迭代第 j 个输入的网络实际输出；

　　　y_j——期望输出值；

　　　T——最大迭代次数。

（4）用 PSO 优化算法进行全局寻优，达到要求的收敛精度或者最大迭代次数，结束神经元网络训练。

D　应用 PSO 协同神经元网络预报轧制力

由于三层神经元网络能够以任意精度逼近任何复杂函数，因此可以用神经元网络来建立轧制力预报模型。但在轧制力预报中，神经元网络还不能完全取代数学模型。这是因为：

（1）神经元网络虽然能有效进行参数预报，但这只局限于训练数据。实践证明，在给定范围之外进行参数预报，将使预报结果误差增大，甚至会产生难以想象的结果。这正是神经元网络的"危险性"所在。另外，由于训练数据的可信度或网络某些节点的破坏，将有可能导致训练结果的误差增大。

（2）长期以来，数学模型占据预设定的主导地位，与神经元网络的结合，有利于将神经元网络溶入到现有的系统中去，可以减少对原程序的改动。

因此，在实际应用中，为了提高预报精度，采用神经元网络和数学模型组合建模的方法，将神经元网络的输出项和数学模型的计算结果进行组合。利用数学模型预报轧制力，同时充分利用神经元网络的计算速度快、容错能力强、信息存储方便、学习功能强等特点，纠正各种工艺条件下预报值与实测值的偏差。

利用智能调优思想，数学模型提供一个很好的轧制力控制近似值，神经元网络则给出数学模型近似计算中固有的计算误差，两者有机地结合，得到了一个合理的、高精度的预测值，实现轧制力高精度预报。

数学模型与神经元网络的三种结合形式，如图 5-12 所示。图 5-12（a）中是将工艺参数如轧制温度、入口厚度、出口厚度、轧制速度、轧辊直径以及材料的化学成分等作为神经元网络输入参数，利用这些输入参数直接预报轧制力的大小，然后将该预报值与传统模型预报值进行误差修正。图 5-12（b）中是利用神经元网络预报轧件的变形抗力，然后将该变形抗力作为传统轧制力模型的一个输入项，应用实例证明采用这两种方法的预报精度比单纯利用神经元网络进行预报的方法要高，但是这两种方法对于该中板厂没有明显效果，这是因为该厂传统轧制力模型经过长期的自学习后，预报精度已经较高。为此，有必要将该中板厂轧制力模型的自学习机制引入到神经元网络中，通过不断摸索和计算，从该厂的实际生产特点出发，采用神经元网络与轧制力模型结合的图 5-12（c），这种结合方式的一个重要特征是在不破坏传统轧制力模型的自学习过程的前提下，直接将传统模型的预报值作为神经元网络的一个输入项。

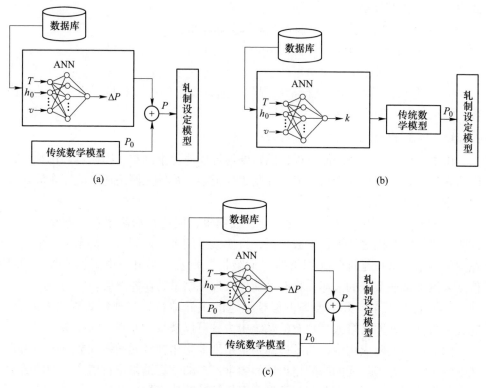

图 5-12　神经元网络与数学模型结合形式

（a）结合方式 1；（b）结合方式 2；（c）结合方式 3

　　对一块钢板预设定之前，先把已知量传给附加服务器，由附加服务器计算出轧制力神经元网络的权值和阈值，把此值传给过程机，再由过程机中微型神经元网络进行轧制力预测值计算，得到 P_{ANN}。如果 P_{ANN} 和 P_{MM} 之间的相对误差大于 8%，仍然采用过程机计算的轧制力设定值 P_{MM}。这样可以避免由于意外情况导致的神经元网络预报值与数学模型计算值之间偏差过大的情况，结合方式 3 神经元网络（见图 5-12（c））采用的轧制力预报模型为：

$$\begin{cases} P'_{MM} = (1 - \alpha)P_{MM} + \alpha P_{ANN} & \alpha \in (0,1) \\ |P_{ANN} - P_{MM}|/P_{MM} < 20\% & \alpha = 0.5 \\ |P_{ANN} - P_{MM}|/P_{MM} \geqslant 20\% & \alpha = 0.0 \end{cases} \quad (5\text{-}52)$$

式中　P'_{MM}——预测轧制力；

　　　　P_{ANN}——神经元网络计算值；

　　　　P_{MM}——数学模型计算值。

　　取模型设定轧制力、宽度、轧辊线速度、温度、速度、压下率、辊缝设定值、碳含量、锰含量和硅含量 10 个参量作为神经元网络的输入节点，采用三层神经元网络，含有一个输入层、一个中间层和一个输出层，取中间节点为 12 个，输出节点为 1 个；取粒子种群数为 50，根据输入节点、中间节点和输出节点的权值和阈值的个数可确定粒子的维度为 145，最大迭代次数为 3000 次；通过聚类分析取其中 40% 为训练数据，30% 为检验数据，30% 为测试数据。

采用 PSO 协同神经元网络（PSO-NN）与传统模型自学习相结合的方式进行轧制力的预报，将自学习后的模型预测轧制力作为 PSO-神经元网络的一个输入项进行网络的训练，网络结构示意图如图 5-13 所示。

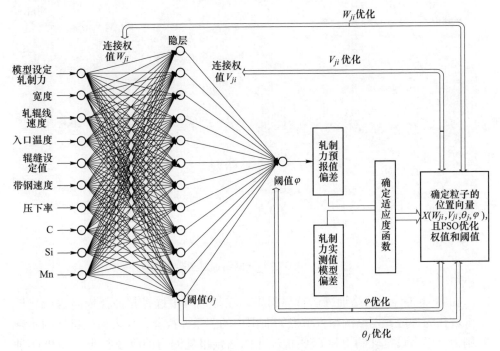

图 5-13　PSO-神经元网络（PSO-NN）结构示意图

粒子的位置向量 $\boldsymbol{x}$ 表示为：

$$\boldsymbol{x} = x(w_{j,i}, v_{n,j}, \theta_j, j_n) \tag{5-53}$$

式中，$i = 1, 2, \cdots, 10$；$j = 1, 2, \cdots, 12$；$n = 1$。

对 N 块钢板取实测轧制力偏差 ΔP_j 与预报轧制力偏差 $\Delta \hat{P}_j$ 方差最小平均值作为适应度函数：

$$J = \min\left\{\frac{1}{N}\sum_{j=1}^{N}\ (\Delta P_j - \Delta \hat{P}_j)^2\right\} \tag{5-54}$$

式中　ΔP_j——实测轧制力偏差；

$\Delta \hat{P}_j$——预报轧制力偏差。

从数据库中提取 2015 年 1 月 1~31 日的实际生产数据，剔除错误数据和噪声数据之后剩余 7911 块钢的数据，用该时间段内的数据进行 PSO-神经元网络训练，神经元网络训练运行界面如图 5-14 所示。

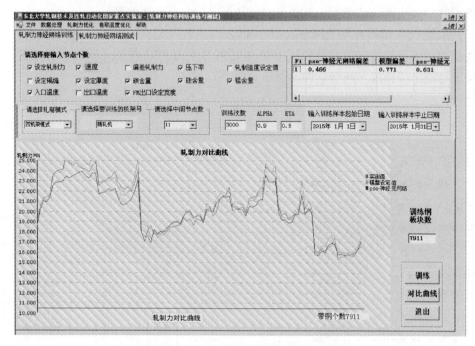

图 5-14　PSO-神经元网络训练运行界面

在 PSO-神经元网络训练运行界面中，在复选框中选择相关性较高的精轧模型参数作为神经元网络的输入节点，而图中的三条曲线分别代表精轧机架的实测轧制力、模型设定轧制力和 PSO-神经元网络预报轧制力的收敛曲线，从 PSO-神经元网络训练运行界面得到了各个厚度规格的轧制力预报平均偏差和标准差对比，见表 5-3。

表 5-3　轧制力 PSO-神经元网络训练偏差和标准差对比

厚度/mm	偏差/MN		标准差/MN	
	模型	PSO-神经元网络	模型	PSO-神经元网络
6~10	0.771	0.466	0.93	0.631
10~14	0.632	0.373	0.705	0.504
14~20	0.44	0.275	0.58	0.371
20~30	0.403	0.193	0.552	0.264
30~50	0.374	0.191	0.53	0.253
>50	0.343	0.157	0.471	0.206

由表 5-3 可以看出，离线训练后的轧制力 PSO-神经元网络预报偏差和标准差要明显低于传统数学模型的预报偏差。

该神经元网络训练达到所要求的预报精度之后，点击进入轧制力神经元网络测试界面，选择 2015 年 2 月 1~3 日的现场实际生产数据，对该神经元网络进行测试，运行界面如图 5-15 所示。在 PSO-神经元网络测试达到预想精度后，点击保存权值按钮进行神经元网络连接权值的数据保存。通过机架的 PSO-神经元网络测试运行界面得到轧制力预报偏差和标准差对比，见表 5-4。

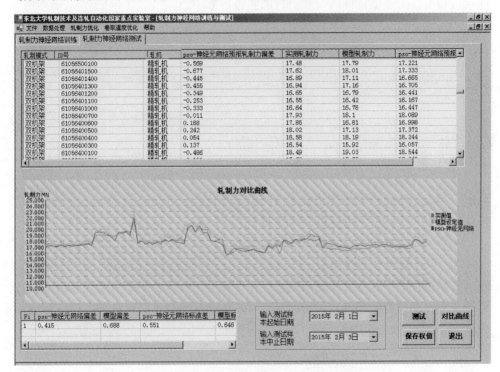

图 5-15 PSO-神经元网络测试运行界面

表 5-4 PSO-神经元网络轧制力预报测试偏差和标准差对比

厚度/mm	偏差/MN		标准差/MN	
	模型	PSO 网络	模型标准差	PSO 网络
6~10	0.688	0.415	0.646	0.551
10~14	0.661	0.464	0.699	0.614
14~20	0.516	0.327	0.522	0.452
20~30	0.381	0.200	0.327	0.268
30~50	0.348	0.188	0.293	0.254
>50	0.356	0.160	0.385	0.215

5.2.3.3　辊缝设定模型的完善

A　轧件的热膨胀影响

轧制过程中，轧件与轧辊接触、与外界环境热辐射而导致温度降低，但是变形又产生热量，使轧件温度升高。在整个轧制过程中，轧件温度变化很大，因此会产生比较大的热膨胀偏差，因此在辊缝设定时需要考虑轧件的热膨胀。根据轧件入口和出口的温度计算入口和出口的膨胀系数。

$$KT\exp = \begin{cases} a_{l0} + a_{l1} \times (t + 273) & 400 \leq t < 700 \\ a_{m0} + a_{m1} \times (t + 273) + a_{m2} \times (t + 273)^2 & 700 < t \leq 1000 \\ a_{h0} + a_{h1} \times (t + 273) + a_{h2} \times (t + 273)^2 + a_{h3} \times (t + 273)^3 & 1000 < t \leq 1350 \end{cases}$$

$$(5-55)$$

式中，a_{l0}、a_{l1}、a_{m0}、a_{m1}、a_{m2}、a_{h0}、a_{h1}、a_{h2}、a_{h3}为回归系数。

由膨胀系数之差计算轧件的厚度变化量：

$$\Delta h_{\text{thermal}} = h \times (KT\exp_{\text{out}} - KT\exp_{\text{in}}) \tag{5-56}$$

式中　$\Delta h_{\text{thermal}}$——由于热膨胀造成的厚度偏差，mm；

　　　$KT\exp_{\text{out}}$——轧件道次出口热膨胀系数；

　　　$KT\exp_{\text{in}}$——轧件道次入口热膨胀系数。

B　轧件的弹性回复

轧制过程中，轧件发生变形先发生弹性变形，然后才能产生塑性变形，在变形结束后，弹性变形部分会发生回复，所以在设定辊缝过程中必须考虑轧件的弹性回复。

$$\begin{cases} er = \dfrac{Fh_1}{E_{\text{p}} l_c b_0} \\ E_{\text{p}} = 0.14 \times 1.15 \times 10^6 \times (1450 - t)^2 \end{cases} \tag{5-57}$$

式中　F——该设定点的轧制力，kN；

　　　E_{p}——轧件弹性模量，MPa；

　　　h_1——出口宽度中间点的厚度（不考虑热膨胀），mm；

　　　l_c——接触弧长，mm；

　　　b_0——计算点的宽度，mm。

根据上面的公式计算得到 er 弹性回复量之后，然后再根据实际受力情况修正 er。则考虑轧件弹性变形和热膨胀变化的辊缝设定模型为：

$$S = h - dS - dt_{\text{w}} + O_{\text{f}} - dS_{\text{w}} - dp_{\text{w}} + S_0 - er + \Delta h_{\text{thermal}} \tag{5-58}$$

5.3　核心工艺设定道次修正算法智能优化

5.3.1　传统道次修正计算方法

　　四辊粗轧机轧制过程中，每道次轧制时可以测到轧制力、辊缝、电流、轧辊转速、电压，这些信号在轧件中间1/4处被轧制后传送到PCS。同时轧前的温度信号也在这个时候作为道次实测参数一并传给PCS，PCS调用MCS进行道次修正计算（见图5-16）。

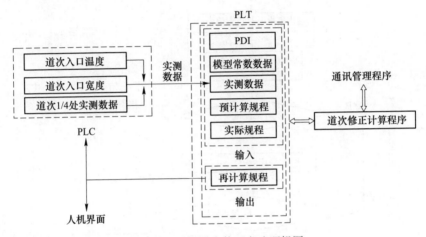

图 5-16　传统道次修正方法逻辑图

5.3.2　基于动态修正的道次修正智能体

　　中厚板生产过程中，厚度精度是产品质量的重要指标之一，与厚度精度密切相关的是轧制力计算模型，如果轧制力模型计算有偏差会造成厚度精度的下降。道次修正计算的任务是校正轧制力计算误差，减少由轧制力计算不准而导致的厚度偏差，并对后续道次的轧制力以及辊缝重新进行调整，从而提高轧件的厚度精度。中厚板道次修正过程中，基于已轧多块钢板的轧制力自学习系数对本块钢的遗传、本块钢前几道次的轧制力自学习对本道次的遗传、不同轧制温度条件下的轧制力自当前钢板的遗传，采用灰色关联度算法对当前道次轧制力自学习系数，当前温度下轧制力自学习系数的遗传，以及不同坯料规格的轧制力自学习系数进行识别，从而获取最佳轧制力自学习系数并获得准确的目标出口厚度。

5.3.2.1　道次修正方法

　　当轧件进入轧机进行轧制后，轧机安装的压头、位移传感器等仪表检测到轧制力、辊缝等信息并传送给过程控制模型设定系统的测量值处理程序，测量值处理程序接收到足够信息进行相应数据处理，然后触发道次修正计算程序。道次修正模块根据当前道次辊缝实测值和实测轧制力计算出实际出口厚度，并根据该厚度与该道次模型预设定出口厚度的偏差对后续道次厚度进行二次分配，根据各道次出口厚度、温度、钢板规格和钢种通过灰色关联度算法确定该道次的自学习系数，通过弹跳方程重新调整后续道次辊缝的设定值，从而提高轧件的厚度精度。道次修正具体流程图如图 5-17 所示。

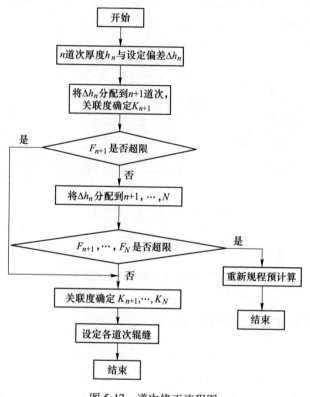

图 5-17　道次修正流程图

5.3.2.2　道次修正模型的主要功能模块

A　钢板道次出口厚度的再计算

利用轧制过程中的空载辊缝，轧制力和轧制速度的实测值对道次出口轧件厚度进行再计算：

$$h_{out} = S + \Delta h_{stand} + \Delta h_{roll} - \Delta h_{morgoil} - \Delta h_{thermal} + \Delta h_{wear} - S_0 \qquad (5\text{-}59)$$

式中　　h_{out}——钢板的道次出口厚度；

　　　　S——实测的空载辊缝；

　　　　Δh_{stand}——轧机弹跳量，通过实测轧制力计算得出；

Δh_{roll}——轧辊的弹性挠曲，通过实测轧制力计算得出；

　　$\Delta h_{\text{morgoil}}$——油膜轴承的油膜厚度，通过实测轧制力和轧制速度计算得出；

$\Delta h_{\text{thermal}}$，$\Delta h_{\text{wear}}$——轧辊的热膨胀量和磨损量；

　　S_0——零点。

B　钢板温度修正

利用测温仪测得钢板的表面温度 T_{meas} 对钢板表面温度 T_{up} 进行修正：

$$T_{\text{up}} = T_{\text{mod}} + \alpha_T \times (T_{\text{meas}} - T_{\text{mod}}) \tag{5-60}$$

式中　T_{mod}——模型计算得到的钢板表面温度；

　　　α_T——修正系数。

将 T_{up} 代入钢板温度场模型，便可得出当前钢板的中心温度 T_{c} 和平均温度 T_{ave}，从而完成对钢板温度场的更新。

C　轧制力短期修正

针对钢板的轧制力自学习不能解决轧件个体差异引起的轧制力变化的缺陷，在原有的轧制力计算公式的基础上引进了轧制力短期修正系数 k_{short}，计算轧制力 F_{r}：

$$\begin{cases} F_{\text{r}} = k_{\text{short}} F(\cdots) \\ k_{\text{short}} = \dfrac{F_{\text{meas}}}{F_{\text{recalc}}} \end{cases} \tag{5-61}$$

式中　$F(\cdots)$——原有轧制力计算式；

　　　k_{short}——短期修正系数，对本块钢有效，没有遗传性；

　　　F_{meas}——实测轧制力；

　　　F_{recalc}——轧制力的再计算值，通过将钢板的出口厚度再计算值 h_{out}、修正后的平均温度 T_{ave}，以及实测的轧制速度等实测数据代入 $F(\cdots)$ 中得到。

D　剩余道次再计算

钢板道次出口厚度再计算、钢板温度修正以及轧制力短期修正计算完成后，执行剩余道次再计算。具体方法是：保持原来规程中的各道次出口厚度不变，以再计算得到的当前钢板状态为初始值，代入相关模型，对剩余道次的轧制力能、辊缝等参数进行重新计算，并检查相关参数，如轧制力能、板型良好条件等是否超限，如果出现超限情况，则以当前钢板的再计算值为起点，调用规程计算模型，重新计算道次规程。

5.4　核心工艺设定自学习算法智能优化

5.4.1　传统自学习方法

轧件在完成精轧后由精轧机后延伸辊道输送至层流冷却系统进行控制冷却。

在精轧机后安装有测厚仪，当轧件通过测厚仪时 PLC 采集到测厚仪信号并发送至 PCS，PCS 将这些数据处理后送给 MCS 并激活 MCS 进行自学习计算（见图5-18）。

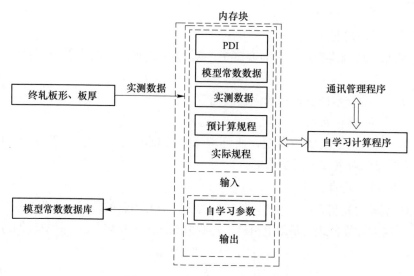

图 5-18　传统自学习方法逻辑图

5.4.2　基于灰色关联度的自学习智能体

中厚板轧制过程具有结构复杂、强耦合、非线性等特点，随着其自身的发展，中厚板轧制的控制条件也有所改变。因而，对中厚板轧制过程的研究更加复杂，更有意义。以数学为基础的智能优化技术是解决此类问题的有效手段之一。智能优化技术逐渐成为工业过程控制研究的热点，比如人工智能、模糊控制、人工免疫系统、神经网络等，目前在各种工业过程都有所应用。

中厚板轧制自动化技术的发展趋势是实现"现代集成制造系统"。它是将先进的工艺制造技术、现代管理技术和以先进控制技术为代表的信息技术相结合，将企业的经营管理，生产过程的控制、运行与管理作为一个整体进行控制与管理，实现企业的优化运行、优化控制与优化管理，从而成为提高企业竞争力的重要技术。

实现中厚板的一体化过程控制要求：建立模拟生产全过程动态特性的模型，建立产品在生产过程中的性能变化模型和性能预报模型，建立综合生产指标分解转化为生产控制系统参数的模型等涉及流程机理、生产过程管理与控制方面的模型。由于中厚板轧制过程往往具有强非线性、不确定性、多变量强耦合等特点，关键参数难以在线测量，机理复杂，工况变化频繁、难以用数学模型描述等综合复杂性，加上上述模型涉及大量的生产工艺、过程控制和生产过程管理的数据、信息以及知识，已有的建模理论与方法难以解决上述问题，要求对生产过程的自适应算法进行探索，需要研究新的自适应控制方法。

5.4.2.1 灰色关联度模型

对于两个系统之间的因素，其随时间或不同对象而变化的关联性大小的量度，称为关联度。若两个因素变化的趋势具有一致性，即同步变化程度较高，即可认为两者关联程度较高；反之，则较低。因此，灰色关联分析方法是根据因素之间发展趋势的相似或相异程度，也即"灰色关联度"作为衡量因素间关联程度的一种方法。

设 X_0 为参考数列（母数列）：

$$X_0 = \{x_0(k) \mid k = 1, 2, \cdots, N\} \tag{5-62}$$

设 X_i 为比较数列（子数列）：

$$X_i = \{x_i(k) \mid k = 1, 2, \cdots, N, i = 1, 2, \cdots, M\} \tag{5-63}$$

为了从 M 个数列 X_i 中找到对 X_0 影响最大的数列，计算关联度 $r_i(X_0, X_i)$。当 $r_i(X_0, X_i)$ 较大时，则第 i 个数列对 $x_0(k)$ 影响较大，定义 $x_0(k)$ 与 $x_i(k)$ 之间的关联系数为 $\xi_i(k)$，则：

$$\overset{\min}{\Delta} x_i(k) = \min_i \min_k |x_0(k) - x_i(k)| \tag{5-64}$$

$$\overset{\max}{\Delta} x_i(k) = \max_i \max_k |x_0(k) - x_i(k)| \tag{5-65}$$

$$\xi_i(k) = \begin{cases} \dfrac{\overset{\min}{\Delta} x_i(k) + p \overset{\max}{\Delta} x_i(k)}{|x_0(k) - x_i(k)| + p \overset{\max}{\Delta} x_i(k)} & x_0(k) \neq x_i(k) \\ 1 & x_0(k) = x_i(k) \end{cases} \tag{5-66}$$

取分辨系数 $p = 0.5$，X_0 与 X_i 之间的关联度为：

$$r_i(X_0, X_i) = \begin{cases} \dfrac{1}{N} \sum_{k=1}^{N} \xi_i(k) & x_0(k) \neq x_i(k) \\ 1 & x_0(k) = x_i(k) \end{cases} \tag{5-67}$$

5.4.2.2 自学习系数识别步骤

道次修正过程中的轧制力再计算是该功能是否高精度投入非常重要的一个环节，而轧制力自学习系数则是该环节的一个关键点。由于轧制温度 T、轧制出口厚度 h、压下率 ε 以及钢种强度级别 σ 不同，通过关联算法计算最近生产的 n 块钢板以及当前正在轧制钢板的前 m 道次的轧制力自学习系数与当前道次轧制力自学习系数的关联度，具体步骤如下：

（1）确定参考数列和比较数列。取当前道次参考数列为 $X_0 = \{T_0, h_0, \varepsilon_0,$

$\sigma_0\}$，取最近生产的 n 块钢板所有道次以及当前正在轧制钢板的前 m 道次比较数列为 $X_i = \{T_i, h_i, \varepsilon_i, \sigma_i\}$。

（2）对参考数列和比较数列进行归一化处理。由于数列中各参数的物理意义不同，导致数据的量纲也不一定相同，不便于比较，因此在进行灰色关联度分析时，一般都要进行归一化处理，归一化处理模型如下：

$$x = \frac{x_i - x_{min}}{x_{max} - x_{min}} \tag{5-68}$$

式中　x_{min}——数列中参数最小值；

　　　x_{max}——数列中参数最大值；

　　　x——数列中参数归一化后计算值，取值范围为（0，1）。

（3）计算参考数列与比较数列各个参数的灰色关联系数 $\xi_i(T)$，$\xi_i(h)$，$\xi_i(\varepsilon)$ 和 $\xi_i(\sigma)$。

（4）计算最近生产的 n 块钢板以及当前正在轧制钢板的前 m 道次的轧制力自学习系数与当前道次轧制力自学习系数的关联度 $r_i(X_0, X_i)$。

（5）根据各个道次与当前道次的灰色关联度确定当前道次的自学习系数，定义比较数列所对应的各个道次自学习系数为 k_i，则当前道次的自学习系数 k_0 为：

$$k_0 = \frac{\sum\limits_{i=1}^{N} r_i(X_0, X_i) k_i}{\sum\limits_{i=1}^{N} r_i(X_0, X_i)} \tag{5-69}$$

5.5　智能化高精度工艺设定技术的应用

　　将上述研究成果应用于国内某 3000mm 双机架中厚板生产线的轧制过程控制。实际应用效果表明，智能优化后的工艺设定技术运行稳定，能够明显提高控制精度，取得了良好的使用效果。

5.5.1　轧制力预测精度优化效果

　　选取某厂 PSO-神经元网络投入前的 2015 年 2 月 15 日~3 月 15 日的实际生产数据进行统计和分析，厚度为 10mm、16mm 及 25mm 的 PSO-神经元网络投入后的实际轧制力偏差曲线如图 5-19~图 5-21 所示。

5.5.2　道次修正算法优化效果

　　将该道次修正应用于某厂 3000mm 轧机的过程控制中。实际应用效果表明，该道次修正模型能够针对轧件个体差异做出有效修正，克服轧件温度波动等不利因素的影响，大大提高轧制力预测精度，从而实现轧件出口厚度的高精度控制。

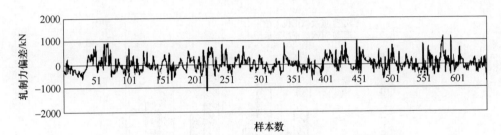

图 5-19 厚度为 10mm 的 PSO-神经元网络投入后轧制力偏差

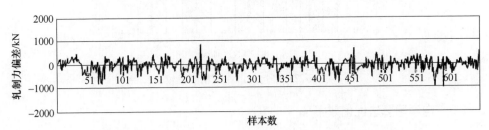

图 5-20 厚度为 16mm 的 PSO-神经元网络投入后轧制力偏差

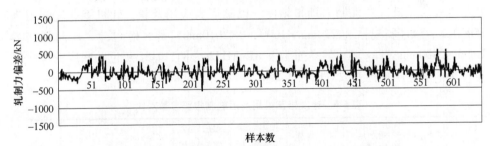

图 5-21 厚度为 25mm 的 PSO-神经元网络投入后轧制力偏差

表 5-5 为道次修正模型修正前后，某规格钢板在精轧阶段最后四个道次的主要轧制参数。图 5-22 为该模型投入前后，根据现场统计，不同厚度区间的钢板平均出口厚度精度比较。

表 5-5 道次修正前后轧制参数

道次	出口厚度/mm	修正前辊缝/mm	修正前轧制力/kN	修正后辊缝/mm	修正后轧制力/kN	实测轧制力/kN
9	34.26	33.43	27743.7	34.16	22944.0	23953.5
10	28.26	27.42	27848.6	28.01	23883.3	25077.4
11	23.23	22.26	28819.7	22.78	25153.1	26888.7
12	19.00	18.25	27178.6	18.74	23952.2	24795.4

注：板坯尺寸 220mm×1600mm×2590mm，目标尺寸 19mm×1800mm，开轧温度 1050℃。

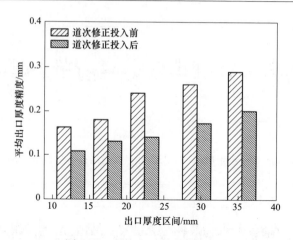

图 5-22　平均出口厚度精度比较

5.5.3　自学习算法优化效果

在中厚板实际生产中，为了得到精确的目标出口厚度，我们往往更关注的是轧制规程后三道次的轧制力预报精度。以某厂为应用背景，轧机零点轧制力为15000kN，以坯料规格为 220mm×1600mm×2010mm（厚×宽×长），成品规格为16mm×2400mm（厚×宽）的高强船板 AB-AH32 为例，基于灰色关联度的道次修正投用前后轧制规程参数对比见表5-6。

表 5-6　道次修正投用前后轧制规程参数对比

道次	投用前辊缝/mm	投用后辊缝/mm	实际辊缝/mm	投用前设定轧制力/kN	投用后设定轧制力/kN	实际轧制力/kN	平均温度/℃	备注
1	197.81	197.81	197.43	16195.6	17104.3	17521.8	1097.4	除鳞
2	176.88	176.56	176.61	17141.4	17829.5	17657.3	1093.7	
3	159.45	158.92	158.85	17815.0	18341.2	19283.1	1088.4	
4	144.95	144.42	144.33	15566.1	16391.7	16123.9	1080.9	转钢
5	115.25	115.74	115.66	32128.1	30785.2	30939.3	1069.2	
6	90.99	90.74	90.71	29676.5	31044.8	30642.1	1058.3	
7	69.69	69.45	69.53	30045.7	31793.4	32251.3	1042.8	
8	48.07	48.31	48.35	32619.5	31074.6	30754.5	1025.4	待温
9	35.42	35.75	35.78	35128.4	33773.8	34213.9	917.3	除鳞
10	27.98	28.25	28.30	34489.9	32045.7	32751.7	909.2	
11	21.94	22.37	22.33	34541.2	32890.1	32388.9	897.6	
12	17.97	18.19	18.13	32712.8	31447.7	31012.1	883.9	
13	15.63	15.39	15.45	30907.9	31667.4	31012.2	868.5	
14	14.25	14.43	14.45	28340.9	27856.9	27231.6	851.3	终轧

投用基于灰色关联度的道次修正功能后各个道次的设定轧制力 F_{rff} 和实测轧制力 F_{mea} 的数据对比如图 5-23 所示。

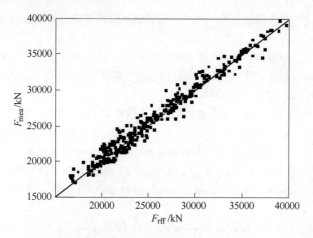

图 5-23　轧制力设定值与实测值对比图

取灰色关联度的道次修正功能投用前和投用后各一个月的轧制力实测值进行分析，选取最具有代表性的钢种，得出该功能投用前后的产品轧制力预报精度见表 5-7。

表 5-7　道次修正投用前后产品轧制力预报精度对比

钢　种	投用前预报精度/%	投用后预报精度/%
Q235B	91.07	94.84
Q345B	90.22	93.57
BV-A	90.87	94.18
AB-AH32	89.52	92.85
AB-DH36	89.26	92.91
Q420B	89.88	92.41
Q460C	89.39	92.73
16MnR	90.23	93.74

参 考 文 献

[1] 康永林, 陈继平. 国外轧钢技术现状及发展动态 [J]. 轧钢, 2009 (1)：53~57.
[2] 王国栋, 刘相华, 王君. 我国中厚板生产设备、工艺技术的发展 [J]. 中国冶金, 2004 (9)：1~8.

［3］王国栋. 中国中厚板轧制技术与装备［M］. 北京：冶金工业出版社，2009.

［4］池英淑，译. 川崎水岛无切边厚板（TFP）生产技术［J］. 日本九十年代厚板生产技术与设备，1998：86.

［5］胡贤磊，矫志杰，李建民，等. 中厚板轧机弹跳模型宽度补偿的结构分析［J］. 轧钢，2003，20（4）：7~9.

［6］陈建华，李冰，张殿华，等. 轧机弹跳量宽度修正［J］. 钢铁，2003，38（1）：31~33.

［7］王昭东，田勇，赵忠，等. 中厚板厚度控制模型的自学习［J］. 东北大学学报（自然科学版），2006，27（7）：771~774.

［8］矫志杰. 中厚板轧机过程控制系统的开发和应用研究［D］. 沈阳：东北大学，2004.

［9］日本钢铁协会. 板带轧制理论与实践［M］. 王国栋，译. 北京：中国铁道出版社，1990.

［10］刘玠，孙一康. 带钢热连轧计算机控制［M］. 北京：机械工业出版社，1997：58~79.

［11］王国栋. 中国铁轧制技术的进步与发展趋势［J］. 钢铁 2014，49（7）：23~29.

［12］Mitsunori H, Nobuchika F. A control system for steel mills［J］. Mitsubishi Electric ADVANCE，1997（6）：15~17.

［13］Lee D M, Lee Y S. Application of neural-network for improving accuracy of roll-force model in hot-rolling mill［J］. Control Engineering Practice，2002，10（4）：473~478.

［14］Larkiola J, Myllykoski P, Nylander J, et al. Prediction of rolling force in cold rolling by using physical models and neural computing［J］. Journal of Materials Processing Technology，1996，60（1/2/3/4）：381~386.

［15］Satoshi N, Hiroshi N, Akira K, et al. Adaptive approach to improve the accuracy of a rolling load prediction model for a plate rolling process［J］. ISIJ International，2002，40（5）：1216~1223.

［16］高精度板带材轧理论与实践［M］. 北京：冶金工业出版社，2000.

［17］孙一康. 带钢热连轧的模型与控制［M］. 北京：冶金工业出版社，2007：77~124.

［18］齐克敏，丁桦. 控制轧制中板变形抗力的研究［J］. 钢铁，1986，21（4）：30~33.

［19］李尚健. 金属塑性成形过程模拟［M］. 北京：机械工业出版社，1999：35~38.

［20］刘玠，杨卫东，刘文仲. 热轧生产自动化技术［M］. 北京：冶金工业出版社，2008：78~95.

［21］赵志业. 金属塑性变形与轧制理论［M］. 2版. 北京：冶金工业出版社，2004：34~77.

［22］张小平，秦建平. 轧制理论［M］. 北京：冶金工业出版社，2006：59~72.

［23］齐克敏，丁桦. 材料成形工艺学［M］. 北京：冶金工业出版社，2006：306~359.

［24］Feldmann F, Kerkmann M. Process optimization for a 6-high universal reversing cold mill［J］. MPT Metallurgical Plant and Technology International，2001，24（4）：118~127.

［25］Kazuo S, Noriyoshi H. An industrial computer system for iron and steel plants［J］. Mitsubishi Electric ADVANCE，1997（6）：11~14.

［26］Wang J S, Jiang Z Y, Tieu A K, et al. Adaptive calculation of deformation resistance model of online process control in tandem cold mill［J］. Journal of Materials Processing Technology，2005，162/163：585~590.

［27］刘相华，胡贤磊，杜林秀. 轧制参数计算模型及其应用［M］. 北京：化学工业出版社，

2007: 98~121.

[28] Anon. Process control of LTV's Indiana Harbor ladle metallurgy plant [J]. Steel Times, 1989, 217 (6): 64~66.

[29] 张其生, 胡贤磊, 赵忠. 中厚板残余应变的工程计算方法 [J]. 轧钢, 2006, 23 (2): 19~21.

[30] 丁敬国. 中厚板轧制过程软测量技术的研究与应用 [D]. 沈阳: 东北大学, 2009.

[31] Juvinall R C. Stress, Strain, and Strength [M]. New York: McGraw Hill, 1967.

[32] Holton L J. Automation enhancements at Dofasco's No. 2 hot strip mill [J]. Iron and Steel Engineer, 1990, 67 (1): 42~50.

[33] Hunger L. Automation system for the OEMK billet mill [J]. MPT Metallurgical Plant and Technology, 1988, 11 (3): 2~17.

[34] Albrecht P, Storseth J. Drive systems automation and production control with examples from a recent installation [J]. MPT Metallurgical Plant and Technology, 1984, 7 (4): 58~60.

[35] 孟文旺, 孙彤彤. 基于精轧压靠数据的轧机刚度测量方法 [J]. 重型机械, 2009 (1): 54~57.

[36] 丁修堃, 于九明. 中厚板平面形状数学模型的建立 [J]. 钢铁, 1998 (2): 20~24.

[37] 邱红雷, 胡贤磊, 赵忠, 等. 中厚板轧制过程中的辊缝设定模型及其应用 [J]. 钢铁研究, 2004, 39 (12): 36~39.

[38] Wolters H. SMS automation in hot strip mills [J]. M. P. T. 1995, 18 (3): 64~71.

[39] Heesen G J, Burggraaf D H. New process control system of Hoogovens' hot strip mill: Key to improved product quality [J]. Ironmaking and Steelmaking, 1991, 18 (3): 190~195.

[40] Murphy T M, Johns R L. On-line plate mill process control computer replacement [J]. Iron and Steel Engineer, 1993, 70 (6): 23.

[41] Kazunobu T, Yoshiaki N. Advanced electrical equipment for hot-rolling mills [J]. Mitsubishi Electric ADVANCE, 1997 (6): 2~4.

[42] 胡贤磊, 邱红雷, 刘相华, 等. 中厚板弹跳曲线零点漂移对轧制力自适应的影响 [J]. 钢铁研究, 2003, 15 (1): 24~26.

6 板凸度与平直度控制新技术

中厚板是国民经济各部门中广泛使用的钢材,是工业化不可缺少的钢材品种,也是国家钢铁工业及钢铁材料水平的一个重要标志。随着国民经济各相关部门生产的持续发展,对中厚板产品的质量要求也日趋严格。随着板厚自动控制技术(AGC)广泛应用,纵向厚差精度问题已得到了圆满的解决,而关于板形与板凸度的控制,虽然取得了一定的进展,许多技术也已进入实用阶段,但由于国内轧机总体装备水平比较差、板形与板凸度的影响因素复杂多变,在控制模型、控制系统及现场应用等方面都还有许多的问题尚未解决。因此,如何利用现有的设备,通过技术改造提高板凸度和板形控制水平,使其接近或达到现代中厚板轧机产品的实物水平,具有重要的理论意义和实际应用价值。

6.1 板凸度与平直度控制技术进展

6.1.1 板形及板凸度的基本概念

中厚板的板形包括纵横两个方面的尺寸指标。就板的纵向而言,通常是指平直度或称为翘曲度,俗称浪形,即沿中厚板长度方向上的平坦程度;其实质是被轧板带材因沿横向压下不均所导致的不均匀延伸。而在板的横向上,板形所指的是中厚板的断面形状,即板宽方向上的厚度分布,包括板凸度、边部减薄等,其中板凸度是常用的横向板形代表性指标。

6.1.1.1 板凸度

中厚板的板凸度可以定义为轧件横断面上中心处厚度与边部某一代表点(通常指离实际轧件边部 40mm 处的点)处厚度之差值。中厚板断面形状大致如图 6-1 所示。有时为强调它没有将边部减薄考虑进去,又称它为中心板凸度,它可以表示为:

$$C_h = h_c - h_{e1} \tag{6-1}$$

式中　C_h——板凸度,mm;

　　　h_c——带钢中心厚度,mm;

　　　h_{e1}——边部减薄区厚度,mm。

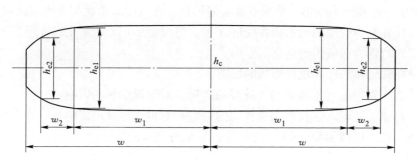

图 6-1　带钢宽度方向厚度分布

6.1.1.2　边部减薄

边部减薄也是一个重要的断面质量指标。边部减薄量直接影响边部切损的大小，与成材率有密切关系。边部减薄量越小，边部切损量也越小，则成材率越高。边部减薄表示为：

$$C_e = h_{e1} - h_{e2} \tag{6-2}$$

式中　C_e——板带钢边部减薄，mm；

　　　h_{e1}——边部减薄区的厚度，mm；

　　　h_{e2}——骤减区的厚度，mm。

6.1.1.3　中厚板断面形状的表达式

中厚板的板形与断面形状有关，为了控制中厚板的平直度，也可以将中厚板的板形用断面形状参数来表述。中厚板的断面形状可以用轧件厚度 $h(x)$ 和与板宽方向离开中心线距离 x 之间的数学表达式来表示：

$$h(x) = h_0 + a_1 x + a_2 x^2 + a_3 x^3 + a_4 x^4 \tag{6-3}$$

式中　$a_1 \sim a_4$——断面形状的特征参数；

　　　x——沿中厚板宽度方向与中心线的距离，mm；

　　　h_0——中厚板中心线处的厚度，mm。

任何一个给定的带钢断面形状，都能以式（6-3）来表达。但是除一次项与两侧压下不等有关外，一般认为中厚板轧件是左右对称的，因此奇次项不存在。同时为了计算的简便，可以忽略高次项的影响，因而式（6-3）可以写成：

$$h(x) = h_0 + a_2 x^2 + a_4 x^4 \tag{6-4}$$

由上式可知：只要知道 h_0、a_2 和 a_4 三个参数，则带钢断面形状完全可以确定。系数 a_2 和 a_4 主要取决于轧辊凸度分布、单位宽度轧制力分布和弯辊力大小。

上下辊的各种辊型的综合构成了空载辊缝形状，在轧制力的作用下，轧辊形状将发生挠曲和压扁变形，形成有载辊缝形状。有载辊缝形状与下列因素有关：

（1）轧制力造成的辊系挠曲变形（包括剪切变形）及辊系压扁变形。

（2）弯辊力造成的辊系挠曲变形。

（3）轧辊热膨胀对辊缝形状的影响。

（4）轧辊磨损（工作辊与支撑辊的磨损）对辊缝形状的影响。

（5）原始轧辊（工作辊与支撑辊的辊型）对辊缝形状的影响。

（6）在线可调辊型（CVC、PC 等）对辊缝现状的影响。

6.1.1.4 平直度

将中厚板设想成是由若干纵条组成的整体，各窄条之间相互牵制、相互影响。若轧件沿横向厚度压下不一样，则各窄条就会相应地发生延伸不均，从而在各窄条之间产生相互作用的应力。当该内应力足够大时，就会引起轧件的翘曲，此翘曲程度即被定义为平直度。在中厚板生产中，一般用中浪或边浪来定义翘曲，平直度的定量表示方法有很多种，较为实用的有相对长度表示法、波形表示法、残余应力表示法等。

A　相对长度差表示法

图 6-2（a）所示为轧后翘曲板带钢的外形，该轧件由于边部有较大的延伸而产生严重边波。将钢板裁成若干纵条并铺平，则如图 6-2（b）所示，可清楚地看出横向各点的不同延伸。一个比较简单的方法就是取横向上不同点的相对长度差 $\Delta L/L$ 来表示板形[1]。

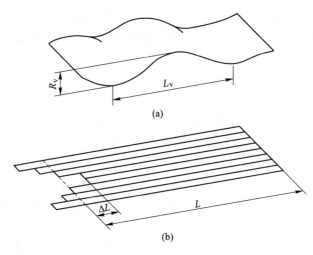

(a)

(b)

图 6-2　翘曲板带钢(a)及其分割(b)

$$\rho = \Delta L/L \tag{6-5}$$

式中 L——所取基准点的轧后长度；

    ΔL——其他点相对基准点的轧后长度差；

    ρ——相对延伸差，国际通用单位为 I 单位，一个 I 单位相当于相对长度差为 10^{-5}。

    B 波形表示法（翘曲度法）

在翘曲的钢板上测量相对长度来求出相对长度差很不方便，所以人们采用了更为直观的方法，即以翘曲波形来表示板形，称为翘曲度[1]。图 6-3 所示为带钢翘曲的两种典型情况。将带材切取一段置于平台之上，如将其最短纵条视为一直线，最长纵条视为一正弦波，则如图 6-4 所示，可将带钢的翘曲度 λ 表示为：

$$\lambda = \frac{R_v}{L_v} \times 100\% \tag{6-6}$$

式中 λ——翘曲度，%；

    R_v——波幅，mm；

    L_v——波长，mm。

这种方法直观、易于测量，所以许多工作者都采用这种方法表示板形。

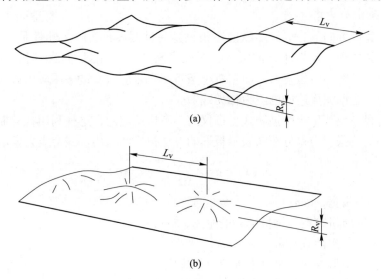

(a)

(b)

图 6-3　带钢翘曲的两种典型情况

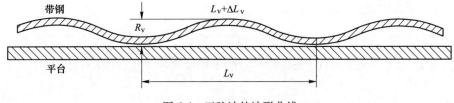

图 6-4　正弦波的波形曲线

设在图 6-4 中与长为 L_v 的直线部分相对应的曲线部分长为 $L_v + \Delta L_v$，并认为曲线按正弦规律变化，则可利用线积分求出曲线部分与直线部分的相对长度差。因设波形曲线为正弦波，可得其方程为：

$$H_v = \frac{R_v}{2} \sin\left(\frac{2\pi y}{L_v}\right) \tag{6-7}$$

故与 L_v 对应的曲线长度为：

$$L_v + \Delta L_v = \int_0^{L_v} \sqrt{1 + (dH_v/dy)^2}\, dy = \frac{L_v}{2\pi} \int_0^{2\pi} \sqrt{1 + (\pi R_v/L_v)^2 \cos^2\theta}\, d\theta$$

$$\approx L_v \left[1 + (\pi R_v/2L_v)^2\right] \tag{6-8}$$

因此，曲线部分和直线部分的相对长度差为：

$$\frac{\Delta L_v}{L_v} = \left(\frac{\pi R_v}{2L_v}\right)^2 = \frac{\pi^2}{4}\lambda^2 \tag{6-9}$$

式（6-9）为翘曲度 λ 与最长、最短纵条相对长度差之间的关系，它表明带钢波形可以作为相对长度差的代替量。只要测出带钢波形，就可以求出相对长度差。

C　残余应力表示法

轧件宽度方向上分成许多纵向小条只是一种假设，实际上轧件是一个整体，小条变形是要受到左右小条的限制，因此当某"小"条延伸较大时，受到左右小条的影响，将产生压应力，而左右小条将产生张应力。这些压应力或张应力称为内应力，轧制完成后的内应力称为残余应力。

随着目前板带生产中接触式板形仪的逐渐广泛应用，这种利用在轧制过程中所检测到的前张应力差分布来表示板形的方法被广泛采用。残余应力表示法：

$$\sigma_{re}(x) = a_T \times \left(\frac{2x}{B}\right)^2 + \text{const} \tag{6-10}$$

式中　　B——板宽，mm；

　　　　x——所研究点与钢板中心的距离，mm；

　　const——二次函数常量；

　　　　a_T——板形参数，可以由理论分析确定；

　　　　σ_{re}——辊缝出口处 x 点在钢板中发生的残余应力。

6.1.2　平直度良好的条件

轧件厚度与平直度和板凸度之间的密切关系，可以引入比例凸度的概念，比例凸度 C_p 表示为板凸度 C_h 与轧件轧后的平均厚度 $\bar{h}$ 之比，即：

$$C_p = \frac{C_h}{\bar{h}} \tag{6-11}$$

为获得良好的板形，要求中厚板轧件沿其横向有一均匀的延伸，即应保证来料中厚板的横断面形状与承载辊缝的几何形状相匹配，从而使轧件横向上的纵向延伸均匀，轧件的轧前与轧后断面各处尺寸比例凸度恒定：

$$\frac{C_H}{\overline{H}} = \frac{C_h}{\overline{h}} \qquad (6\text{-}12)$$

式中 $\overline{H}$, $\overline{h}$——轧前、轧后的轧件平均厚度；

C_H, C_h——轧前、轧后的轧件凸度。

因此，良好板形的条件为板材入口和出口的比例凸度相等，也就是说，轧件入口和出口的比例凸度相等是轧出平直度良好板材的基本条件。但对于中厚板生产来说，由于轧件的道次厚度较大、温度较高，轧制时由于金属的横向流动，因而减弱了对比例凸度恒定的要求。

图 6-5 为金属的横向流动与纵向流动示意图。当轧件厚度小于 H_1 时，基本上不存在横向流动，满足比例凸度恒定的原则；当轧件厚度 $H_1 \leqslant H \leqslant H_2$ 时，即使来料断面形状与承载辊缝不相匹配，也可能不会导致轧后的板形缺陷，此时允许各小条有一定的不均匀延伸而不会产生翘曲。

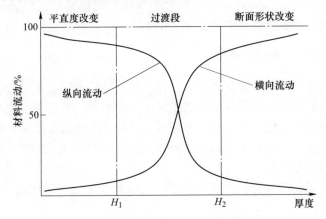

图 6-5 金属的横向流动与纵向流动示意图

因此，在中厚板实际轧制过程中，允许有一定程度的比例凸度变化。根据 K. N. Shohet 等的研究，热轧时当比例凸度的差值 ΔC_p 满足式（6-13）时，原来平直的钢板仍保持平直。

$$-2\alpha \left(\frac{h}{B}\right)^a < \Delta C_p < \alpha \left(\frac{h}{B}\right)^b \qquad (6\text{-}13)$$

式中 ΔC_p——比例凸度的变化量；

B——轧件宽度，mm；

α, a, b——模型的经验系数。

当某个道次的钢板的比例凸度之差满足式（6-13）时，不会出现浪形问题。从图 6-6 可以看出，随着轧件厚度 h 的减小，要想不出现浪形，钢板的比例凸度的变化量越小，即板形良好区越来越窄。

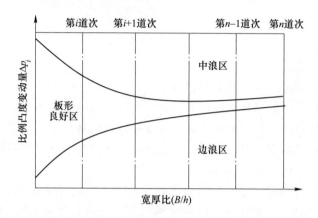

图 6-6　可逆轧机各道次板形良好区示意图

根据上述经验式（6-13）可见，对于厚而窄的板材，横向流动的可能性较大，因而所允许的比例凸度变化就相应的要大。

6.1.3　板平直度与板凸度的关系

板凸度与平直度有着密切的关系。因为带钢冷轧过程要求严格保证良好板形条件，所以轧制过程中虽然板凸度的绝对值不断减小，但比例凸度应始终保持不变。而中厚板热轧时则有所不同，在板形允许的范围内改变比例凸度以满足产品在凸度方面的要求。这就要求搞清板凸度变化和平直度变化量之间的定量关系，以便于进行板凸度控制。

经理论推导，得出比例凸度差值 ΔC_{p} 与翘曲度 λ 之间存在以下关系[1]：

$$\Delta C_{\mathrm{p}} = \frac{\pi^2}{4}\lambda^2 \tag{6-14}$$

翘曲度与平直度关系式：

$$\lambda = 0.201317\sqrt{\rho} \tag{6-15}$$

式中　　λ——翘曲度，%；

　　　　ρ——平直度，I。

由上述关系可见，板凸度和平直度之间的关系比较密切。钢板平直度的控制最终还要归结到板凸度的控制上，也最终要归结到轧辊有载辊缝形状的控制上。

6.1.4　板形与板凸度的干扰因素

在中厚板生产过程中，板形与板凸度的干扰因素很多，其中主要因素是轧辊辊型的变化以及轧制力的变化。

（1）轧辊辊型的变化。在轧制过程中，随着轧制量的增加以及轧辊冷却条件、轧制节奏等因素的改变，轧辊辊型（由初始辊型、磨损辊型、热辊型组成的综合辊型）不断变化，成为板形控制系统中的主要干扰变量之一。

对工作辊来说，在一个轧制服役周期内，仅考虑磨损的影响，其辊型变化就很大（0.4~0.6mm）；对支撑辊来说，虽然辊型变化较慢，但是在一个较长的换辊周期内，通过多个轧制单位的累积，磨损也是很严重的。

中厚板轧机在轧制过程中的板形与板凸度同各道次的承载辊缝形状密切相关。由于辊型的剧烈变化，在工作辊服役的不同时期，如果对相同规格的轧件，还使用相同的压下规程，将会使钢板的凸度不稳定，甚至出现严重的板形缺陷。

（2）轧制力的变化。中厚板轧机是可逆轧机，在轧制过程中，前几道次采用较大的轧制力实现大压下轧制，后几道次则采用相对较小的轧制力以保证轧件的板形良好，而且 AGC 的投入，也会使道次轧制力发生波动。由于轧制力的这些变化将会使轧制过程中的承载辊缝形状发生改变，从而使道次出口板形和板凸度发生变化。

6.1.5 中厚板平直度与板凸度的控制技术

由于 CVC 轧机具有极强的板凸度与平直度控制能力，因而普遍应用于中厚板的生产实践中。国外对其核心技术，尤其是辊型设计、关键设定与控制模型等大部分采用黑匣封闭。因此，从理论与实践两个方面探索中厚板 CVC 轧机的辊型设计、板形控制特性和板形控制系统，具有重要的理论与实际价值。

在 20 世纪 70 年代以后，板形与板凸度的控制就成为轧制技术研究与开发的主攻课题，在充分研究板形理论的基础上，相继出现了很多板形控制技术。多年来，板形与板凸度控制技术在经历了液压弯辊、轧辊横移以及轧辊分段冷却等发展阶段后，从 80 年代起开始进入实用阶段。

6.1.5.1 液压弯辊

液压弯辊技术是 1965 年开发成功，1970 年开始应用于生产。该技术原理：利用液压装置提供的横向载荷使工作辊或支撑辊产生附加弯曲变形，来补偿轧制力等各种因素的变化，达到控制板形的目的。根据弯辊力施加部位的不同，液压弯辊可以分为工作辊弯曲和支撑辊弯曲两种方式。每种方式又有正弯曲（弯辊力与轧制载荷的方向相同、轧辊挠度减小）和负弯曲（弯辊力与轧制载荷的方向相反，轧辊挠度增加）之分，如图 6-7 所示。

工作辊弯曲具有弯辊力小、操作方便、反应灵敏、结构简单、可与其他方法组合应用等特点，所以应用较多。当工作辊正、负弯曲同时采用时，弯辊效果更

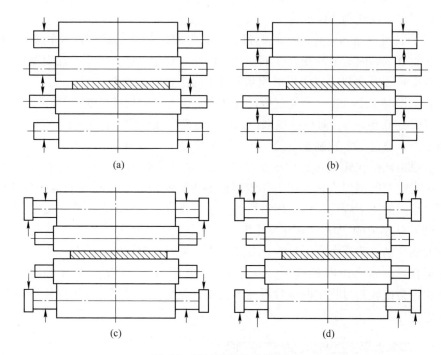

图 6-7　液压弯辊技术原理图

(a) 正工作辊正弯曲；(b) 正工作辊负弯曲；(c) 支撑辊正弯曲；(d) 支撑辊负弯曲

佳（板形控制范围可以增大一倍）。支撑辊弯曲，由于支撑辊刚度大，施加弯辊力后可以避免由于轧辊刚度不够引起的复合浪形。但为了便于安放弯辊油缸，支撑辊弯曲需要延长支撑辊辊径，导致轧机结构复杂而庞大。

　　根据液压弯辊的技术原理先后开发了单轴承座工作辊液压弯辊（WRB），双轴承座工作辊液压弯辊（DCB）以及支撑辊液压弯辊（BURB）等轧机。液压弯辊作为一种基本板形控制手段，在中厚板轧机中已获得了广泛的应用，目前在中厚板轧机上应用比较多的是工作辊正弯曲。

6.1.5.2　轧辊横移

　　轧辊横移以日本日立公司的 HCW 技术和德国 SMS 公司的 CVC 技术为代表。采用此类技术开发出来的轧机主要分成两类：一类是 HCW 轧机，即工作辊可以移动的四辊轧机，由日本日立公司于 1985 年开发成功，其工作辊轴向移动不仅有利于控制板形，而且非常有利于均匀工作辊的磨损；另一类是 CVC 系列轧机，最初由德国斯罗曼-西马克（SMS）于 1980 年发明，与 HCW 轧机的不同之处在于上下移位辊采用 S 型且呈反对称布置，其辊身曲线可以用三次多项式或五次多项式（CVC-PLUS 轧机）来描述，如图 6-8 所示。

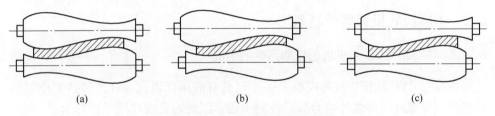

图 6-8 CVC 轧机板形控制原理图
(a) 辊缝各处高度相同；(b) 辊缝凸度增大；(c) 辊缝凸度减小

当上下工作辊的中心位于中间位置时，空载辊缝各处高度相同（见图 6-8 (a)）；如果上工作辊向左移动，下工作辊向右移动相同的距离，辊缝的凸度增大（见图 6-8 (b)）；反之，若上工作辊向右移动，下工作辊向左移动相同的距离，辊缝中间位置的高度减小，凸度为负值（见图 6-8 (c)）。工作辊移动距离的不同，辊缝的凸度也随之而异，便可以获得从中凹到中凸连续变化的辊缝形状，实现辊缝凸度的连续调节。如果同弯辊结合起来则可以大大提高该类轧机的板形控制能力。

由于该类轧机具有板凸度控制能力强、操作方便、易改造及投资少的优点，所以发展较快。宝钢从德国西马克引进的 5300mm 中厚板轧机就采用了 CVC-PLUS 技术。该轧机不仅具有辊型较为复杂、磨削精度高、无边部减薄功能，而且辊间压力分布不均，轧辊磨损相对严重，因而在其辊型设计等方面的技术还有待于进一步的发展。

6.1.5.3 轧辊的分段冷却的板形控制技术

在轧制过程中，由于变形功、摩擦功的生热效应与周围介质作用的动态平衡，使轧辊产生所谓的热凸度，这种热凸度通常会对板形产生不利的影响。如果通过某种特殊的温度控制方法，使温度沿辊身的不均匀分布所形成的热凸度，能够对其他机械因素所引起的辊缝不均起到一定的补偿作用，便可以达到控制板形的目的。在中厚板生产中，控制辊身温度分布规律的工艺方法，主要是对轧辊进行分段冷却。

对轧辊分段冷却进行的研究工作比较多。研究者们分别从不同角度给出了轧辊温度分布及相应热凸度的计算方法。采用双排喷嘴喷射冷却液，来对轧辊进行分段冷却，每个喷嘴的流量均经过精确的计算，并可以单独控制。首钢 3500mm 中厚板轧机也采用了工作辊分段冷却的方式，来对轧辊温度分布进行控制。

通过改变热凸度来控制板形的最大优点，是可以消除非对称的板形缺陷。但由于轧辊的热惯性大，其响应速度慢，特别是对宽厚板轧机，为了达到所需求的辊型变化，有时可能需要半个小时之久，难以实现实时板形控制。

6.2　中厚板轧机板形控制系统

6.2.1　中厚板 CVC 轧机板形控制系统的组成

中厚板 CVC 轧机的板形控制手段不仅具有液压弯辊，而且还包括工作辊横移和轧辊局部冷却等多种强力板形控制手段，因此需要将这些手段综合在一起，用以控制复杂的板形缺陷。中厚板 CVC 轧机板形控制系统结构如图 6-9 所示。

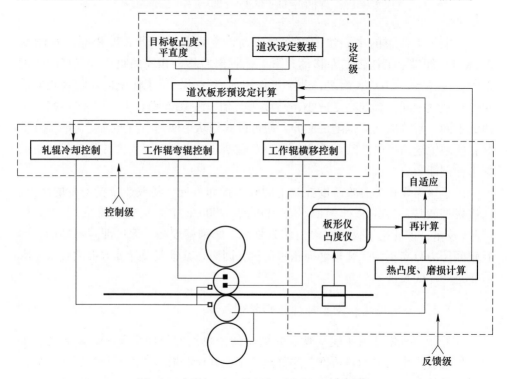

图 6-9　中厚板 CVC 轧机板形控制系统结构图

从图 6-9 中可以看出：中厚板 CVC 轧机板形控制系统主要由预设定模块、基础自动化控制模块和反馈控制模块三个部分构成一个闭环板形控制系统。通过合理确定工作辊的横移位置、弯辊力，采用分段冷却的方法改变轧辊的径向膨胀分布消除复杂的板形缺陷。

中厚板 CVC 轧机板形控制可以分为预设定控制和反馈控制两种：（1）预设定控制是依据轧机参数和原始的轧制工艺条件，通过板形与板凸度控制模型或经验模型预测出各个道次板形、板凸度和各执行机构的最佳控制量，并把它作为预设定值。在后续的轧制过程中，这些设定参数一般不随轧出钢板板形质量的好坏而调节。（2）反馈控制首先利用板形仪和凸度仪在线获取该块钢或上一块钢板的实时板形与板凸度信息，将实测板形板凸度和目标板形板凸度的偏差值作为反馈信息，送到板形控制系统中，由板形控制系统根据预设定的结果，重新修正各执行机构相应的调节量，最后再按照设定控制的策略进行在线控制。反馈控制充分利用了板形控制系统的在线反馈信息，与预设定控制结合起来，可以对中厚板的板形和板凸度做出比较精确的控制。

中厚板 CVC 轧机板形与板凸度控制的具体过程为：轧件出炉时，板形控制系统根据轧件的 PDI 数据及其所要求的终轧板凸度和平直度，根据当时实际的轧制工艺条件，由预设定模型确定每个道次工作辊横移量位置、弯辊力、工作辊冷却装置阀门的开启方式，并将预设定值传给基础自动化系统，由基础自动化系统进行相应的设备动作，以保证轧制的正常进行。当板形仪和凸度仪检测到轧件板形与板凸度后，板形反馈控制模型根据板形仪与凸度仪的反馈信息，修正板形与板凸度控制模型参数，然后根据在线实际的轧制工艺条件，确定后续道次的板形与板凸度控制量，并送到基础自动化系统执行，从而实现在线板形与板凸度控制。

6.2.2 板形控制系统的基础自动化

中厚板 CVC 轧机板形控制系统的基础自动化主要包括液压弯辊系统、工作辊横移系统和轧辊分段冷却系统。在液压弯辊控制系统中，基础自动化除了完成弯辊的逻辑关系控制外，还通过 D/A 板输出弯辊力的操作信号，该信号经功放送到电磁比例阀，控制阀门的开口度，以达到控制液压弯辊缸内油压的目的。宝钢 5300mm 宽厚板 CVC-PLUS 轧机的液压弯辊系统总共有 16 个液压缸，它可以对轧机单侧弯辊力进行调整，即可以调整两侧弯辊力差，以改善由板宽非对称分量所造成的板形缺陷。根据板形控制系统的设定值，当需要调整横移机构时，由横移系统根据给出的横移量经功放控制伺服阀开口度，以达到控制横移缸的目的，其位移信号由传感器进行检测，反馈给控制机构形成闭环；当反馈值与给定值相等时，阀门关闭。分段冷却系统也通过基础自动化系统进行控制，由板形控制系统或人工给出轧辊各段的阀门开口度，用以控制冷却液的喷射量，它是开环控制。除了板形控制调节功能以外，系统还具有对整个系统的工作状况指示、故障处理等功能。

板形控制系统的基础自动化如图 6-10 所示，它以板形仪输入信息为反馈的闭环控制系统。图中，f_r 为目标板形、f_x 为实测板形与板凸度、F_{br} 为弯辊力给定、F_{bx} 为弯辊力反馈、S_{ar} 为横移系统给定、S_{ax} 为横移位置反馈。

6.2.3 板形控制系统的过程控制

图 6-11 为中厚板 CVC 轧机板形控制系统过程控制级的结构和数据流图。从

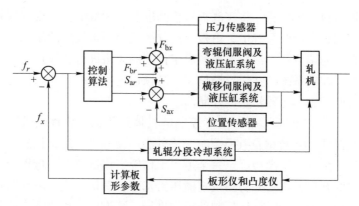

图 6-10 板形控制系统基础自动化级框图

图中可以看出，板形控制系统的过程级主要由轧辊热凸度计算模块、轧辊磨损计算模块、预设定计算（再计算）模块、自适应计算模块等构成。

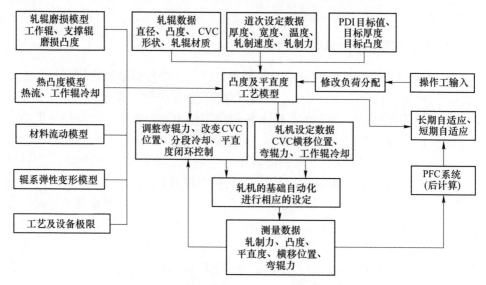

图 6-11 板形控制系统模型结构和数据流图

轧辊热凸度计算模块是板形控制系统实时调用的。其功能是根据中厚板在轧制过程中轧辊温度的变化及轧辊热凸度，计算结果为板形预设定计算或平直度动态调整服务。

轧辊磨损计算模块也是一个实时在线程序，由于轧辊磨损是不断累积的一个过程，当计算轧辊磨损对具体某一轧件的辊缝凸度影响时，要考虑该轧辊服役以来所有磨损量的累积。轧辊磨损模块的功能主要为板形预设定计算模块提供磨损数据。

自适应计算模块也是为预设定服务的，功能是减小或消除预设定模块的计算偏差。自适应模块主要分为短期板形自适应模块和长期板形自适应模块两个部分。

6.2.4 板形控制系统的预设定

在中厚板 CVC 轧机板形控制系统中，预设定控制的正确与否，将直接影响到后续轧制的稳定进行和轧后板材的板形与板凸度。因此，预设定模块在板形控制系统中非常重要，是板形控制系统中不可缺少的环节。

中厚板轧机板形控制系统中，预设定模块的任务是在反馈控制尚未建立起来时，由预设定模型为工作辊横移、工作辊弯辊以及轧辊冷却控制系统提供控制量，从而保证板形控制系统的正常运行，中厚板轧机板形预设定的基本功能是：

（1）根据轧机参数，利用 CVC-PLUS 辊型、工作辊横移及工作辊弯辊，制定达到目标板凸度和平直度的控制策略，并确定工作辊道次最佳横移位置和最佳的弯辊力设定值。

（2）根据前一轧件的板形与板凸度修正系数，对本轧件的板形与板凸度控制模型参数进行修正，并对所有轧制道次进行板形与板凸度预设定计算。

（3）轧辊冷却控制预设定给出轧机运行时轧辊各区段的基本冷却量。

预设定模块是板形控制系统中的核心，它一般在轧制前进行。根据工艺设定值（轧制力、轧制速度、道次数、出入口厚度、道次温度等）、轧辊热凸度、磨损凸度和辊缝自适应值，利用板形与板凸度数学模型确定各道次工作辊横移位置、弯辊力的合理预设定值、轧辊各段冷却阀门的开口度以及 AGC 补偿系数等，并将这些设定值传送到基础自动化系统，进行相应的设定。

在中厚板轧制过程中，由于存在各种干扰，使得板形与板凸度设定值与实际值会有很大差异，因而板形控制系统就需要根据板形仪和凸度仪的在线反馈信息，实时进行相应的调节，确保设定出口板凸度与平直度保持不变。

6.2.5 板形和板厚的联合控制

在中厚板生产中，厚度控制的常规方法是压下厚控，但是厚度控制会造成轧制压力的波动，从而影响板形与板凸度的控制；而板形与板凸度的控制又会影响到板厚及其控制。因此在中厚板控制系统中，必须对两者进行联合控制。

现场中厚板轧制过程中，一般采用调压下（AGC、APC）的方式来控制板厚，而板形控制的主要手段就是工作辊弯辊。轧制过程中的板厚、板形的变化可以用式（6-16）和式（6-17）来表示，分别控制压下位置和弯辊力来满足 $\Delta C_h = 0$ 和 $\Delta h = 0$，从而保证轧制过程中出口厚度的相对稳定，以及维持承载辊缝形状不变，保持设定的板凸度值。

$$\Delta h = \Delta S + \frac{\Delta F_P}{M_P} + \frac{\Delta F_W}{M_W} \tag{6-16}$$

$$\Delta C_h = \frac{\Delta F_P}{K_P} - \frac{\Delta F_W}{K_W} \tag{6-17}$$

式中　K_P，K_W——轧制力 F_P、弯辊力 F_W 对板形影响的横向刚度；

　　　M_P，M_W——轧制力 F_P、弯辊力 F_W 对板厚影响的纵向刚度。

6.2.6　AGC 控制补偿

AGC 投入控制后，轧制力将会发生频繁的变化，而轧制力的变化将导致承载辊缝形状发生改变，从而使轧件凸度和平直度偏离目标值。为了降低轧制力变化对板形与板凸度的影响，轧制过程中需要根据实测轧制力的变化，相应地调整弯辊力值来补偿 AGC 控制对板形与板凸度的影响。

AGC 补偿控制，其目的是保持中厚板全长凸度及平直度等于咬钢后的头部设定值。中厚板 CVC 轧机配备有液压弯辊系统，可以根据下面的公式来计算弯辊力的调节量：

$$\Delta F_W = k\Delta F_P \tag{6-18}$$

$$k = \frac{K_W}{K_P} \tag{6-19}$$

$$\Delta F_P = F_P - F_{PP} = (F_s - 2F_W) - F_{PP} \tag{6-20}$$

式中　F_P——轧制力实际值；

　　　F_{PP}——轧制力预报值；

　　　F_s——实测轧制力值；

　　　F_W——实测弯辊力值。

6.3　板凸度与板平直度控制策略研究

中厚板在线生产过程中，板形受多种因素影响，如工作辊和支撑辊的磨损辊型、热辊型的变化、轧制力的波动和轧制计划的编排等。其中轧辊磨损及热凸度的变化是板形和板凸度控制过程的扰动因素，所以中厚板轧机板形与板凸度控制手段包括工作辊弯辊、工作辊和支撑辊初始辊型以及压下负荷分配。其中，工作辊弯辊直接对辊缝形状产生影响，从而改变轧件的出口板凸度，所以工作辊弯辊控制是改善板形的最主要手段；压下负荷分配通过调节各个道次的压下量改变其轧制力，从而使承载辊缝形状发生改变，轧件的出口凸度也随之改变，压下负荷是改善板形的另一个手段。根据轧制产品计划和轧辊尺寸对工作辊和支撑辊进行优化设计，可以提高轧机的板形与板凸度控制能力；它一般与弯辊控制结合使用，使轧机能力在最大程度得到发挥的同时满足板形和板凸度的良好条件。

6.4 轧辊温度场及热凸度研究

在中厚板生产中，实时变化的轧辊热凸度是影响板形的重要因素之一。轧辊热交换十分复杂，包括轧件向轧辊传递热量，轧件与轧辊相对运动产生的摩擦热，轧辊与空气、集管冷却水以及与轧辊轴承的热交换等。因此，研究和开发高精度的轧辊温度场及热凸度模型具有十分重要的意义[1]。

6.4.1 传热学基本定律

传热的基本方式有三种：热传导、对流和辐射。在计算轧辊温度场及热凸度时需同时考虑上述三种传热方式[2,3]。

6.4.1.1 热传导的傅里叶简化导热定律

热传导即物质内部或物质之间的热传递，在这里为轧辊层或段间节点之间的热交换。傅里叶简化导热定律为：

$$Q_t = \lambda_t A \times \frac{T_{w1} - T_{w2}}{L} \Delta t \qquad (6-21)$$

式中　Q_t——物质间 Δt 时间内传递的热量，J；

λ_t——材料的导热系数，W/(mm·℃)；

A——垂直于热流的横截面积，mm²；

L——热流方向上的路程，mm；

T_{w1}，T_{w2}——两端介质的温度，℃；

Δt——传热时间，s。

通常以热流密度 $q_t = Q_t(\lambda_t, A)$ 来表示傅里叶传导定律即：

$$q_t = \lambda_t \times \frac{T_{w1} - T_{w2}}{L} \qquad (6-22)$$

上式是由典型的单一介质两端传热得到的，但其仍具有普遍意义，只不过 λ_t / L 一项将要有所改变，如图 6-12 所示。

对于 a 和 b 两种不同的介质，厚度分别为 δ_a 和 δ_b，导热系数分别为 λ_{ta} 和 λ_{tb}，两种介质间的传热量为：

$$q_t = \frac{T_{w1} - T_{w2}}{\delta_a / \lambda_{ta} + \delta_b / \lambda_{tb}} \qquad (6-23)$$

由式（6-21）可得：

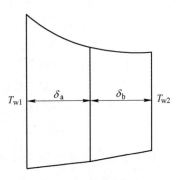

图 6-12　不同介质间的热传导

$$\frac{Q_t}{\Delta t} = \frac{\lambda_t A}{L}(T_{w1} - T_{w2}) \tag{6-24}$$

6.4.1.2　对流传热的牛顿定律

对流传热是固体表面与其相邻的运动流体之间的换热方式。在这里为轧辊与其周围气体及冷却水之间的热量交换。对流传热用牛顿定律描述为：

$$Q_t = a_t A \Delta t \Delta T \tag{6-25}$$

式中　Q_t——交换的热量，J；

$\quad\quad a_t$——表面换热系数，W/($mm^2 \cdot \mathrm{℃}$)；

$\quad\quad A$——流体与固体之间界面面积，mm^2；

$\quad\quad \Delta t$——热量交换时间，s；

$\quad\quad \Delta T$——流体与固体温差，$\mathrm{℃}$。

根据牛顿冷却定律，可得冷却水与工作辊之间的热交换公式：

$$Q_{twj}\big|_t^{t+\Delta t} = a_{tw}(\xi_w \times 2\pi R)\left[T_w(t) - T_{Rj}(t)\right]\Delta x \Delta t \tag{6-26}$$

式中　$Q_{twj}\big|_t^{t+\Delta t}$——工作辊 j 单元由 t 到 $t+\Delta t$ 时间内冷却水吸收的热量，J；

$\quad\quad a_{tw}$——冷却水与工作辊表面换热系数，W/($mm^2 \cdot \mathrm{℃}$)；

$\quad\quad \xi_w$——工作辊与冷却水接触部分占整个轧辊圆周的比例，一般取 0.6；

$\quad\quad T_w(t)$——t 时刻冷却水的温度，$\mathrm{℃}$；

$\quad\quad T_{Rj}(t)$——t 时刻工作辊的 j 单元温度，$\mathrm{℃}$；

$\quad\quad \Delta x$——单元长度，mm；

$\quad\quad \Delta t$——轧辊与冷却水热量交换时间，s。

同理，可得空气与工作辊之间的热交换公式：

$$Q_{taj}\big|_t^{t+\Delta t} = a_{ta}(\xi_a \times 2\pi R)\left[T_a(t) - T_{Rj}(t)\right]\Delta x \Delta t \tag{6-27}$$

式中　$Q_{taj}\big|_t^{t+\Delta t}$——工作辊 j 单元由 t 到 $t+\Delta t$ 时间内空气吸收的热量，J；

$\quad\quad a_{ta}$——空气与工作辊表面换热系数，W/($mm^2 \cdot \mathrm{℃}$)，实际应用时取 $a_{ta} = 10$W/($m^2 \cdot \mathrm{℃}$)；

$\quad\quad \xi_a$——工作辊与空气接触部分占整个轧辊圆周的比例，一般取 0.4；

$\quad\quad T_a(t)$——t 时刻空气的温度，$\mathrm{℃}$；

$\quad\quad T_{Rj}(t)$——t 时刻工作辊的 j 单元温度，$\mathrm{℃}$；

$\quad\quad \Delta x$——单元长度，mm；

$\quad\quad \Delta t$——轧辊与空气热量交换时间，s。

6.4.1.3　能量守恒定律

现设某个体系的质量不变，那么可借助能量守恒定律来描述该体系的能量变化及其与周围介质的联系。此时，能量守恒定律可表示为：

$$E_i + E_g = E_0 + E_s \qquad (6-28)$$

式中 　E_i——进入体系的所有形式的热量；

　　　E_g——体系本身产生的热量，即内热源产生的热量；

　　　E_0——流出体系的所有形式的热量；

　　　E_s——体系内储能量的变化。

对于中厚板轧制过程，进入辊系的热量主要有金属向轧辊的热传导，轧辊不存在内热源项，即 $E_g = 0$；E_s 项主要体现在轧辊温度的变化；E_0 项主要体现为轧辊与周围介质，例如与冷却水或空气的对流传热，故能量守恒定律可表示为：

$$E_s = E_i - E_0 \qquad (6-29)$$

6.4.2 轧辊温度场及热凸度模型

有限差分格式的轧辊温度场建立主要有两种方法：（1）从能量守恒观点出发建立差分格式的解法，这种方法被盐崎所采用；（2）从热传导方程出发建立差分格式的解法，这种方法被有村所采用。第二种方法虽然数学概念清晰，但存在边界节点温度方程的截断误差与内节点不一致的问题，而且当采用非均匀网格时所得到的节点温度方程较复杂。而第一种方法，物理概念清晰，较易解决上述问题，特别是在处理热交换边界条件时存在极大的灵活性。

6.4.2.1 工作辊模型单元划分

不考虑横移方式，忽略工作辊圆周方向的温度变化，忽略轧辊辊颈部分，从而建立径向与轴向的二维单元模型；由基本规律出发建立差分方程对各个单元进行插值计算，先求其温度场，再求轧辊热凸度。单元划分如图 6-13 所示。

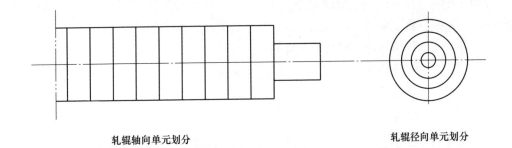

轧辊轴向单元划分　　　　　　　　　　　　　　　　　轧辊径向单元划分

图 6-13　工作辊的单元划分

认为轧辊轴承处绝热，即轧辊与轴承不发生热传导。在半个轧辊辊身划分10 段，在径向上划分 4 层。因为轧辊外层单元和高温带钢接触，是轧辊温度和热凸度变化敏感区，故采用非均匀单元划分法，轧辊由表及里各层厚度逐渐增加。

轧辊温度场是一个三维非稳态系统。随着轧制过程的进行，轧辊轴向、径向和周向的温度都要发生变化，考虑到轧辊的回转周期与热凸度对轧制条件变化的响应时间相比为二阶小，可忽略轧辊在圆周方向的温度变化，这样就将复杂的三维传热问题简化为轴对称问题。图 6-14 为轧辊四分之一有限差分模型。

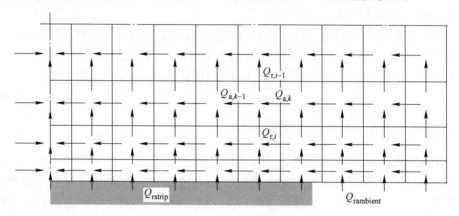

图 6-14　工作辊单元划分

6.4.2.2　轧辊轴对称温度场计算模型

从能量守恒观点出发求解轧辊温度场。体系增加的热量使其内能发生变化，温度升高。根据式（6-29）求出轧辊温度变化。设温度变化率为 $\partial T/\partial t$，则在 Δt 时间内，体积为 ΔV 的物体储能变化与温度变化之间的关系为：

$$E_s = \rho_d c \Delta V \frac{\partial T}{\partial t} \Delta t \qquad (6\text{-}30)$$

式中　E_s——体系内储能量的变化；

ρ_d——物质密度，kg/m^3；

c——物质比热，$kJ/(\text{℃} \cdot kg)$；

ΔV——物体体积，m^3；

Δt——时间间隔，s；

$\dfrac{\partial T}{\partial t}$——温度变化率，$\text{℃}/s$。

由于对工作辊划分了单元并且温度变化的时间很短，可把上式写为：

$$E_s = \rho_d c \Delta V \Delta T \qquad (6\text{-}31)$$

将式（6-29）代入式（6-31）整理可得：

$$\Delta T = \frac{E_i - E_0}{\rho_d c \Delta V} \qquad (6\text{-}32)$$

6.4.3 轧辊热凸度计算模型

轧辊热膨胀可近似用下式计算：

$$\begin{cases} u(R) = \dfrac{2\beta}{R} \displaystyle\int_0^R (T_R - T_{R0}) r\mathrm{d}r = \beta \Delta \bar{T}_R R \\ \Delta \bar{T}_R = \displaystyle\int_0^R (T_R - T_{R0}) 2\pi r\mathrm{d}r / \pi R \end{cases} \tag{6-33}$$

式中　$\Delta \bar{T}_R$——轧辊横截面内平均温度变化，℃；

　　　β——轧辊线膨胀系数，$10^{-3}/℃$；

　　　T_R——轧辊即时温度，℃；

　　　T_{R0}——轧辊原始温度，℃。

对于轧辊的每层单元，根据式（6-33）可得轧辊热膨胀计算模型：

$$u(R) = \frac{2\beta}{R} \Big[\int_0^{r_0} (T_{r0} - T_{R0}) r\mathrm{d}r + \int_{r_0}^{r_1} (T_{r1} - T_{R0}) r\mathrm{d}r +$$

$$\int_{r_1}^{r_2} (T_{r2} - T_{R0}) r\mathrm{d}r + \int_{r_2}^{r_3} (T_{r3} - T_{R0}) r\mathrm{d}r \Big] \tag{6-34}$$

式中　T_{r0}——轧辊初始温度；

　　$r_0 \sim r_3$——0、1、2 和 3 层的半径，r_3 即为轧辊半径。

对于轧辊的每层单元 T_{ri} 是一个常数，由上式可得轧辊热凸度计算模型：

$$u(R) = \frac{\beta}{R} \big[\Delta T_{r0} r_0^2 + \Delta T_{1r0} \times (r_1^2 - r_0^2) + \Delta T_{r2} \times (r_2^2 - r_1^2) + \Delta T_{r3} \times (r_3^2 - r_2^2) \big]$$

$$\tag{6-35}$$

6.5　轧辊磨损研究

在中厚板生产中，轧辊磨损是影响产品板形的重要因素之一。轧辊磨损，包括支撑辊磨损和工作辊磨损。支撑辊磨损影响工作辊弯曲变形，进而影响产品板形；而工作辊磨损则直接影响中厚板产品板形。轧辊磨损规律及磨损量是中厚板生产中难以定量控制的因素，深入研究轧辊磨损，对中厚板实际生产具有十分重要的意义。

轧辊磨损与其他磨损在形成机理上是相同的，从摩擦学角度分析，轧辊磨损可理解为轧辊宏观和微观尺寸的变化[4]。用肉眼明显可见的表面摩擦引起的极大损坏的形式表现出宏观磨损，微观磨损是一种磨耗。一般讨论的轧辊磨损，同时包括宏观磨损和微观磨损，具体表现即轧辊直径的缩小。同时，轧辊磨损在几何和物理条件上与一般磨损又有差别，如辊缝内实际接触面积远大于刚性条件下接触峰点面积的总和；相对位移（即接触弧内轧件表面的滑移）则较小；周期性接触；轧件上的氧化铁皮可作为磨粒进入辊缝；伴有冷却液和润滑液的作用；还有热影响等。因此，轧辊在实际工作条件下，影响磨损的因素非常复杂。轧辊磨损根据产生的原因可分为三种[5]：（1）机械磨损或摩擦磨损，这是由于工作辊和带钢及被动的支撑辊表面相互作用引起的摩擦所形成的；（2）化学磨损，由于辊面与周围介质相互作用，表面膜的形成和破坏的结果；（3）热磨损，由于高温作用和轧辊在工作状态下表层温度剧烈变化而引起的。

　　在实际生产过程中，影响轧辊磨损的因素非常复杂，主要包括以下几个方面：

　　（1）轧制压力大小及其沿中厚板宽度横向分布状态。

　　（2）轧制产品总长度、轧辊圆周上某点与轧件的接触次数以及相对滑动量。

　　（3）表面状况，如轧辊表面粗糙度、摩擦系数及辊面硬度。

　　（4）工作辊与支撑辊间的相对滑动量及辊间压力横向分布。

　　（5）轧制计划编排。

　　（6）轧件与轧辊表面温度不均匀分布。

　　（7）工作辊轴向移动和带钢跑偏。

6.5.1　工作辊磨损数学模型

　　目前有代表性的轧辊磨损计算模型，通常都是考虑轧辊与几个主要影响因素（单位宽度轧制力、轧制长度、轧辊材质、磨损系数）之间的关系，建立符合实际生产状况的轧辊磨损模型。工作辊磨损模型采用离散化"切片法"，垂直于轧辊轴线，沿工作辊辊身（驱动侧至操作侧）将轧辊均匀切成 300 片共 301 个磨损点，根据工艺参数，计算各点磨损量。然后将每一块中厚板轧制后的各点磨损量进行叠加，便可得到工作辊总体的磨损分布[6]。

　　每一道次中厚板轧制后工作辊的磨损如图 6-15 所示。磨损分中间定常磨损区和边部集中磨损区两部分。形成边部磨损加剧的主要原因是带钢边部温度降低，负荷在边部区域作用的增强以及轧件金属横移流动。

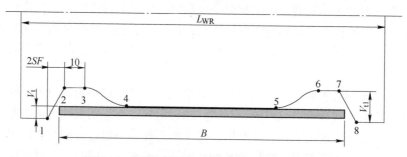

图 6-15　中厚板轧制一道次时轧辊磨损示意图

SF—带钢跑偏量；V_t—轧辊中心磨损量；V_{t1}—轧辊边部磨损量；L_{WR}—工作辊辊身长度；B—带钢宽度

中厚板轧制一个道次时轧辊磨损量为：

$$\begin{cases} V_t = K_w L_s \times \dfrac{L}{D_w} \left(\dfrac{p_B}{L}\right)^{K_s} & \text{中部定常磨损区} \\[2mm] V_{t1} = V_t K_e & \text{边部集中磨损区} \end{cases} \tag{6-36}$$

式中　K_w——与工作辊材质有关的磨损系数；

　　　L_s——该道次轧制带钢的长度，mm；

　　　L——工作辊压扁接触弧长，mm；

　　　p_B——单位宽度轧制力，kN/mm；

　　　D_w——工作辊直径，mm；

　　　K_s——工作辊磨损指数；

　　　K_e——边部磨损倍率。

（1）特定磨损点的坐标。不考虑带钢跑偏 SF 时带钢左侧端点距离轧辊左端面的坐标为：

$$G = (WRLEN - BF_0)/2 - SF \tag{6-37}$$

不考虑带钢跑偏 SF 时带钢右侧端点距离轧辊左端面的坐标为：

$$GX = G + BF_0 \tag{6-38}$$

特定点 3 与 4 和 5 与 6 的距离为：

$$AA = 62 + SF \tag{6-39}$$

特定点的坐标为：

$$\begin{cases} x_1 = G - SF \\ x_2 = G + SF \\ x_3 = x_2 + 10 \\ x_4 = x_3 + AA \\ x_5 = GX - 10 - AA - SF \\ x_6 = x_5 + AA \\ x_7 = GX - SF \\ x_8 = GX + SF \end{cases} \tag{6-40}$$

（2）特定磨损点的磨损。特定点的模型值为：

$$\begin{cases} y_1 = 0 & y_2 = V_{t1} & y_3 = V_{t1} & y_4 = V_t \\ y_5 = V_t & y_6 = V_{t1} & y_7 = V_{t1} & y_8 = 0 \end{cases} \tag{6-41}$$

（3）工作辊磨损的计算。工作辊 8 个特定磨损点将工作辊辊面分为 9 个磨损段，沿工作辊辊面全长共分 301 个磨损点。根据各磨损点所处磨损段的不同，进行工作辊磨损插值计算。

$$V_w = V_w \quad 0 \leqslant x < x_1 \tag{6-42}$$

$$V_w = V_w + y_1 + \frac{x - x_1}{x_2 - x_1}(y_2 - y_1) \quad x_1 \leqslant x < x_2 \tag{6-43}$$

$$V_w = V_w + y_2 + y_p \quad x_2 \leqslant x < x_3 \tag{6-44}$$

$$V_w = V_w + y_4 + \frac{x - x_4}{x_5 - x_4}(y_5 - y_4) + y_p \quad x_4 \leqslant x < x_5 \tag{6-45}$$

$$V_w = V_w + y_6 + y_p \quad x_6 \leqslant x < x_7 \tag{6-46}$$

$$V_w = V_w + y_7 + \frac{x - x_8}{x_7 - x_8}(y_7 - y_8) + y_p \tag{6-47}$$

$$V_w = V_w \quad x_8 \leqslant x \leqslant WRLEN \tag{6-48}$$

第四（3~4 点）段和第六（5~6 点）段工作辊磨损采用的是三次曲线。下面以第四段为例推导三次曲线方程的系数。这里假设 3 点与 4 点中间等分点的磨损量 y_{34} 为：

$$\begin{cases} x_{34} = 0.5(x_3 + x_4) \\ y_{34} = 0.5(y_3 + y_4) \end{cases} \tag{6-49}$$

如图 6-16 所示，三次曲线方程为：

$$y = axx^3 + cxx \tag{6-50}$$

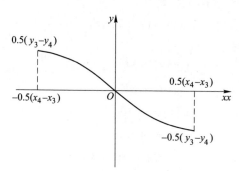

图 6-16　三次磨损曲线示意图

该方程的导数为：

$$y' = 3axx^2 + c \tag{6-51}$$

根据该导数方程在 $0.5(x_4 - x_3)$ 或 $-0.5(x_4 - x_3)$ 处的导数为零，整理可得：

$$c = -3a \times (x_4 - x_3)^2/4 = -3a \times AA^2/4 \tag{6-52}$$

把式（6-52）代入式（6-50）整理可得：

$$y = a(xx^3 - 3/4AA^2xx) \tag{6-53}$$

根据 $0.5(x_4 - x_3)$ 处的磨损量为 $-0.5(y_3 - y_4)$，代入上式整理可得：

$$a = \frac{2(y_3 - y_4)}{AA^3} \tag{6-54}$$

由上述推导可得该三次曲线方程：

$$
\begin{cases}
y = axx^3 + cxx \\
a = \dfrac{2(y_3 - y_4)}{AA^3} \\
c = -3aAA^2/4
\end{cases}
\tag{6-55}
$$

将图 6-16 的局部坐标与整体坐标进行如下变换：

$$
\begin{cases}
xx = x - \dfrac{x_3 + x_4}{2} \\
V_t = y + \dfrac{y_3 + y_4}{2}
\end{cases}
\tag{6-56}
$$

把式（6-56）代入式（6-55）整理可得第四段磨损计算模型：

$$
\begin{cases}
V_t = 0.5(y_3 + y_4) + axx^3 + cxx \\
a = \dfrac{2(y_3 - y_4)}{AA^3} \\
c = 3aAA^2/4 \\
xx = x - \dfrac{x_3 + x_4}{2}
\end{cases}
\qquad x_3 \leqslant x < x_4
\tag{6-57}
$$

同理可得第六段磨损计算模型：

$$
\begin{cases}
V_t = 0.5(y_5 + y_6) + axx^3 + cxx \\
a = \dfrac{2(y_5 - y_6)}{AA^3} \\
c = 3aAA^2/4 \\
xx = x - \dfrac{x_5 + x_6}{2}
\end{cases}
\qquad x_5 \leqslant x < x_6
\tag{6-58}
$$

6.5.2 工作辊磨损凸度计算模型

工作辊磨损凸度是上下工作辊参考点磨损凸度的平均值。对于 CVC 轧机而言，由于上下工作辊横移方向相反，上下工作辊的磨损对于轧制中心点呈反对称状态，所以下工作辊参考点的磨损量等于上工作辊另外一个参考点的磨损量。因此，只要求出上工作辊的两个参考点的磨损量和轧辊中心磨损量即可得出工作辊的磨损凸度。

（1）不考虑横移（普通四辊轧机）时左侧参考点坐标的计算公式为：

$$
EDGEL = 0.5(WRLEN - BF_0) + RELPOINT
\tag{6-59}
$$

式中 $RELPOINT$——参考点与带钢边部的距离，mm。

（2）上工作辊左侧参考点磨损量的计算。上工作辊横移后左侧参考点所处磨损段左侧节点编号的计算公式为：

$$KL = \text{INT}\left(\frac{EDGEL - SHIFT}{\Delta X}\right) \qquad (6\text{-}60)$$

式中　ΔX——工作辊磨损点的间距，mm。

上工作辊左侧参考点磨损量的插值计算公式为：

$$DRUNL = V_t(KL) + \frac{EDGE - SHIFT - x(KL)}{x(KL) - x(KL+1)}[V_t(KL) - V_t(KL+1)]$$

$$(6\text{-}61)$$

（3）上工作辊右侧参考点磨损量的计算。上工作辊横移后右侧参考点所处磨损段左侧节点编号的计算公式为：

$$KL = \text{INT}\left(\frac{WRLEN - EDGEL - SHIFT}{\Delta X}\right) \qquad (6\text{-}62)$$

式中　ΔX——工作辊磨损点的间距，mm。

上工作辊右侧参考点磨损量的插值计算公式为：

$$DRUNR = V_t(KR) + \frac{WRLEN - EDGE - SHIFT - x(KR)}{x(KR) - x(KR+1)}[V_t(KR) - V_t(KR+1)]$$

$$(6\text{-}63)$$

式中　$WRLEN$——工作辊辊身长度，mm。

（4）工作辊参考点磨损凸度的计算公式为：

$$CORR = V_t(150) - 0.5(DRUNL + DRUNR) \qquad (6\text{-}64)$$

式中　$V_t(150)$——工作辊中心磨损点的磨损量，mm。

6.6　高精度辊缝设定计算模型开发

中厚板的产品质量主要用板厚、板形、组织性能和表面质量等指标来衡量。轧制过程涉及大量非线性因素，板形受诸如轧辊原始凸度、弯辊力、轧制速度、温度分布及来料状况等因素影响。

采用影响函数法[7]对横向不对称轧制状态下轧机的受力及变形规律进行研究，建立了工作辊及支撑辊刚性倾斜模型，改进了轧件及辊间变形协调方程；通过调整工作辊刚性倾斜系数，解决了工作辊力矩平衡的问题；建立了完善的横向不对称辊系弹性变形模型，包括轧辊挠曲变形、轧辊压扁变形；为研究各种工艺参数对中厚板轧机辊缝的影响规律奠定了基础。

6.6.1　辊缝凸度计算的总体模型

6.6.1.1　基本板凸度和再生板凸度

在进行中厚板凸度（辊缝）计算时，首先对基本状况进行计算，即轧辊直径、轧辊凸度、弯辊力、单位宽度轧制力及其沿轧件宽度方向分布等参数取基准值，在这种条件下获得的凸度称为基本板凸度。

$$C_0 = \sum_{i=0}^{5} A_0(i) B^i \tag{6-65}$$

式中　C_0——基本辊缝凸度，mm；

　　　B——板带宽度，mm；

　　$A_0(i)$——基本辊缝凸度多项式拟合系数。

为了确定各影响参数对板凸度的影响，选定其中一个参数如轧制力，其他与基本状况相关的参数保持不变，所选参数的改变会导致带钢产生一个新的板凸度值，称为再生板凸度。

6.6.1.2　带钢凸度影响率

带钢凸度影响率 K_i 是指再生板凸度与基本板凸度的差值与影响参数变化量的比值，它是影响因素发生单位变化对带钢凸度的影响程度，其计算公式如下：

$$K_i = \frac{C_i - C_0}{X_i - X_0} \tag{6-66}$$

式中　C_i——影响参数为实际值 X_i 时对应的再生板凸度，mm；

　　　C_0——影响参数为基准值 X_0 时对应的基本板凸度，mm。

6.6.1.3　辊缝凸度计算的总体模型

以基本板凸度为基准，中厚板凸度总体计算模型如下：

$$C = C_0 + \sum_{i=1}^{n} K_i \times (X_i - X_0) \tag{6-67}$$

式中　C——辊缝凸度或轧机出口板凸度计算值，mm；

　　C_0——基本板凸度，mm；

　　n——影响参数个数；

　　K_i——带钢凸度影响率；

　　X_i——影响参数实际值；

　　X_0——影响参数基准值。

6.6.2　高精度辊缝设定计算模型的建立

本节结合宝钢 2050mm 热轧厂技改项目，根据轧辊弹性变形理论，采用影响函数法开发了面向对象的带钢凸度影响率模拟计算软件；建立了高精度的带钢凸度影响率数学模型，为高精度板形控制系统模型的建立及参数优化提供了通用解析工具。

6.6.2.1　基本参数

带钢凸度影响率模拟计算软件所采用的轧辊和轧件基本参数，是根据宝钢 2050mm 板形在线设定系统所采用的基本值确定的，轧辊和轧件基本参数见表 6-1。

表 6-1　轧辊和轧件基本参数

参　数	符　号	基本值
支撑辊辊身长度	L_B	2050mm
支撑辊直径	E_B	1440mm
支撑辊液压缸中心距	L_{B1}	3150.0mm
支撑辊原始凸度	C_B	0.0mm
支撑辊辊面长度	L_{JCH}	1950.0mm
工作辊辊身长度	L_W	2250.0mm
工作辊直径	E_W	722.0mm
工作辊液压弯辊缸中心距	L_{W1}	3150.0mm
工作辊原始凸度	C_W	0.0mm
工作辊弯辊力	F_W	500.0kN
轧辊压扁系数	C	0.0273
单位宽度轧制力	P_B	4.0kN/mm
压下量基本值	Δh_0	0.3mm
带钢宽度	B_{F0}	650~1850.0mm

6.6.2.2　基本中心板凸度计算模型

A　中心板凸度基准值的数学模型

其他参数取基本值，带钢宽度对中心板凸度基准值的影响如图 6-17 所示。中心板凸度基准值呈抛物线变化；当带钢宽度小于 1.25m 时，随着带钢宽度的增加中心板凸度基准值缓慢增大；当带钢宽度大于 1.25m 时，随着带钢宽度的增加中心板凸度基准值迅速减小。中心板凸度基准值的 6 次多项式拟合公式见式 (6-68)，拟合系数见表 6-2。

$$C_{OBAS} = \sum_{i=0}^{6} \left[A(i)B^i \right] \tag{6-68}$$

式中　C_{OBAS}——中心板凸度基准值，mm；

　　　$A(i)$——中心板凸度基准值的 6 次多项式拟合系数；

　　　B——带钢宽度，m。

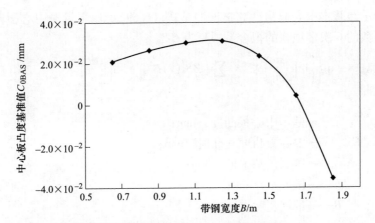

图 6-17 带钢宽度对中心板凸度基准值的影响

表 6-2 中心板凸度基准值的 6 次多项式拟合系数

$A(0)$	$A(1)$	$A(2)$	$A(3)$	$A(4)$	$A(5)$	$A(6)$
-0.58643	3.17393	-6.79099	7.59968	-4.65462	1.48202	-0.19433

B 基本中心板凸度的数学模型

基本中心板凸度是压下量分别取基本值 0.3mm、最小值 0.5mm 和最大值 10mm，其他参数取基本值时所得到的中心板凸度。带钢宽度对基本中心板凸度的影响如图 6-18 所示，可见压下量取基本值 0.3mm 时的基本中心板凸度就是中心板凸度的基准值。随着压下量的增加基本中心板凸度减小。压下量为 10mm、带钢宽度为 1.45m 时，基本中心板凸度与基准值之间差值最大，可达 3.23μm。

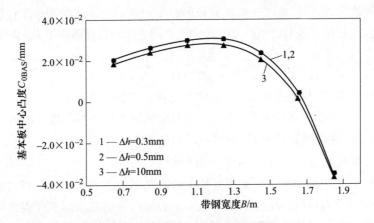

图 6-18 带钢宽度对基本中心板凸度的影响

基本中心板凸度可采用中心板凸度基准值和压下量对中心板凸度基准值修正

系数来表示。基本中心板凸度数学模型见式（6-69）。压下量对中心板凸度基准值修正系数的 6 次多项式的拟合系数见表 6-3。

$$C_0 = C_{0BAS} \times \exp\left\{\left[\ln\left(\frac{\Delta h}{\Delta h_0}\right)\right]^2 \times \sum_{i=0}^{6}\left[ZS_1(i)B^i\right] + \ln\left(\frac{\Delta h}{\Delta h_0}\right) \times \sum_{i=0}^{6}\left[ZS_2(i)B^i\right]\right\}$$

$$(6-69)$$

式中　　　　　C_0——基本中心板凸度，mm；

　　　　　　C_{0BAS}——中心板凸度基准值，mm；

　　　　　　Δh_0——压下量基本值，mm；

　　　　　　Δh——压下量，mm；

　　　　　　B——带钢宽度，m；

$ZS_1(i), ZS_2(i)$——压下量对板中心凸度基准值修正系数的 6 次多项式拟合系数。

表 6-3　压下量对中心板凸度基准值修正系数的 6 次多项式拟合系数

$ZS_1(0)$	$ZS_1(1)$	$ZS_1(2)$	$ZS_1(3)$	$ZS_1(4)$	$ZS_1(5)$	$ZS_1(6)$
1.88753×10^1	-1.07502×10^2	2.48894×10^2	-3.00160×10^2	1.99017×10^2	-6.88237×10^1	9.70064
$ZS_2(0)$	$ZS_2(1)$	$ZS_2(2)$	$ZS_2(3)$	$ZS_2(4)$	$ZS_2(5)$	$ZS_2(6)$
1.05282	-5.88673	1.30269×10^1	-1.49807×10^1	9.47324	-3.13320	4.24400×10^{-1}

6.6.2.3　支撑辊直径对带钢凸度的影响

A　支撑辊直径影响率

支撑辊直径通常为工作辊直径的 1.5~2.5 倍。计算轧辊挠度时，轧辊刚度与轧辊直径的 4 次方成正比，所以支撑辊直径的改变对带钢凸度影响大于工作辊直径变化的影响。支撑辊直径对带钢凸度的影响可以用支撑辊直径影响率 K_{DB} 来表示：

$$K_{DB} = \frac{\Delta C}{\Delta D} = \frac{C - C_0}{D_B - D_{B0}}$$

$$(6-70)$$

式中　ΔD——产生凸度变化 ΔC 时对应的支撑辊直径改变量，m；

　　　C_0——支撑辊直径为基本值 D_{B0} 时对应的基本中心板凸度，mm；

　　　C——支撑辊直径为 D_B 时对应的再生板中心凸度，mm。

B　支撑辊直径影响率基本值的数学模型

支撑辊直径影响率基本值是指其他参数取基本值，当支撑辊直径与基本值发生微小变化时所对应的再生板凸度与基本中心板凸度的差值同支撑辊直径变化量的比值。支撑辊直径影响率基本值随带钢宽度的变化曲线如图 6-19 所示。随带钢宽度的增加，支撑辊直径影响率基本值明显减小。拟合公式见式（6-71），支撑辊直径影响率基本值的 6 次多项式的拟合系数见表 6-4。

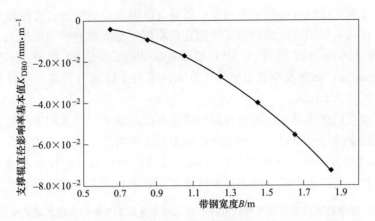

图 6-19 支撑辊直径影响率基本值随带钢宽度变化模拟曲线

$$K_{DB0} = \frac{C - C_0}{D_B - D_{B0}} = \sum_{i=0}^{6} \left[A(i) B^i \right] \tag{6-71}$$

式中 K_{DB0}——支撑辊直径影响率基本值，mm/m；

B——带钢宽度，m；

$A(i)$——支撑辊直径影响率基本值的 6 次多项式的拟合系数。

表 6-4 支撑辊直径影响率基本值 6 次多项式拟合系数

$A(0)$	$A(1)$	$A(2)$	$A(3)$	$A(4)$	$A(5)$	$A(6)$
3.54181×10^{-2}	-2.01692×10^{-1}	4.69701×10^{-1}	-5.86067×10^{-1}	3.79962×10^{-1}	-1.30608×10^{-1}	1.86552×10^{-2}

C 支撑辊直径变化对支撑辊直径影响率基本值的修正

其他参数取基本值，支撑辊直径分别取基本值 1.44m、最小值 1.54m 和最大值 1.64m 时，支撑辊直径影响率随带钢宽度变化模拟曲线如图 6-20 所示。随带

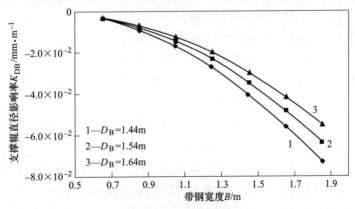

图 6-20 支撑辊直径影响率随带钢宽度变化模拟曲线

钢宽度的增加支撑辊直径影响率减小；随着支撑辊直径的增加，支撑辊直径影响率增大，且随着带钢宽度的增加支撑辊直径影响率与基本值的差值增大；当支撑辊直径为 1.64m、带钢宽度为 1.85m 时，与基本值的差值达到最大值 0.017739mm/m。如果支撑辊直径为 1.64m，采用支撑辊直径基本值计算带钢凸度时误差可达 3.55μm。

　　支撑辊直径变化对支撑辊直径影响率基本值的修正，可采用支撑辊直径影响率基本值和支撑辊直径对支撑辊直径影响率基本值的修正系数来表示。考虑其他工艺参数的综合影响，支撑辊直径影响率计算模型见式（6-72）和式（6-73）。支撑辊直径对支撑辊直径影响率基本值修正系数的 6 次多项式拟合系数见表 6-5。

表6-5　支撑辊直径变化对支撑辊直径影响率基本值修正系数的 6 次多项式拟合系数

$C(0)$	$C(1)$	$C(2)$	$C(3)$	$C(4)$	$C(5)$	$C(6)$
2.00109×10^{-1}	-1.43125×10^{1}	3.42438×10^{1}	-4.27015×10^{1}	2.93391×10^{1}	-1.05477×10^{1}	1.55152
$ZS_1(0)$	$ZS_1(1)$	$ZS_1(2)$	$ZS_1(3)$	$ZS_1(4)$	$ZS_1(5)$	$ZS_1(6)$
-1.20481	6.79733	-1.55607×10^{1}	1.85111×10^{1}	-1.20747×10^{1}	4.09660	-5.65092×10^{-1}
$ZS_2(0)$	$ZS_2(1)$	$ZS_2(2)$	$ZS_2(3)$	$ZS_2(4)$	$ZS_2(5)$	$ZS_2(6)$
-7.98920×10^{-2}	2.94980×10^{-1}	-2.71700×10^{-1}	-2.06887×10^{-1}	5.08092×10^{-1}	-3.05533×10^{-1}	6.11392×10^{-2}

$$K_{DB} = K_{DB0} \times \left(\frac{D_B}{D_{B0}}\right)^{n_{DB}} \tag{6-72}$$

$$n_{DB} = \sum_{i=0}^{6} \left[C(i)B^i\right] \times \exp\left\{\sum_{i=0}^{6}\left[ZS_1(i)B^i\right] \times \ln^2\left(\frac{\Delta h}{\Delta h_0}\right) + \sum_{i=0}^{6}\left[ZS_2(i)B^i\right] \times \ln\left(\frac{\Delta h}{\Delta h_0}\right)\right\} \tag{6-73}$$

式中　　　　　D_B——支撑辊直径，m；

　　　　　　　D_{B0}——支撑辊直径基本值，m；

　　　　　　　Δh——压下量，mm；

　　　　　　　Δh_0——压下量基本值，mm；

　　　　　　　K_{DB0}——支撑辊直径影响率基本值，mm/m；

　$C(i)$，$ZS_1(i)$，$ZS_2(i)$——支撑辊直径对支撑辊直径影响率基本值修正系数的 6
　　　　　　　　　　　　次多项式拟合系数；

　　　　　　　n_{DB}——支撑辊直径对支撑辊直径影响率的修正系数。

　　D　支撑辊直径影响率的数学模型

　　通过对支撑辊直径影响率基本值和支撑辊直径对支撑辊直径影响率基本值影响规律进行深入系统的研究，支撑辊直径影响率的数学模型为：

$$K_{DB} = K_{DB0} \times \left(\frac{D_B}{D_{B0}}\right)^{n_{DB}} \tag{6-74}$$

式中　K_{DB0}——支撑辊直径影响率基本值，mm/m；

　　　D_B——支撑辊直径，m；

　　　D_{B0}——支撑辊直径实际值，m；

　　　n_{DB}——支撑辊直径对支撑辊直径影响率修正指数；

　　　B——带钢宽度，m。

6.6.2.4　工作辊直径对带钢凸度的影响

A　工作辊直径影响率

板形受辊系刚度的影响，当工作辊直径增大时，辊系在轧制力作用下抵抗挠曲的能力增强，从而使带钢凸度减小。工作辊直径对带钢凸度的影响可采用工作辊直径影响率 K_{DW} 表示：

$$K_{DW} = \frac{\Delta C}{\Delta D_W} = \frac{C - C_0}{D_W - D_{W0}} \tag{6-75}$$

式中　ΔD_W——产生凸度变化 ΔC 时对应的工作辊直径改变量，m；

　　　C——工作辊直径为 D_W 时对应的再生中心板凸度，mm；

　　　C_0——工作辊直径为基本值 D_{W0} 时对应的基本中心板凸度，mm。

B　工作辊直径影响率数学模型

工作辊直径影响率随带钢宽度变化曲线如图 6-21 所示。随着带钢宽度增加，工作辊直径影响率呈抛物线变化。当带钢宽度小于 1.15m 时，随着带钢宽度增加工作辊直径影响率缓慢降低；当带钢宽度大于 1.15m 时，随着带钢宽度增加工作辊直径影响率明显增大。拟合公式见式（6-76），工作辊直径影响率的 6 次多项式的拟合系数见表 6-6。

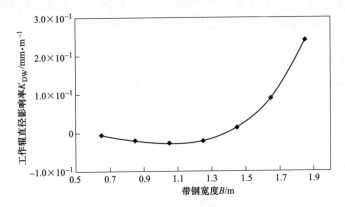

图 6-21　工作辊直径影响率随带钢宽度变化曲线

$$K_{DW} = \frac{C - C_0}{D_W - D_{W0}} = \sum_{i=0}^{6} \left[A(i) B^i \right] \tag{6-76}$$

式中　K_{DW}——工作辊直径影响率，mm/m；

　　$A(i)$——工作辊直径影响率的 6 次多项式的拟合系数；

　　B——带钢宽度,m。

表 6-6　工作辊直径影响率 6 次多项式拟合系数

$A(0)$	$A(1)$	$A(2)$	$A(3)$	$A(4)$	$A(5)$	$A(6)$
1.18579×10^{-1}	-6.96146×10^{-1}	1.81116	-2.57121	1.90837	-7.09750×10^{-1}	1.12702×10^{-1}

6.6.2.5　单位宽度轧制力对带钢凸度的影响

A　单位宽度轧制力凸度影响率

轧制力是影响带钢凸度的主要因素之一。在轧辊直径一定的条件下,轧制力增加将使轧辊挠度增大,从而导致带钢凸度增加。由于轧辊挠度与轧制力之间具有线性关系,对于只需要较小单位宽度轧制力即可轧制的轧件,轧制力对带钢凸度的影响较大。轧制力对带钢凸度的影响可采用单位轧制力影响率 K_{PB} 表示:

$$K_{PB} = \frac{\Delta C}{\Delta P_B} = \frac{C - C_0}{P_B - P_{B0}} \tag{6-77}$$

式中　ΔP_B——单位宽度轧制力的改变量，kN/mm；

　　C_0——基本中心板凸度，mm；

　　C——单位宽度轧制力为 P_B 时对应的再生中心板凸度，mm。

B　单位宽度轧制力影响率基本值的数学模型

单位宽度轧制力影响率基本值是指其他参数取基本值,单位宽度轧制力与基本值所对应的再生板凸度与基本中心板凸度的差值同单位宽度轧制力变化量的比值。单位宽度轧制力影响率基本值随带钢宽度变化曲线如图 6-22 所示。单位宽

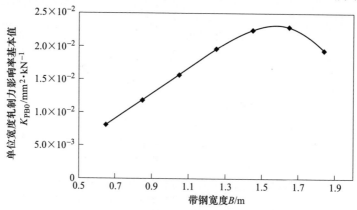

图 6-22　单位宽度轧制力影响率基本值随带钢宽度变化曲线

度轧制力影响率随着带钢宽度的增加呈抛物线状变化，峰值出现在带钢宽度 1.65m 左右；表明带钢宽度为 1.65m 时，单位宽度轧制力的变化对带钢凸度影响最大。拟合公式见式（6-78），单位宽度轧制力影响率基本值的 6 次多项式的拟合系数见表 6-7。

$$K_{PB0} = \frac{C - C_0}{P_B - P_{B0}} = \sum_{i=0}^{6} \left[A(i)B^i \right] \tag{6-78}$$

式中　K_{PB0}——单位宽度轧制力影响率基本值，mm^2/kN；

　　　$A(i)$——单位宽度轧制力影响率基本值的 6 次多项式的拟合系数；

　　　B——带钢宽度，m。

表 6-7　单位宽度轧制力影响率基本值 6 次多项式拟合系数

$A(0)$	$A(1)$	$A(2)$	$A(3)$	$A(4)$	$A(5)$	$A(6)$
-1.60748×10^{-1}	8.71285×10^{-1}	-1.86689	2.10684	-1.29587	4.14588×10^{-1}	-5.45481×10^{-2}

C　单位宽度轧制力对单位宽度轧制力影响率基本值的修正

其他参数取基本值，单位宽度轧制力分别取基本值 4kN/mm、最小值 6kN/mm 和最大值 15kN/mm 时，单位宽度轧制力影响率随带钢宽度变化模拟曲线如图 6-23 所示。随着单位宽度轧制力的增加，单位宽度轧制力影响率增加，带钢宽度大于 1.85m；单位宽度轧制力为 15kN/mm 时，单位宽度轧制力影响率与基本值之间的差值为 0.000869mm^2/kN。如果单位宽度轧制力为 15kN/mm，采用单位宽度轧制力影响率基本值模型计算带钢凸度，最大误差可达 9.559μm。

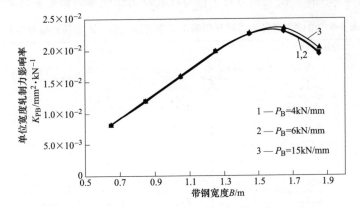

图 6-23　单位宽度轧制力影响率随带钢宽度变化曲线

单位宽度轧制力变化对单位宽度轧制力影响率基本值的修正，可采用单位宽度轧制力影响率基本值和单位宽度轧制力对单位宽度轧制力影响率基本值的修正系数来表示。考虑其他工艺参数的综合影响，单位宽度轧制力影响率计算模型见式（6-79）和式（6-80）。工作辊直径对单位宽度轧制力影响率基本值修正系数的 6 次多项式拟合系数见表 6-8。

$$K_{PB} = K_{PB0} \times \left(\frac{P_B}{P_{B0}}\right)^{\phi_{PB}} \tag{6-79}$$

$$\phi_{PB} = 1 + \exp\sum_{i=0}^{6}\left[C(i)B^i\right]\left\{\sum_{i=0}^{6}\left[D(i)B^i\right]\times\ln^2\left(\frac{D_W}{D_{W0}}\right) + \sum_{i=0}^{6}\left[E(i)B^i\right]\times\ln\left(\frac{D_W}{D_{W0}}\right) + \right.$$

$$\sum_{i=0}^{6}\left[F(i)B^i\right]\times\ln^2\left(\frac{D_B}{D_{B0}}\right) + \sum_{i=0}^{6}\left[G(i)B^i\right]\times\ln\left(\frac{D_B}{D_{B0}}\right) +$$

$$\left.\sum_{i=0}^{6}\left[H(i)B^i\right]\times\ln^2\left(\frac{\Delta h}{\Delta h_0}\right) + \sum_{i=0}^{6}\left[J(i)B^i\right]\times\ln\left(\frac{\Delta h}{\Delta h_0}\right)\right\} - 1 \tag{6-80}$$

式中　K_{PB0}——单位宽度轧制力影响率基本值，mm/mm；

　　　D_W——工作辊直径，m；

　　　D_{W0}——工作辊直径基本值，m；

　　　D_B——支撑辊直径，m；

　　　D_{B0}——支撑辊直径基本值，m；

　　　P_B——单位宽度轧制力，kN/mm；

　　　P_{B0}——单位宽度轧制力基本值，kN/mm；

　　　Δh——压下量，mm；

　　　Δh_0——压下量基本值，mm；

$C(i) \sim J(i)$——单位宽度轧制力对单位宽度轧制力基本值修正系数的 6 次多项式
　　　　　拟合系数；

　　　ϕ_{PB}——单位宽度轧制力对单位宽度轧制力影响率的修正系数。

表 6-8　单位宽度轧制力对其影响率基本值修正的 6 次多项式拟合系数

$C(0)$	$C(1)$	$C(2)$	$C(3)$	$C(4)$	$C(5)$	$C(6)$
1.23029	−6.62100	1.46426×10^1	$−1.68648\times10^1$	1.06597×10^1	−3.51013	4.71974×10^{-1}
$D(0)$	$D(1)$	$D(2)$	$D(3)$	$D(4)$	$D(5)$	$D(6)$
−7.96141	4.64307×10^1	$−1.11052\times10^2$	1.38509×10^2	$−9.51689\times10^1$	3.41928×10^1	−5.02470
$E(0)$	$E(1)$	$E(2)$	$E(3)$	$E(4)$	$E(5)$	$E(6)$
1.71735	−9.34378	2.06651×10^1	$−2.34462\times10^1$	1.45443×10^1	−4.69818	6.19199×10^{-1}
$F(0)$	$F(1)$	$F(2)$	$F(3)$	$F(4)$	$F(5)$	$F(6)$
4.19742	$−2.49801\times10^1$	6.07276×10^1	$−7.71356\times10^1$	5.40583×10^1	$−1.98178\times10^1$	2.96868
$G(0)$	$G(1)$	$G(2)$	$G(3)$	$G(4)$	$G(5)$	$G(6)$
−1.16699	6.77257	$−1.60207\times10^1$	1.97361×10^1	$−1.34130\times10^1$	4.77004	$−6.93859\times10^{-1}$
$H(0)$	$H(1)$	$H(2)$	$H(3)$	$H(4)$	$H(5)$	$H(6)$
$−4.43512\times10^{-2}$	2.43605×10^{-1}	2.43605×10^{-1}	6.55930×10^{-1}	$−4.24589\times10^{-1}$	1.42763×10^{-1}	$−1.94616\times10^{-2}$
$J(0)$	$J(1)$	$J(2)$	$J(3)$	$J(4)$	$J(5)$	$J(6)$
$−2.97111\times10^{-1}$	1.61962	−3.60079	4.16348	−2.64278	8.75310×10^{-1}	$−1.18582\times10^{-1}$

D 工作辊直径变化对单位宽度轧制力影响率基本值的修正

其他参数取基本值，工作辊直径分别取基本值 0.722m、最小值 0.68m 和最大值 0.76m 时，单位宽度轧制力影响率随带钢宽度变化模拟曲线如图 6-24 所示，随着工作辊直径的增加，单位宽度轧制力影响率明显减小。工作辊直径为 0.722m、带钢宽度为 1.65m 时，与基本值之间的差值为 0.002696mm²/kN。单位宽度轧制力为 15kN/mm 时，采用单位宽度轧制力基本值模型计算带钢宽度，误差可达 29.65μm。

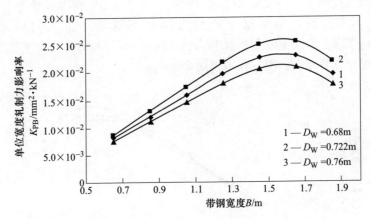

图 6-24 单位宽度轧制力影响率随带钢宽度变化模拟曲线

工作辊直径变化对单位宽度轧制力影响率基本值的修正，可采用单位宽度轧制力影响率基本值和工作辊直径对单位宽度轧制力影响率基本值的修正系数来表示。单位宽度轧制力影响率计算模型见式 (6-81) 和式 (6-82)，工作辊直径对单位宽度轧制力影响率基本值修正系数的 6 次多项式拟合系数见表 6-9。

$$K_{PB} = K_{PB0}\varphi_{PB} \tag{6-81}$$

$$\varphi_{PB} = \exp\left\{\sum_{i=0}^{6}\left[L(i)B^i\right] \times \ln^2\left(\frac{D_W}{D_{W0}}\right) + \sum_{i=0}^{6}\left[M(i)B^i\right] \times \ln\left(\frac{D_W}{D_{W0}}\right)\right\} \tag{6-82}$$

式中 K_{PB0}——单位宽度轧制力影响率基本值，mm/mm；

D_W——工作辊直径，m；

D_{W0}——工作辊直径基本值，m；

$L(i), M(i)$——工作辊直径对轧制力基本值修正系数的 6 次多项式拟合系数；

φ_{PB}——工作辊直径对单位宽度轧制力影响率的修正系数。

表 6-9 工作辊直径变化对单位宽度轧制力影响率基本值修正系数的 6 次多项式拟合系数

$L(0)$	$L(1)$	$L(2)$	$L(3)$	$L(4)$	$L(5)$	$L(6)$
1.15407	-1.10911×10^1	4.81816×10^1	-8.69189×10^1	7.51595×10^1	-3.14939×10^1	5.17140

$M(0)$	$M(1)$	$M(2)$	$M(3)$	$M(4)$	$M(5)$	$M(6)$
-1.22210×10^1	6.64173×10^1	-1.50390×10^2	1.69167×10^2	-1.02595×10^2	3.21479×10^1	-4.08511

E　支撑辊直径变化对单位宽度轧制力影响率基本值的修正

其他参数取基本值，支撑辊直径分别取基本值 1.44m、最小值 1.54m 和最大值 1.64m 时，单位宽度轧制力影响率随带钢宽度变化模拟曲线如图 6-25 所示。随着支撑辊直径增加，单位宽度轧制力影响率减小。当支撑辊直径为 1.64m、带钢宽度为 1.85m 时，单位宽度轧制力影响率与基本值之间的差值可达 0.00268mm²/kN。如果单位宽度轧制力为 15kN/mm，采用单位宽度轧制力影响率基本值模型计算带钢凸度，误差可达 29.48μm。

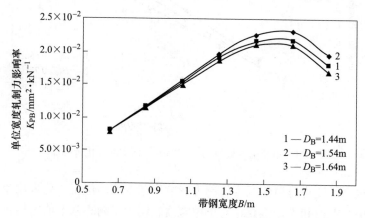

图 6-25　单位宽度轧制力影响率随带钢宽度变化模拟曲线

支撑辊直径变化对单位宽度轧制力影响率基本值的修正，可采用单位宽度轧制力影响率基本值和支撑辊直径对单位宽度轧制力影响率基本值的修正系数来表示。单位宽度轧制力影响率计算模型见式（6-83）和式（6-84），支撑辊直径对单位宽度轧制力影响率基本值修正系数的 6 次多项式拟合系数见表 6-10。

$$K_{PB} = K_{PB0}\lambda_{PB} \tag{6-83}$$

$$\lambda_{PB} = \left\{ \sum_{i=0}^{6} \left[N(i)B^i \right] \times \ln^2\!\left(\frac{D_B}{D_{B0}}\right) + \sum_{i=0}^{6} \left[P(i)B^i \right] \times \ln\!\left(\frac{D_B}{D_{B0}}\right) \right\} \tag{6-84}$$

式中　K_{PB0}——单位宽度轧制力影响率基本值，mm/mm；

　　　　D_B——支撑辊直径，m；

　　　　D_{B0}——支撑辊直径基本值，m；

$N(i)$，$P(i)$——支撑辊直径轧制力基本值修正系数的 6 次多项式拟合系数；

　　　　λ_{PB}——支撑辊直径对单位宽度轧制力影响率的修正系数。

表 6-10 支撑辊直径变化对单位宽度轧制力影响率基本值修正系数的 6 次多项式拟合系数

$N(0)$	$N(1)$	$N(2)$	$N(3)$	$N(4)$	$N(5)$	$N(6)$
-2.20309	1.51562×10^1	-4.13191×10^1	5.96631×10^1	-4.63433×10^1	1.84258×10^1	-2.93102
$P(0)$	$P(1)$	$P(2)$	$P(3)$	$P(4)$	$P(5)$	$P(6)$
-3.86598	2.11026×10^1	-4.70490×10^1	5.35278×10^1	-3.36711×10^1	1.11659×10^1	-1.54411

F 压下量变化对单位宽度轧制力影响率基本值的修正

其他参数取基本值, 压下量分别取基本值 0.3mm、最小值 0.5mm 和最大值 10mm 时, 单位宽度轧制力影响率随带钢宽度变化模拟曲线如图 6-26 所示。随着压下量的增加, 单位宽度轧制力影响率减小; 随着带钢宽度的增加, 单位宽度轧制力影响率与基本值的差值增大, 当压下量为 10mm、带钢宽度为 1.85m 时与基本值之间的差值为 0.00108mm²/kN。当单位宽度轧制力为 15kN/mm, 采用单位宽度轧制力影响率基本值计算带钢凸度, 误差可达 11.88μm。

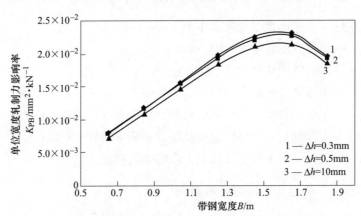

图 6-26 单位宽度轧制力影响率随带钢宽度变化模拟曲线

压下量变化对单位宽度轧制力影响率基本值的修正, 可采用单位宽度轧制力影响率基本值和压下量对单位宽度轧制力影响率基本值的修正系数来表示。单位宽度轧制力影响率计算模型见式 (6-85) 和式 (6-86), 压下量变化对单位宽度轧制力影响率基本值修正系数的 6 次多项式拟合系数见表 6-11。

$$K_{PB} = K_{PB0}\vartheta_{PB} \tag{6-85}$$

$$\vartheta_{PB} = \left\{ \sum_{i=0}^{6} \left[Q(i)B^i \right] \times \ln^2\left(\frac{\Delta h}{\Delta h_0}\right) + \sum_{i=0}^{6} \left[R(i)B^i \right] \times \ln\left(\frac{\Delta h}{\Delta h_0}\right) \right\} \tag{6-86}$$

式中 K_{PB0}——单位宽度轧制力影响率基本值, mm/mm;

Δh——压下量, mm;

Δh_0——压下量基本值, mm;

$Q(i)$, $R(i)$——工作辊直径对轧制力基本值修正系数的 6 次多项式拟合系数；

ϑ_{PB}——压下量对单位宽度轧制力影响率的修正系数。

表 6-11　压下量变化对单位宽度轧制力影响率基本值修正系数的 6 次多项式拟合系数

$Q(0)$	$Q(1)$	$Q(2)$	$Q(3)$	$Q(4)$	$Q(5)$	$Q(6)$
2.97206×10^{-1}	-1.61815	3.54501	-4.00474	2.47352	-7.94848×10^{-1}	1.04078×10^{-1}

$R(0)$	$R(1)$	$R(2)$	$R(3)$	$R(4)$	$R(5)$	$R(6)$
4.45367×10^{-1}	-2.61962	5.78706	-6.60334	4.12916	-1.34580	1.79081×10^{-1}

G　单位宽度轧制力影响率的数学模型

考虑单位宽度轧制力基本值和工作辊直径、支撑辊直径和压下量变化对单位宽度轧制力的影响，确定单位宽度轧制力计算模型为：

$$K_{PB} = K_{PB0} \varphi_{PB} \lambda_{PB} \vartheta_{PB} \times \left(\frac{P_B}{P_{B0}} \right)^{\phi_{PB}} \tag{6-87}$$

式中　K_{PB0}——工作辊凸度影响率基本值，mm/mm；

　　　P_B——单位宽度轧制力，kN/mm；

　　　P_{B0}——单位宽度轧制力基本值，kN/mm；

　　　ϕ_{PB}——单位宽度轧制力对单位宽度轧制力影响率的修正系数；

　　　φ_{PB}——工作辊直径对单位宽度轧制力影响率的修正系数；

　　　λ_{PB}——支撑辊直径对单位宽度轧制力影响率的修正系数；

　　　ϑ_{PB}——压下量对单位宽度轧制力影响率的修正系数。

6.6.2.6　弯辊力对带钢凸度的影响

A　弯辊力影响率

在板带钢轧制过程中，弯辊是最常见的用于板形和平直度控制的基本方法之一。通过工作辊弯辊抵消工作辊挠曲产生的带钢凸度。由于轧辊直径直接影响轧机的刚度和工作辊挠曲，同时单位宽度轧制力及压下量的变化对工作辊弯辊有较大的影响，因此在建立弯辊力对带钢凸度影响率计算数学模型时，应该考虑轧辊直径、单位宽度轧制力及压下量对工作辊弯辊力影响率的综合影响。工作辊弯辊力对带钢凸度的影响可采用弯辊力影响率 K_{FW} 表示：

$$K_{FW} = \frac{\Delta C}{\Delta F_W} = \frac{C - C_0}{F_W - F_{W0}} \tag{6-88}$$

式中　ΔF_W——带钢凸度变化 ΔC 时对应的工作辊弯辊力改变量，kN；

　　　C——弯辊力为 F_W 时对应的再生板凸度，mm；

　　　C_0——基本板凸度，mm。

B　弯辊力影响率基本值的数学模型

弯辊力影响率基本值是指其他参数取基本值，弯辊力与基本值产生一定改变所对应的再生板凸度与基本中心板凸度的差值同弯辊力变化量的比值。弯辊力影响率基本值随带钢宽度变化曲线如图 6-27 所示，弯辊力影响率基本值随带钢宽度的增加而减小。拟合公式见式（6-89），弯辊力影响率基本值的 6 次多项式拟合系数见表 6-12。

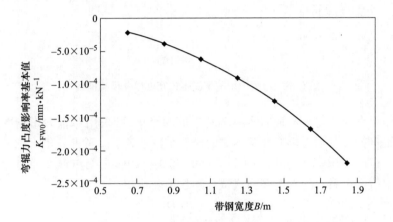

图 6-27　弯辊力凸度影响率基本值随带钢宽度变化模拟曲线

$$K_{\mathrm{FW0}} = \frac{C - C_0}{F_{\mathrm{w}} - F_{\mathrm{w0}}} = \sum_{i=0}^{6} \left[A(i) B^i \right] \tag{6-89}$$

式中　K_{FW0}——弯辊力影响率基本值，kN/mm；

　　　　$A(i)$——弯辊力影响率基本值的 6 次多项式的拟合系数；

　　　　B——带钢宽度，m。

表 6-12　弯辊力影响率基本值 6 次多项式拟合系数

$A(0)$	$A(1)$	$A(2)$	$A(3)$	$A(4)$	$A(5)$	$A(6)$
-1.89236×10^{-5}	1.22274×10^{-4}	-3.46121×10^{-4}	3.75020×10^{-4}	-2.78852×10^{-4}	1.08388×10^{-4}	-1.74234×10^{-5}

C　工作辊直径变化对弯辊力影响率基本值的修正

其他参数取基本值，工作辊直径分别取基本值 0.722m、最小值 0.68m 和最大值 0.76m 时，弯辊力影响率随带钢宽度变化模拟曲线如图 6-28 所示。随带钢宽度的增加，弯辊力影响率减小；随工作辊直径的增加，弯辊力影响率增大，且随带钢宽度的增加弯辊力影响率与基本值的差值增大。当工作辊直径为 0.76m、带钢宽度为 1.85m 时，与基本值之间的差值为 -3.85482×10^{-5} mm/kN。如果弯辊力为 1000kN，采用弯辊力影响率基本值计算带钢凸度时，误差可达 19.275μm。

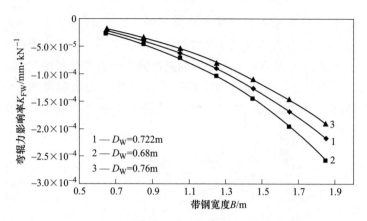

图 6-28　弯辊力影响率随带钢宽度变化模拟曲线

工作辊直径变化对弯辊力影响率基本值的修正,可采用弯辊力影响率基本值和工作辊直径对弯辊力影响率基本值的修正系数来表示。考虑其他工艺参数的综合影响,弯辊力影响率计算模型见式(6-90)和式(6-91)。工作辊直径对弯辊力影响率基本值修正系数的 6 次多项式拟合系数见表 6-13。

$$K_{\mathrm{FW}} = K_{\mathrm{FW0}} \times \left(\frac{D_{\mathrm{W}}}{D_{\mathrm{W0}}}\right)^{\phi_{\mathrm{FW}}} \tag{6-90}$$

$$\begin{aligned}
\phi_{\mathrm{FW}} = \sum_{i=0}^{6} \big[\,C(i)B^i\,\big] \times \exp\bigg\{ &\sum_{i=0}^{6} \big[\,D(i)B^i\,\big] \times \ln^2\!\left(\frac{\Delta h}{\Delta h_0}\right) + \sum_{i=0}^{6} \big[\,E(i)B^i\,\big] \times \ln\!\left(\frac{\Delta h}{\Delta h_0}\right) + \\
&\sum_{i=0}^{6} \big[\,F(i)B^i\,\big] \times \ln^2\!\left(\frac{P_{\mathrm{B}}}{P_{\mathrm{B0}}}\right) + \sum_{i=0}^{6} \big[\,G(i)B^i\,\big] \times \ln\!\left(\frac{P_{\mathrm{B}}}{P_{\mathrm{B0}}}\right) + \\
&\sum_{i=0}^{6} \big[\,H(i)B^i\,\big] \times \ln^2\!\left(\frac{D_{\mathrm{B}}}{D_{\mathrm{B0}}}\right) + \sum_{i=0}^{6} \big[\,J(i)B^i\,\big] \times \ln\!\left(\frac{D_{\mathrm{B}}}{D_{\mathrm{B0}}}\right) \bigg\}
\end{aligned} \tag{6-91}$$

式中　　K_{FW0}——弯辊力影响率基本值, mm/kN;

D_{W}——工作辊直径, m;

D_{W0}——工作辊直径基本值, m;

D_{B}——支撑辊直径, m;

D_{B0}——支撑辊直径基本值, m;

P_{B}——单位宽度轧制力, kN/mm;

P_{B0}——单位宽度轧制力基本值, kN/mm;

Δh——压下量, mm;

Δh_0——压下量基本值, mm;

$C(i) \sim J(i)$——工作辊直径弯辊力影响率基本值修正系数的 6 次多项式拟合系数;

ϕ_{FW}——工作辊直径对弯辊力影响率的修正系数。

表 6-13 工作辊直径变化对弯辊力影响率基本值修正系数的 6 次多项式拟合系数

$C(0)$	$C(1)$	$C(2)$	$C(3)$	$C(4)$	$C(5)$	$C(6)$
-1.91347×10^1	9.24960×10^1	-2.06876×10^2	2.39937×10^2	-1.52584×10^2	5.04780×10^1	-6.79684
$D(0)$	$D(1)$	$D(2)$	$D(3)$	$D(4)$	$D(5)$	$D(6)$
3.32326	-1.82944×10^1	4.07212×10^1	-4.69608×10^1	2.96335×10^1	-9.71849	1.29672
$E(0)$	$E(1)$	$E(2)$	$E(3)$	$E(4)$	$E(5)$	$E(6)$
-1.40035×10^1	7.71414×10^1	-1.71862×10^2	1.98414×10^2	-1.25361×10^2	4.11680×10^1	-5.50056
$F(0)$	$F(1)$	$F(2)$	$F(3)$	$F(4)$	$F(5)$	$F(6)$
1.51326×10^1	-7.96560×10^1	1.69312×10^2	-1.86612×10^2	1.12724×10^2	-3.54470×10^1	4.54118
$G(0)$	$G(1)$	$G(2)$	$G(3)$	$G(4)$	$G(5)$	$G(6)$
-2.50229×10^1	1.32930×10^2	-2.85615×10^2	3.18279×10^2	-1.94390×10^2	6.17996×10^1	-8.00289
$H(0)$	$H(1)$	$H(2)$	$H(3)$	$H(4)$	$H(5)$	$H(6)$
3.32143×10^1	-1.88691×10^2	4.35467×10^2	-5.21556×10^2	3.42450×10^2	-1.17133×10^2	1.63430×10^1
$J(0)$	$J(1)$	$J(2)$	$J(3)$	$J(4)$	$J(5)$	$J(6)$
-5.54600×10^1	3.04867×10^2	-6.78482×10^2	7.82294×10^2	-4.93523×10^2	1.61807×10^2	-2.15807×10^1

D 单位宽度轧制力变化对弯辊力影响率基本值的修正

其他参数取基本值，单位宽度轧制力分别取基本值 4kN/mm、最小值 6kN/mm 和最大值 15kN/mm 时，弯辊力影响率随带钢宽度变化模拟曲线如图 6-29 所示。随着带钢宽度的增加，弯辊力影响率减小；随着单位宽度轧制力的增加，弯辊力影响率增加；随着带钢宽度的增加，弯辊力影响率与基本值的差值增大，当单位宽度轧制力为 15kN/mm、带钢宽度为 1.85m 时，与基本值之间的差值可达 6.61417×10^{-6} mm/kN。如果弯辊力为 1000kN，采用弯辊力影响率基本值模型计算带钢凸度，误差可达 6.6μm。

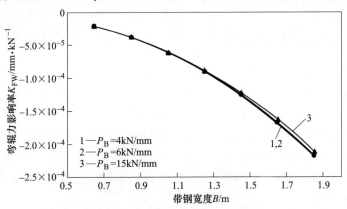

图 6-29 弯辊力影响率随带钢宽度变化模拟曲线

单位宽度轧制力变化对弯辊力影响率基本值的修正，可采用弯辊力影响率基本值和单位宽度轧制力对弯辊力影响率基本值的修正系数来表示。考虑其他工艺参数的综合影响，弯辊力影响率计算模型见式（6-92）和式（6-93）。单位宽度轧制力对弯辊力影响率基本值修正系数的 6 次多项式拟合系数见表 6-14。

$$K_{FW} = K_{FW0} \times \left(\frac{P_B}{P_{B0}} \right)^{\vartheta_{FW}} \tag{6-92}$$

$$\vartheta_{FW} = \sum_{i=0}^{6} \left[R(i) B^i \right] \times \exp \left\{ \sum_{i=0}^{6} \left[S(i) B^i \right] \times \ln^2 \left(\frac{\Delta h}{\Delta h_0} \right) + \right.$$

$$\left. \sum_{i=0}^{6} \left[T(i) B^i \right] \times \ln \left(\frac{\Delta h}{\Delta h_0} \right) \right\} \tag{6-93}$$

式中　K_{FW0}——弯辊力影响率基本值，mm/kN；

　　　　P_B——单位宽度轧制力，kN/mm；

　　　　P_{B0}——单位宽度轧制力基本值，kN/mm；

　　　　Δh——压下量，mm；

　　　　Δh_0——压下量基本值，mm；

$R(i) \sim T(i)$——单位宽度轧制力对弯辊力影响率基本值修正系数的多项式拟合系数；

　　　　ϑ_{FW}——单位宽度轧制力对弯辊力影响率的修正指数。

表 6-14　平均单位宽度轧制力变化对弯辊力影响率基本值
修正系数的 6 次多项式拟合系数

$R(0)$	$R(1)$	$R(2)$	$R(3)$	$R(4)$	$R(5)$	$R(6)$
5.40117×10^{-3}	2.65856×10^{-2}	-1.35436×10^{-1}	1.26215×10^{-1}	-2.34558×10^{-2}	-2.02666×10^{-2}	7.49611×10^{-3}
$S(0)$	$S(1)$	$S(2)$	$S(3)$	$S(4)$	$S(5)$	$S(6)$
1.72888×10^{1}	-1.01195×10^{2}	2.36962×10^{2}	-2.85382×10^{2}	1.87233×10^{2}	-6.36065×10^{1}	8.76073
$T(0)$	$T(1)$	$T(2)$	$T(3)$	$T(4)$	$T(5)$	$T(6)$
-5.76150×10^{1}	3.43997×10^{2}	-8.11469×10^{2}	9.80435×10^{2}	-6.43988×10^{2}	2.18754×10^{2}	-3.01018×10^{1}

E　压下量变化对弯辊力影响率基本值的修正

其他参数取基本值，压下量分别取基本值 0.3mm、最小值 0.5mm 和最大值 10mm 时，弯辊力影响率随带钢宽度变化模拟曲线如图 6-30 所示。随着压下量的增加，弯辊力影响率减小；随着带钢宽度的增加，弯辊力影响率减小，当压下量为 10mm、带钢宽度为 1.85m 时，与基本值之间的差值可达 9.20092×10^{-6} mm/kN。如果弯辊力为 1000kN，采用弯辊力影响率基本值模型计算带钢凸度时误差可达 4.6μm。

压下量变化对弯辊力影响率基本值的修正，可采用弯辊力影响率基本值和压

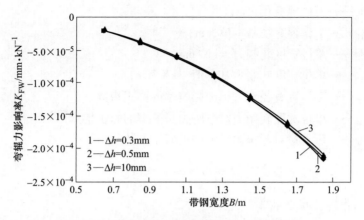

图 6-30　弯辊力影响率随带钢宽度变化模拟曲线

下量对弯辊力影响率基本值的修正系数来表示。弯辊力影响率计算模型见式（6-94）和式（6-95），压下量变化对弯辊力影响率基本值修正系数的 6 次多项式拟合系数见表 6-15。

$$K_{FW} = K_{FW0}\xi_{FW} \tag{6-94}$$

$$\xi_{FW} = \exp\left\{ \sum_{i=0}^{6} \left[W(i)B^i \right] \times \ln^2\left(\frac{\Delta h}{\Delta h_0} \right) + \sum_{i=0}^{6} \left[X(i)B^i \right] \times \ln\left(\frac{\Delta h}{\Delta h_0} \right) \right\} \tag{6-95}$$

式中　K_{FW0}——弯辊力影响率基本值，mm/kN；

　　　Δh——压下量，mm；

　　　Δh_0——压下量基本值，mm；

$W(i), X(i)$——压下量对弯辊力影响率基本值修正系数的 6 次多项式拟合系数；

　　　ξ_{FW}——压下量对弯辊力影响率的修正系数。

表 6-15　压下量变化对弯辊力影响率基本值修正系数的 6 次多项式拟合系数

$W(0)$	$W(1)$	$W(2)$	$W(3)$	$W(4)$	$W(5)$	$W(6)$
5.15677×10^{-1}	-2.86676	6.50654	-7.66618	4.94841	-1.66040	2.26595×10^{-1}
$X(0)$	$X(1)$	$X(2)$	$X(3)$	$X(4)$	$X(5)$	$X(6)$
-1.94962	1.07458×10^{1}	-2.42820×10^{1}	2.84811×10^{1}	-1.83004×10^{1}	6.11313	-8.30807×10^{-1}

　F　弯辊力影响率的数学模型

　　通过对弯辊力影响率基本值、工作辊直径、单位宽度轧制力和压下量对弯辊力影响率基本值影响规律进行深入系统的研究，建立弯辊力影响率的数学模型：

$$K_{FW} = K_{FW0}\xi_{FW} \times \left(\frac{D_W}{D_{W0}} \right)^{\phi_{FW}} \times \left(\frac{P_B}{P_{B0}} \right)^{\vartheta_{FW}} \tag{6-96}$$

式中　K_{FW0}——弯辊力影响率基本值，mm/kN；

D_W——工作辊直径，m；

D_{W0}——工作辊直径基本值，m；

P_B——单位宽度轧制力，kN/mm；

P_{B0}——单位宽度轧制力基本值，kN/mm；

ϕ_{FW}——工作辊直径对弯辊力影响率的修正指数；

ϑ_{FW}——单位宽度轧制力对弯辊力影响率的修正指数；

ξ_{FW}——压下量对弯辊力影响率的修正系数。

6.6.2.7　工作辊凸度对带钢凸度的影响

A　工作辊凸度影响率

工作辊凸度的改变是获得良好板形常用手段之一。改变工作辊凸度能有效地改善空载辊缝形状，同时改善工作辊与支撑辊的接触状态，从而影响带钢凸度的变化。工作辊凸度对带钢凸度的影响可以用工作辊凸度影响率 K_{CW} 来表示：

$$K_{CW} = \frac{\Delta C}{\Delta C_W} = \frac{C - C_0}{C_W - C_{W0}} \tag{6-97}$$

式中　ΔC_W——产生凸度变化 ΔC 时对应的工作辊凸度改变量，mm；

$\quad\quad C_0$——工作辊凸度为基本值 C_{W0} 时基本板凸度，mm；

$\quad\quad C$——工作辊凸度为 C_W 时再生板凸度，mm。

B　工作辊凸度影响率基本值的数学模型

工作辊凸度影响率基本值是指其他参数取基本值，工作辊凸度与基本值产生微小改变时所对应的再生板凸度与基本中心板凸度的差值同工作辊凸度变化量的比值。工作辊凸度影响率基本值随带钢宽度变化曲线如图 6-31 所示。工作辊凸度影响率基本值随带钢宽度的增加而减小。拟合公式见式（6-98），工作辊凸度影响率基本值的 6 次多项式拟合系数见表 6-16。

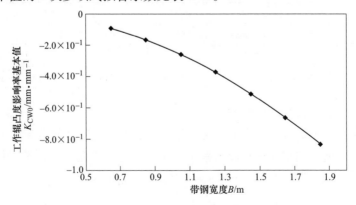

图 6-31　工作辊凸度影响率基本值随带钢宽度变化曲线

$$K_{CW0} = \frac{C - C_0}{C_w - C_{w0}} = \sum_{i=0}^{6} \left[A(i) B^i \right] \qquad (6-98)$$

式中 K_{CW0}——工作辊凸度影响率基本值，mm/m；

  $A(i)$——工作辊凸度影响率基本值的 6 次多项式的拟合系数；

  B——带钢宽度，m。

表 6-16 工作辊凸度影响率基本值 6 次多项式拟合系数

$A(0)$	$A(1)$	$A(2)$	$A(3)$	$A(4)$	$A(5)$	$A(6)$
1.05638×10^{-2}	-1.40035×10^{-2}	-1.53005×10^{-1}	-1.72885×10^{-1}	1.42663×10^{-1}	-5.93739×10^{-2}	1.04742×10^{-2}

C 工作辊直径变化对工作辊凸度影响率基本值的修正

其他参数取基本值，工作辊直径分别取基本值 0.722m、最小值 0.68m 和最大值 0.76m 时，工作辊凸度影响率随带钢宽度变化模拟曲线如图 6-32 所示。随着带钢宽度的增加，工作辊凸度影响率减小；随着工作辊直径的增加，工作辊凸度影响率增大，且随着带钢宽度的增加工作辊凸度影响率与基本值的差值增大，当工作辊直径为 0.68m、带钢宽度为 1.85m 时，与基本值之间的差值可达 0.03014mm/mm。如果工作辊凸度为 -0.3mm，采用工作辊凸度影响率基本值模型计算带钢凸度时误差为 9.04μm。

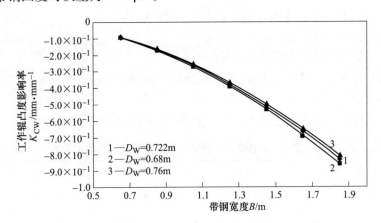

图 6-32 工作辊凸度影响率随带钢宽度变化模拟曲线

工作辊直径变化对工作辊凸度影响率基本值的修正，可采用工作辊凸度影响率基本值和工作辊直径对工作辊凸度影响率基本值的修正系数来表示。考虑其他工艺参数的综合影响，工作辊凸度影响率计算模型见式（6-99）和式（6-100）。工作辊直径对工作辊凸度影响率基本值修正系数的 6 次多项式拟合系数见表 6-17。

$$K_{CW} = K_{CW0} \times \left(\frac{D_W}{D_{W0}}\right)^{\lambda_{CW}} \tag{6-99}$$

$$\lambda_{CW} = \left\{1 + \sum_{i=0}^{6}\left[C(i)B^i\right]\right\} \times$$

$$\exp\left\{\sum_{i=0}^{6}\left[D(i)B^i\right] \times \ln^2\left(\frac{\Delta h}{\Delta h_0}\right) + \sum_{i=0}^{6}\left[E(i)B^i\right] \times \ln\left(\frac{\Delta h}{\Delta h_0}\right) + \right.$$

$$\sum_{i=0}^{6}\left[F(i)B^i\right] \times \ln^2\left(\frac{P_B}{P_{B0}}\right) + \sum_{i=0}^{6}\left[G(i)B^i\right] \times \ln\left(\frac{P_B}{P_{B0}}\right) +$$

$$\sum_{i=0}^{6}\left[H(i)B^i\right] \times \ln^2\left(\frac{D_B}{D_{B0}}\right) + \sum_{i=0}^{6}\left[J(i)B^i\right] \times \ln\left(\frac{D_B}{D_{B0}}\right) +$$

$$\left.\sum_{i=0}^{6}\left[L(i)B^i\right] \times \ln^2\left(\frac{F_W}{F_{W0}}\right) + \sum_{i=0}^{6}\left[M(i)B^i\right] \times \ln\left(\frac{F_W}{F_{W0}}\right)\right\} \tag{6-100}$$

式中　　　K_{CW0}——工作辊凸度影响率基本值，mm/mm；

$\quad\quad\quad D_W$——工作辊直径，m；

$\quad\quad\quad D_{W0}$——工作辊直径基本值，m；

$\quad\quad\quad D_B$——支撑辊直径，m；

$\quad\quad\quad D_{B0}$——支撑辊直径基本值，m；

$\quad\quad\quad P_B$——单位宽度轧制力，kN/mm；

$\quad\quad\quad P_{B0}$——单位宽度轧制力基本值，kN/mm；

$\quad\quad\quad \Delta h$——压下量，mm；

$\quad\quad\quad \Delta h_0$——压下量基本值，mm；

$\quad C(i) \sim M(i)$——工作辊直径对工作辊凸度影响率基本值修正系数多项式拟合系数；

$\quad\quad\quad \lambda_{CW}$——工作辊直径对工作辊凸度影响率的修正系数。

表 6-17　工作辊直径变化对工作辊凸度影响率基本值修正系数的 6 次多项式修正系数

$C(0)$	$C(1)$	$C(2)$	$C(3)$	$C(4)$	$C(5)$	$C(6)$
-6.56929×10^{-1}	4.13227×10^{-2}	-2.69646×10^{-1}	5.64151×10^{-1}	-4.78750×10^{-1}	1.93477×10^{-1}	-3.06871×10^{-2}
$D(0)$	$D(1)$	$D(2)$	$D(3)$	$D(4)$	$D(5)$	$D(6)$
-4.51386×10^{-2}	2.62335×10^{-1}	-6.23852×10^{-1}	7.84363×10^{-1}	-5.42170×10^{-1}	1.94647×10^{-1}	-2.84891×10^{-2}
$E(0)$	$E(1)$	$E(2)$	$E(3)$	$E(4)$	$E(5)$	$E(6)$
-1.50250×10^{-2}	4.02089×10^{-2}	5.33999×10^{-2}	-3.14134×10^{-1}	3.85496×10^{-1}	-1.94262×10^{-1}	3.64287×10^{-2}
$F(0)$	$F(1)$	$F(2)$	$F(3)$	$F(4)$	$F(5)$	$F(6)$
9.47490	-3.99257×10^{1}	6.16100×10^{1}	-4.09425×10^{1}	8.09914	2.69466	-1.01014

$G(0)$	$G(1)$	$G(2)$	$G(3)$	$G(4)$	$G(5)$	$G(6)$
$-1.23161×10^1$	$5.31433×10^1$	$-8.65634×10^1$	$6.54462×10^1$	$-2.12556×10^1$	$9.56102×10^{-1}$	$6.02498×10^{-1}$
$H(0)$	$H(1)$	$H(2)$	$H(3)$	$H(4)$	$H(5)$	$H(6)$
9.30680	$-6.90846×10^1$	$1.98407×10^2$	$-2.85203×10^2$	$2.19109×10^2$	$-8.60524×10^1$	$1.35848×10^1$
$J(0)$	$J(1)$	$J(2)$	$J(3)$	$J(4)$	$J(5)$	$J(6)$
$-6.96708×10^{-1}$	4.98321	$-1.44811×10^1$	$2.11164×10^1$	$1.64838×10^1$	6.58116	-1.05651
$L(0)$	$L(1)$	$L(2)$	$L(3)$	$L(4)$	$L(5)$	$L(6)$
$-1.58200×10^1$	$8.78477×10^1$	$-1.96960×10^2$	$2.28696×10^2$	$-1.45284×10^2$	$4.79542×10^1$	-6.43761
$M(0)$	$M(1)$	$M(2)$	$M(3)$	$M(4)$	$M(5)$	$M(6)$
$-1.45008×10^1$	$8.07001×10^1$	$-1.81425×10^2$	$2.11150×10^2$	$-1.34440×10^2$	$4.44799×10^1$	-5.98675

D　单位宽度轧制力变化对工作辊凸度影响率基本值的修正

其他参数取基本值，单位宽度轧制力分别取基本值 4kN/mm、最小值 6kN/mm 和最大值 15kN/mm 时，工作辊凸度影响率随带钢宽度变化模拟曲线如图 6-33 所示。随着单位宽度轧制力的增加，工作辊凸度影响率减小；随带钢宽度的增加，工作辊凸度影响率减小，工作辊凸度影响率与基本值的差值增大，当单位宽度轧制力为 15kN/mm、带钢宽度为 1.85m 时，与基本值之间差值可达 0.03842mm/mm。如果工作辊凸度为 -0.3mm，采用工作辊凸度影响率基本值计算带钢凸度，误差可达 11.526μm。

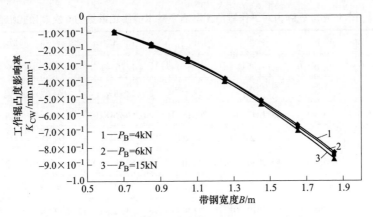

图 6-33　工作辊凸度影响率随带钢宽度变化曲线

单位宽度轧制力变化对工作辊凸度影响率基本值的修正，可采用工作辊凸度影响率基本值和单位宽度轧制力对工作辊凸度影响率基本值的修正系数来表示。考虑其他工艺参数的综合影响，工作辊凸度影响率计算模型见式（6-101）和式（6-102）。单位宽度轧制力对工作辊凸度影响率基本值修正系数的 6 次多项式拟合系数见表 6-18。

$$K_{CW} = K_{CW0} \times \left(\frac{P_B}{P_{B0}}\right)^{\varphi_{CW}} \tag{6-101}$$

$$\varphi_{CW} = \left\{1 + \sum_{i=0}^{6}\left[Y(i)B^i\right]\right\} \times$$

$$\exp\left\{\sum_{i=0}^{6}\left[a(i)B^i\right] \times \ln^2\left(\frac{\Delta h}{\Delta h_0}\right) + \sum_{i=0}^{6}\left[c(i)B^i\right] \times \ln\left(\frac{\Delta h}{\Delta h_0}\right) + \right.$$

$$\left. \sum_{i=0}^{6}\left[d(i)B^i\right] \times \ln^2\left(\frac{F_W}{F_{W0}}\right) + \sum_{i=0}^{6}\left[e(i)B^i\right] \times \ln\left(\frac{F_W}{F_{W0}}\right)\right\} - 1 \tag{6-102}$$

式中　K_{CW0}——工作辊凸度影响率基本值，mm/mm；

　　　F_W——弯辊力，kN；

　　　F_{W0}——弯辊力基本值，kN；

　　　P_B——单位宽度轧制力，kN/mm；

　　　P_{B0}——单位宽度轧制力基本值，kN/mm；

　　　Δh——压下量，mm；

　　　Δh_0——压下量基本值，mm；

$Y(i) \sim e(i)$——单位宽度轧制力对工作辊凸度影响率基本值修正系数的 6 次多项式拟合系数；

　　　φ_{CW}——单位宽度轧制力对工作辊凸度影响率的修正系数。

表 6-18　单位宽度轧制力对工作辊凸度影响率基本值修正系数的 6 次多项式拟合系数

$Y(0)$	$Y(1)$	$Y(2)$	$Y(3)$	$Y(4)$	$Y(5)$	$Y(6)$
1.75739×10^{-1}	-7.56276×10^{-1}	1.70541	-1.99141	1.26181	-4.13689×10^{-1}	5.52299×10^{-2}
$a(0)$	$a(1)$	$a(2)$	$a(3)$	$a(4)$	$a(5)$	$a(6)$
-3.40604×10^{-3}	2.37181×10^{-2}	-6.81247×10^{-2}	9.20518×10^{-2}	-6.60828×10^{-2}	2.43760×10^{-2}	-3.63477×10^{-3}
$c(0)$	$c(1)$	$c(2)$	$c(3)$	$c(4)$	$c(5)$	$c(6)$
-2.06315×10^{-2}	7.48946×10^{-2}	-1.42044×10^{-1}	1.51120×10^{-1}	-8.63726×10^{-2}	2.46122×10^{-2}	-2.72573×10^{-3}
$d(0)$	$d(1)$	$d(2)$	$d(3)$	$d(4)$	$d(5)$	$d(6)$
-2.40785×10^{-2}	2.31118×10^{-1}	-6.95419×10^{-1}	9.77130×10^{-1}	-7.13527×10^{-1}	2.63405×10^{-1}	-3.89900×10^{-2}
$e(0)$	$e(1)$	$e(2)$	$e(3)$	$e(4)$	$e(5)$	$e(6)$
-1.05959×10^{-1}	5.93974×10^{-1}	-1.34539	1.56457	-9.88804×10^{-1}	3.23108×10^{-1}	-4.28208×10^{-2}

　　E　弯辊力变化对工作辊凸度影响率基本值的修正

　　其他参数取基本值，弯辊力分别取基本值 500kN、最小值 200kN 和最大值

1000kN 时，工作辊凸度影响率随带钢宽度变化模拟曲线如图 6-34 所示。随带钢宽度的增加，工作辊凸度影响率减小；随着弯辊力的增加，工作辊凸度影响率减小。当弯辊力为 1000kN、带钢宽度为 1.85m 时，与基本值之间的差值可达 0.00977mm/mm。如果工作辊凸度为 −0.3mm，采用工作辊凸度影响率基本值计算带钢凸度，误差可达 2.94μm。

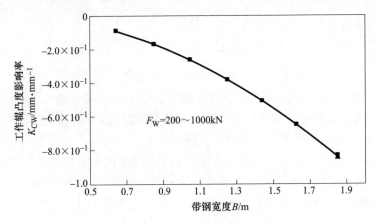

图 6-34　工作辊凸度影响率随带钢宽度变化模拟曲线

弯辊力变化对工作辊凸度影响率基本值的修正，可采用工作辊凸度影响率基本值和弯辊力对工作辊凸度影响率基本值的修正系数来表示。考虑其他工艺参数的综合影响，工作辊凸度影响率计算模型见式（6-103）和式（6-104）。弯辊力变化对工作辊凸度影响率基本值修正系数的 6 次多项式拟合系数见表 6-19。

$$K_{CW} = K_{CW0} \times \left[1 + (F_w - F_{w0}) \times \vartheta_{CW} \right] \qquad (6\text{-}103)$$

$$\vartheta_{CW} = \left\{ 1 + \sum_{i=0}^{6} \left[f(i)B^i \right] \right\} \times \exp\left\{ \sum_{i=0}^{6} \left[g(i)B^i \right] \times \right.$$

$$\left. \ln^2\left(\frac{\Delta h}{\Delta h_0} \right) + \sum_{i=0}^{6} \left[h(i)B^i \right] \times \ln\left(\frac{\Delta h}{\Delta h_0} \right) \right\} - 1 \qquad (6\text{-}104)$$

式中　K_{CW0}——工作辊凸度影响率基本值，mm/mm；

$\quad\quad F_w$——弯辊力，kN；

$\quad\quad F_{w0}$——弯辊力基本值，kN；

$\quad\quad \Delta h$——压下量实际值，mm；

$\quad\quad \Delta h_0$——压下量基本值，mm；

$f(i) \sim h(i)$——弯辊力对工作辊凸度影响率基本值修正系数的 6 次多项式拟合系数；

$\quad\quad \vartheta_{CW}$——弯辊力对工作辊凸度影响率的修正系数。

表 6-19　弯辊力变化对工作辊凸度影响率基本值修正系数的 6 次多项式拟合系数

$f(0)$	$f(1)$	$f(2)$	$f(3)$	$f(4)$	$f(5)$	$f(6)$
3.34090×10^{-4}	-1.79347×10^{-3}	3.98445×10^{-3}	-4.56853×10^{-3}	2.85961×10^{-3}	-9.28541×10^{-4}	1.22687×10^{-4}
$g(0)$	$g(1)$	$g(2)$	$g(3)$	$g(4)$	$g(5)$	$g(6)$
2.23237×10^{-4}	-1.26184×10^{-3}	2.88668×10^{-3}	-3.42173×10^{-3}	2.22085×10^{-3}	-7.49082×10^{-4}	1.02755×10^{-4}
$h(0)$	$h(1)$	$h(2)$	$h(3)$	$h(4)$	$h(5)$	$h(6)$
-9.61213×10^{-4}	5.37623×10^{-3}	-1.21831×10^{-2}	1.43151×10^{-2}	-9.21575×10^{-3}	3.08491×10^{-3}	-4.20212×10^{-4}

F　压下量变化对工作辊凸度影响率基本值的修正

其他参数取基本值，压下量分别取基本值 0.3mm、最小值 0.5mm 和最大值 10mm 时，工作辊凸度影响率随带钢宽度变化模拟曲线如图 6-35 所示。随着带钢宽度的增加，工作辊凸度影响率减小；随着压下量的增加，工作辊凸度影响率减小。随着带钢宽度的增加，工作辊凸度影响率与基本值的差值增大，当压下量为 10mm、带钢宽度为 1.85m 时，与基本值之间的差值为 0.021616mm/mm。如果工作辊凸度为 -0.3mm，采用工作辊凸度影响率基本值计算带钢凸度，误差可达 6.48μm。

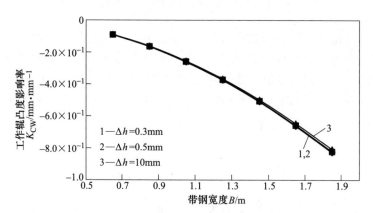

图 6-35　工作辊凸度影响率随带钢宽度变化模拟曲线

压下量变化对工作辊凸度影响率基本值的修正，可采用工作辊凸度影响率基本值和压下量对工作辊凸度影响率基本值的修正系数来表示。工作辊凸度影响率计算模型见式（6-105）和式（6-106），压下量变化对工作辊凸度影响率基本值修正系数的 6 次多项式拟合系数见表 6-20。

$$K_{CW} = K_{CW0} \xi_{CW} \tag{6-105}$$

$$\xi_{CW} = \exp\left\{ \sum_{i=0}^{6} \left[j(i) B^i \right] \times \ln^2\left(\frac{\Delta h}{\Delta h_0} \right) + \sum_{i=0}^{6} \left[l(i) B^i \right] \times \ln\left(\frac{\Delta h}{\Delta h_0} \right) \right\} \tag{6-106}$$

式中 K_{CW0}——工作辊凸度影响率基本值，mm/mm；

      Δh——压下量，mm；

      Δh_0——压下量基本值，mm；

  $j(i)$, $l(i)$——压下量对工作辊凸度影响率基本值修正系数的 6 次多项式拟合系数；

      ξ_{CW}——压下量对工作辊凸度影响率的修正系数。

表 6-20 压下量变化对工作辊凸度影响率基本值修正系数的 6 次多项式拟合系数

$j(0)$	$j(1)$	$j(2)$	$j(3)$	$j(4)$	$j(5)$	$j(6)$
1.05250×10^{-2}	-3.83676×10^{-2}	9.00225×10^{-2}	-1.12011×10^{-1}	7.55001×10^{-2}	-2.62877×10^{-2}	3.73518×10^{-3}

$l(0)$	$l(1)$	$l(2)$	$l(3)$	$l(4)$	$l(5)$	$l(6)$
-1.25118×10^{-1}	5.49087×10^{-1}	-1.19249	1.35934	-8.48585×10^{-1}	2.75611×10^{-1}	-3.65798×10^{-2}

  G   工作辊凸度影响率的数学模型

通过对工作辊凸度影响率基本值、工作辊直径、支撑辊直径、单位宽度轧制力、弯辊力和压下量对工作辊凸度影响率基本值影响规律进行深入系统的研究，建立工作辊凸度影响率的数学模型：

$$K_{CW} = K_{CW0}\xi_{CW} \times \left(\frac{D_{W}}{D_{W0}}\right)^{\lambda_{CW}} \times \left(\frac{P_{B}}{P_{B0}}\right)^{\varphi_{CW}} \times \left[1 + (F_{W} - F_{W0}) \times \vartheta_{CW}\right]$$

$$(6\text{-}107)$$

式中 K_{CW0}——工作辊凸度影响率基本值，mm/mm；

      D_{W0}——工作辊直径基本值，m；

      D_{W}——工作辊直径，m；

      P_{B}——单位宽度轧制力，kN/mm；

      P_{B0}——单位宽度轧制力基本值，kN/mm；

      F_{W}——弯辊力，kN；

      F_{W0}——弯辊力基本值，kN；

      λ_{CW}——工作辊直径对工作辊凸度影响率的修正系数；

      φ_{CW}——单位宽度轧制力对工作辊凸度影响率的修正系数；

      ϑ_{CW}——弯辊力对工作辊凸度影响率的修正系数；

      ξ_{CW}——压下量对工作辊凸度影响率的修正系数。

6.6.2.8 带钢入口凸度对带钢凸度的影响

  A   带钢入口凸度影响率

带钢的初始凸度对带钢出口凸度有直接影响，是影响带钢板形的一个主要因素。带钢入口凸度对带钢凸度的影响可采用带钢入口凸度影响率 K_{CSR} 表示：

$$K_{CSR} = \frac{\Delta C}{\Delta C_{SR}} = \frac{C - C_0}{C_{SR} - C_{SR0}} \tag{6-108}$$

式中　ΔC_{SR}——带钢出口凸度变化 ΔC 时对应的带钢入口凸度改变量，mm；

$\quad\quad C_{SR}$——带钢入口凸度，mm；

$\quad\quad C_{SR0}$——带钢入口凸度基本值，mm；

$\quad\quad C$——带钢入口凸度为 C_{SR} 时对应的再生板凸度，mm；

$\quad\quad C_0$——基本板凸度，是带钢宽度的函数，mm。

B　带钢入口凸度影响率基本值数学模型

带钢入口凸度影响率基本值是指其他参数取基本值，当带钢入口凸度与基本值产生改变时所对应的再生板凸度与基本中心板凸度的差值同带钢入口凸度变化量的比值。带钢入口凸度影响率基本值随着带钢宽度的变化曲线如图6-36所示。随着带钢宽度的增加，带钢入口凸度影响率基本值在带钢宽度为 $0.65 \sim 1.85\mathrm{m}$ 之间时，呈抛物线形状。拟合公式见式（6-109），带钢入口凸度影响率基本值6次多项式的拟合系数见表6-21。

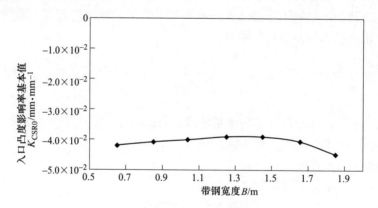

图6-36　带钢入口凸度影响率基本值随带钢宽度变化曲线

$$K_{CSR0} = \frac{\Delta C}{\Delta C_{SR}} = \frac{C - C_0}{C_{SR} - F_{SR0}} \sum_{i=0}^{6} \left[A(i) B^i \right] \tag{6-109}$$

式中　K_{CSR0}——带钢入口凸度影响率基本值，是带钢宽度的函数，mm/mm；

$\quad\quad A(i)$——带钢入口凸度影响率基本值的6次多项式的拟合系数；

$\quad\quad B$——带钢宽度，m。

表 6-21　带钢入口凸度影响率基本值 6 次多项式拟合系数

$A(0)$	$A(1)$	$A(2)$	$A(3)$	$A(4)$	$A(5)$	$A(6)$
-3.00178×10^{-1}	1.37286	-2.96426	3.32848	-2.04699	6.55857×10^{-1}	-8.60293×10^{-2}

C 带钢入口凸度变化对带钢入口凸度影响率基本值的修正

其他参数取基本值，带钢入口凸度分别取基本值 0mm、最小值 0.05mm 和最大值 0.15mm 时，带钢入口凸度影响率随带钢宽度变化模拟曲线如图 6-37 所示。随着带钢宽度增加，带钢入口凸度影响率减小；随带钢入口凸度的增加，带钢入口凸度影响率减小。当带钢入口凸度为 0.15mm、带钢宽度为 1.85m 时，带钢入口凸度影响率与基本值之差为 0.1056mm/mm。如果带钢入口凸度为 0.15mm，采用带钢入口凸度影响率基本值模型计算带钢凸度，误差可达 15.84μm。

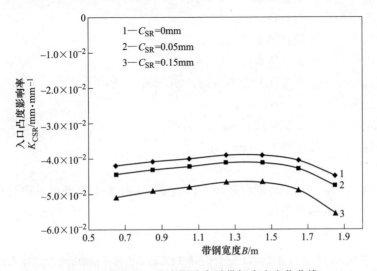

图 6-37 带钢入口凸度影响率随带钢宽度变化曲线

带钢入口凸度变化对带钢入口凸度影响率基本值的修正，可采用带钢入口凸度影响率基本值和带钢入口凸度对带钢入口凸度影响率基本值的修正系数来表示。考虑其他工艺参数的综合影响，带钢入口凸度影响率计算模型见式（6-110）和式（6-111）。带钢入口凸度变化对带钢入口凸度分布影响率基本值修正系数的 6 次多项式拟合系数见表 6-22。

$$K_{CSR} = K_{CSR0} \times (1 + \varphi_{SCR} C_{SR}) \tag{6-110}$$

$$\varphi_{CSR} = \sum_{i=0}^{6} [C(i)B^i] \times \exp\left\{ \sum_{i=0}^{6} [F(i)B^i] \times \ln^2\left(\frac{D_W}{D_{W0}}\right) + \sum_{i=0}^{6} [G(i)B^i] \times \ln\left(\frac{D_W}{D_{W0}}\right) + \right.$$

$$\sum_{i=0}^{6} [L(i)B^i] \times \ln^2\left(\frac{D_B}{D_{B0}}\right) + \sum_{i=0}^{6} [M(i)B^i] \times \ln\left(\frac{D_B}{D_{B0}}\right) +$$

$$\sum_{i=0}^{6} [Q(i)B^i] \times \ln^2\left(\frac{P_B}{P_{B0}}\right) + \sum_{i=0}^{6} [R(i)B^i] \times \ln\left(\frac{P_B}{P_{B0}}\right) +$$

$$\sum_{i=0}^{6} [W(i)B^i] \times \ln^2\left(\frac{F_W}{F_{W0}}\right) + \sum_{i=0}^{6} [X(i)B^i] \times \ln\left(\frac{F_W}{F_{W0}}\right) +$$

$$\sum_{i=0}^{6} \left[a(i)B^i \right] \times \ln^2(1 + C_{\mathrm{W}}) + \sum_{i=0}^{6} \left[c(i)B^i \right] \times \ln^2(1 + C_{\mathrm{W}}) +$$

$$\left. \sum_{i=0}^{6} \left[f(i)B^i \right] \times \ln\left(\frac{\Delta h}{\Delta h_0}\right) + \sum_{i=0}^{6} \left[g(i)B^i \right] \times \ln\left(\frac{\Delta h}{\Delta h_0}\right) \right\} \tag{6-111}$$

式中　K_{CSR0}——带钢入口凸度影响率基本值，mm/mm；

$\quad\quad D_{\mathrm{W}}$——工作辊直径，m；

$\quad\quad D_{\mathrm{W0}}$——工作辊直径基本值，m；

$\quad\quad D_{\mathrm{B}}$——支撑辊直径，m；

$\quad\quad D_{\mathrm{B0}}$——支撑辊直径基本值，m；

$\quad\quad P_{\mathrm{B}}$——单位宽度轧制力，kN/mm；

$\quad\quad P_{\mathrm{B0}}$——单位宽度轧制力基本值，kN/mm；

$\quad\quad \Delta h$——压下量，mm；

$\quad\quad \Delta h_0$——压下量基本值，mm；

$\quad\quad C_{\mathrm{W}}$——工作辊凸度，mm；

$\quad\quad C_{\mathrm{SR}}$——带钢入口凸度，mm；

$C(i) \sim g(i)$——带钢入口凸度对带钢入口凸度影响率基本值修正系数的 6 次多项式拟合系数；

$\quad\quad \varphi_{\mathrm{CSR}}$——带钢入口凸度对带钢入口凸度影响率的修正系数。

表 6-22　带钢入口凸度对带钢入口凸度分布影响率基本值修正系数的 6 次多项式拟合系数

$C(0)$	$C(1)$	$C(2)$	$C(3)$	$C(4)$	$C(5)$	$C(6)$
2.01410×10^{-1}	6.32819	-1.19561×10^{1}	1.04787×10^{1}	-4.45056	7.30011×10^{-1}	1.39273×10^{-2}
$F(0)$	$F(1)$	$F(2)$	$F(3)$	$F(4)$	$F(5)$	$F(6)$
-1.11182×10^{2}	6.09777×10^{2}	-1.35611×10^{3}	1.56655×10^{3}	-9.92851×10^{2}	3.27608×10^{2}	-4.39900×10^{1}
$G(0)$	$G(1)$	$G(2)$	$G(3)$	$G(4)$	$G(5)$	$G(6)$
-1.17692×10^{-1}	-8.77028×10^{-2}	1.37606	-1.71604	8.59261×10^{-1}	-7.26054×10^{-2}	-5.89879×10^{-2}
$L(0)$	$L(1)$	$L(2)$	$L(3)$	$L(4)$	$L(5)$	$L(6)$
-1.95679×10^{1}	9.99630×10^{1}	-2.06162×10^{2}	2.20720×10^{2}	-1.30125×10^{2}	4.01377×10^{1}	-5.07581
$M(0)$	$M(1)$	$M(2)$	$M(3)$	$M(4)$	$M(5)$	$M(6)$
8.04931×10^{-1}	-3.93368	7.69802	-7.71330	4.39239	-1.34631	1.78756×10^{-1}
$Q(0)$	$Q(1)$	$Q(2)$	$Q(3)$	$Q(4)$	$Q(5)$	$Q(6)$
-1.11182×10^{2}	6.09777×10^{2}	-1.35611×10^{3}	1.56655×10^{3}	-9.92851×10^{2}	3.27608×10^{2}	-4.39900×10^{1}
$R(0)$	$R(1)$	$R(2)$	$R(3)$	$R(4)$	$R(5)$	$R(6)$
-1.17692×10^{-1}	-8.77028×10^{-2}	1.37606	-1.71604	8.59261×10^{-1}	-7.26054×10^{-2}	-5.89879×10^{-2}

$W(0)$	$W(1)$	$W(2)$	$W(3)$	$W(4)$	$W(5)$	$W(6)$
1.96258	-1.14859×10^1	2.74364×10^1	-3.41713×10^1	2.35369×10^1	-8.49993	1.26034
$X(0)$	$X(1)$	$X(2)$	$X(3)$	$X(4)$	$X(5)$	$X(6)$
2.29814	-1.33625×10^1	3.17108×10^1	-3.91002×10^1	2.66793×10^1	-9.54575	1.40361
$a(0)$	$a(1)$	$a(2)$	$a(3)$	$a(4)$	$a(5)$	$a(6)$
6.99595	-3.93113×10^1	8.97355×10^1	-1.05800×10^2	6.89352×10^1	-2.34709×10^1	3.28670
$c(0)$	$c(1)$	$c(2)$	$c(3)$	$c(4)$	$c(5)$	$c(6)$
4.15395	-2.36496×10^1	5.49010×10^1	-6.44990×10^1	4.20796×10^1	-1.44058×10^1	2.03853
$f(0)$	$f(1)$	$f(2)$	$f(3)$	$f(4)$	$f(5)$	$f(6)$
1.34781	-7.18311	1.53981×10^1	-1.72215×10^1	1.05771×10^1	-3.39170	4.45937×10^{-1}
$g(0)$	$g(1)$	$g(2)$	$g(3)$	$g(4)$	$g(5)$	$g(6)$
-4.83126	2.09728×10^1	-4.52788×10^1	5.11288×10^1	-3.17149×10^1	1.02781×10^1	-1.36948

D 单位宽度轧制力对带钢入口凸度影响率基本值的修正

其他参数取基本值，单位宽度轧制力分别取基本值 4kN/mm、最小值 6kN/mm 和最大值 15kN/mm 时，带钢入口凸度影响率随带钢宽度变化模拟曲线如图 6-38 所示。随着带钢宽度增加，带钢入口凸度影响率呈抛物线状变化。随单位宽度轧制力增加，带钢入口凸度影响率减小。当单位宽度轧制力为 15kN/mm、带钢宽度为 1.85m 时，带钢入口凸度影响率与基本值之间的差值可达 0.013573742mm/mm。如果带钢入口凸度为 0.15mm，采用带钢入口凸度影响率基本值模型计算带钢凸度，误差可达 2.03μm。

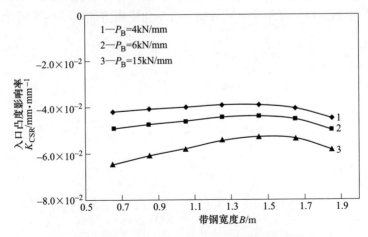

图 6-38 带钢入口凸度影响率随带钢宽度变化曲线

单位宽度轧制力对带钢入口凸度影响率基本值的修正，可采用带钢入口凸度影响率基本值和单位宽度轧制力对带钢入口凸度影响率基本值的修正系数来表示。带钢入口凸度影响率计算模型见式（6-112）和式（6-113）。单位宽度轧制力变化对带钢入口凸度影响率基本值修正系数的 6 次多项式拟合系数见表 6-23。

$$K_{CSR} = K_{CSR0} \phi_{CSR} \tag{6-112}$$

$$\phi_{CSR} = \exp\left\{ \sum_{i=0}^{6} \left[N(i) B^i \right] \times \ln^2\left(\frac{P_B}{P_{B0}} \right) + \sum_{i=0}^{6} \left[P(i) B^i \right] \times \ln\left(\frac{P_B}{P_{B0}} \right) \right\} \tag{6-113}$$

式中　K_{CSR0}——带钢入口凸度影响率基本值，mm/mm；

　　　P_B——单位宽度轧制力，kN/mm；

　　　P_{B0}——单位宽度轧制力基本值，kN/mm；

$N(i), P(i)$——单位宽度轧制力对带钢入口凸度影响率基本值修正系数的 6 次多项式拟合系数；

　　　ϕ_{CSR}——单位宽度轧制力对带钢入口凸度影响率的修正系数。

表 6-23　单位宽度轧制力变化对带钢入口凸度影响率基本值修正系数的 6 次多项式拟合系数

$N(0)$	$N(1)$	$N(2)$	$N(3)$	$N(4)$	$N(5)$	$N(6)$
5.14147×10^{-2}	-9.94555×10^{-1}	2.16867	-2.43028	1.47809	-4.57666×10^{-1}	5.56368×10^{-2}

$P(0)$	$P(1)$	$P(2)$	$P(3)$	$P(4)$	$P(5)$	$P(6)$
3.04923	-1.26358×10^{1}	2.67518×10^{1}	-2.97168×10^{1}	1.80675×10^{1}	-5.72978	7.44845×10^{-1}

E　弯辊力变化对带钢入口凸度影响率基本值的修正

其他参数取基本值，弯辊力分别取基本值 500kN、最小值 200kN 和最大值 1000kN 时，带钢入口凸度影响率随带钢宽度变化模拟曲线如图 6-39 所示。随着带

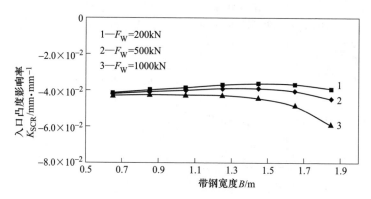

图 6-39　带钢入口凸度影响率随带钢宽度变化曲线

钢宽度增加,带钢入口凸度影响率呈抛物线状变化。随弯辊力增加,带钢入口凸度影响率减小。弯辊力为 1000kN、带钢宽度为 1.85m 时,带钢入口凸度影响率与基本值之间的差值可达 0.014489983mm/mm。如果带钢入口凸度为 0.15mm,采用带钢入口凸度影响率基本值模型计算带钢凸度,误差可达 2.17μm。

弯辊力变化对带钢入口凸度影响率基本值的修正,可采用带钢入口凸度影响率基本值和弯辊力对带钢入口凸度影响率基本值的修正系数来表示。带钢入口凸度影响率计算模型见式(6-114)和式(6-115),弯辊力变化对带钢入口凸度分布影响率基本值修正系数的 6 次多项式拟合系数见表 6-24。

$$K_{CSR} = K_{CSR0}\psi_{CSR} \tag{6-114}$$

$$\psi_{CSR} = \exp\left\{\sum_{i=0}^{6}\left[S(i)B^i\right] \times \ln^2\left(\frac{F_W}{F_{W0}}\right) + \sum_{i=0}^{6}\left[T(i)B^i\right] \times \ln\left(\frac{F_W}{F_{W0}}\right)\right\} \tag{6-115}$$

式中　K_{CSR0}——带钢入口凸度影响率基本值,mm/mm;

　　　F_W——弯辊力,kN;

　　　F_{W0}——弯辊力基本值,kN/mm;

$S(i)$,$T(i)$——弯辊力对带钢入口凸度影响率基本值修正系数的多项式拟合系数;

　　　ψ_{CSR}——弯辊力对带钢入口凸度影响率的修正系数。

表 6-24　弯辊力变化对带钢入口凸度分布影响率基本值修正系数的 6 次多项式拟合系数

$S(0)$	$S(1)$	$S(2)$	$S(3)$	$S(4)$	$S(5)$	$S(6)$
6.19199×10^{-1}	-3.57045	8.42228	-1.03299×10^1	7.02577	-2.50569	3.67353×10^{-1}
$T(0)$	$T(1)$	$T(2)$	$T(3)$	$T(4)$	$T(5)$	$T(6)$
5.87231×10^{-1}	-3.44318	8.26167	-1.01987×10^1	7.00313	-2.52140	3.73732×10^{-1}

F　工作辊凸度变化对带钢入口凸度影响率基本值的修正

其他参数取基本值,工作辊凸度分别取基本值 0mm、−0.15mm 和 −0.30mm 时,带钢入口凸度影响率随带钢宽度变化模拟曲线如图 6-40 所示。随带钢宽度增加,带钢入口凸度影响率呈抛物线状变化。工作辊凸度增加,带钢入口凸度影响率增加,且随带钢宽度的增加,与基本值之差增大,当工作辊凸度为 −0.30mm、带钢宽度为 1.85m 时,与基本值之间的差值可达 0.016323816mm/mm。如果带钢入口凸度为 0.15mm,采用带钢入口凸度影响率基本值模型计算带钢凸度,误差可达 2.45μm。

工作辊凸度变化对带钢入口凸度影响率基本值的修正,可采用带钢入口凸度影响率基本值和工作辊凸度对带钢入口凸度影响率基本值的修正系数来表示。带钢入口凸度影响率计算模型见式(6-116)和式(6-117),工作辊凸度变化对带钢入口凸度影响率基本值修正系数的 6 次多项式拟合系数见表 6-25。

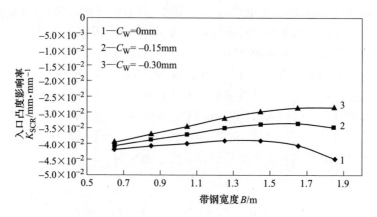

图 6-40　带钢入口凸度影响率随带钢宽度变化曲线

$$K_{CSR} = K_{CSR0}\omega_{CSR} \tag{6-116}$$

$$\omega_{CSR} = \exp\left\{\sum_{i=0}^{6}\left[Y(i)B^i\right] \times \ln^2(1 + C_W) + \sum_{i=0}^{6}\left[Z(i)B^i\right] \times \ln^2(1 + C_W)\right\} \tag{6-117}$$

式中　　K_{CSR0}——带钢入口凸度影响率基本值，mm/mm；

　　　　C_W——工作辊凸度，mm；

$Y(i),Z(i)$——工作辊凸度对带钢入口凸度影响率基本值修正系数的 6 次多项式拟合系数；

　　　　ω_{CSR}——工作辊凸度对带钢入口凸度影响率的修正系数。

表 6-25　工作辊凸度变化对带钢入口凸度分布影响率基本值修正系数的 6 次多项式拟合系数

$Y(0)$	$Y(1)$	$Y(2)$	$Y(3)$	$Y(4)$	$Y(5)$	$Y(6)$
2.92162×10^{-1}	-2.15500	6.01390	-7.80293	5.75391	-2.18785	3.47679×10^{-1}

$Z(0)$	$Z(1)$	$Z(2)$	$Z(3)$	$Z(4)$	$Z(5)$	$Z(6)$
-5.79348×10^{-2}	-2.57027×10^{-1}	2.07437	-2.91230	2.54534	-1.12669	2.05704×10^{-1}

G　压下量变化对带钢入口凸度影响率基本值的修正

其他参数取基本值，压下量分别取基本值 0.3mm、最小值 0.5mm 和最大值 10mm 时，带钢入口凸度影响率随带钢宽度变化模拟曲线如图 6-41 所示。随着带钢宽度增加，带钢入口凸度影响率呈抛物线变化。随压下量增加，带钢入口凸度影响率增加；随带钢宽度的增大，与基本值之间的差值增大，当压下量为 10mm、带钢宽度为 1.85m 时，与基本值之间的差值可达 0.043119849mm/mm。如果带钢入口凸度为 0.15mm，采用带钢入口凸度影响率基本值模型计算带钢凸度，误差可达 5.17μm。

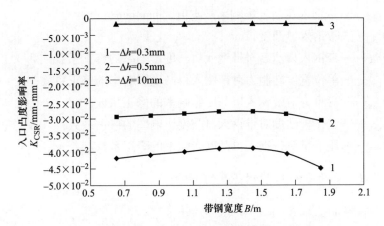

图 6-41 带钢入口凸度影响率随带钢宽度变化曲线

压下量变化对带钢入口凸度影响率基本值的修正，可采用带钢入口凸度影响率基本值和压下量对带钢入口凸度影响率基本值的修正系数来表示。带钢入口凸度影响率计算模型见式（6-118）和式（6-119），压下量变化对带钢入口凸度分布影响率基本值修正系数的 6 次多项式拟合系数见表 6-26。

$$K_{CSR} = K_{CSR0}\vartheta_{CSR} \tag{6-118}$$

$$\vartheta_{CSR} = \exp\left\{\sum_{i=0}^{6}\left[d(i)B^i\right] \times \ln\left(\frac{\Delta h}{\Delta h_0}\right) + \sum_{i=0}^{6}\left[e(i)B^i\right] \times \ln\left(\frac{\Delta h}{\Delta h_0}\right)\right\} \tag{6-119}$$

式中　K_{CSR0}——带钢入口凸度影响率基本值，mm/mm；

　　　Δh_0——压下量基本值，mm；

　　　Δh——压下量，mm；

　　$d(i),e(i)$——压下量对带钢入口凸度影响率基本值修正系数的多项式拟合系数；

　　　ϑ_{CSR}——压下量对带钢入口凸度影响率的修正系数。

表 6-26　压下量变化对带钢入口凸度分布影响率基本值修正系数的 **6 次多项式拟合系数**

$d(0)$	$d(1)$	$d(2)$	$d(3)$	$d(4)$	$d(5)$	$d(6)$
1.22885×10^{-1}	-1.05881	2.29258	-2.59730	1.61894	-5.29374×10^{-1}	7.17555×10^{-2}
$e(0)$	$e(1)$	$e(2)$	$e(3)$	$e(4)$	$e(5)$	$e(6)$
-1.17940×10^{-1}	-2.86346	5.83147	-5.81687	3.07404	-8.07253×10^{-1}	7.65769×10^{-2}

H　带钢入口凸度影响率数学模型

考虑到带钢入口凸度影响率基本值、单位宽度轧制力、弯辊力、工作辊凸度和压下量对带钢入口凸度影响率的影响，带钢入口凸度影响率数学模型为：

$$K_{CSR} = K_{CSR0}\phi_{CSR}\psi_{CSR}\omega_{CSR}\vartheta_{CSR} \times (1 + \varphi_{SCR}C_{SR}) \tag{6-120}$$

式中　K_{CSR0}——带钢入口凸度影响率基本值，mm/mm；

　　　　C_{SR}——带钢入口凸度，mm；

　　　　φ_{CSR}——带钢入口凸度对带钢入口凸度影响率的修正系数；

　　　　ϕ_{CSR}——单位宽度轧制力对带钢入口凸度影响率的修正系数；

　　　　ψ_{CSR}——弯辊力对带钢入口凸度影响率的修正系数；

　　　　ω_{CSR}——工作辊凸度对带钢入口凸度影响率的修正系数；

　　　　ϑ_{CSR}——压下量对带钢入口凸度影响率的修正系数。

6.6.2.9　负荷分布对带钢凸度的影响

A　负荷分布影响率

带钢热连轧过程中，负荷分布是影响各机架目标板凸度的重要因素之一。负荷分布是描述单位宽度轧制力沿轧件宽度分布规律的关键参数。负荷分布值是带钢中部单位宽度轧制力与边部单位宽度轧制力的差值，它取决于带钢模量、入口凸度、出口凸度及张力分布等因素。单位宽度轧制力沿带钢宽度分布可采用二次曲线描述，通过对单位宽度轧制力积分可得中部单位宽度轧制力、边部单位宽度轧制力及负荷分布与平均单位宽度轧制力之间的关系，见式（6-121）。负荷分布对带钢凸度的影响可用负荷分布影响率 K_{LD} 表示，见式（6-122）。

$$\begin{cases} p(x) = p_B + \left(\dfrac{1}{3} - 4\dfrac{x^2}{B^2} \right) \times L_D \\[2mm] p_m = p_B + \dfrac{1}{3}L_D \\[2mm] p_e = p_B - \dfrac{2}{3}L_D \end{cases} \tag{6-121}$$

式中　$p(x)$——单位宽度轧制力分布函数，kN/mm；

　　　　B——带钢宽度，mm；

　　　　p_B——平均单位宽度轧制力，kN/mm；

　　　　L_D——负荷分布，kN/mm；

　　　　p_m——中部单位宽度轧制力，kN/mm；

　　　　p_e——边部轧制力，kN/mm。

$$K_{LD} = \frac{\Delta C}{L_D} = \frac{C - C_0}{L_D} \tag{6-122}$$

式中　L_D——负荷分布，kN/mm；

　　　　ΔC——带钢凸度的改变量，mm；

　　　　C——负荷分布为 L_D 时对应的再生中心板凸度，mm；

C_0——负荷分布为零时对应的基本中心板凸度，mm。

B 负荷分布影响率基本值的数学模型

负荷分布影响率基本值是指其他参数取基本值，当负荷分布与基本值产生很小改变时所对应的再生板凸度与基本中心板凸度的差值同负荷分布变化量的比值。负荷分布影响率基本值随着带钢宽度的变化曲线如图 6-42 所示。随着带钢宽度的增加负荷分布影响率基本值呈线性增加趋势；拟合公式见式（6-123），负荷分布影响率基本值 6 次多项式的拟合系数见表 6-27。

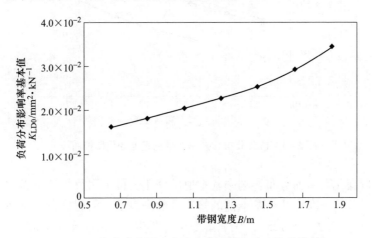

图 6-42 负荷分布影响率基本值随带钢宽度变化曲线

$$K_{LD0} = \sum_{i=0}^{5} \left[A(i) B^i \right] \tag{6-123}$$

式中 K_{LD0}——负荷分布影响率基本值，mm^2/kN；

B——带钢宽度，mm；

$A(i)$——负荷分布影响率基本值的 6 次多项式拟合系数。

表 6-27 负荷分布影响率基本值 6 次多项式拟合系数

$A(0)$	$A(1)$	$A(2)$	$A(3)$	$A(4)$	$A(5)$	$A(6)$
1.05454×10^{-1}	-5.14086×10^{-1}	1.14760	-1.29102	7.90510×10^{-1}	-2.50871×10^{-1}	3.25111×10^{-2}

C 压下量变化对负荷分布影响率的修正

其他参数取基本值，压下量分别取基本值 0.3mm、最小值 0.5mm 和最大值 10mm 时，负荷分布影响率随带钢宽度变化模拟曲线如图 6-43 所示。随着带钢宽度增加，负荷分布影响率增大；随着压下量的增加，负荷分布影响率增大，在压下量变化比较大时，负荷分布影响率的变化很明显。随着带钢宽度的增加，负荷分布影响率与基本值的差值增大，当带钢宽度为 1.85m、压下量为 10mm 时，负荷分布影响率与基本值之差可达 $9.57×10^{-3}\,mm^2/kN$。如果负荷分布为 $4kN/mm$，采用负荷分布影响率基本值计算带钢凸度时误差可达 $38.28\mu m$。

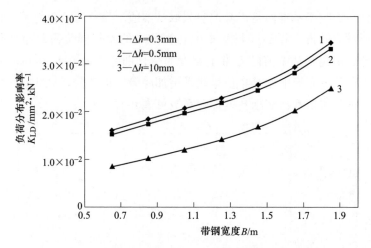

图 6-43　负荷分布影响率随带钢宽度变化模拟曲线

　　压下量变化对负荷分布影响率基本值的修正，可采用负荷分布影响率基本值和压下量对负荷分布影响率基本值的修正系数来表示。负荷分布影响率计算模型见式（6-124）和式（6-125），压下量变化对负荷分布影响率基本值修正系数的 6 次多项式拟合系数见表 6-28。

$$K_{LD} = K_{LD0}\xi_{LD} \tag{6-124}$$

$$\xi_{LD} = \exp\left\{\sum_{i=0}^{6}\left[C(i)B^i\right]\times\ln^2\left(\frac{\Delta h}{\Delta h_0}\right) + \sum_{i=0}^{6}\left[D(i)B^i\right]\times\ln\left(\frac{\Delta h}{\Delta h_0}\right)\right\} \tag{6-125}$$

式中　　　Δh——压下量，mm；

　　　　　Δh_0——压下量基本值，mm；

　$C(i),D(i)$——压下量对负荷分布影响率修正系数的 6 次多项式拟合系数；

　　　　　B——带钢宽度，mm；

　　　　　ξ_{LD}——压下量对负荷分布影响率修正系数。

表 6-28　压下量变化对负荷分布影响率基本值修正系数的 6 次多项式拟合系数

$C(0)$	$C(1)$	$C(2)$	$C(3)$	$C(4)$	$C(5)$	$C(6)$
$-6.72509×10^{-2}$	$1.92326×10^{-1}$	$-3.57564×10^{-1}$	$3.65356×10^{-1}$	$-2.02107×10^{-1}$	$5.73477×10^{-2}$	$-6.49021×10^{-3}$
$D(0)$	$D(1)$	$D(2)$	$D(3)$	$D(4)$	$D(5)$	$D(6)$
$-4.34380×10^{-2}$	$-3.94653×10^{-1}$	$8.99022×10^{-1}$	$-9.65289×10^{-1}$	$5.58517×10^{-1}$	$-1.65350×10^{-1}$	$1.94639×10^{-2}$

D　工作辊直径变化对负荷分布影响率基本值的修正

其他参数取基本值，工作辊直径分别取基本值 0.722m、最小值 0.68m 和最大值 0.76m 时，负荷分布影响率影随带钢宽度变化模拟曲线如图 6-44 所示，随着工作辊直径的增加，负荷分布影响率明显减小。当带钢宽度为 1.85m、工作辊直径为 0.68m 时，负荷分布影响率与基本值之差可达 $2.26 \times 10^{-3}\,\text{mm}^2/\text{kN}$，如果负荷分布为 4kN/mm，则带钢凸度的计算误差可达 9.02μm。

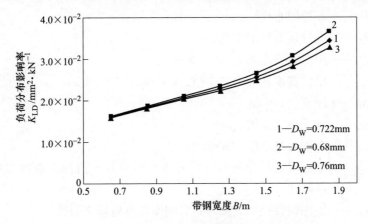

图 6-44　负荷分布影响率随带钢宽度变化曲线

工作辊直径变化对负荷分布影响率基本值的修正，可采用负荷分布影响率基本值和工作辊直径对负荷分布影响率基本值的修正系数来表示。考虑其他工艺参数的综合影响、负荷分布影响率计算模型见式（6-126）和式（6-127），工作辊直径对负荷分布影响率基本值修正系数的 6 次多项式拟合系数见表 6-29。

$$K_{\text{LD}} = K_{\text{LD0}} \times \left(\frac{D_{\text{W}}}{D_{\text{W0}}}\right)^{\phi_{\text{LD}}} \qquad (6\text{-}126)$$

$$\phi_{\text{LD}} = \sum_{i=0}^{6} \left[E(i)B^i \right] \times$$

$$\exp\left\{ \sum_{i=0}^{6} \left[F(i)B^i \right] \times \ln^2\left(\frac{\Delta h}{\Delta h_0}\right) + \sum_{i=0}^{6} \left[G(i)B^i \right] \times \ln\left(\frac{\Delta h}{\Delta h_0}\right) + \right.$$

$$\sum_{i=0}^{6} \left[H(i)B^i \right] \times \ln^2\left(\frac{D_{\text{B}}}{D_{\text{B0}}}\right) + \sum_{i=0}^{6} \left[J(i)B^i \right] \times \ln\left(\frac{D_{\text{B}}}{D_{\text{B0}}}\right) +$$

$$\sum_{i=0}^{6} \left[L(i)B^i \right] \times \ln^2\left(\frac{P_{\text{B}}}{P_{\text{B0}}}\right) + \sum_{i=0}^{6} \left[M(i)B^i \right] \times \ln\left(\frac{P_{\text{B}}}{P_{\text{B0}}}\right) +$$

$$\sum_{i=0}^{6} \left[N(i)B^i \right] \times \ln^2\left(\frac{F_{\text{W}}}{F_{\text{W0}}}\right) + \sum_{i=0}^{6} \left[P(i)B^i \right] \times \ln\left(\frac{F_{\text{W}}}{F_{\text{W0}}}\right) +$$

$$\sum_{i=0}^{6}\left[Q(i)B^{i}\right]\times\ln^{2}(1+C_{\mathrm{W}})+\sum_{i=0}^{6}\left[R(i)B^{i}\right]\times\ln(1+C_{\mathrm{W}})+$$

$$\left.\sum_{i=0}^{6}\left[S(i)B^{i}\right]\times\ln^{2}(1+C_{\mathrm{SR}})+\sum_{i=0}^{6}\left[T(i)B^{i}\right]\times\ln(1+C_{\mathrm{SR}})\right\} \quad (6\text{-}127)$$

式中　　D_{W}——工作辊直径，m；

$\quad\quad D_{\mathrm{W0}}$——工作辊直径基本值，m；

$\quad\quad D_{\mathrm{B}}$——支撑辊直径，m；

$\quad\quad D_{\mathrm{B0}}$——支撑辊直径基本值，m；

$\quad\quad P_{\mathrm{B}}$——单位宽度轧制力，kN/mm；

$\quad\quad P_{\mathrm{B0}}$——单位宽度轧制力基本值，kN/mm；

$\quad\quad \Delta h$——压下量，mm；

$\quad\quad \Delta h_{0}$——压下量基本值，mm；

$\quad\quad C_{\mathrm{SR}}$——带钢入口凸度，mm；

$E(i)\sim T(i)$——工作辊直径变化对负荷分布影响率基本值修正系数多项式拟合系数；

$\quad\quad \phi_{\mathrm{LD}}$——工作辊直径对负荷分布影响率基本值修正系数。

表 6-29　工作辊直径变化对负荷分布影响率基本值修正系数的 6 次多项式拟合系数

$E(0)$	$E(1)$	$E(2)$	$E(3)$	$E(4)$	$E(5)$	$E(6)$
5.12420×10^{-1}	-3.81907	8.28011	-8.96217	4.86894	-1.32433	1.39374×10^{-1}
$F(0)$	$F(1)$	$F(2)$	$F(3)$	$F(4)$	$F(5)$	$F(6)$
-1.39007	7.21668	-1.49436×10^{1}	1.60594×10^{1}	-9.48356	2.92494	-3.68791×10^{-1}
$G(0)$	$G(1)$	$G(2)$	$G(3)$	$G(4)$	$G(5)$	$G(6)$
1.43607	-7.08723	1.50462×10^{1}	-1.64548×10^{1}	9.79898	-3.03024	3.81293×10^{-1}
$H(0)$	$H(1)$	$H(2)$	$H(3)$	$H(4)$	$H(5)$	$H(6)$
-2.20395×10^{1}	1.21213×10^{2}	-2.80005×10^{2}	3.44341×10^{2}	-2.36262×10^{2}	8.54259×10^{1}	-1.26870×10^{1}
$J(0)$	$J(1)$	$J(2)$	$J(3)$	$J(4)$	$J(5)$	$J(6)$
2.57451	-1.34836×10^{1}	2.96559×10^{1}	-3.47598×10^{1}	2.28136×10^{1}	-7.94654	1.14694
$L(0)$	$L(1)$	$L(2)$	$L(3)$	$L(4)$	$L(5)$	$L(6)$
-9.60468	4.28919×10^{1}	-7.34720×10^{1}	6.09462×10^{1}	-2.46945×10^{1}	4.00438	-4.19779×10^{-2}
$M(0)$	$M(1)$	$M(2)$	$M(3)$	$M(4)$	$M(5)$	$M(6)$
1.26285×10^{1}	-5.51981×10^{1}	9.29018×10^{1}	-7.53964×10^{1}	2.93405×10^{1}	-4.20729	-9.05386×10^{-2}
$N(0)$	$N(1)$	$N(2)$	$N(3)$	$N(4)$	$N(5)$	$N(6)$
2.45947×10^{1}	-1.40077×10^{2}	3.21989×10^{2}	-3.82209×10^{2}	2.47432×10^{2}	-8.29885×10^{1}	1.12915×10^{1}

续表 6-29

$P(0)$	$P(1)$	$P(2)$	$P(3)$	$P(4)$	$P(5)$	$P(6)$
3.88312×10^1	-2.11916×10^2	4.68203×10^2	-5.36510×10^2	3.36865×10^2	-1.10074×10^2	1.46487×10^1
$Q(0)$	$Q(1)$	$Q(2)$	$Q(3)$	$Q(4)$	$Q(5)$	$Q(6)$
-2.59393	1.56341×10^1	-3.73275×10^1	4.56351×10^1	-3.02062×10^1	1.02995×10^1	-1.41795
$R(0)$	$R(1)$	$R(2)$	$R(3)$	$R(4)$	$R(5)$	$R(6)$
-1.05806	5.70453	-1.20811×10^1	1.34622×10^1	-8.29876	2.65398	-3.40785×10^{-1}
$S(0)$	$S(1)$	$S(2)$	$S(3)$	$S(4)$	$S(5)$	$S(6)$
-1.70520×10^1	9.88005×10^1	-2.35795×10^2	2.88190×10^2	-1.91836×10^2	6.64410×10^1	-9.38587
$T(0)$	$T(1)$	$T(2)$	$T(3)$	$T(4)$	$T(5)$	$T(6)$
-1.35872	6.19474	-1.26494×10^1	1.25008×10^1	-6.19422	1.40092	-9.46651×10^{-2}

E　单位宽度轧制力变化对负荷分布影响率基本值的修正

其他参数取基本值，单位宽度轧制力分别为基本值 4kN/mm、最小值 6kN/mm 和最大值 15kN/mm 时，负荷分布影响率随着带钢宽度的变化曲线如图 6-45 所示，随着单位宽度轧制力的增加，负荷分布影响率增大。当平均单位宽度轧制力为 15kN/mm 时，负荷分布影响率与基本值的差值可达 $2.72\times10^{-3}\,\mathrm{mm^2/kN}$。如果负荷分布为 4kN/mm，则带钢凸度的计算误差可达 10.86μm。

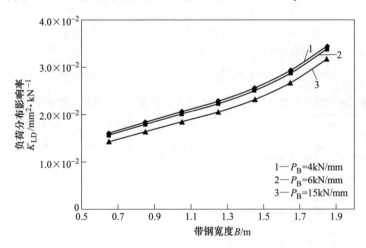

图 6-45　负荷分布影响率随带钢宽度变化模拟曲线

单位宽度轧制力变化对负荷分布影响率基本值的修正，可采用负荷分布影响率基本值和单位宽度轧制力对负荷分布影响率基本值的修正系数来表示。考虑其他工艺参数的综合影响，负荷分布影响率计算模型见式（6-128）和式（6-129）。单位宽度轧制力对负荷分布影响率基本值修正系数的 6 次多项式拟合系数见表 6-30。

$$K_{\text{LD}} = K_{\text{LD0}} \times [1.0 + \varphi_{\text{PB}} \times (P_{\text{B}} - P_{\text{B0}})] \tag{6-128}$$

$$\varphi_{\text{LD}} = \left\{ 1 + \sum_{i=0}^{6} [W(i)B^i] \right\} \times$$

$$\exp\left\{ \sum_{i=0}^{6} [X(i)B^i] \times \ln^2\left(\frac{\Delta h}{\Delta h_0}\right) + \sum_{i=0}^{6} [Y(i)B^i] \times \ln\left(\frac{\Delta h}{\Delta h_0}\right) + \right.$$

$$\sum_{i=0}^{6} [a(i)B^i] \times \ln^2\left(\frac{F_{\text{W}}}{F_{\text{W0}}}\right) + \sum_{i=0}^{6} [c(i)B^i] \times \ln\left(\frac{F_{\text{W}}}{F_{\text{W0}}}\right) +$$

$$\sum_{i=0}^{6} [d(i)B^i] \times \ln^2(1 + C_{\text{W}}) + \sum_{i=0}^{6} [e(i)B^i] \times \ln(1 + C_{\text{W}}) +$$

$$\left. \sum_{i=0}^{6} [f(i)B^i] \times \ln^2(1 + C_{\text{SR}}) + \sum_{i=0}^{6} [g(i)B^i] \times \ln(1 + C_{\text{SR}}) \right\} \tag{6-129}$$

式中　　P_{B}——单位宽度轧制力，kN/mm；

　　　　P_{B0}——单位宽度轧制力基本值，kN/mm；

　　　　Δh——压下量，mm；

　　　　Δh_0——压下量基本值，mm；

　　　　F_{W}——弯辊力，kN；

　　　　F_{W0}——弯辊力基本值，kN；

　　　　C_{W}——工作辊凸度，mm；

　　　　C_{SR}——入口带钢凸度，mm；

　　　　φ_{LD}——单位宽度轧制力对负荷分布影响率基本值修正系数的 6 次多项式
　　　　　　　拟合系数；

$W(i) \sim g(i)$——负荷分布影响率修正系数的 6 次多项式拟合系数。

表 6-30　单位宽度轧制力变化对负荷分布影响率基本值修正的 6 次多项式拟合系数

$W(0)$	$W(1)$	$W(2)$	$W(3)$	$W(4)$	$W(5)$	$W(6)$
-1.92497	1.17781×10^1	-2.92357×10^1	3.77021×10^1	-2.66733×10^1	9.82010	-1.47027
$X(0)$	$X(1)$	$X(2)$	$X(3)$	$X(4)$	$X(5)$	$X(6)$
-1.49057×10^{-2}	7.49191×10^{-2}	-1.55659×10^{-1}	1.68473×10^{-1}	-1.00584×10^{-1}	3.15084×10^{-2}	-4.05758×10^{-3}
$Y(0)$	$Y(1)$	$Y(2)$	$Y(3)$	$Y(4)$	$Y(5)$	$Y(6)$
5.57591×10^{-2}	-2.67570×10^{-1}	5.57366×10^{-1}	-6.06882×10^{-1}	3.64798×10^{-1}	-1.15107×10^{-1}	1.49218×10^{-2}
$a(0)$	$a(1)$	$a(2)$	$a(3)$	$a(4)$	$a(5)$	$a(6)$
2.48750×10^{-2}	-1.22617×10^{-1}	2.43015×10^{-1}	-2.47225×10^{-1}	1.35823×10^{-1}	-3.80709×10^{-2}	4.21822×10^{-3}
$c(0)$	$c(1)$	$c(2)$	$c(3)$	$c(4)$	$c(5)$	$c(6)$
9.38444×10^{-3}	-5.36643×10^{-2}	1.25088×10^{-1}	-1.50764×10^{-1}	9.81290×10^{-2}	-3.27139×10^{-2}	4.36901×10^{-3}
$d(0)$	$d(1)$	$d(2)$	$d(3)$	$d(4)$	$d(5)$	$d(6)$
-1.07272×10^{-1}	2.63723×10^{-1}	1.58866×10^{-1}	-1.02683	1.13901	-5.17760×10^{-1}	8.61394×10^{-2}

续表 6-30

$e(0)$	$e(1)$	$e(2)$	$e(3)$	$e(4)$	$e(5)$	$e(6)$
-8.29234×10^{-2}	3.17038×10^{-1}	-3.95203×10^{-1}	1.05866×10^{-1}	1.37447×10^{-1}	-1.06135×10^{-1}	2.15911×10^{-2}
$f(0)$	$f(1)$	$f(2)$	$f(3)$	$f(4)$	$f(5)$	$f(6)$
3.03160×10^{-2}	-2.50724×10^{-1}	4.15721×10^{-1}	-3.06555×10^{-1}	8.73854×10^{-2}	6.17370×10^{-3}	-5.83861×10^{-3}
$g(0)$	$g(1)$	$g(2)$	$g(3)$	$g(4)$	$g(5)$	$g(6)$
5.13777×10^{-2}	-2.96070×10^{-1}	6.26277×10^{-1}	-6.93904×10^{-1}	4.24715×10^{-1}	-1.36148×10^{-1}	1.78789×10^{-2}

F 弯辊力变化对负荷分布影响率的修正

其他参数取基本值，弯辊力分别取基本值 500kN、最小值 200kN 和最大值 1000kN 时，负荷分布影响率随带钢宽度变化模拟曲线如图 6-46 所示。随着单位宽度轧制力的增加，负荷分布影响率增加；当弯辊力为 1000kN、带钢宽度为 1.85m 时，负荷分布影响率与基本值的差值可达 $0.79\times10^{-3}\mathrm{mm}^2/\mathrm{kN}$。如果负荷分布为 4kN/mm，则带钢凸度的计算误差可达 $3.16\mu\mathrm{m}$。

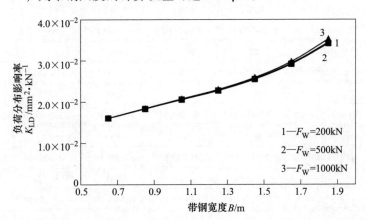

图 6-46 负荷分布影响率随宽度变化曲线

弯辊力变化对负荷分布影响率基本值的修正，可采用负荷分布影响率基本值和弯辊力对负荷分布影响率基本值的修正系数来表示。考虑其他工艺参数的综合影响，负荷分布影响率计算模型见式（6-130）和式（6-131）。弯辊力变化对工作辊凸度影响率基本值修正系数的 6 次多项式拟合系数见表 6-31。

$$K_{\mathrm{LD}} = K_{\mathrm{LD0}} \times [1.0 + \lambda_{\mathrm{LD}} \times (F_{\mathrm{W}} - F_{\mathrm{W0}})] \qquad (6\text{-}130)$$

$$\lambda_{\mathrm{LD}} = \sum_{i=0}^{6} [h(i)B^i] \times$$
$$\exp\left\{ \sum_{i=0}^{6} [j(i)B^i] \times \ln^2\left(\frac{\Delta h}{\Delta h_0}\right) + \sum_{i=0}^{6} [l(i)B^i] \times \ln\left(\frac{\Delta h}{\Delta h_0}\right) + \right.$$

$$\sum_{i=0}^{6} \left[m(i)B^i \right] \times \ln^2(1 + C_W) + \sum_{i=0}^{6} \left[n(i)B^i \right] \times \ln(1 + C_W) +$$

$$\sum_{i=0}^{6} \left[p(i)B^i \right] \times \ln^2(1 + C_{SR}) + \sum_{i=0}^{6} \left[q(i)B^i \right] \times \ln(1 + C_{SR}) \Big\} \qquad (6\text{-}131)$$

式中　F_W——弯辊力，kN；

　　　F_{W0}——弯辊力基本值，kN；

　　　Δh——压下量，mm；

　　　Δh_0——压下量基本值，mm；

　　　C_W——工作辊凸度，mm；

　　　C_{SR}——入口带钢凸度，mm；

$h(i) \sim q(i)$——负荷分布影响率修正系数的 6 次多项式拟合系数；

　　　λ_{LD}——弯辊力对负荷分布影响率基本值修正系数。

表 6-31　弯辊力变化对负荷分布影响率基本值修正系数的 6 次多项式拟合系数

$h(0)$	$h(1)$	$h(2)$	$h(3)$	$h(4)$	$h(5)$	$h(6)$
3.56632×10^{-5}	-7.48629×10^{-5}	-8.03494×10^{-5}	3.83062×10^{-4}	-3.99204×10^{-4}	1.72838×10^{-4}	-2.69085×10^{-5}
$j(0)$	$j(1)$	$j(2)$	$j(3)$	$j(4)$	$j(5)$	$j(6)$
-1.02525×10^{-4}	6.75589×10^{-4}	-1.74006×10^{-3}	2.25728×10^{-3}	-1.56476×10^{-3}	5.54408×10^{-4}	-7.88887×10^{-5}
$l(0)$	$l(1)$	$l(2)$	$l(3)$	$l(4)$	$l(5)$	$l(6)$
7.80047×10^{-4}	-4.71334×10^{-3}	1.13741×10^{-2}	-1.40600×10^{-2}	9.39924×10^{-3}	-3.23704×10^{-3}	4.50180×10^{-4}
$m(0)$	$m(1)$	$m(2)$	$m(3)$	$m(4)$	$m(5)$	$m(6)$
1.19451×10^{-3}	-4.78435×10^{-3}	7.30352×10^{-3}	-5.21478×10^{-3}	1.67498×10^{-3}	-1.81807×10^{-4}	5.27542×10^{-6}
$n(0)$	$n(1)$	$n(2)$	$n(3)$	$n(4)$	$n(5)$	$n(6)$
1.83189×10^{-3}	-8.82164×10^{-3}	1.70357×10^{-2}	-1.68515×10^{-2}	9.01590×10^{-3}	-2.49215×10^{-3}	2.84576×10^{-4}
$p(0)$	$p(1)$	$p(2)$	$p(3)$	$p(4)$	$p(5)$	$p(6)$
2.27130×10^{-2}	-1.30529×10^{-1}	3.05691×10^{-1}	-3.73383×10^{-1}	2.51813×10^{-1}	-8.90718×10^{-2}	1.29507×10^{-2}
$q(0)$	$q(1)$	$q(2)$	$q(3)$	$q(4)$	$q(5)$	$q(6)$
7.56942×10^{-4}	-4.08843×10^{-3}	8.86757×10^{-3}	-9.80777×10^{-3}	5.88437×10^{-3}	-1.81212×10^{-3}	2.24125×10^{-4}

　　G　工作辊凸度变化对负荷分布影响率的修正

　　其他参数取基本值，工作辊凸度分别取基本值 0mm、最小值-0.15mm 和最大值-0.3mm 时，负荷分布影响率随带钢宽度变化模拟曲线如图 6-47 所示。随着工作辊凸度绝对值的增加，负荷分布影响率减小；当工作辊凸度为-0.30mm 时，负荷分布影响率与基本值的差值可达 1.0389×10^{-3} mm²/kN。如果负荷分布为 4kN/mm，则带钢凸度的计算误差可达 4.16μm。

　　工作辊凸度变化对负荷分布影响率基本值的修正，可采用负荷分布影响率基

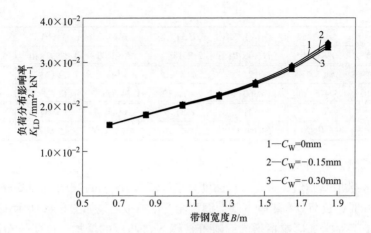

图 6-47 负荷分布影响率随带钢宽度变化曲线

本值和工作辊凸度对负荷分布影响率基本值的修正系数来表示。考虑其他工艺参数的综合影响。负荷分布影响率计算模型见式（6-132）和式（6-133）。工作辊凸度变化对负荷分布影响率基本值修正系数的 6 次多项式拟合系数见表 6-32。

$$K_{LD} = K_{LD0} \times (1.0 + \vartheta_{LD} C_W) \qquad (6\text{-}132)$$

$$\vartheta_{LD} = \left\{ 1.0 + \left[\sum_{i=0}^{6} r(i)B^i \right] \right\} \times$$

$$\exp \left\{ \left[\sum_{i=0}^{6} s(i)B^i \right] \times \ln^2 \left(\frac{\Delta h}{\Delta h_0} \right) + \left[\sum_{i=0}^{6} t(i)B^i \right] \times \ln \left(\frac{\Delta h}{\Delta h_0} \right) + \right.$$

$$\left. \left[\sum_{i=0}^{6} w(i)B^i \right] \times \ln^2 (1.0 + C_{SR}) + \left[\sum_{i=0}^{6} x(i)B^i \right] \times \ln(1.0 + C_{SR}) \right\} \qquad (6\text{-}133)$$

式中　　C_W——工作辊凸度，mm；

　　　　Δh——压下量，mm；

　　　　Δh_0——压下量基本值，mm；

　　　　C_{SR}——入口带钢凸度，mm；

$r(i) \sim x(i)$——负荷分布影响率修正系数的 6 次多项式拟合系数；

　　　　ϑ_{LD}——工作辊凸度对负荷分布影响率基本值修正系数。

表 6-32　工作辊凸度变化对负荷分布影响率基本值修正系数的 6 次多项式拟合系数

$r(0)$	$r(1)$	$r(2)$	$r(3)$	$r(4)$	$r(5)$	$r(6)$
4.71399×10^{-1}	-2.65390	6.03219	-6.94807	4.39181	-1.44228	1.91992×10^{-1}

$s(0)$	$s(1)$	$s(2)$	$s(3)$	$s(4)$	$s(5)$	$s(6)$
2.48207×10^{-1}	-1.35115	2.97433	-3.38909	2.12702	-6.99326×10^{-1}	9.42729×10^{-2}

续表 6-32

$t(0)$	$t(1)$	$t(2)$	$t(3)$	$t(4)$	$t(5)$	$t(6)$
-1.48020×10^{-1}	8.39384×10^{-1}	-1.93876	2.23163	-1.42300	4.78792×10^{-1}	-6.65479×10^{-2}
$w(0)$	$w(1)$	$w(2)$	$w(3)$	$w(4)$	$w(5)$	$w(6)$
-1.36267×10^{1}	7.57475×10^{1}	-1.70860×10^{2}	2.03608×10^{2}	-1.34055×10^{2}	4.61879×10^{1}	-6.50191
$x(0)$	$x(1)$	$x(2)$	$x(3)$	$x(4)$	$x(5)$	$x(6)$
1.24763	-7.49820	1.83908×10^{1}	-2.31973×10^{1}	1.61657×10^{1}	-5.90711	8.84441×10^{-1}

H　带钢入口凸度变化对负荷分布影响率的修正

其他参数取基本值，带钢入口凸度分别取基本值 0mm、最小值 0.50mm 和最大值 0.15mm 时，负荷分布影响率随带钢宽度变化模拟曲线如图 6-48 所示。随着带钢宽度增加，负荷分布影响率增大；随着带钢入口凸度的增加，负荷分布影响率增加；当带钢入口凸度为 0.15mm、带钢宽度为 1.85m 时，负荷分布影响率与基本值的差值可达 1.275×10^{-3} mm²/kN。如果负荷分布为 4kN/mm，则带钢凸度的计算误差可达 5.1μm。

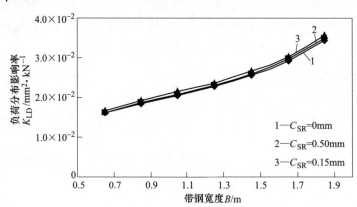

图 6-48　负荷分布影响率随带钢宽度变化曲线

带钢入口凸度变化对负荷分布影响率基本值的修正，可采用负荷分布影响率基本值和带钢入口凸度对负荷分布影响率基本值的修正系数来表示。考虑其他工艺参数的综合影响，负荷分布影响率计算模型见式（6-134）和式（6-135）。带钢入口凸度变化对负荷分布影响率基本值修正系数的 6 次多项式拟合系数见表 6-33。

$$K_{LD} = K_{LD0} \times (1 + \zeta_{LD} C_{SR}) \qquad (6\text{-}134)$$

$$\zeta_{LD} = \left\{ 1 + \sum_{i=0}^{6} \left[y(i) B^{i} \right] \right\} \times$$

$$\exp\left\{ \sum_{i=0}^{6} \left[z(i) B^{i} \right] \times \ln^{2}\left(\frac{\Delta h}{\Delta h_{0}} \right) + \sum_{i=0}^{6} \left[aa(i) B^{i} \right] \times \ln\left(\frac{\Delta h}{\Delta h_{0}} \right) \right\} - 1 \qquad (6\text{-}135)$$

式中　　C_{SR}——入口带钢凸度，mm；

　　　　Δh——压下量，mm；

　　　　Δh_0——压下量基本值，mm；

　　$y(i) \sim aa(i)$——带钢入口凸度对负荷分布影响率修正系数的 6 次多项式拟合
　　　　　　系数；

　　　　ζ_{LD}——带钢入口对负荷分布影响率的修正系数。

表 6-33　带钢入口凸度变化对负荷分布影响率基本值修正系数的 6 次多项式

$y(0)$	$y(1)$	$y(2)$	$y(3)$	$y(4)$	$y(5)$	$y(6)$
-2.05934×10^{-1}	2.62743	-5.06535	4.81685	-2.43688	6.06570×10^{-1}	-5.38060×10^{-2}
$z(0)$	$z(1)$	$z(2)$	$z(3)$	$z(4)$	$z(5)$	$z(6)$
-4.38139×10^{-2}	4.19905×10^{-1}	-8.65810×10^{-1}	8.92671×10^{-1}	-4.95284×10^{-1}	1.39646×10^{-1}	-1.51280×10^{-2}
$aa(0)$	$aa(1)$	$aa(2)$	$aa(3)$	$aa(4)$	$aa(5)$	$aa(6)$
2.24221×10^{-1}	-2.20283	4.47222	-4.54597	2.48811	-6.90632×10^{-1}	7.34752×10^{-2}

I　负荷分布影响率数学模型

考虑到压下量、工作辊直径、单位宽度轧制力、弯辊力、工作辊凸度、带钢入口凸度的影响，负荷分布影响率数学模型为：

$$K_{LD} = K_{LD0}\xi_{LD} \times \left(\frac{D_W}{D_{W0}}\right)^{\phi_{LD}} \times \left[1 + \varphi_{LD} \times (P_B - P_{B0})\right] \times$$

$$\left[1 + \lambda_{LD} \times (F_W - F_{W0})\right] \times (1 + \vartheta_{LD}C_W) \times \left[1 + C_{SR}^{\zeta_{LD}}\right] \quad (6\text{-}136)$$

式中　　K_{LD0}——负荷分布影响率基本值，mm^2/kN；

　　　　ξ_{LD}——压下量对负荷分布影响率修正系数；

　　　　ϕ_{LD}——工作辊直径对负荷分布影响率基本值修正系数；

　　　　φ_{LD}——单位宽度轧制力对负荷分布影响率修正系数；

　　　　λ_{LD}——弯辊力对负荷分布影响率修正系数；

　　　　ϑ_{LD}——工作辊凸度对负荷分布影响率基本值修正系数；

　　　　ζ_{LD}——带钢入口凸度对负荷分布影响率的修正系数。

6.6.2.10　带钢凸度影响率数学模型计算偏差

本章建立了带钢凸度影响率数学模型，采用该模型计算带钢凸度与理论值之差随带钢宽度变化规律如图 6-49 所示。随着带钢宽度的增加计算结果与理论值之间的差值增大，当带钢宽度为 1.85m 时，两者的差值最大为 4.88μm，但是不超过 5μm，表明本章建立的带钢凸度影响率数学模型有很高的计算精度。

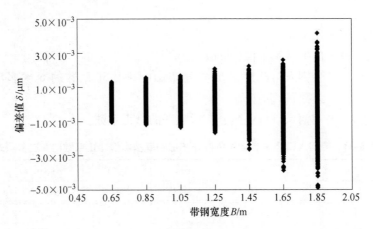

图 6-49　计算值与理论值偏差分布

参 考 文 献

[1] Guo Zhongfeng, Li Changsheng, Xu Jianzhong, et al. Analysis of roll temperature field and thermal crown for hot strip mill by simplification FEM [J]. Journal of Iron and Steel Research, 2006, 13 (6): 27~30.

[2] 陶文铨. 数值传热学 [M]. 西安: 西安交通大学出版社, 1987.

[3] 娆仲鹏. 传热学 [M]. 北京: 北京理工大学出版社, 1995.

[4] Tseng A A, Lin F H. Roll Cooling and Its Relationship to Roll Life [J]. Metallurgical Transaction, 1989, 20 (11): 2305~2320.

[5] Guo R M. 轧辊磨损统计模型的开发、验证和应用 [C]. 第六届国际轧钢会议译文集, 1994: 70~75.

[6] 郭忠峰, 徐建忠, 刘相华. 1700 热连轧机轧辊磨损模型研究 [J]. 东北大学学报 (自然科学版), 2007, 28 (10): 1378~1380.

[7] 王国栋. 板形控制和板形理论 [M]. 北京: 冶金工业出版社, 1986.

7 平面形状控制新技术

钢铁行业是高耗能产业,研发绿色化工艺与装备,实现绿色制造,提高产品的成材率,降低单位产品能耗,保证可持续发展一直是钢铁行业关注的重点[1~7]。中厚板作为钢铁行业的典型代表产品,其成材率的高低对整个钢铁行业的绿色化水平有着不可忽视的影响。中厚板成材率受到金属氧化、清理和磨削、轧制损失和剪切损失等因素的影响,各因素在中厚板成材率的损失中所占的比例如图7-1所示。由图可知,切头尾和切边损耗分别占中厚板生产总损耗的23%和26%[8]。

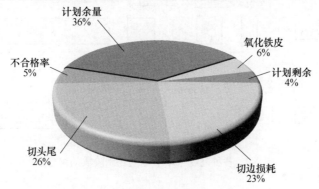

图 7-1 中厚板成材率损失统计

中厚板的剪切损失是由于中厚板产品的特征和生产特点决定的。中厚板产品应用范围广、成品尺寸千变万化、坯料尺寸单一,因此在生产过程中,需要通过成型、展宽、延伸等不同轧制阶段的排列组合生产满足尺寸要求的产品,如图7-2所示,这样就造成了产品在轧制过程中在板坯的长度方向的端部和宽度方向上的端部都产生了不均匀变形,导致轧件端部易出现图7-3(a)所示的"舌头"或如图7-3(b)所示的"猫耳"缺陷;边部易出现如图7-4(a)所示的"桶形"或如图7-4(b)所示的"枕形"缺陷。用户通常要求产品具有标准的矩形度,为了满足用户的这一要求,需要将轧后钢板不规则的头尾和边部切除,这就导致了成材率的降低。

为了提高中厚板的成材率,自20世纪70年代起,国内外许多专家学者从改善终轧产品的矩形度、减少剪切损失入手,对平面形状控制进行了广泛研究,取得了丰硕的成果[8,9]。但近年来,疲软的全球经济形势、更高的资源节约和保护

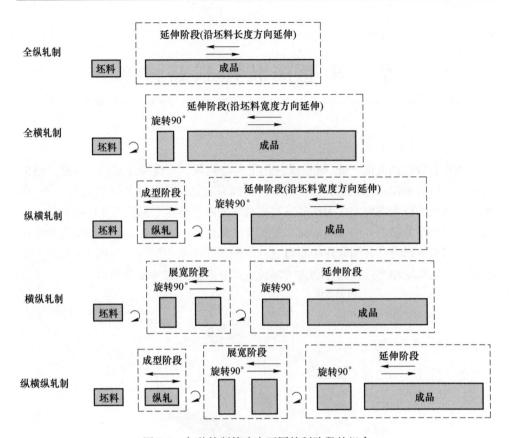

图 7-2　各种轧制策略中不同轧制阶段的组合

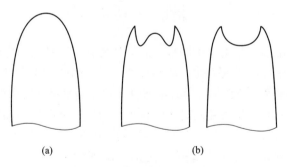

(a)　　　　　　　　　　　(b)

图 7-3　轧件端部形状示意图

（a）舌头；（b）猫耳

要求、严峻的可持续发展形势、产品结构的升级、相关工艺的改进，都对产品的成材率提出了更高的要求，同时，进一步提升钢铁工业的生态化和绿色化水平，也成为迫在眉睫的重要任务[1~5]。

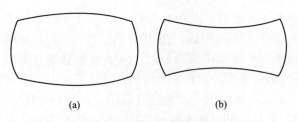

图 7-4 轧件边部形状示意图
(a) 桶形；(b) 枕形

东北大学轧制技术及连轧自动化国家重点实验室承担了多个国内中厚板轧机平面形状控制技术和自动化系统开发项目，积累了丰富的中厚板生产线自动化控制系统开发调试的经验；同时，针对中厚板平面形状控制技术开展了深入系统的研究工作，研究成果已经在多条产线上得到了稳定应用，提高了中厚钢板成材率和经济效益，降低了生产成本，提升了企业竞争力，为提升我国中厚板轧制技术水平做出了贡献。

7.1 平面形状控制技术进展

自 20 世纪 70 年代起，国外就有学者[9]对平面形状控制开始进行研究。其中，日本学者的成果最为丰富，开发出 MAS 轧制法（Mizushima Automatic Plan View Pattern Control System）、差厚展宽轧制法、立辊侧压轧制法和狗骨轧制法（Dog Bone Rolling，DBR）。

7.1.1 平面形状控制方法

7.1.1.1 MAS 轧制法

1976 年，冈户等[10]对中厚板轧制过程中的端部不规则形状的尺寸与压下率和变形区长度的关系进行了研究，建立了端部宽度偏差和长度偏差的计算模型，并进行了实验验证；结果表明，模型具有较好的精度。

20 世纪 70 年代末期，众多学者都相继报道了对 MAS 轧制法的研究成果。濑川等[11]对 MAS 平面形状控制系统的组成、控制原理和控制方法进行了介绍，提出了基于液压系统的控制方案。石井等[12]对 MAS 轧制过程中厚度修正量的计算模型进行了介绍，模型考虑了展宽比、延伸比、成型阶段压下量、展宽阶段压下量等因素；由于在实际控制中可能存在不对称的现象，继而在转钢后的轧制过程中易出现侧弯现象，针对此问题，作者还提出转钢后采用小压下量轧制的方法来避免侧弯的发生。柳沢等[13]采用合成图像法定量研究了轧件轧制过程中轧件的变形行为，获得了轧件边部和端部的形状表达式，推导出边部形状和端部形状的预测模型；在此基础上，提出了 MAS 轧制方法，确定了 MAS 轧制厚度变化量的计算模型、控制逻辑和实现方法。日本川崎制铁公司水岛厚板厂采用 MAS 轧制方法后，在 1979 年 1 月成材率提高了 4.4%，创下了 93.8%的新世界纪录。

　　MAS 轧制法获得成功应用后，在 1981 年，平井等[14]对中厚板轧制过程、MAS 轧制法的原理、平面形状预测模型、MAS 轧制法的计算流程、控制逻辑、控制效果以及在组合订单生产过程中的应用，进行了全面系统的总结。

　　MAS 轧制法是在轧制过程中，通过带载压下，将处于特定轧制阶段的轧件轧制成头尾厚度与轧件中部厚度不同的形状；在后续的轧制过程中，实现对不良平面形状部分进行体积补偿，达到改善钢板平面形状的目的。根据 MAS 轧制法实施的阶段和目的的不同，可分为成型 MAS 轧制法和展宽 MAS 轧制法。成型 MAS 轧制法是在成型轧制阶段最后一个道次进行变厚度轧制，目的是改善钢板边部最终形状，如图 7-5（a）所示；展宽 MAS 轧制法是在展宽轧制阶段最后一个道次进行变厚度轧制，目的是改善钢板头尾最终形状，如图 7-5（b）所示[13]。

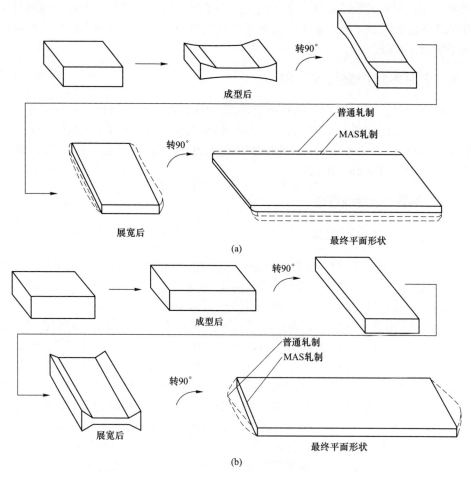

图 7-5　MAS 轧制法原理

（a）成型 MAS 轧制法原理；（b）展宽 MAS 轧制法原理

7.1.1.2　差厚展宽轧制法

20世纪80年代初，中里等[15]研究了差厚轧制对平面形状的影响，渡边等[16]对差厚展宽轧制法的原理、控制模型、控制逻辑和方法、控制效果进行了全面系统的总结，该方法与立辊轧边法联合使用效果良好。

差厚展宽轧制法原理是在展宽轧制后增加两个道次，将轧辊倾斜，只对板坯的边部进行轧制，通过两道次反方向倾斜轧制，使在成型轧制和展宽轧制过程中造成的边部不均匀得到了补偿，之后再转动90°进行延伸轧制直到成品，如图7-6所示[16]。日本川崎制铁公司千叶厚板厂采用这种方法使得成材率提高了1%~1.5%[16]。但由于该方法增加了两道次倾斜轧制，严重降低了轧制进程，对轧件的平直度也有较大影响，因而给生产的稳定性带来难题。

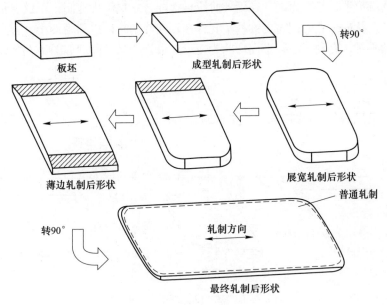

图7-6　差厚展宽轧制法原理

7.1.1.3　立辊侧压轧制法

在有学者对差厚展宽轧制法进行研究的同时，还有其他学者在同期对立辊侧压轧制法进行了理论研究和现场应用。

笹治等[17,18]研究了立辊侧压轧制方法在比例为1:10的缩小的实验室模型中的应用，建立了平面形状特征值的数学表达式，采用边部影响系数来描述侧压量对轧件长度方向不同位置的影响程度，得到了侧压量对切头尾量和长度方向上宽度分布的影响规律，建立了考虑最终宽度、展宽比、厚度比等因素的最优侧压量计算模型和侧压量优化算法。现场实际应用表明，成材率提高 3%。

河野等[19]通过轧制铅块实验，研究了边部侧压量与长度方向的宽度分布间的关系。实验证明进行宽向的侧压轧制，可以有效改善平面形状，提高成材率。

川谷等[20]也采取按比例缩小尺寸轧制铅块的实验方法，研究立辊侧压轧制对平面形状的影响。结果表明，侧压轧制能够有效地改善平面形状。

冈戶等[21]研究了热轧带钢的立辊轧边过程中，轧件头尾的宽展变形行为；建立了轧件头尾宽度的预测模型，并优化了立辊的轧制规程，减少了带钢头尾失宽现象的发生。

立辊侧压轧制法原理是在展宽阶段和延伸阶段对轧件施加宽度方向的压下，获得平直的轧件边部形状。在展宽阶段结束后，转钢 90°进行延伸阶段轧制时，展宽阶段轧件的宽度变为延伸阶段的长度方向。由于展宽阶段的立辊侧压轧制，延伸阶段轧件的端部形状是平直的，在延伸阶段再次配合立辊侧压轧制，不仅保证了轧件最终边部形状的平直，同时也弥补了轧件在延伸轧制时，边部延伸小、容易形成舌头缺陷的不足，有利于获得平面形状为矩形的最终产品，原理如图 7-7 所示[22]。

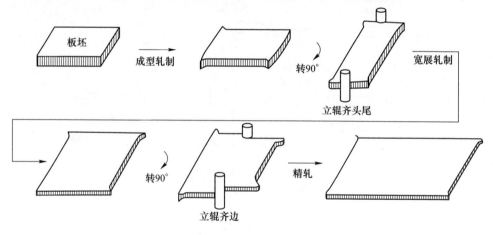

图 7-7　立辊侧压轧制法原理示意图

7.1.1.4　DBR 轧制法

1981 年，升田等[23]采用实验的方法对 DBR 轧制法的相关内容进行了探讨，主要包括：轧制过程的对称性、DB 形状的后续轧制方式对平面形状的影响、DB 厚度的计算、DB 厚度与切损间的关系、DBR 轧制法对轧件最终宽度的影响以及对液压系统的要求。次年，升田等[24,25]推导了 DBR 轧制法中的 DB 形状厚度的计算公式，并研究了 DB 形状厚度与切损量之间的关系，得到了最佳 DB 形状厚度的计算模型；还研究了后续的轧制方法与平面形状、边部折叠间的关系，得到了宽展量的计算模型和边部折叠量随 DB 形状面积的变化规律。同年 7 月，新日铁福山钢铁厂完成了粗轧机的改造，增加了高速大行程的液压装置，实现了 DBR 轧制法的在线应用，成材率提高约 2%[26]。

村上等[27]对 DBR 轧制法的控制系统组成、控制逻辑、轧制规程的计算与优化、实际控制效果进行了报道。DBR 轧制控制系统运行稳定，效果良好。

DBR 轧制法分为三步：首先对长度方向的平面形状变化量进行预测并计算补偿量；其次通过高速液压系统将轧件轧制成两边厚、中间薄的"狗骨"形状，实现补偿量在轧件厚度上的分布；最后将轧件在宽度方向上进行延伸轧制，直至轧出成品钢板，如图 7-8 所示。日本钢管公司福山厚板厂采用此法可以将切头、切尾和切边损失减少 65%，成材率提高 2%[26]。但该方法只能补偿头尾的舌形缺陷，若设置不合理，还会导致头尾的燕尾形缺陷的发生，同时对宽度形状缺陷无法弥补。

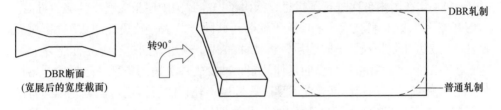

图 7-8　狗骨轧制法原理

除了采用轧制方法提高成材率以外，还有学者开展了优化剪切[28,29]、施加推力对端部形状的影响规律[30]的研究。优化剪切是通过采用在线的板形检测仪来检测钢板的平面坐标，自动识别板形尺寸来实现优化剪切的，并根据检测数据，还可实现对板坯尺寸的优化，该方法在和歌山的现场应用后，成材率提高 2.2%；施加推力会减小头尾部的鱼尾效果，全程施加推力对改善鱼尾效果最为明显。

在各种平面形状控制方法中，由于 MAS 轧制法相对简单，易于实施，且改善效果最为突出，因此 MAS 轧制法被多数生产厂采用，成为一个主流的平面形状控制方法。

除上述方法外，20 世纪 80 年代中后期，井上等[31~33]还对厚板不切边技术进行研究。该技术是在联合采用 MAS 轧制法和立辊轧制法的基础上，增加了高精度宽度切削技术，实现在精整工序不需要切边的无切边技术（Trimming Free Plate，TFP）。根据铅板模拟轧制的结果，在水岛厂设立了近置式的立辊轧机，该轧机轧辊具有 V 形槽和平辊两部分，开发了立辊轧制和平辊轧制的轧制策略、控制系统和控制模型，提高了宽度的控制精度，与 MAS 轧制法相结合，进一步提高了成材率。

进入 20 世纪 90 年代后，关于中厚板平面形状控制的研究进入了沉寂期。近年来随着数学算法、自动控制技术和数值模拟技术的发展和使用，很多学者开始再用这些新的方法对平面形状控制的相关内容进行研究。Shigemori H 等学者[34]

采用局部加权回归法对平面形状控制的模型参数进行优化，并在理论上验证了该方法的有效性；Radionov 等学者[35]对平面形状控制轧制过程中的辊缝自动控制进行了研究，获得了针对特定轧机的油膜厚度与轧制力和轧制速度间的关系，开发出凸度控制系统；Masayuki Horie 等学者[36]研究了狗骨轧制中狗骨宽度对平面形状的影响规律，通过模拟轧制和有限元数值模拟发现：轧件端部的不规则形状是轧制方向应力释放的结果，不规则形状的长度受狗骨宽度的影响。

7.1.1.5　国内平面形状控制理论研究与技术进展

侯锦等[37]分析了日本中厚板厂成材率水平和在成材率提高方面的工作，详细介绍了为改善中厚板平面形状而开发的新轧制方法、技术、设备和控制系统，并于 1984 年在国内首次进行了报道，指出了提高我国中厚板成材率的努力方向。

1988 年，北京科技大学和舞阳钢铁公司共同开发了"咬边轧制法""留尾轧制法"。咬边轧制是在展宽轧制后，将轧件的两个侧边分别进行一定压下量、一定长度的轧制，然后再进行纵向延伸轧制，减少轧件头尾的猫耳缺陷形成；留尾轧制将轧件纵轧到一定厚度，此时留一段锭尾不轧，然后再进行展宽轧制，目的是消除钢锭头尾尺寸不同造成的轧件头尾宽度不一致。两种方法联合使用，将由锭到材的厚板成材率提高约 5%[38]。

毕玉伟等[39]详细分析了中厚板轧制过程中的变形过程和特点，总结了造成平面形状不良的影响因素，并汇总了厚板平面形状控制技术的发展过程，详细阐述了典型平面形状控制方法的原理、控制过程、控制效果和特点，并指出了平面形状控制技术发展方向。

进入 20 世纪 90 年代后，我国学者对中厚板平面形状控制的研究进入了一个小高潮，在轧制方法、控制系统、控制模型等方面开展研究，研究手段从理论分析转向实验室试轧，获得了很多成果。

张军等[40]以铅板轧制进行模拟实验，结合实际生产中所采用的轧制方法和工艺，研究轧件平面形状的变化规律，提出厚板齐边轧制法，该方法是在特定的轧制阶段进行立辊侧压轧制，实现控制钢板平面形状的目的。阳辉[41]对中厚板无切边工艺进行了实验室的铅块模拟轧制研究，对比了平辊立轧和孔型刻槽立辊的倒角轧制的轧件侧面形状，发现带有孔型的立辊倒角轧制可有效减少材料侧边的双鼓变形，减少实验材料的剪切损失，提高成材率；通过联合采用咬边返回轧制法，可有效地进一步提高实验材料的成材率。孙大庆[42]通过对 MAS 功能的研究和设备的分析，提出了一种能够在实验轧机上实现 MAS 轧制的控制系统，为了在实验轧机上实现该系统，还对轧制力模型、前滑模型等相关模型进行了研究，构造出了可实现轧制过程精确位置跟踪的迭代算法，最终在实验轧机上实现了铅块的 MAS 轧制。张延华[43]通过在实验室进行铅试样模拟中厚板轧制，回归得到了平面形状预报模型，并推导出中厚钢板平面形状控制模型，同时还采用非稳态速度场对中厚板轧制产生的端部凸形值和边部凹形值进行了理论解析。丁修堃等[44,45]将铅作为模拟材料进行轧制实验，研究轧制过程的平面形状变化规律，回归得到了平面形状预测模型，据此推导得到了平面形状控制模型；对合成图像法开展研究，通过模拟实验，并对比国外应用效果，验证了合成图像法在进行平面形状检测过程中的可行性。于九明等[46]对平立辊协调轧制控制厚板平面形状的方法进行了模拟实验研究，对实验结果进行了理论分析，与常规轧制结果对比表明：平辊和立辊协调轧制有利于改善产品的平面形状并且立辊轧制参数对最终效果影响明显。黄国建[47]在实验轧机上进行了模拟轧制实验，对中厚板轧制过程中轧件平面形状的变形规律进行研究，建立了单道次轧制的平面形状模型；以此为基础，考虑多道次的累积变形结果，建立了成品钢板的最终平面形状预报模型。作者还利用 ANSYS 有限元软件，开发了轧制过程分析程序。于世果和李宏图[48]对国外平面形状控制技术的软件和硬件进行了介绍，指出应答性能很强且可高速压下的液压 AGC 系统是实现 MAS 轧制的硬件基础，立辊侧压及液压短行程控制可进一步提高 MAS 轧制的控制效果。

　　进入 21 世纪后，计算机技术和数学算法得到了快速的发展，很多学者采取这些新兴的研究手段和算法对平面形状控制进行了进一步的研究，形成了又一个平面形状控制研究的高潮。同时，伴随着我国钢铁企业的发展，越来越多的企业具备了实施平面形状控制的硬件条件，取得的研究成果在实际生产线上得到了应用。

　　帅习元等[49]进行了工业用塑料橡皮泥的实验轧机轧制，获得平面形状曲线数据，利用这些数据对神经网络进行训练，对比神经网络、数学模型和实际曲线，神经网络具有更高的预报精度。刘立忠[50]通过铅板的单道次轧制实验，得到了轧制条件对平面形状的影响规律；利用有限元软件对轧制过程进行了模拟，通过对模拟结果的分析，得到了单道次轧制后平面形状曲线，进一步理论推导后得出轧后轧件平面形状预测数学模型和控制模型。杨韶丽等[51]采用轧制塑性泥的方法，研究中厚板的头部变形，根据实验数据，回归得到了计算头部不规则长度的数学模型，可根据坯料尺寸和变形参数对头部的不规则长度进行预报。胡卫华[52]在实验轧机上进行立辊侧压和 MAS 变厚度轧制模拟试验，验证了控制轧制过程中轧件位置跟踪数学模型和压下速度与轧制线速度匹配数学模型的准确性和可行性。刘慧[53]采用有限元模拟方法，模拟研究了中厚板的生产过程，得到了平面形状随轧制方式、工艺参数的变化规律，确定了模拟条件下获得最佳矩形平面形状的 MAS 参数，并首次根据模拟结果在实际生产线上进行了 MAS 轧制实验，取得了较好的实验结果。胡贤磊[54,55]、矫志杰等[56~58]对平面形状控制方法的在线应用进行了细致的研究，通过简化有限元模拟结果、精确计算轧制过程的前滑和时间、进行轧制过程高精度的微跟踪，首次在我国自主研发的中厚板轧机和控制系统上实现了平面形状的在线应用。胡彬[59]进行了铅块轧制模拟实验，研究了立辊轧制对最终产品的侧面形状、平面形状和成材率的影响规律，实验结果表明，带有孔型的立辊对铅块进行侧压轧制，可有效改善轧件侧面的双鼓变形，提高成材率。于湘涛等[60,61]针对中厚板边部和端部形状预测困难、影响因素多且相互耦合的问题，提出采用遗传规划法和自适应神经模糊推理系统对中厚板边部和端部形状进行预测，并通过仿真验证了两种方法的可行性。郭转林[62]通过塑性泥和铅板的轧制实验，总结了平面形状与水平辊压下量、立辊压下量和轧件宽度间的关系，建立了相应的数学模型。

随着计算机技术的跨越式发展和数值模拟软件的不断成熟和完善，研究手段由传统的理论分析、实验室试轧转向了有限元分析。陈凯[63]采用有限元模拟软件 ABAQUS 研究了立辊短行程控制参数和方式对平面形状的影响规律，并获得了部分坯料规格条件下的最佳控制参数。谷胜凤[64]采用有限元模拟软件 ANSYS 研究了立辊轧制工艺参数对轧件断面形状的影响规律、立平辊轧制过程中的轧件宽展和头尾形状、展宽 MAS 轧制轧件平面形状的影响规律。还有许多学者[65~76]也在中厚板平面形状控制的有限元模拟、功能应用、控制理论和策略、数学模型、立辊短行程和控制系统等多方面开展研究工作，取得了显著的成果。

在我国学者不断努力开发平面形状控制技术的同时，我们还引进了多套中厚板轧机控制系统，这些系统都具有平面形状控制功能[77~80]，在实际应用中取得了一定的效果。除了上述采用实验或数值模拟手段开展研究工作的学者外，还有学者对轧制过程中的金属变形基础理论进行研究[81~83]。在适当简化和假设的基础上，从体积不变原理、最小阻力法则、力平衡方程、变形功平衡等基本规律出发，得到了诸如采利柯夫宽展公式、爱克伦得宽展公式、巴赫契诺夫宽展公式等经典理论。

7.1.2　平面形状控制效果的检测

机器视觉技术是用计算机来模拟人的视觉功能，并且具有从视觉图像中提取、处理信息，加以判断和应用的科学和技术，起源于 20 世纪 60 年代[84,85]，全球性的研究热潮出现于 20 世纪 80 年代[86,87]。21 世纪后，科学技术的进步突飞猛进，为机器视觉的发展提供了条件，涌现出大量新的概念、新的方法、新的理论[88]。

机器视觉是一项专业跨度大，多学科交叉的综合技术。图像捕捉、光源系统、图像数字化模块、数字图像处理模块、智能判断决策模块和机械控制执行模块共同组成了机器视觉检测系统[89]。被检测的目标通过 CCD 照相机转换成图像信号，图像处理系统首先将图像信号转变成数字化信号，然后抽取目标的特征，如面积、数量、位置、长度，最后根据预设的允许度和其他条件输出结果，包括尺寸、角度、个数、合格及有无状态等，实现自动识别功能。

很多学者都进行了大量的研究并在相关部分冶金行业进行了应用[90~92]，但将机器视觉技术应用于中厚板平面形状的辨识和控制方面还未见报道。应用机器视觉技术测量中厚板的尺寸与形状，处理速度和测量精度仅决定于计算机的运行速度、采集图像的清晰程度和图像处理算法的优劣，与其他传感器相比较，其价格低廉、安装调节简单、维护方便。为实现平面形状控制效果的及时、准确的反馈，满足过程控制模型优化功能、提高中厚板生产的成材率，开发中厚板平面形状智能感知系统势在必行。

7.1.3　目前平面形状控制存在的问题

虽然众多学者在平面形状控制方面取得了很多成果，但近年来机械设备、控制技术、研究手段和市场的要求都发生了巨大的变化；另外，环境和生态问题日趋严峻、资源和能源日益紧张，这些都对几十年前发展起来的平面形状控制技术提出了更高的要求，必须对已有的平面形状控制技术进行改造与提升[93]。目前，平面形状控制技术主要存在以下问题：

（1）平面形状控制研究成果严重落后。在平面形状控制方面，日本学者取得的成果最为显著，但这些成果主要集中于20世纪80年代初期；而国内学者取得的典型成果集中在20世纪末和21世纪初期，在当时的生产条件下，这些研究成果取得了显著的效果。但随着机械设备水平的提高、控制技术的发展、产品结构的巨变、环境和生态意识的增强、资源和能源的匮乏，这些成果已经难以满足现阶段的要求。

（2）平面形状控制参数对端部形状的影响规律不明确。理论推导、采用替代材料进行实验室轧制实验是当时主要的研究手段，这些手段存在假设条件多、过程复杂、实验条件有限、与实际情况偏差大等缺点，难以获得轧件端部形状随不同控制参数变化的变化规律，缺少进一步提升平面形状控制效果的理论依据。

（3）已有平面形状控制设定模型和方法的精度有限。最终产品的平面形状虽有所改善，但还是存在较明显的"猫耳""舌头"等缺陷。这是由于传统的控制过程中，设定点数少，设定曲线形式简单，无法实现精细控制，导致轧件的不良头部形状无法消除；没有考虑辊缝形状对平面形状控制效果的影响，致使平面形状控制效果不稳定；平面形状控制过程的长度跟踪方法粗放，跟踪精度差，易出现跟踪偏差，新增不良的斜角缺陷，恶化平面形状控制效果。以上这些都大大地限制了平面形状控制过程的稳定投入和成材率的进一步提高。

（4）平面形状控制效果的反馈优化方法和理论缺失。传统的平面形状控制效果的检测存在严重滞后、检测繁琐、人为干扰因素多等问题，造成针对平面形状控制效果的检测名存实亡，即使获得了检测结果，也缺少反馈手段，更缺少优化算法，使得平面形状控制过程成为了一个缺少结果反馈和学习的开环控制系统，控制精度和效果无法保证。虽然 MAS 轧制法在研究过程中采用了合成图像法，通过采集轧制过程中轧件的图像，识别轮廓曲线，并根据轮廓曲线的变化，回归得到 MAS 模型，但并未见有文献对实时检测和反馈平面形状控制效果进行报道。

（5）平面形状控制设定模型缺失对工业数据的分析和智能优化技术。近年来工业企业进入了互联网工业的发展阶段，工业企业所拥有的数据也日益丰富，如何利用这些数据，根据这些数据对工业生产过程进行智能优化是世界各国争相研发的问题。已有的平面形状控制设定模型受时代条件的限制，完全没有考虑工业数据，更没有采用智能优化技术，严重落后于时代的发展。

7.2　多维变尺度平面形状控制设定模型

平面形状控制技术可有效提高中厚板产品成材率。为实现成品高度矩形化，连续曲线作为控制模型是最合适的。但受到各方面条件的制约，目前的 MAS 轧制法仅采用 7 点设定法，这种方法虽然形式简单且易于实施，也取得了一定的效果，但因其与理想曲线偏差大，限制了平面形状控制效果的进一步提升。大量的理论分析、数值模拟和现场试验结果表明，采用可控点平面形状控制设定技术，能够对平面形状控制过程楔形段的高灵活度调节，增强对边部金属流动的可控性，大幅度提高终轧产品的矩形度。

在平面形状控制过程中，液压系统需要根据设定的曲线进行液压缸的压下和抬起动作。在这个过程中，需要保证沿着长度方向压下和抬起轧制过程的对称性，从而保证转钢后，钢板沿宽度方向金属流动的对称性良好，否则会出现头尾斜角现象，增大了切损量，弱化了平面形状的控制效果。因此，提出可控点二维尺度设定及高精细的轧件长度微跟踪方法，以实现平面形状多点控制曲线的精准对称，提高产品成材率。

7.2.1　传统平面形状控制设定模型

要实现平面形状控制，必须对正常工艺条件下终轧产品的平面形状进行准确预测，再以该预测结果为基础，得到准确的控制模型。国内外已经对平面形状的预测模型和控制模型进行了大量的研究，可以通过实验的方法，根据实测数据回归得到数学模型；也可以通过有限元模拟计算，并对模拟计算结果进行回归。通过实验方法可以得到针对具体实验条件比较准确的模型，但现场实验条件要求较高，且会影响正常的生产过程，如果只进行少量实验，无法保证回归模型的精度。有限元数值模拟方法可以作为一种替代现场实验的研究方法，通过建立与现场类似的模拟条件，得到比较准确的模型。轧制技术及连轧自动化国家重点实验室在中厚板平面形状控制的理论研究方面开展了大量工作，下面进行详细介绍。

7.2.1.1　单道次平面形状预测模型

轧件经过一个道次的轧制后，在理想状态下，头尾部将出现对称的凸形；边部将出现对称的凹形，如图 7-9 所示。可以用两段曲线段 AB 和 AC 来表示整个轧件的平面形状，两段曲线分别以函数 $f(y)$ 和 $g(x)$ 表示。

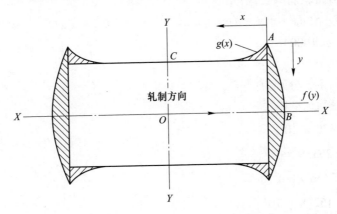

图 7-9　轧制后轧件平面形状示意图

分析有限元模拟结果，可以看出，轧件厚度、压下率是影响头部凸形和边部凹形曲线的最重要的因素，因此回归公式中必须考虑这两个变量的影响。压下率的公式为：

$$r = \frac{H - h}{H} \tag{7-1}$$

而接触弧长的公式为：

$$l = \sqrt{R'(H - h)} \tag{7-2}$$

如果将 $l \times r$ 作为变量进行回归，将可同时考虑压下率和轧件厚度的影响。实际上，压下率和接触弧长的乘积近似相当于轧制过程中变形的体积与当前区域体积的比值，因此采用此变量综合考虑压下率和轧件厚度对头部凸形和边部凹形曲线的影响也是符合实际物理意义的。为方便叙述，定义：

$$S = l \times r \tag{7-3}$$

由前述分析可知，S 与头部凸形和边部凹形值的关系是线性的，因此采用一次多项式表示它们之间的关系。头部凸形和边部凹形值与长度和宽度坐标的函数关系也采用多项式表示，此多项式可以是二次以上的任意多项式。在应用回归公式计算平面形状时，对于轧件长度和宽度小于回归算例长度和宽度的轧制条件，只要根据实际轧件长度和宽度截取回归公式所计算出的曲线中适当的部分即可；而对于轧件长度和宽度大于回归算例长度和宽度的轧制条件，将头部凸形最大值或边部凹形最小值水平延伸即可。最终的回归公式形式如式（7-4）和式（7-5）所表述，其中坐标系和函数的几何意义如图7-9所示。

头部凸形曲线回归公式：

$$\begin{cases} f(y) = a_1 S(b_1 y + b_2 y^2 + b_3 y^3 + b_4 y^4 + b_5 y^5 + b_6 y^6) & y \leq 1000\text{mm} \\ f(y) = f(1000) & y > 1000\text{mm} \end{cases} \tag{7-4}$$

边部凹形曲线回归公式：

$$\begin{cases} g(x) = c_1 S(d_0 + d_1 x + d_2 x^2 + d_3 x^3 + d_4 x^4 + d_5 x^5 + d_6 x^6) & x \leq 1000\text{mm} \\ g(x) = g(1000) & x > 1000\text{mm} \end{cases} \tag{7-5}$$

其中回归系数分别为：

$a_1 = 3.18216 \times 10^{-15}$

$b_1 = 1.4830 \times 10^{12}$

$b_2 = -3.26378 \times 10^{9}$

$b_3 = 4.17656 \times 10^{6}$

$b_4 = -3.15288 \times 10^{3}$

$b_5 = 1.30890 \times 10^{0}$

$b_6 = -2.37737 \times 10^{-4}$

$c_1 = 4.37193 \times 10^{-15}$

$d_0 = 1.38742 \times 10^{14}$

$d_1 = -9.34878 \times 10^{11}$

$d_2 = 3.06381 \times 10^{9}$

$d_3 = -5.60927 \times 10^{6}$

$d_4 = 5.69812 \times 10^{3}$

$d_5 = -2.97963 \times 10^{0}$

$d_6 = 6.23703 \times 10^{-4}$

图7-10为轧件厚度为200mm时，不同压下率条件下有限元计算值和回归公式计算值的对比。可以看出，回归公式计算值与有限元计算值的近似程度很高。

7.2.1.2　多道次平面形状预测模型

在单道次平面形状预测模型的基础上，对轧制过程各阶段多道次轧制过程的平面形状进行累积和补合处理，推导得到不同阶段后多道次平面形状预测模型。具体推导过程不再详述，下面是各阶段的平面形状预测模型。

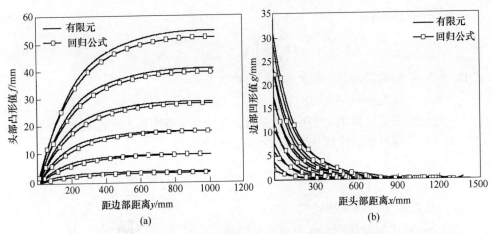

图 7-10 有限元计算曲线和回归公式计算曲线比较

（a）头部形状；（b）边部形状

A 成型轧制阶段后

在经过 n_1 道次成型轧制后，平面形状预测模型如下：

边部形状函数：

$$G(x)_S = \sum_{i=1}^{n_1} g\left(\frac{R_{Si}}{R_{Sn_1}}x\right)_{Si} \tag{7-6}$$

头部形状函数：

$$F(y)_S = \frac{\sum_{i=1}^{n_1} h_{Si} f(y)_{Si}}{h_S} \tag{7-7}$$

式中 h_{Si}——成型阶段第 i 道次后的轧件厚度；

h_S——成型阶段结束时的轧件厚度，即 $h_S = h_{Sn_1}$；

R_{Si}——成型阶段第 i 道次延伸系数，等于第 i 道次后的轧件长度与成型阶段坯料长度的比值，见下式：

$$R_{Si} = \frac{l_{Si}}{l_{S0}} \tag{7-8}$$

B 展宽轧制阶段后

经过 n_1 道次成型轧制，再经过 n_2 道次展宽轧制后，平面形状预测模型如下：

边部形状函数：

$$G(x)_B = \frac{h_S G(x)_{Sn_1}}{h_B} + \frac{\sum_{i=1}^{n_2} h_{Bi} f(x)_{Bi}}{h_B} \tag{7-9}$$

头部形状函数：

$$F(y)_B = F\left(\frac{y}{R_{Bn_2}}\right)_{Sn_1} + \sum_{i=1}^{n_2} g\left(\frac{R_{Bi}}{R_{Bn_2}}y\right)_{Bi} \tag{7-10}$$

式中　h_{Bi}——展宽阶段第 i 道次后的轧件厚度；

　　　h_B——展宽阶段结束时的轧件厚度，即 $h_B = h_{Bn_2}$；

　　　R_{Bi}——展宽阶段第 i 道次展宽系数，等于第 i 道次后的轧件宽度与展宽阶段开始道次轧件宽度的比值，如下式：

$$R_{Bi} = \frac{w_{Bi}}{w_{B0}} \tag{7-11}$$

C　延伸轧制阶段后

经过 n_1 道次成型轧制、n_2 道次展宽轧制，再经过 n_3 道次延伸轧制后，平面形状预测模型如下：

边部形状函数：

$$G(x)_F = G\left(\frac{x}{R_{Fn_3}}\right)_{Bn_1} + \sum_{i=1}^{n_3} g\left(\frac{R_{Fi}}{R_{Fn_3}}x\right)_{Fi} \tag{7-12}$$

头部形状函数：

$$F(y)_F = \frac{h_B F(y)_{Bn_2}}{h_{Fn_3}} + \frac{\sum\limits_{i=1}^{n_3} h_{Fi} f(y)_{Fi}}{h_{Fn_3}} \tag{7-13}$$

式中　h_{Fi}——延伸阶段第 i 道次后的轧件厚度；

　　　h_F——延伸阶段结束时的轧件厚度，即 $h_F = h_{Fn_3}$；

　　　R_{Fi}——延伸阶段第 i 道次的延伸系数，等于第 i 道次后的轧件长度与延伸阶段开始道次的轧件长度的比值见下式：

$$R_{Fi} = \frac{l_{Fi}}{l_{F0}} \tag{7-14}$$

经过 n_1 道次成型轧制、n_2 道次展宽轧制和 n_3 道次延伸轧制后的平面形状预测模型如下：

边部形状函数：

$$G(x)_F = \frac{h_S}{h_B} \sum_{i=1}^{n_1} g\left(\frac{R_{Si}}{R_{Sn_1}} \times \frac{x}{R_{Fn_3}}\right)_{Si} + \frac{1}{h_B} \sum_{i=1}^{n_2} h_{Bi} f\left(\frac{x}{R_{Fn_3}}\right)_{Bi} + \sum_{i=1}^{n_3} g\left(\frac{R_{Fi}}{R_{Fn_3}}x\right)_{Fi} \tag{7-15}$$

头部形状函数：

$$F(y)_F = \frac{h_B}{h_F h_S} \sum_{i=1}^{n_1} h_{Si} f\left(\frac{y}{R_{Bn_2}}\right)_{Si} + \frac{h_B}{h_F} \sum_{i=1}^{n_2} g\left(\frac{R_{Bi}}{R_{Bn_2}}y\right)_{Bi} + \frac{1}{h_F} \sum_{i=1}^{n_3} h_{Fi} f(y)_{Fi} \tag{7-16}$$

式（7-15）和式（7-16）中，相加的三项分别表示了轧制过程三个阶段对最终成品边部形状和头部形状的影响。在现场实际生产过程中，如果采用展宽和延伸两阶段轧制，则最终产品的平面形状预测模型可以忽略式（7-15）和式（7-16）中的第一项，如下式：

边部形状函数：

$$G(x)_F = \frac{1}{h_B} \sum_{i=1}^{n_2} h_{Bi} f\left(\frac{x}{R_{Fn_3}}\right)_{Bi} + \sum_{i=1}^{n_3} g\left(\frac{R_{Fi}}{R_{Fn_3}} x\right)_{Fi} \qquad (7\text{-}17)$$

头部形状函数：

$$F(y)_F = \frac{h_B}{h_F} \sum_{i=1}^{n_2} g\left(\frac{R_{Bi}}{R_{Bn_2}} y\right)_{Bi} + \frac{1}{h_F} \sum_{i=1}^{n_3} h_{Fi} f(y)_{Fi} \qquad (7\text{-}18)$$

7.2.1.3 成型阶段平面形状控制模型

为了控制边部形状，在成型阶段的末道次进行变厚度轧制控制：当边部形状为凸形时，应该控制成型阶段末道次轧件形状为头尾厚、中间薄，如图7-11（a）所示，控制模型为式（7-19），控制曲线为图7-12（a）中的曲线1所示。当边部形状为凹形时，应该控制成型阶段末道次轧件形状为头尾薄、中间厚，如图7-11（b）所示，控制模型为式（7-20），控制曲线为图7-12（a）中的曲线2所示。

$$\Delta h_S(x) = 2h_S \frac{G(l_F/2)_F - G(R_F x)_F}{w_S} \qquad (7\text{-}19)$$

$$\Delta h_S(x) = -2 \times \frac{h_S G(R_F x)_F}{w_S} \qquad (7\text{-}20)$$

式中　x——成型阶段末道次，轧件平面形状控制部分某点距头部的距离；
$\Delta h_S(x)$——该点厚度与轧件标准厚度相比的厚度变化量；
h_S，w_S——成型阶段结束时的轧件厚度和宽度；
l_F，R_F——延伸轧制结束时的轧件长度和延伸系数。

7.2.1.4 展宽阶段平面形状控制模型

为了控制头尾部形状，在展宽阶段的末道次进行变厚度轧制控制。当头尾部形状为凸形时，应该控制展宽阶段末道次的轧件形状为头尾厚、中间薄，如图7-11（a）所示，控制模型为式（7-21），控制曲线为图7-12（b）中的曲线1。当头尾部形状为凹形时，应该控制展宽阶段末道次的轧件形状为头尾薄、中间厚，如图7-11（b）所示，控制模型为式（7-22），控制曲线为图7-12（b）中的曲线2。

$$\Delta h_B(y) = 2h_F \frac{F(w_F/2)_F - F(y)_F}{l_B} \qquad (7\text{-}21)$$

$$\Delta h_B(y) = -2 \times \frac{h_F F(y)_F}{l_B} \qquad (7\text{-}22)$$

式中　y——展宽阶段末道次，轧件平面形状控制部分某点距边部的距离；

$\Delta h_B(y)$——该点厚度与轧件标准厚度相比的厚度变化量；

h_F，w_F——延伸阶段结束时的轧件厚度和宽度；

l_B——展宽轧制结束时的轧件长度。

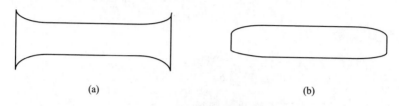

(a)   (b)

图 7-11　平面形状控制示意图

（a）改善头尾凸形的控制曲线示意图；（b）改善头尾凹形的控制曲线示意图

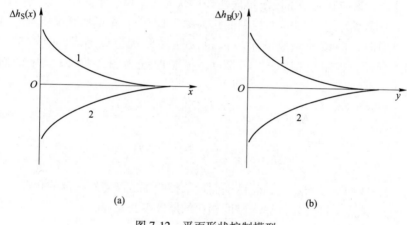

(a)   (b)

图 7-12　平面形状控制模型

（a）成型阶段；（b）展宽阶段

7.2.2　高斯优化设定方法

高斯混合模型在数学中是采用高斯概率密度函数（正态分布曲线）精确地量化事物，它是一个将事物分解为若干个基于高斯概率密度函数（正态分布曲线）形成的模型。将高斯混合模型引入到平面形状控制中，对三条不同形状的高斯曲线加权处理，得到平面形状控制曲线的函数表达式：

$$\begin{cases} l_{PVPC} = f_0 L/2 \\ s(x) = k(w_1 \Psi_1 + w_2 \Psi_2 + w_3 \Psi_3) \\ k = (1 - x/l_{PVPC})^2 \\ \Psi_i = e^{-\left(\frac{x-p_i}{\sigma}\right)^2} \qquad i = 1,2,3; x \in [0, L] \end{cases} \qquad (7\text{-}23)$$

式中　　　l_{PVPC}——平面形状楔形控制作用长度，mm；

　　　　　L——轧件长度，mm；

　　　　　f_0——作用长度系数，mm；

$\Psi_i(x, p_i, \sigma)$——高斯函数；

　　　　　w_1——高斯函数 $g_i(x, p_i, \sigma)$ 的权值；

　　　　　σ——高斯函数宽度；

　　　　　p_i——高斯函数的中心点，$p_1 = -0.2l_{PVPC}$，$p_2 = 0.2l_{PVPC}$，$p_3 = 0.6l_{PVPC}$。

　　将三条高斯曲线经过加权处理后可拟合任意曲线，因此，可将各高斯曲线的加权系数处理如下：

$$\begin{cases} w_1 = f_{b1} + f_{h1} \times (h - h_0) + f_{dh1} \times (dh - dh_0) \\ w_2 = f_{b2} + f_{h2} \times (h - h_0) + f_{dh2} \times (dh - dh_0) \\ w_3 = f_{b3} + f_{h3} \times (h - h_0) + f_{dh3} \times (dh - dh_0) \end{cases} \qquad (7\text{-}24)$$

式中　　f_{bi}，f_{hi}，f_{dhi}——拟合系数；

　　　　　h——钢板出口平均厚度，mm；

　　　　　h_0——钢板出口厚度基准值，mm；

　　　　　dh——钢板平均压下量，mm；

　　　　　dh_0——钢板平均压下量基准值，mm。

　　基于高斯函数的中厚板端部变形的计算模型设定曲线和不同权值对设定曲线的影响如图 7-13 所示。高斯混合模型的平面形状设定方法是将其设定曲线分成三个部分，将其定义为Ⅰ区、Ⅱ区和Ⅲ区，从图 7-13 可以看到，w_1 对Ⅰ区的形

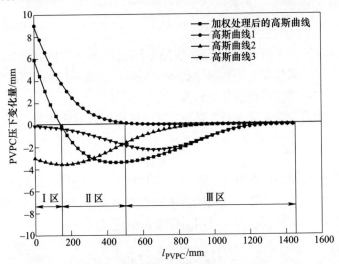

图 7-13　PVPC 设定曲线和不同权值对设定曲线的影响

状控制影响较大，w_2 不仅对 Ⅱ 区的形状控制影响较大，同时对 Ⅰ 区的形状控制影响也有一定影响，w_3 对 Ⅰ 区、Ⅱ 区和Ⅲ区的形状控制均有较大影响。

虽然三条高斯曲线经过加权处理后可拟合任意曲线，但各高斯曲线的加权值通常是通过经验值进行选择，再根据现场实际控制效果进行微调和优化，需要大量的维护时间和精力。本章采用粒子群优化算法[94~96]，通过择优选择，找到最优加权分布值。

粒子群优化（PSO）表示为：首先对一组随机粒子进行初始化，然后通过迭代找到最优解，每个粒子遵循两个最优值并进行自我更新。单一个体迄今为止的个体极值 p_b，整个群体的全局极值的最优值 p_g，用于更新粒子群体的速度方程：

$$\begin{cases} V_i = wV_{i-1} + c_1r_1 \times (p_b - x_i) + c_2r_2 \times (p_g - x_i) \\ x_i = x_{i-1} + V_i \end{cases} \tag{7-25}$$

式中　V_i——当前迭代周期的粒子群速度；

　　　V_{i-1}——前一次迭代周期的粒子群速度；

　r_1，r_2——0 到 1 之间的随机数；

　c_1，c_2——学习因子；

　　　x_i——当前迭代周期粒子的位置；

　　x_{i-1}——前一次迭代周期的粒子群速度；

　　　w——惯性因子。

通常惯性因子在计算开始时会取值较大，随着适应度函数的增加，惯性因子会逐渐减小，从而逐渐提高局部搜索能力[97]。

$$w = w_{max} - \frac{w_{max} - w_{min}}{iter_{max}} \times iter \tag{7-26}$$

式中　$iter$——迭代数。

采用高斯函数的平面形状设定曲线随不同权值条件下的各个曲线变化而变化，不同宽度、不同厚度、不同展宽比等指标需要采用不同的权值。可采用 PSO 算法建立适应度函数，得到最佳矩形度。

将平面形状的控制长度进行 t 等分，其适应度函数可表示为：

$$l_t = \frac{k_t \times (w_{t1}\Psi_{t1} + w_{t2}\Psi_{t2} + w_{t3}\Psi_{t3}) \times w_0}{h_1} \tag{7-27}$$

定义各个段长度的最小值为 l_{min}，则可计算出各个段的长度与最小值的长度差。将这些长度差进行求和，并找到该求和值的极值，即可确定最优平面形状各条高斯曲线的最优加权值，因此可将适应度函数定义为：

$$J(t) = \sum_{t=0}^{T} (l_t - l_{min})^2 \tag{7-28}$$

在实际平面形状控制过程中，可通过调整 w_i 来改变平面形状设定曲线。以

3500mm 中厚板轧机为例，采用坯料厚为 2200mm、宽度为 1600mm、长度为 3200mm，目标厚度为 16mm，目标宽度为 2800mm 的产品，钢种为 Q345，出炉温度为 1180℃。在平面形状轧制时，当 $w_2 = 0$ 和 $w_3 = 0$ 时，w_1 对平面形状控制曲线影响如图 7-14 所示。

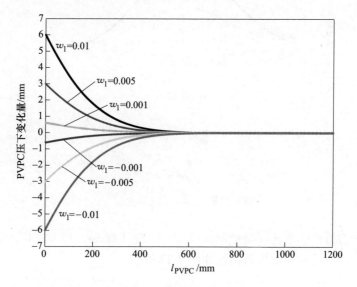

图 7-14　w_1 对平面形状控制曲线的影响（$w_2 = 0$，$w_3 = 0$）

当 $w_1 = 0$ 且 $w_3 = 0$，w_2 对平面形状控制曲线的影响如图 7-15 所示。

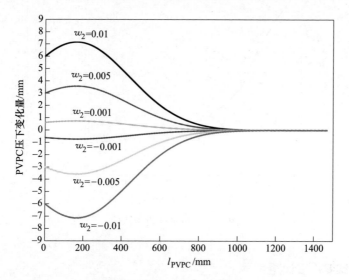

图 7-15　w_2 对平面形状控制曲线的影响（$w_1 = 0$，$w_3 = 0$）

当 $w_1 = 0$ 且 $w_2 = 0$，w_3 对平面形状控制曲线的影响如图 7-16 所示。

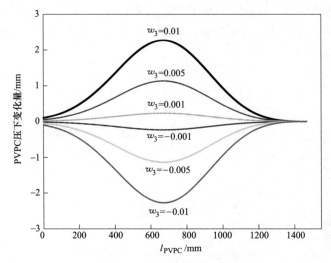

图 7-16　w_3 对平面形状控制曲线的影响（w_1，$w_2 = 0$）

为了获得最优的平面形状控制曲线，粒子群数取 50，最大迭代次数为 3000，基于式（7-27）的粒子群收敛曲线如图 7-17 所示。

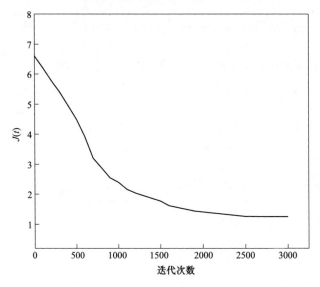

图 7-17　粒子群收敛曲线

7.2.3　多维变尺度设定

从上述平面形状控制曲线可以看到，平面形状厚度变化量 Δh_i 在厚度发生变化的长度区间内与长度成复杂的非线性关系。如果按照该理论模型进行在线控制，无法保证控制的精度。实际应用过程中，可以进行分段线性化处理，即采用可控点设定法，将厚度变化区间内厚度变化量与长度简化成线性关系，此时只需要确定厚度变化量 $\Delta h'$ 和厚度改变的长度区间 l'，如图 7-18 所示。l' 和 $\Delta h'$ 确定的体积应该与理论模型计算结果确定的体积相等。

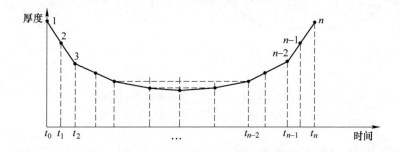

图 7-18 平面形状可控点设定曲线

由于可控点平面形状设定方法长度方向的变厚度轧制呈对称状态，因此对于可控点设定曲线的设定也成对称分布划分，可取长度的一半作为可控点长度方向的坐标控制对象。由于平面形状控制曲线沿长度方向的头部和尾部的变厚度轧制的压下量较大，中间的压下量相对较小，故可将头尾的平面形状可控点的个数设置密集一些，将中部的可控点个数设置相对稀疏一些，可采用自然对数的形式来进行划分，把该方法称为对数等距离分布法，如图 7-19 所示，横坐标为轧件长度的一半为 $L/2\text{mm}$，纵坐标为轧件半长的自然对数，将长度半长的对数值进行 n 等分，则在横坐标的长度分布从头部向中间的分布变得逐渐稀疏，由于这里

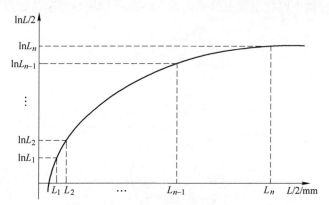

图 7-19 设定点对数等距离划分法

$\ln(L/2)$ 只是进行半长划分的一个中间过渡量，所以不用考虑其单位。

根据对数等距离分布法进行平面形状可控点设定，可得到平面形状正向压下和负向压下的平面形状曲线分布形式，如图 7-20 所示。

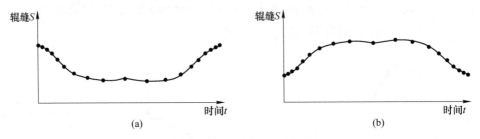

图 7-20　可控点设定平面形状控制过程
(a) 减薄设定；(b) 增厚设定

可控点设定方法的最大优点即可根据实际轧制产品的展宽比和延伸比动态调整可控点的个数和各点之间的距离分布。当展宽比与最优展宽比（1.45）偏差较大时，应该增大可控点的设定个数；反之，可适当减少可控点的个数。

7.2.4　轧件道次数据的微跟踪投影

为了能够对钢板的厚度进行更精确的控制，需要预先知道钢板纵向的厚度分布情况，根据轧辊的转速、前滑值及厚度模型计算每道次与钢板轧制长度对应的厚度值。在控制系统中开辟专用存储区，用于存储轧制过程的钢板长度和与之相对应的厚度值。

考虑钢板上一些位置厚度可能的急剧变化，两点厚度之间的距离不能太大，即要保证钢板厚度的跟踪精度。根据现场的实际经验，综合数据量的大小及控制精度要求选取两个厚度跟踪点的距离为 100mm，钢板厚度跟踪如图 7-21 所示。

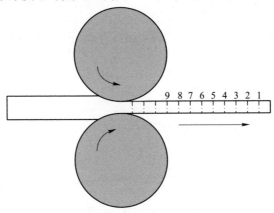

图 7-21　钢板纵向厚度跟踪计算示意图

轧件的厚度计算是随着轧制过程不断触发的。当一道次轧制完成时，钢板纵向的厚度分布即被存储在前述的专用存储区中，既为本道次提供结果反馈，也为下道次提供入口厚度分布。

7.3　平面形状的智能感知系统

国内外很多学者对平面形状控制方法、模型进行了诸多研究，取得了丰硕的成果。但对于平面形状的控制效果的检测，缺少直接、快速、实时的手段，通常以最终成材率作为间接的判断依据，而成材率的统计，又存在极大的滞后性，因此，实际应用中的平面形状控制处于无有效反馈、开环控制状态。

随着计算机技术和信息技术的发展，以工业 CCD 为检测设备、以图像处理为核心的机器视觉技术正在得到越来越多的应用。本节将机器视觉技术应用于中厚板生产过程控制，开发基于机器视觉技术的中厚板平面形状智能感知系统，实现平面形状控制效果的在线实时检测和反馈，为建立闭环的平面形状控制系统提供必要的检测数据。

7.3.1　平面形状智能感知系统配置

影响中厚板平面形状的主要因素有中厚板前后端部形状、侧边的形状及侧弯量的大小等。为了能够得到轧制过程中中厚板平面形状的变化规律，优化和修正数学模型，必须测量得到轧制过程中钢板的头部、尾部和边部的形状，因此要有能准确检测轧件形状变化的手段。

平面形状检测系统主要包括图像采集及处理两个环节[98~102]。利用安装在轧机附近的工业 CCD 相机采集轧件的图像，通过高速图像数据采集卡将图像数字化后送入计算机，作为轧件尺寸辨识的对象，基于计算机对数字图像进行处理，提取边缘信息，得到最终轧件的平面尺寸[103~107]。

7.3.1.1　系统组成

为了得到最终成品尺寸形状，在某中厚板车间轧机后辊道上方安装 CCD 相机，相机与计算机相连接，拍摄数据在计算机中进行处理。CCD 相机安装方式如图 7-22 所示。

7.3.1.2　图像处理系统

针对中厚板轧制过程中钢板图像的特点，采用国际上最新技术的千兆以太网相机采集钢板图像，经交换机和千兆光缆送至图像处理计算机中。基于图像处理算法对钢板图像进行直方图均衡、灰度变换、噪声过滤、边缘检测、边界跟踪、亚像素边缘定位以及轮廓测量等方面进行研究，优化识别算法，在识别速度和测量精度上达到平衡。对采集图像的平面尺寸的识别原理如图 7-23 所示。

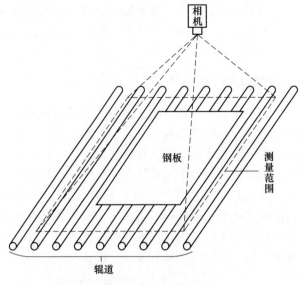

图 7-22　相机安装方式

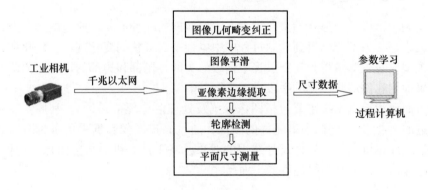

图 7-23　图像识别原理图

　　图像处理过程中不但要考虑生产环境对测量结果的影响，而且要对镜头畸变、高温钢板形成的"光晕"进行测量补偿。采用先进的标定算法将图像坐标转换为世界坐标，获得实际轮廓尺寸表示，提供给过程计算机和基础自动化进行参数学习。分析系统的测量误差，使测量精度满足系统要求。

7.3.2　平面形状智能感知系统开发

7.3.2.1　相机标定模型

　　计算机视觉的基本任务之一是从相机获取的图像信息出发，计算三维空间中物体的几何信息，实现对物体的重建和识别。在这个过程中，需要明确物体表面某点与图像中对应点间的关系，而这个关系就是相机的几何模型，这些几何模型参数就是相机参数。通过实验与计算，确定相机的几何和光学参数、相机相对于世界坐标系的方位[108~112]的过程被称为相机定标（或称为标定）。标定过程就是标定精度的大小，直接影响着机器视觉的精度。

在理论研究中采用的相机模型为针孔模型，其成像几何关系如图 7-24 所示，引入 3 个坐标系，分别是图像坐标系、相机坐标系和世界坐标系。

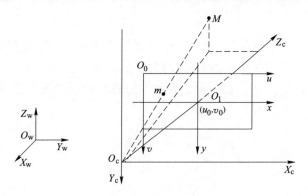

图 7-24 标定系统坐标系

A 图像坐标系

图像坐标系分为图像物理坐标系和图像像素坐标系两种，其区别在于坐标轴的单位长度不一样，图像物理坐标系的坐标轴的单位长度为正常的物理长度，图像像素坐标系在每个坐标轴上的单位长度为像素的长度。x 轴、y 轴分别与 u 轴和 v 轴平行，坐标原点 O_1 为相机光轴与图像平面的交点。若 O_1 在 u、v 坐标系统中的坐标为 (u_0, v_0)，像素在 x 轴、y 轴方向的单位长度为 d_x、d_y，则有等式（7-29）成立。

$$\begin{pmatrix} u \\ v \\ 1 \end{pmatrix} = \begin{pmatrix} \dfrac{1}{d_x} & 0 & u_0 \\ 0 & \dfrac{1}{d_y} & v_0 \\ 0 & 0 & 1 \end{pmatrix} \begin{pmatrix} x \\ y \\ 1 \end{pmatrix} \tag{7-29}$$

B 相机坐标系

相机坐标系的原点 O_c 在相机的光心上，X_c 轴和 Y_c 轴与图像坐标系中的 x 轴、y 轴平行，Z_c 轴为相机光轴，它与图像平面垂直，光轴与图像平面的交点即为图像坐标系的原点 O_1，O_cO_1 的长度为相机的有效焦距 f。

C 世界坐标系

世界坐标系是一个假设的参考坐标系，其位于场景中某一固定的位置，用以描述相机的位置，由坐标原点 O_w 和三个坐标轴 X_w、Y_w、Z_w 构成。

世界坐标系和相机坐标系下点的齐次坐标分别为 $(x_w, y_w, z_w, 1)$ 和 (x_c, y_c, z_c)，则有：

$$\begin{pmatrix} x_c \\ y_c \\ z_c \\ 1 \end{pmatrix} = \begin{pmatrix} R & t \\ 0 & 1 \end{pmatrix} \begin{pmatrix} x_w \\ y_w \\ z_w \\ 1 \end{pmatrix} \tag{7-30}$$

式中　R，t——相机坐标系相对世界坐标系的正交单位旋转矩阵和平移向量。

根据相机针孔模型的成像原理，空间中的点 $M = (x_w, y_w, z_w, 1)$ 在相机坐标系下的坐标为 $(x_c, y_c, z_c, 1)$，设它在相机成像平面上的投影为 $m = (x, y)$，则有：

$$s \begin{pmatrix} x \\ y \\ 1 \end{pmatrix} = \begin{pmatrix} f & 0 & 0 & 0 \\ 0 & f & 0 & 0 \\ 0 & 0 & 1 & 0 \end{pmatrix} \begin{pmatrix} x_c \\ y_c \\ z_c \\ 1 \end{pmatrix} \tag{7-31}$$

式中　s——非零常数。

假设世界坐标系中 M 点的坐标为 $\overline{M} = (x_w, y_w, z_w, 1)$，它在成像平面上的像 m 的坐标为 $\overline{m}(u, v, 1)$，则有如下转换关系：

$$\begin{aligned}
s\overline{m} = \begin{pmatrix} u \\ v \\ 1 \end{pmatrix} &= \begin{pmatrix} 1/d_x & 0 & u_0 \\ 0 & 1/d_y & v_0 \\ 0 & 0 & 1 \end{pmatrix} \begin{pmatrix} f & 0 & 0 & 0 \\ 0 & f & 0 & 0 \\ 0 & 0 & 1 & 0 \end{pmatrix} \begin{pmatrix} R & t \\ 0 & 1 \end{pmatrix} \begin{pmatrix} x_w \\ y_w \\ z_w \\ 1 \end{pmatrix} \\
&= \begin{pmatrix} a_x & 0 & u_0 & 0 \\ 0 & a_y & v_0 & 0 \\ 0 & 0 & 1 & 0 \end{pmatrix} (R \quad t) \begin{pmatrix} x_w \\ y_w \\ z_w \\ 1 \end{pmatrix} \\
&= K(R \quad t)\overline{M} = P\overline{M} = p_1 p_2 M
\end{aligned} \tag{7-32}$$

由于受到像素形状的影响，像素坐标系的两个坐标轴相互间不是垂直的，则矩阵 K 还应加上一个畸变因子 λ，即：

$$K = \begin{pmatrix} a_x & \lambda & u_0 \\ 0 & a_y & v_0 \\ 0 & 0 & 1 \end{pmatrix} \tag{7-33}$$

矩阵 P 称为相机的投影矩阵，由于决定矩阵 K 的五个参数只与相机模型的几何结构有关，称为内部参数矩阵。(R, t) 描述了相机在世界坐标系中的位置，故称为相机的外部参数矩阵。根据共线方程，在相机内部参数确定的条件下，利用若干个已知的物点和相应的像点坐标，就可以求解出相机的外部参数。通过计算得到的参数可以消除镜头畸变，获得图像中钢板的真实尺寸。

7.3.2.2　图像处理算法

A　图像预处理

一般情况下，成像系统获取的图像由于受到种种条件限制和随机干扰，必须对原始图像采用灰度均衡、噪声过滤等手段进行预处理后，才可为系统所用。在进行图像预处理过程中，我们采用图像增强技术，即处理过程中选择性的突出感兴趣的特征，衰减不需要的特征，并且忽略图像预处理方法所带来的图像降质，从而提高有关信息的检测性，便于数据的抽取和识别。图像增强技术主要包括直方图修改处理、图像平滑处理、图像尖锐化处理技术等，在实际应用中可以采用单一方法处理，也可以采用几种方法联合处理，以便达到预期的增强效果[113~116]。

B　灰度直方图均衡化

设图像 f 的灰度级范围 (Z_1, Z_k)，$P(Z)$ 表示 (Z_1, Z_k) 内所有灰度级出现的相对概率，称 $P(Z)$ 的图形为图像 f 的直方图。

令原图的灰度 r 的范围归一化为 $0 \leqslant r \leqslant 1$。为使图像增强必须对图像灰度进行变换，若增强图像的灰度用 s 表示，则灰度的变换关系为：

$$s = T(r) \tag{7-34}$$

变换函数 $T(r)$ 须满足两个条件：

(1) $T(r)$ 是单值函数，它在 $0 \leqslant r \leqslant 1$ 范围内单调递增。

(2) $T(r)$ 在 $0 \leqslant r \leqslant 1$ 内满足 $0 \leqslant T(r) \leqslant 1$。

从 s 反变换到 r 的关系式可用下列符号表示：

$$r = T^{-1}(s) \qquad 0 \leqslant s \leqslant 1 \tag{7-35}$$

这里假定 $T^{-1}(s)$ 也满足上述变换设定的条件。

设初始原图的灰度分布为 $P_r(r)$，经过灰度变换增强后图像的灰度分布为 $P_s(s)$。由于灰度变换关系式（7-34）为一单调变化的函数，且 s 是随机变量 r 的单调函数。由概率论可知，随机变量函数 s 的概率分布密度函数为：

$$P_s(s) = \left[P_r(r) \frac{\mathrm{d}r}{\mathrm{d}s} \right]_{r = T^{-1}(s)} \tag{7-36}$$

具有均衡的灰度直方图的图像，即 $P_s(s) = k$ 时（归一化时 $k = 1$），图像有较好的对比度，这是人眼的视觉特性决定的。假设原图的灰度分布为 $P_r(r)$，采用如下灰度变换关系进行变换：

$$s = T(r) = \int_0^r P_r(w)\,\mathrm{d}w \tag{7-37}$$

由于式（7-36）中：

$$\frac{\mathrm{d}r}{\mathrm{d}s} = \frac{1}{\mathrm{d}s/\mathrm{d}r} = \frac{1}{P_r(r)} \tag{7-38}$$

可以得到：

$$P_s(s) = 1 \qquad 0 \leqslant s \leqslant 1 \tag{7-39}$$

　　由此可见，只要 s 与 r 的变换关系是 r 的积分分布函数关系，则变换后图像的灰度分布密度函数是均匀的，这意味着各个像元灰度的动态范围扩大了。

　　直方图均衡化是一种常用的非线性点运算，是将一个已知灰度分布的图像进行非线性拉伸，将原始图像中不均匀的灰度分布变成均匀灰度分布，实现了图像对比度的增强。图 7-25（a）为原始图像，图 7-25（b）为直方图均衡化后的图像，图 7-25（c）为原始图像对应的图像像素灰度分布，图 7-25（d）为新图像对应的图像像素灰度分布。可以看出，经过均衡化后，原始图像的直方图被拉平了，原始图像的对比度增强，质量有明显的提升。

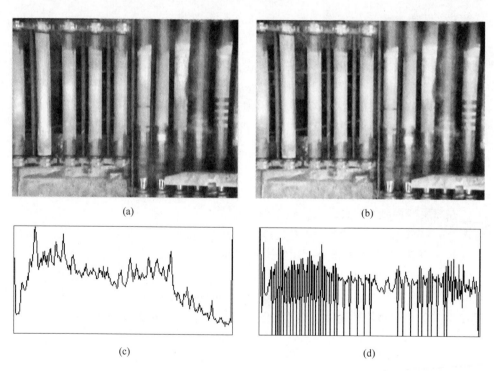

（a）　　　　　　　　　　　　　　　　　（b）

（c）　　　　　　　　　　　　　　　　　（d）

图 7-25　直方图变换对比

（a）原始图像；（b）直方图均衡化后的图像；（c）原始图像对应的图像像素灰度分布；
（d）新图像对应的图像像素灰度分布

C　中值滤波

图像采集设备所获得的原始图像有很多噪声，平滑的目的是消除其中的噪声，降低噪声对图像的影响，使图像的背景变得均匀，而同时图像中的细节要保持原有特征，提高图像的质量。中值滤波是一种非线性信号处理方法，也是图像平滑处理中最常见的处理技术。它在一定条件下可以克服线性滤波、最小均方滤波、平均值滤波等方法带来的图像细节模糊的缺点，而且对滤除脉冲干扰及图像扫描噪声最为有效，在实际运算过程中并不需要图像的统计特性，可以在保护图像边缘的同时去除噪声[117]。

a　传统的中值滤波

定义中值滤波窗口，如图 7-26 所示。将中值滤波窗口覆盖在原图像上，将窗口所覆盖的图像像素排序，排序后求得数列中值，最后用该值替换窗口覆盖图像的中心像素，即完成一次中值滤波处理。将滤波窗口对原图像，由左到右、由上到下逐一滤波，即可完成整幅图像的滤波。综上分析可知，这种方法对中心像素值的每一次确定均须将窗口覆盖的所有元素重新排序，它没有充分利用前后窗口的相互关系，是一种效率较低的处理方法。

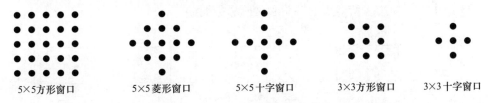

5×5方形窗口　　　5×5菱形窗口　　　5×5十字窗口　　　3×3方形窗口　　　3×3十字窗口

图 7-26　常用中值滤波窗口形状

b　快速中值滤波

设一幅图像的尺寸为 $M×N$，取中值滤波窗口为 $k×k$，k 为奇数。当滤波窗口在原始图像上从左至右滑移时，从当前位置移动到下一位置的方法是：去除窗口左端一列像素，将与原窗口相邻接的一列像素加入到窗口中。由于窗口中原有的像素值是排序好的，这样只需对新加入的像素排序即可。图 7-27 为图像中值滤波前后的对比，左图为滤波前的原始图像，右图为滤波处理后的图像，可以看出，滤波前图像中存在明显的噪点，颗粒感明显，滤波后图像变得平滑，噪点大大减少。

D　边缘检测

图像的边缘定义为在图像的局部区域内图像特征的差别，表现为图像上的不连续性（灰度的突变，纹理的突变，色彩的变化）。图像的边缘能勾画区域的形状，它能被局部定义和传递大部分图像信息。图像边缘信息的获取是计算机视觉技术的重要组成部分，是进行特征提取和形状分析的基础[118~121]，是图像分析和

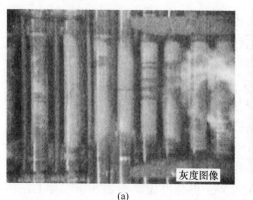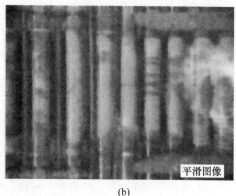

图 7-27　中值滤波图像对比

（a）中值滤波前；（b）中值滤波后

理解的第一步，因此边缘检测可看作是处理许多复杂问题的关键。由于边缘是灰度值不连续的结果，为了计算方便，一般选择一阶和二阶导数来检测边缘。图7-28 给出了图像边缘所对应的一阶和二阶导数曲线。

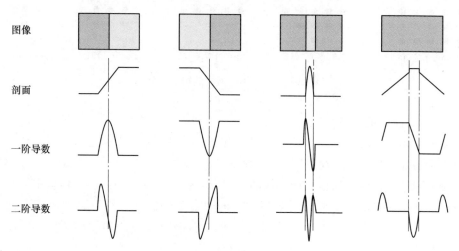

图 7-28　图像边缘及导数

经典的边缘提取方法是考察图像的像素在某个邻域内灰度的变化，利用边缘邻近一阶或二阶方向导数的变化规律检测边缘，这种方法称为边缘检测局部算子法。边缘检测算子检查每个像素的邻域并对灰度变化率进行量化，通常也包括方向的确定。边缘检测可使用很多种方法，其中绝大多数是基于方向导数采用模板求卷积的方法。

卷积可以看作是加权求和的过程。卷积时使用的权即边缘检测模板矩阵的元素，这种权矩阵也叫做卷积核，如下面的矩阵 k 为 3×3 的卷积核。

$$p = \begin{bmatrix} p_1 & p_2 & p_3 \\ p_4 & p_5 & p_6 \\ p_7 & p_8 & p_9 \end{bmatrix} \qquad k = \begin{bmatrix} k_1 & k_2 & k_3 \\ k_4 & k_5 & k_6 \\ k_7 & k_8 & k_9 \end{bmatrix} \qquad (7\text{-}40)$$

对于上面的 3×3 的区域 p 与卷积核 k，进行卷积后，区域 p 的中心像素 p_5 表示如下：

$$p_5 = \sum_{i=1}^{9} p_i k_i \qquad (7\text{-}41)$$

卷积核中各元素叫卷积系数。卷积核的系数大小、方向、排列次序决定了卷积的处理效果。在实际卷积计算中，当卷积核移动到图像边界时，会出现图像数据越界问题。一般的处理方式是忽略边界的数据或者在图像的四周复制图像的边界数据。

由于通常事先无法知道边缘的方向，因此必须选择那些不具备空间方向性和具有旋转不变性的线性微分算子。经典的一阶导数边缘检测算子包括 Robert 算子、Sobel 算子、Prewitt 算子等，它们都是利用了一阶方向导数在边缘处取得最大值的性质；拉普拉斯算子则是基于二阶导数的零交叉这一性质的微分算子。

Robert 算子的卷积模板为：

$$G_x = \begin{bmatrix} 0 & -1 \\ 1 & 0 \end{bmatrix} \qquad G_y = \begin{bmatrix} 1 & 0 \\ 0 & -1 \end{bmatrix} \qquad (7\text{-}42)$$

Sobel 算子避免了 Robert 算子在像素之间内插值点上计算梯度的不足，这一算子重点放在接近模板中心的像素点上，其模板形式为：

$$G_x = \begin{bmatrix} -1 & 0 & 1 \\ -2 & 0 & 2 \\ -1 & 0 & 1 \end{bmatrix} \qquad G_y = \begin{bmatrix} 1 & 2 & 1 \\ 0 & 0 & 0 \\ -1 & -2 & -1 \end{bmatrix} \qquad (7\text{-}43)$$

Prewitt 算子与 Sobel 算子的不同在于其没有把重点放在模板中心的像素点上，它的两个方向上的梯度模板为：

$$G_x = \begin{bmatrix} -1 & 0 & 1 \\ -1 & 0 & 1 \\ -1 & 0 & 1 \end{bmatrix} \qquad G_y = \begin{bmatrix} 1 & 1 & 1 \\ 0 & 0 & 0 \\ -1 & -1 & -1 \end{bmatrix} \qquad (7\text{-}44)$$

因为图像边缘有灰度的变化，图像的一阶偏导数在边缘处有局部最大值或最小值，则二阶偏导数在边缘处会过零点（由正数到负数或由负数到正数）。二阶拉普拉斯微分算子的表达式为：

$$\nabla^2 f = \frac{\partial^2 f}{\partial x^2} + \frac{\partial^2 f}{\partial y^2} \tag{7-45}$$

拉普拉斯算子常见形式的梯度模板如下：

$$\nabla^2 = \begin{bmatrix} 0 & 1 & 0 \\ 1 & -4 & 1 \\ 0 & 1 & 0 \end{bmatrix} \tag{7-46}$$

拉普拉斯算子输出出现过零点的时候就表明有边缘存在，拉普拉斯算子具有旋转不变性，但是不能检测出边界的方向信息且对噪声十分敏感，实际中很少单独使用。图 7-29 为利用 Sobel 算子检测得到的钢板边缘图像。

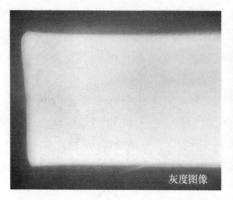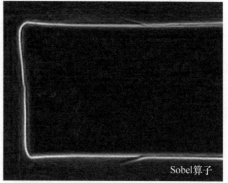

图 7-29　Sobel 算子边缘检测

E　亚像素定位

像素级精度曾经满足了工业检测精度的要求，也得到了广泛的应用，但工业检测精度的要求不断提高，像素级精度已不能满足检测的需求，亚像素算法应运而生。亚像素级精度的算法是在经典算法的基础上发展起来的，需要先用经典算法找出边缘像素的位置，然后使用周围像素的灰度值作为判断的补充信息，利用插值和拟合等方法，使边缘定位于更加精确的位置[122~126]。

图像中边缘点是灰度分布发生突变的点，它是物体的物理特性和表面形状的突变在图像中的反映。当成像系统点扩展函数位移不变、对称时，边缘点处灰度分布一阶导数达到极大值，二阶导数过零。一维阶跃边缘可以用下式来表示：

$$f(x) = \begin{cases} 1 & x \geqslant 0 \\ 0 & x < 0 \end{cases} \tag{7-47}$$

假设成像系统点扩散函数 $h(x)$ 是位移不变的、对称的，即 $h(x)$ 是 x 的偶函数，并具有以下性质：$h(0) = \max\{h(x)|_{x\in(-\infty, +\infty)}\}$，且存在一个正数 Δx，使得：

$$\begin{cases} h'(x) < 0 & x \in (0, \Delta x] \\ h'(x) = 0 & x = 0 \\ h'(x) > 0 & x \in [-\Delta x, 0) \end{cases} \tag{7-48}$$

那么，图 7-30 （a）中的阶跃边缘经成像系统后得到图像 $g(x)$，如图 7-30 （b）所示。

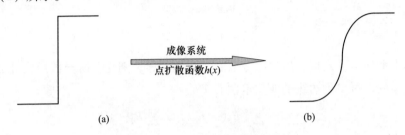

图 7-30　成像系统对边缘的加工
（a）理想阶跃边缘 $f(x)$；（b）实际图像边缘 $g(x)$

$$g(x) = f(x)h(x) = \int_{-\infty}^{\infty} f(x-t)h(t)\mathrm{d}t = \int_{-\infty}^{\infty} h(t)\mathrm{d}t \tag{7-49}$$

则：
$$\begin{cases} g'(x) = h(x) \\ g''(x) = h'(x) \end{cases} \tag{7-50}$$

由式（7-48）和式（7-50）可知，理想边缘位置 $x=0$ 为图像 $g(x)$ 一阶导数极大，二阶导数过零的点。对于二维阶跃边缘，在边缘梯度方向存在相同的特点。

利用以上特点，可以得到亚像素边缘的位置。对于离散图像来说，由于其边缘的高频信息丢失，同时被噪声污染，因此亚像素边缘检测的任务是：首先利用被噪声污染的边缘低频信息重建边缘的连续图像，然后从连续图像中提取亚像素边缘位置。根据所重建的连续图像不同，可以将亚像素边缘检测方法归为两类：一类是重建理想边缘图像如图 7-30 （a）所示，即建立理想边缘的参数化模型，并假设在理想边缘灰度分布和离散图像灰度分布之间存在一些统计特征不变量，这些不变量是理想边缘参数的函数，由不变关系建立方程可确定理想边缘的参数；另一类是重建空间离散采样前的连续图像如图 7-30 （b）所示，即用具有解析表达式的光滑曲面来拟合离散边缘图像的灰度分布，并假设任何连续图像的灰度分布均可通过对离散图像的灰度分布进行曲面拟合精确重建，利用连续图像边缘特性即可确定亚像素边缘位置。

本节采用多项式拟合法对图像的理想边缘进行重建获得精确的边缘位置。设 i 为边缘初始位置，$f(x)$ 为图像灰度函数，I 为拟合区间，定义如下：

$$I = [i-4, i-3, i-2, i-1, i+1, i+2, i+3, i+4] \tag{7-51}$$

利用如下正交多项式：

$$\begin{cases} P_0(x) = 1 \\ P_1(x) = x \\ P_2(x) = x^2 - \dfrac{20}{3} \\ P_5(x) = x^2 - \dfrac{59}{5}x \end{cases} \tag{7-52}$$

利用上述多项式拟合出边缘函数后，对其求导，则在一阶导数最大处或二阶导数为零处，可得到边缘的亚像素位置 T 为：

$$T = \frac{-\displaystyle\sum_{x \in I}\left[P_2(x)f(x)\right]\Big/\displaystyle\sum_{x \in I}P_2^2(x)}{3 \times \displaystyle\sum_{x \in I}\left[P_3(x)f(x)\right]\Big/\displaystyle\sum_{x \in I}P_3^2(x)} \tag{7-53}$$

式中　x——像素位置坐标；

　　$f(x)$——像素灰度值。

得到钢板边缘的亚像素坐标后，就可以利用相机的标定结果计算出准确的轧件平面尺寸。

7.3.2.3　平面形状轮廓重建

钢板图像离散化边缘的数据处理，得到代表轧后金属流动的特征表示。在中厚板轧后图像的检测过程中可能会受到环境光和其他因素的干扰，导致检测的边缘与实际值存在误差。为能够对识别的平面形状边界以平滑曲线表示，采用局部加权回归学习方法对边界点进行重建，利用局部加权回归学习方法（移动最小二乘法）对边界离散点进行曲线逼近，拟合函数为如下形式：

$$f(x) = \sum_{i=1}^{m} p_i(x)a_i(x) = p^{\mathrm{T}}(x)a(x) \tag{7-54}$$

式中　$a(x)$——待定系数；

　　$p(x)$——基函数向量。

为得到较为精确的局部近似值，需使 $f(x_i)$ 和所选取的离散边界点值 y_i 之差平方权最小，计算方法为：

$$J = \sum_{i=1}^{n} w(x - x_i)\left[f(x) - y_i\right]^2 = \sum_{i=1}^{n} w(x - x_i)\left[p^{\mathrm{T}}(x_i)a(x) - y_i\right]^2 \tag{7-55}$$

权函数采用三次样条函数，其半径为 r，记 $s' = x - x_i$，$s = \dfrac{s'}{r}$，三次样条函数模型如下：

$$\omega(s) = \begin{cases} \dfrac{2}{3} - 4s^2 + 4s^3 & s \leqslant \dfrac{1}{2} \\ \dfrac{4}{3} - 4s + 4s^2 - \dfrac{4}{3}s^3 & \dfrac{1}{2} < s \leqslant 1 \\ 0 & s > 1 \end{cases} \tag{7-56}$$

基于图像提取像素离散点表示的平面尺寸，通过最小二乘法求待定系数，即可重建边界的连续平滑曲线。示例如图 7-31 所示，重建后曲线表示参数可作为平面形状控制模型，判断矩形率控制优劣的判断基准。

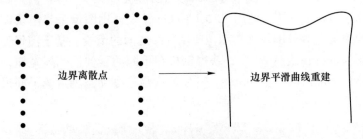

边界离散点　　　　　　　　　　边界平滑曲线重建

图 7-31　根据边界离散点重建连续曲线描述

7.3.2.4　机器视觉系统检测方案

中厚板生产过程，基于轧件本身的热辐射，利用相机采集轧件图像进行平面尺寸测量。测量过程中，为提高测量精度，需考虑相机的安装位置以及现场水汽的防护。基于机器视觉方法对中厚板轧件的平面形状的测量采用如下步骤：

（1）获取成品图像，对图像进行直方图均衡化，得到图像 P_1。

（2）利用快速中值滤波算法对图像 P_1 进行滤波，消除图像中不连续的噪点，得到图像 P_2。

（3）基于边缘检测算子，对图像 P_2 进行卷积操作，得到钢板边缘图像 P_3。

（4）利用直方图双峰法对 P_3 图像进行阈值分割，得到二值化图像 P_4。

（5）在二值化图像 P_4 进行直线检测，得到轧件头尾和侧边的边界的直线方程 $y = kx + b$。

（6）在图像 P_3 中，建立与直线 y 相垂直的多条等间距直线，接着求解这些直线通过轧件边界时像素值为最大值的点，得到 n 个像素坐标 (u_1, v_1)，(u_2, v_2)，$\cdots$，(u_n, v_n)。

（7）使用亚像素边缘定位算法，按照求解得到的 n 个像素坐标 (u_1, v_1)，(u_2, v_2)，$\cdots$，(u_n, v_n)，进行拟合得到实际的轧件边缘像素坐标 (u_{s1}, v_{s1})，(u_{s2}, v_{s2})，$\cdots$，(u_{sn}, v_{sn})。

（8）利用相机标定参数，将像素坐标 (u_{s1}, v_{s1})，(u_{s2}, v_{s2})，$\cdots$，(u_{sn}, v_{sn})

转换为世界坐标 (x_{w1}, y_{w1})，(x_{w2}, y_{w2})，…，(x_{wn}, y_{wn})。

（9）利用最小二乘法，将 (x_{w1}, y_{w1})，(x_{w2}, y_{w2})，…，(x_{wn}, y_{wn}) 拟合为曲线，判断这 n 个实际边缘点与拟合曲线之间的均方差 $\sigma = \sqrt{\dfrac{1}{n-1}\sum\limits_{i=1}^{n}(y-y_i)^2}$ 是否超出临界值；如果超出，剔除相应点，将剩下的点重新拟合，直至 σ 满足要求。

（10）剩下的 m 个点 (x_{w1}, y_{w1})，(x_{w2}, y_{w2})，…，(x_{wn}, y_{wn})，通过移动最小二乘法进行轮廓重建，得到最终的钢板平面形状。

基于 Windows 7 系统，使用 Visual Studio 开发通用图像采集模块，协调工业相机、图像采集卡等外围硬件与图像应用程序之间的衔接，基于图像处理技术对采集钢板图像进行在线测量[127]，获得钢板在不同的延伸比和展宽比条件下的平面尺寸，测量间隔时间小于100ms。开发的满足连续动态测量的平面尺寸智能感知系统如图 7-32 所示。

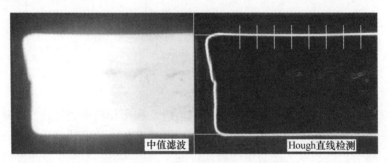

图 7-32　平面尺寸智能感知系统

平面形状检测系统，实现了完整的图像采集、轮廓识别、数据通讯等功能，其具体包括：

（1）自适应图像对比度，智能调整图像分割阈值。

（2）亚像素边缘细分算法，识别精度可达单个像素的1/50。

（3）轮廓尺寸的矢量化细分算法，不丢失轮廓细节。

（4）采用图像自定义区域识别，识别计算速度不大于100ms。

（5）提供完善的网络通讯服务接口。

（6）每块钢板的图像数据和轮廓数据自动数据存储。

基于数字图像的在线实时测量，可以为轧机的过程控制系统提供必要的模型修正数据，实现对轧制控制参数做出修正补偿，改善钢板轧后成品的形状。采用先进的基于机器视觉的图像处理算法，其核心算法采用亚像素边缘检测，极大地提高了测量精度，图 7-33 为对静态图片进行图像处理过程的示例，通过对图像处理算法的优化研究，开发了满足连续动态测量的平面尺寸智能感知系统。

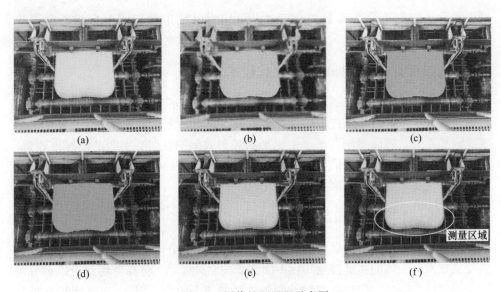

图 7-33　图像处理过程示意图
（a）原始图像；（b）图像分割；（c）钢板区域查找；（d）区域膨胀；
（e）亚像素边缘检测；（f）形状标定测量

通过二值化图像中的直线检测算法得到轧件四个边界的直线形式后，在边缘检测处理的图像中建立与直线变换检测到的边界直线相垂直的多条等间距直线，接着求解这些直线通过轧件边界时像素值为最大值的点，作为边缘的初始检测坐标。图 7-34 为测量钢板侧边形状的关键点坐标。

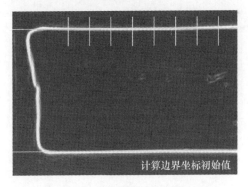

图 7-34　计算侧边初始边缘坐标

得到钢板头尾及侧边的像素坐标后，利用亚像素算法拟合得到精度更高的边界坐标。经过相机标定参数的转换得到了最终的尺寸坐标，计算得到钢板真正的平面尺寸数据；经过移动最小二乘法对检测的边界数据做平滑处理，消除异常点的影响，从图像中得到了钢板平面形状的矢量化识别结果，这个数据可以用来衡量平面形状控制算法中参数的合理性，可以对平面形状控制参数进行高精度学习。

7.4 机器视觉+大数据的智能优化技术

高精度的平面形状控制策略确定了平面形状控制的逻辑方法，可控点二维变尺度设定与精细化微跟踪技术保证了平面形状控制的设定方法和精度，基于机器视觉的平面形状智能感知实现了平面形状控制效果的及时、实时的高精度检测。基于视觉反馈结果的平面形状控制优化策略，算法和工业数据驱动的平面形状控制模型实现了平面形状控制的智能优化。

7.4.1 基于视觉反馈的设定模型智能优化

基于可控点的平面形状控制方法，是将高斯曲线分成若干段，根据精细的微跟踪实现设定曲线的精准控制。在平面形状控制过程中，将高斯曲线设定划分为三个控制区，通过三段高斯曲线控制各个区的压下曲线，以 21 点平面形状控制为例，因设定曲线为对称曲线，因此取半长作为控制对象，共有 11 个可控点，10 段控制区，其长度分别为 $L_1 \sim L_{10}$，其位置纵坐标分别为 $s(L_1) \sim s(L_{10})$，将 1~3 区定义为 Ⅰ 区，将 4~6 区定义为 Ⅱ 区，将 7~10 区定义为 Ⅲ 区，如图 7-35 所示。

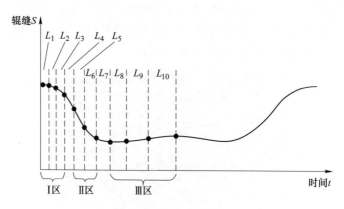

图 7-35　设定曲线分区

根据 21 点平面形状设定曲线轧制后，通过机器视觉检测系统可获取终轧产品的平面形状曲线及宽向坐标。根据宽向坐标值可以反算出宽度一半值所对应 11 个设定点的头部长度方向坐标值，并找到与图 7-35 所对应的三个控制区：Ⅰ区、Ⅱ区和Ⅲ区，如图 7-36 所示。

通过坐标计算可获得三个分区的平均头部切损长度分别为 Q_1，Q_2 和 Q_3。将Ⅰ区与Ⅱ区以及Ⅱ区与Ⅲ区之间的头部切损差值 $Q_2 - Q_1$ 和 $Q_3 - Q_2$ 进行高斯设定

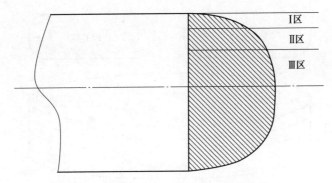

图 7-36　视觉检测得到的平面形状曲线分区

曲线修正，定义产品的目标厚度为 h_1，以 Ⅱ 区为基准，Ⅰ 区需要补充或减小的金属体积差见下式：

$$\Delta V_1 = h_1 \times (Q_2 - Q_1) \times (L_1 + L_2 + L_3) \tag{7-57}$$

以 Ⅱ 区为基准，Ⅲ 区需要补充或减小的金属体积差为：

$$\Delta V_3 = h_1 \times (Q_2 - Q_3) \times (L_7 + L_8 + L_9 + L_{10}) \tag{7-58}$$

根据高斯曲线设定模型，可以得到可控点设定曲线中，Ⅰ 区与 Ⅱ 区以及 Ⅱ 区与 Ⅲ 区之间对应的与设定金属体积的差值：

$$\Delta V_{S_1} = W_0 \times \left\{ \sum_{i=1}^{3} \left[s(L_i) L_i \right] - \sum_{i=4}^{6} \left[s(L_i) L_i \right] \right\} \tag{7-59}$$

$$\Delta V_{S_3} = W_0 \times \left\{ \sum_{i=7}^{10} \left[s(L_i) L_i \right] - \sum_{i=4}^{6} \left[s(L_i) L_i \right] \right\} \tag{7-60}$$

式中　W_0——入口宽度，mm。

根据各个区之间预设定金属体积差和机器视觉反馈后各个区需要补充或减小的金属体积差，调节高斯曲线 1 和高斯曲线 3 的加权值，从而实现平面形状设定Ⅰ 区与 Ⅲ 区的反馈调节，实现平面形状的矩形度优化，高斯曲线 1 和高斯曲线 3 的新的加权值调节公式如下：

$$w_{1\text{new}} = \left(1.0 + \frac{\Delta V_1}{\Delta V_{S_1}} \right) \times w_1 \tag{7-61}$$

$$w_{3\text{new}} = \left(1.0 + \frac{\Delta V_3}{\Delta V_{S_3}} \right) \times w_3 \tag{7-62}$$

7.4.2　基于工业大数据的平面形状智能优化

7.4.2.1　数据平台的建立

完整的工业大数据平台应至少包括五个方面的内容：服务器集群、数据采集、数据存储、数据处理、分析工具，如图 7-37 所示。

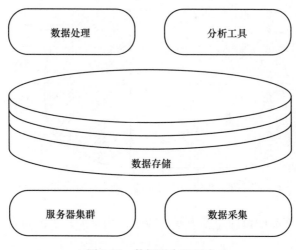

图 7-37　数据平台的组成

服务器集群指集群搭建所涉及的硬件要求、网络结构等，如计算性能、存储容量、写入速度、副本个数、网络速度等。

数据采集指将数据传输入数据中心所采用的方式，包括工业通讯网关数据接入、分布式日志聚合数据接入、关系数据库接入和 ETL 数据接入。

数据存储指各种数据对象存储的格式，包括对象存储、半结构化数据、工业过程数据和结构化数据。

数据处理指针对大数据处理所涉及的流式计算、分布式离线分析、分布式在线分析、表达式计算等大数据处理的基本形式。

分析工具指面向智能制造系统需要的各种建模、分析和优化工具，如各种基于机器学习的建模方法；各种回归、聚类方法，如遗传算法、蚁群算法、多目标优化方法等。

建立完整的大数据平台是一项规模浩大的工程，涉及方面很多，受各方面条件的限制。为了实现平面形状的智能优化，在充分考虑现有情况和以后发展的前提下，将完整的大规模数据平台的规模简化。首先，采用单服务器的形式替代服务器集群；其次，数据采集中的工业通讯数据功能完全保留，其他功能简化；再次，数据存储功能部分保留，采用对象存储和工业过程数据存储；第四，简化数据处理，将此部分功能在平面形状智能感知系统中实现；最后，采用极限学习机实现平面形状控制的智能优化。简化后的大数据平台成为了一个子数据平台，虽然计算性能、存储容量等指标有所下降，但仍然能够完全满足现场平面控制优化的需求，并为以后完备的大数据平台奠定了良好的基础。

7.4.2.2 数据采集与清洗

不同类型的数据，采集方式是不同的，大数据平台存储的数据主要包括：全流程的生产实时数据，全流程的质量数据，专用设备的运行数据，各工序的生产实绩数据，产品品种的性能和质量数据，各工序的能量消耗、产出数据，各工序产品的物料消耗数据，用户采购、消耗数据。对这些数据和现场的采集设备进行分析，可以将这些数据的来源归结为三项：PLC、PDA/PCS/MES/ERP、数据库，如图 7-38 所示。

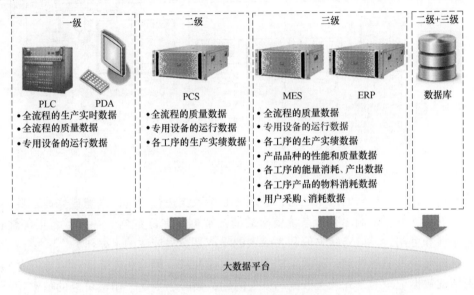

图 7-38 数据内容与数据源

数据平台与一级系统间的数据通讯基于工业网关实现，且由于数据的实时性较高，因此还需采取优化的存储方法，以减少对数据平台的高频次触发；数据平台与二级和三级间的数据通讯基于 TCP/IP 协议实现，通过双方建立各自独享的通讯通道，根据数据需要进行即时通讯；数据平台与数据库间的大量的数据通讯通过专用数据库导入工具实现。

子数据平台通过工业以太网对 PLC 和 PDA 收集的生产过程数据、PCS 系统收集的生产实绩等数据进行采集和优化存储，简化与 MES 和三级、其他数据库间的数据采集，降低平台负荷、有针对性地提高平台的使用效率，现场的网络结构如图 7-39 所示。

由于数据源多、数据内容复杂、数据形式多样，因此在采集到的原始数据中，不可避免地存在冗余数据、缺失数据、不确定数据、不一致数据和数据含有噪声等诸多情况，这样的数据称为"脏数据"，严重影响了数据利用的效率和决

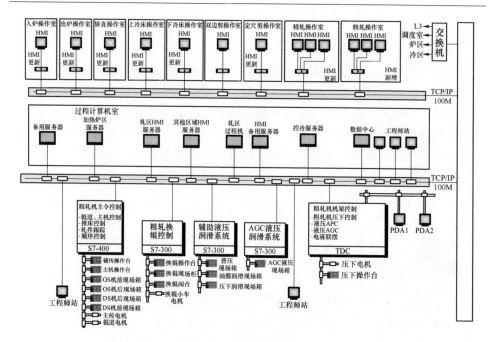

图 7-39　现场网络结构图

策质量。在进行数据的应用之前，必须对原始数据进行清洗，过滤或修改那些不符合要求的数据，输出符合系统要求的清洁数据，保证数据的一致性、正确性、完整性和可用性。填充缺失值和去除数据噪声是数据清洗的主要任务[128~132]。

　　针对缺失值的处理，通常采用删除法和插补法。删除法就是通过删除存在缺失值的数据记录的方式解决数据的缺失问题；插补法则是采用最可能的值来填补缺失的值，常用的插补方法有：均值插补、回归插补和极大似然估计。各种缺失值处理方法的优缺点对比见表 7-1。由于现场实测数据为实时传送状态，且数据的采集和传送周期最慢为 0.2s/次，数据量足够大，因此我们可以采取删除法，对缺失值直接剔除。

表 7-1　缺失值处理方法对比

缺失值处理方法	适用条件	优　缺　点
删除法	样本量大，缺失值所占样本比例较少	优点：简单、易行 缺点：（1）损失样本量，造成资源浪费，容易丢弃隐藏信息；（2）削弱统计功效；（3）样本量较小时，数据的客观性和结果的正确性会受到严重影响；（4）缺失数据所占比例较大，且缺失值非随机分布时，可能导致数据发生偏离，得出错误结论

缺失值处理方法	适用条件	优 缺 点
均值插补法	（1）缺失值为数值型：平均值来填充； （2）缺失值为非数值型：众数填充	优点：简便、快速 缺点：（1）这种方法会产生有偏估计；（2）均值补差法是建立在完全随机缺失的假设上，会造成变量的方差和标准差变小
回归插补法	处理变量之间的相关关系	优点：利用了尽可能多的信息，较前几种方法得到的缺失值更有说服力 缺点：（1）容易忽视随机误差，低估标准差和其他未知性质的测量值，且随缺失信息的增多而严重；（2）研究者必须假设存在缺失值所在的变量与其他变量存在线性关系，很多时候这种关系是不存在的
极大似然估计法	适用于任何总体	优点：估计量具有一致性和有效性 缺点：并非所有缺失值都能求得似然估计量，解似然方程时，可能难以求解或根本写不出有限形式的解

噪声是数据中存在的随机误差，不能完全避免，特别是针对实时的检测数据来说，噪声的存在更是完全正常的。虽然噪声的存在是正常的，但会对变量的真值产生影响，因此我们也需要对这些噪声数据进行过滤，提高数据的纯净度。常用的噪声过滤方法有回归法、均值平滑法、离群点分析及小波去噪法。

回归法是先对原始数据进行拟合回归，得到回归函数，再用该函数的函数值替代原始数，消除噪声数据的干扰；均值平滑法是对具有序列特征的变量，用邻近的若干数据均值来替换原始数据的方法。

离群点分析采用聚类等方法来对数据进行分析，具有较高相似度的由聚类生成一组数据对象集合称为簇，同一簇中的数据对象相似程度较高，其他簇中的数据对象相似程度较低（常用距离来度量相似度），落在簇集合之外的值称为离群点，将其删除，从而实现去噪。

小波去噪法具有较好的时频特性，从数学角度分析，小波去噪本质是函数逼近问题，根据衡量标准找出对原信号的"最佳"逼近，找到实际信号空间到小波函数空间的最佳映射，便于恢复最佳的原信号；从信号学角度分析，小波去噪是信号滤波问题，通过特征提取和低通滤波功能的重建信号[132,133]。

除了以上方法外，滤波优选法对于数据噪声的处理也十分有效，该方法可以快速剔除粗大噪声，最大程度的保留数据的稳定性。上述各种方法的特点见表7-2。

表 7-2　噪声过滤处理方法对比

噪声过滤处理	适用条件	优 缺 点
回归法	建立在稳定数据变量基础上	优点：分析多因素模型时，更加简单和方便，去噪效果好 缺点：(1) 直接采用非平稳时间序列建立回归模型，很容易产生"伪回归"问题；(2) 存在着因果关系的变量间建立的回归预测模型的预测效果较差
均值平滑法	有序列特征的变量	优点：简单、计算速度快 缺点：此方法去噪导致信号的细节和边缘模糊
离群点分析	(1) 数据和检验类型要充分； (2) 预先知道样本空间中数据集的分布特征	优点：建立在标准的统计学技术之上，当数据和检验的类型十分充分时，检验有效 缺点：(1) 绝大多数是针对单个属性的，而数据挖掘要求多维空间挖掘离群点；(2) 数据分布可能是未知的，统计学方法在数据不充分的情况下，不能确保所有的离群点被发现
小波去噪法	对图像、信号去噪	优点：(1) 低熵性；(2) 多分率，能非常好地刻画信号的非平稳特征；(3) 去相关性，噪声在变换后有自化趋势，小波域比时域更利于去噪；(4) 可以得到信号的最优估计
滤波优选法	某时间段内连续数据	优点：实现简单、快速，能获得变量在某时间段内的稳定数值

7.4.2.3　数据存储

　　数据存储是数据平台的核心功能，主要包括过程数据存储（Process Data Service，PDS）、开放表存储（Open Table Service，OTS）、结构化数据存储服务（Structured Table Service，STS）和对象存储（Object Storage Service，OSS）四种存储方式。

　　(1) 过程数据存储（PDS）。PDS 通过工业数据采集网关对接多种工业设备，实现设备数据的自动存取，并基于大数据处理技术，实现分布式过程数据处理服务，使其具有高可靠、高可用、高性能和动态扩展的特性，并应满足工业大数据的存储要求，以弥补传统实时数据库的不足，提供实时和历史数据的存储服务。

　　(2) 开放表存储（OTS）。OTS 是分布式的，面向列的，多维的 NoSQL 数据系统，它提供高容错性和高可扩展性，数据存储以 id 作为单元记录主键，主要用于存储结构化和半结构化的松散数据，是面向海量企业数据、机器数据、社会化数据的存储处理。它支持多服务器分布式集群部署，并提供从传统的关系型数据库如 Oracle 、MySQL 和 PostgreSQL 等将数据导出至 OTS 的功能，同时也可将

OTS 数据转储到传统的关系型数据库,并应提供 OTS 集群的异步复制功能。OTS 还可通过数据转储功能实现旧系统升级改造以及特殊场景下对关系型数据库的支持。

(3) 结构化数据存储(STS)。STS 提供准实时的数据插入,以满足用户对实时数据的实时交互式分析;提供海量数据高压缩比列式存储,以有效节约存储成本,并通过多副本机制实现数据安全存储;提供标准的 SQL 接口,传统的业务在少量改变甚至不改变代码的基础上即可平滑地切换到大数据平台;定位于低存储成本、低维护成本、可弹性扩展的海量数据存储引擎,以支撑百亿数据场景下实时高效及多维度自由组合的检索[134]。

(4) 对象存储(OSS)。OSS 提供海量、安全和高可靠的对象存储服务,以解决海蜇图片文件的存储与检索问题,用户通过调用 API 进行图片数据的访问,或使用 Web 控制台对数据进行管理。

在子数据平台中,采用 PDS 和 OSS 两种存储方式,但都采用单机服务器存储和数据处理,将板坯的 ID 作为数据的检索关键字,实现过程数据与最终产品形状图片的准确对应关系,为平面形状控制效果分析和优化提供数据基础。除上述两种存储方式外,还预留了 OTS 和 STS 存储方式,为平台存储功能的扩展提供接口。

7.4.2.4 反馈信息极限学习机优化

A 极限学习机算法

极限学习机 ELM(Extreme Learning Machine)是一种简单易用、有效的单隐层前馈神经网络 SLFNs 学习算法,2004 年由南洋理工大学黄广斌副教授提出。传统的神经网络学习算法(如 BP 算法)需要人为设置大量的网络训练参数,并且很容易产生局部最优解。极限学习机只需要设置网络的隐层节点个数,在算法执行过程中不需要调整网络的输入权值以及隐元的偏置,并且产生唯一的最优解,因此具有学习速度快且泛化性能好的优点[135~137]。

极限学习机的主要思想是:输入层与隐藏层之间的权值参数,以及隐藏层上的偏置向量参数是 Once Ror All 的(不需要像其他基于梯度的学习算法一样通过迭代反复调整刷新),求解很直接,只需求解一个最小范数最小二乘问题(最终化归成求解一个矩阵的 Moore Penrose 广义逆问题)。因此,该算法具有训练参数少、速度非常快等优点[138]。

对于一个单隐层前馈神经网络(Single-hidden Layer Feedforward Networks,SLFNs),其结构如图 7-40 所示。

为描述方便,引入以下记号[139]:

(1) N:训练样本总数。

(2) $\overline{N}$:隐藏层单元(以下简称隐单元)的个数。

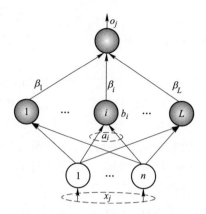

图 7-40　单隐层前馈神经网络示意图

（3） n, m：输入和输出层的维度（即输入和输出向量的长度）。

（4） (x_j, t_j), $j=1$, 2, $\cdots$, N：训练样本，其中：

$$\begin{cases} x_j = (x_{j1}, x_{j2}, \cdots, x_{jn})^\mathrm{T} \in R^n \\ t_j = (t_{j1}, t_{j2}, \cdots, t_{jn})^\mathrm{T} \in R^m \end{cases} \tag{7-63}$$

将所有输出向量按行拼接起来，可得到整体输出矩阵：

$$T = \begin{bmatrix} t_1^T \\ t_2^T \\ \vdots \\ t_N^T \end{bmatrix}_{\bar{N} \times m} = \begin{bmatrix} t_{11} & t_{12} & \cdots & t_{1m} \\ t_{21} & t_{22} & \cdots & t_{2m} \\ \vdots & \vdots & \ddots & \vdots \\ t_{N1} & t_{N2} & \cdots & t_{Nm} \end{bmatrix} \tag{7-64}$$

（5） o_j, $j = 1$, 2, $\cdots$, N：与标注 t_j 对应的实际输出。

（6） $W = (w_{ij})_{\bar{N} \times n}$：输入层与隐藏层之间的权矩阵，其中 W 的第 i 行对应的向量见下式：

$$w_i = (w_{i1}, w_{i2}, \cdots, w_{in})^\mathrm{T} \tag{7-65}$$

式中　 w_i ——连接隐藏层第 i 个单元与输入单元的权向量。

（7） $b = (b_1, b_2, \cdots, b_{\bar{N}})^\mathrm{T}$：偏置向量，$b_i$ 表示第 i 个隐单元的阈值

（8） $\beta = (\beta_{ij})_{\bar{N} \times m}$：隐藏层与输出层之间的权矩阵，其中 β 的第 i 行对应的向量见下式：

$$\beta_i = (\beta_{i1}, \beta_{i2}, \cdots, \beta_{im})^\mathrm{T} \tag{7-66}$$

β_i 表示连接隐藏层第 i 个单元和输出单元的权向量，矩阵展开可以见下式：

$$\beta = \begin{bmatrix} \beta_{11} & \beta_{12} & \cdots & \beta_{1m} \\ \beta_{21} & \beta_{22} & \cdots & \beta_{2m} \\ \vdots & \vdots & \ddots & \vdots \\ \beta_{\bar{N}1} & \beta_{\bar{N}2} & \cdots & \beta_{\bar{N}m} \end{bmatrix} \tag{7-67}$$

(9) $g(x)$: 激活函数。数学上，标准的 SLFNs 模型见下式：

$$\sum_{i=1}^{\bar{N}} g(w_i x_j + b_i)\beta_i = o_j, \ j = 1, \ 2, \ \cdots, \ N \tag{7-68}$$

单隐层神经网络的最终目的是为了使输出的误差最小，在极限情况下为零误差逼近，可以表示为：

$$\sum_{j=1}^{N} \| o_j - t_j \| = 0 \tag{7-69}$$

即存在 β_i，w_i，b_i 使得：

$$\sum_{i=1}^{\bar{N}} g(w_i + x_j + b_i)\beta_i = t_j, \ j = 1, \ 2, \ \cdots, \ N \tag{7-70}$$

以上 N 个线性方程组可以简单用矩阵表示：

$$H\beta = T \tag{7-71}$$

$$H(w_1, \ \cdots, \ w_{\bar{N}}, \ b_1, \ \cdots, \ b_{\bar{N}}, \ x_i, \ \cdots, \ x_{\bar{N}})$$

$$= \begin{bmatrix} g(w_1 x_1 + b_1) & \cdots & g(w_{\bar{N}} x_1 + b_{\bar{N}}) \\ \vdots & \ddots & \vdots \\ g(w_1 x_N + b_1) & \cdots & g(w_{\bar{N}} x_N + b_{\bar{N}}) \end{bmatrix}_{N \times \bar{N}} \tag{7-72}$$

$$\beta = \begin{bmatrix} \beta_1^{\mathrm{T}} \\ \vdots \\ \beta_{\bar{N}}^{\mathrm{T}} \end{bmatrix}_{\bar{N} \times N} \tag{7-73}$$

$$T = \begin{bmatrix} T_1^{\mathrm{T}} \\ \vdots \\ T_N^{\mathrm{T}} \end{bmatrix}_{N \times m} \tag{7-74}$$

为了能够训练单隐层神经网络，我们希望得到 β_i，w_i，b_i 满足下式：

$$\| H(\hat{w}_1, \ \cdots, \ \hat{w}_{\bar{N}}, \ \hat{b}_1, \ \cdots, \ \hat{b}_{\bar{N}})\hat{\beta} - T \|$$

$$= \min_{w, \ b, \ \beta} \| H(w_1, \ \cdots, \ w_{\bar{N}}, \ b_1, \ \cdots, \ b_{\bar{N}})\beta - T \| \tag{7-75}$$

其最小二乘解便为：

$$\hat{\beta} = H^+ \times T \tag{7-76}$$

式中 H^+——H 的广义逆矩阵。

相比较 BP 算法，ELM 算法最大的优势便是速度极快，当然准确率有可能会损失一些。另外，基于梯度求解的算法就是有可能陷入到局部最优解出不来，而 ELM 是基于最小二乘原理所以不存在这个问题。当然 ELM 算法也存在缺点，就是单层限制，在多层的情况下不像 BP 算法那样梯度存在链式法则很好处理。

B 训练样本选取

在平面形状实际控制过程中，实测数据组成的反馈数据集含有大量属性，这些属性受不同的因素控制或影响，它们之间的相互关联程度以及影响程度也是各不相同的。对于本章研究的内容，在实现具体的缺失属性填补之前需要对平面形状控制过程中的数据集中属性进行相应的处理。这样做的目的在于减少无关属性对于结果的干扰，提高算法执行效率和训练精度，同时因为聚类算法会将所有的属性全部参考进去，高度相关的属性也将提高算法的精度，避免无关属性的干扰，减少噪声。

在数据采集过程中，不可避免地会产生缺失数据，对于不完备数据集内所包含的缺失属性值合理有效地填充是研究的重要环节。在解决这些问题之前，还应该解决的是为信息反馈极限学习机合理挑选适当的属性，然后对包含这些属性的数据集合进行训练处理，从而实现优化估值的目的。由此可见，属性参数的选择在整个模型建立阶段中起到了至关重要的作用，同时对最终的填补效果有直接的影响。如果属性参数选择的恰当合理，那么通过回归预测，可以得到较小的误差值，在调节填充值时也会更加接近真实值，最终的聚类分析结果也会最佳；反之，则会由于属性参数的选择不当导致预测的偏离误差大，从而影响最终的效果。因此，合理地进行属性参数的选择是一项关键的任务。

互信息在机器学习领域被用作判别两个对象之间特征相关性的标准。互信息所表达的含义是两个变量之间相似信息的比例，从而可以得出它们之间的相互关联程度。对于任意的两个变量，若它们之间彼此依赖程度较高，则它们之间的计算值就较高，其计算公式如下：

$$I(X; Y) = \iint \mu_{XY}(x, y) \log \frac{\mu_{XY}(x, y)}{\mu_X(x)\mu_Y(y)} \mathrm{d}x\mathrm{d}y \tag{7-77}$$

利用互信息技术计算属性间的相关性。在平面形状控制过程中，可以通过变形过程中的轧制速度、轧制负荷、轧辊挠曲、平面形状矩形度、轧制厚度、展宽比、延伸比等属性参数彼此的互信息值，选择相互关联的属性参数作为网络训练使用的属性参数。从而得到的数据集便是最终进行网络训练所用的数据集。具体实现的步骤如下：

（1）计算输入变量和输出变量之间的互信息值 $I(X; Y)$。

（2）设置相关性阈值 $\alpha \in (0, 1)$。一般情况下，将 α 设置为 $\alpha = 1/N$。

（3）选择那些 $I(X; Y) > \alpha$ 的属性参数。

因此，得到了一个对中厚板平面形状实际控制过程原始数据集合进行选择后的数据集合。针对该不完备数据集中包含的完整数据，形成训练网络的样本数据集。假设数据集仅含七个属性：轧制速度、轧制负荷、轧辊挠曲、平面形状矩形度、轧制厚度、展宽比、延伸比，将挑选包含任意六个属性的数据作为输入端，剩余的一个属性作为输出端，从而不断地去训练网络模型。

C　极限学习机参数的优化选取

平面形状控制系统需要根据轧件的尺寸、成品的尺寸、轧制策略和各轧制阶段的起止尺寸确定平面形状控制参数，对平面形状控制效果的端部各区的长度进行预测。通过对工艺和平面形状影响因素的分析，确定 ELM 的输入参数包括：坯料钢种、坯料温度、坯料厚度、坯料宽度、坯料长度，成品厚度、成品宽度、展宽比、延伸比、轧制策略，轧件每个轧制阶段的入口、出口的厚度、宽度和长度，模型计算的Ⅰ区、Ⅱ区和Ⅲ区的长度。具体输入参数名和单位见表 7-3。

表 7-3 ELM 输入参数

变 量	单 位	变 量 名
钢种	—	Stl_grd
坯料温度	℃	Slb_tmp
坯料厚度	mm	Slb_thk
坯料宽度	mm	Slb_wid
坯料长度	mm	Slb_len
成品厚度	mm	Tar_thk
成品宽度	mm	Tar_thk
展宽比	—	Aspect_ratio
延伸比	—	Extension ratio
轧制策略	—	Strategy
成型阶段入口厚度	mm	Dbt_en_thk
成型阶段入口宽度	mm	Dbt_en_wid
成型阶段入口长度	mm	Dbt_en_len
展宽阶段入口厚度	mm	Dw_en_thk
展宽阶段入口宽度	mm	Dw_en_wid
展宽阶段入口长度	mm	Dw_en_len
模型计算Ⅰ区平均长度	mm	Mod_1st_len
模型计算Ⅱ区平均长度	mm	Mod_2nd_len
模型计算Ⅲ区平均长度	mm	Mod_3rd_len

选取 2018 年 3 月 1~31 日的生产数据，分析统计 ELM 输入参数的特征，包括最大值、最小值、平均值和标准差，见表 7-4。

表 7-4 ELM 输入参数的统计特征

输入参数	最大值	最小值	平均值	标准差
Slb_tmp	1060	1020	1032.67	13.42
Slb_thk	250	160	210.55	35.23
Slb_wid	2500	1600	2107.62	167.07

输入参数	最大值	最小值	平均值	标准差
Slb_len	3100	2050	2643.91	180.46
Tar_thk	80	12	21.34	8.53
Tar_wid	3150	2100	2865.27	132.59
Aspect_ratio	1.8	1.3	1.45	0.12
Extension ratio	11.5	3	6.89	2.35
Dbt_en_thk	250	160	210.55	35.23
Dbt_en_wid	2500	1600	2107.62	167.07
Dbt_en_len	3100	2050	2643.91	180.46
Dw_en_thk	240	140	196.32	40.56
Dw_en_wid	3300	2200	2891.31	200.69
Dw_en_len	2520	1600	2122.35	170.39
Mod_1st_len	172.95	99.85	132.58	16.31
Mod_2nd_len	262.32	165.87	216.05	21.89
Mod_3rd_len	342.57	241.91	282.66	35.78

D　基于极限学习机的平面形状矩形度预测

在确定 ELM 的输入量与输出量后，分别将平面形状头部划分的三个区的平均长度作为输出量，将平面形状轧制过程相关参数数据作为输入量，进行网络训练，步骤如下：

（1）对已知的数据进行分类。一部分为训练样本，另一部分为验证样本，前者用于训练网络，后者用于评估网络泛化性能。

（2）将两部分样本分别进行归一化。

（3）给定隐含层的节点个数。

（4）采用训练样本对网络进行训练，求出连接权值，并验证神经网络。

（5）用（2）计算的归一化参数，对输入量进行归一并代入模型求解。

（6）用训练样本输出量的归一化参数对上一步求解的值进行归一逆变换，就得到所预报的平面形状每个区的平均长度预测值。

a　ELM 算法与 BP 神经网络的对比

图 7-41~图 7-43 分别为 BP 神经网络和 ELM 算法对不同分区平均长度的预测值和实际值的对比图。由图可以看出，BP 和 ELM 都能对不同分区的平均长度进行预测，且预测的趋势与实测值基本一致，但 ELM 的预测结果与 BP 的预测结果相比，偏差更小，更稳定，与实际趋势的一致性更高。

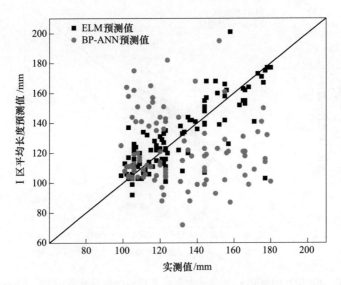

图 7-41 BP 神经网络和 ELM 算法对 I 区平均长度的预测值和实际值的对比图

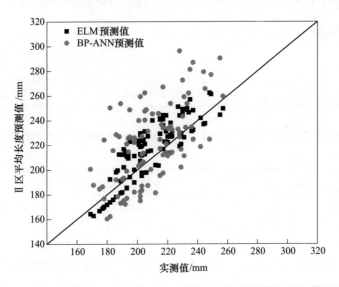

图 7-42 BP 神经网络和 ELM 算法对 II 区平均长度的预测值和实际值的对比图

表 7-5 ~ 表 7-7 分别为 BP 神经网络和 ELM 算法对 I 区、II 区和III区的平均长度预测值和实际值数据统计分析表。表中分别统计了不同算法的预测平均长度和实测平均长度的平均值和标准差，从中可以看出，ELM 预测结果的平均值更接近实测数据的平均值，ELM 预测结果的标准差也小于 BP 预测结果的标准差，说明 ELM 与 BP 相比，具有更高的精度和更好的稳定性。

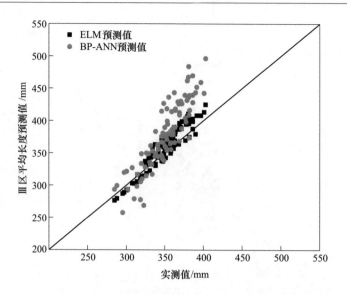

图 7-43　BP 神经网络和 ELM 算法对Ⅲ区平均长度的预测值和实际值的对比图

表 7-5　BP 神经网络和 ELM 算法对Ⅰ区平均长度的预测值和实际值数据统计分析表

（mm）

项　目	实测值	ELM 预测值	BP-ANN 预测值
平均值	129.89	130.56	121.74
标准差	23.164	23.431	22.616

表 7-6　BP 神经网络和 ELM 算法对Ⅱ区平均长度的预测值和实际值数据统计分析表

（mm）

项　目	实测值	ELM 预测值	BP-ANN 预测值
平均值	209.78	217.74	221.33
标准差	19.692	23.983	30.634

表 7-7　BP 神经网络和 ELM 算法对Ⅲ区平均长度的预测值和实际值数据统计分析表

（mm）

项　目	实测值	ELM 预测值	BP-ANN 预测值
平均值	351.08	359.05	377.28
标准差	25.409	33.331	49.928

通常情况下，极限学习机隐含层节点数量是由人为给定，缺乏理论的支撑、存在不合理的情况，仍然存在传统神经网络的一些问题。如节点数量过少则不能

较好地逼近非线性系统；反之，则出现过度拟合的现象，这些也影响了模型的预测性能。

b 隐层节点数量对 ELM 算法精度的影响

图 7-44~图 7-46 为隐层节点数量分别为 25 和 30 时，ELM 对不同分区平均长度的预测结果对比。由图可看出，隐层节点数量对预测结果会产生较明显的影响，在这两种节点数量下，ELM 都能预测出与实测值规律总体接近的结果；但可以看出节点数量为 30 时，预测值与实际值的吻合度更佳。

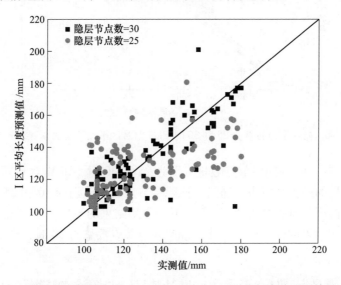

图 7-44 隐层节点数量为 25 和 30 时 ELM 对 I 区平均长度的预测结果对比

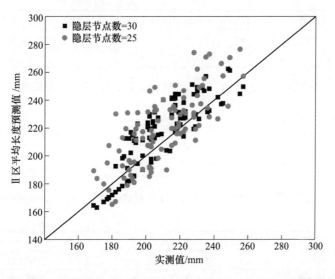

图 7-45 隐层节点数量为 25 和 30 时 ELM 对 II 区平均长度的预测结果对比

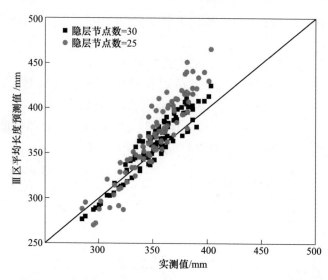

图 7-46　隐层节点数量为 25 和 30 时 ELM 对Ⅲ区平均长度的预测结果对比

　　表 7-8~表 7-10 为隐层节点数量分别为 25 和 30 时，ELM 对不同分区平均长度的预测数据的统计分析表。通过对比隐层节点数量分别为 30 和 25 时的预测结果可得，在隐层节点数量为 30 的条件下，预测结果的平均值更接近实测数据的平均值，预测结果的标准差也更优，说明隐层节点数量为 30 时，预测精度更高、稳定性更好。

表 7-8　隐层节点数量为 25 和 30 时 ELM 对Ⅰ区平均长度的预测数据统计分析表

（mm）

项　目	实测值	节点数量为 30 时的 ELM 预测值	节点数量为 25 时的 ELM 预测值
平均值	129.89	130.56	126.464
标准差	23.163	22.431	15.308

表 7-9　隐层节点数量为 25 和 30 时 ELM 对Ⅱ区平均长度的预测数据统计分析表

（mm）

项　目	实测值	节点数量为 30 时的 ELM 预测值	节点数量为 25 时的 ELM 预测值
平均值	209.78	217.74	219.39
标准差	19.692	23.983	25.040

表 7-10　隐层节点数量为 25 和 30 时 ELM 对Ⅲ区平均长度的预测数据统计分析表

（mm）

项　目	实测值	节点数量为 30 时的 ELM 预测值	节点数量为 25 时的 ELM 预测值
平均值	351.08	359.05	368.32
标准差	25.409	33.331	42.298

表 7-11 ~ 表 7-13 为隐层节点数量分别为 35 和 30 时，ELM 对不同分区平均长度的预测数据的统计分析表。通过对比隐层节点数量分别为 30 和 35 时的预测结果可得，在隐层节点数量为 30 的条件下，预测结果的平均值更接近实测数据的平均值，预测结果的标准差也更优，说明隐层节点数量为 30 时，预测精度更高、稳定性更好。

表 7-11 隐层节点数量为 35 和 30 时 ELM 对 I 区平均长度的预测数据统计分析表

(mm)

项 目	实测值	节点数量为 30 时的 ELM 预测值	节点数量为 35 时的 ELM 预测值
平均值	129.89	130.56	127.53
标准差	23.163	22.431	15.892

表 7-12 隐层节点数量为 35 和 30 时 ELM 对 II 区平均长度的预测数据统计分析表

(mm)

项 目	实测值	节点数量为 30 时的 ELM 预测值	节点数量为 35 时的 ELM 预测值
平均值	209.78	217.74	220.22
标准差	19.692	23.983	27.051

表 7-13 隐层节点数量为 35 和 30 时 ELM 对 III 区平均长度的预测数据统计分析表

(mm)

项 目	实测值	节点数量为 30 时的 ELM 预测值	节点数量为 35 时的 ELM 预测值
平均值	351.08	359.05	369.88
标准差	25.409	33.331	43.061

图 7-47 ~ 图 7-49 为隐层节点数量分别为 35 和 30 时，ELM 对不同分区平均长度的预测结果对比。由图可看出，隐层节点数量对预测结果会产生较明显的影响，在这两种节点数量下，ELM 都能预测出与实测值规律总体接近的结果；但可以看出节点数量为 30 时，预测值与实际值的吻合度更佳、预测的稳定性更好、震荡更小。

c ELM 与传统数学模型的结合方式

由于 ELM 是三层神经元网络，它能够以任意精度逼近任何复杂函数，因此可以用 ELM 来建立平面形状预报模型。但在平面形状矩形度参数预报中，ELM 还不能完全取代数学模型。这是因为：

（1）ELM 虽然能有效进行参数预报，但这只局限于训练数据。实践证明，在给定范围之外进行参数预报，将使预报结果误差增大，甚至会产生难以想象的结果。这正是 ELM 的"危险性"所在。另外，由于训练数据的可信度或网络某

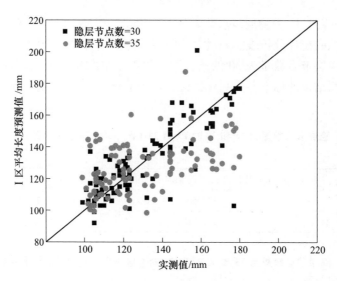

图 7-47　隐层节点数量为 35 和 30 时 ELM 对Ⅰ区平均长度的预测结果对比

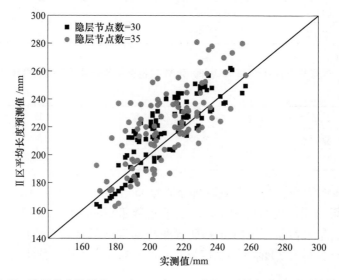

图 7-48　隐层节点数量为 35 和 30 时 ELM 对Ⅱ区平均长度的预测结果对比

些节点的破坏，将有可能导致训练结果的误差增大。

（2）长期以来，数学模型占据预设定的主导地位；与 ELM 的结合，有利于将神经元网络溶入现有的系统中，可以减少对原程序的改动。

因此，在实际应用中，为了提高平面形状预报精度，采用 ELM 和数学模型组合建模的方法，将 ELM 的输出项和平面形状预测模型的计算结果相组合。利用数学模型预报平面形状矩形度参数，同时充分利用 ELM 的计算速度快、容错

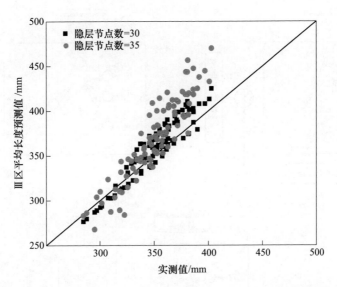

图 7-49　隐层节点数量为 35 和 30 时 ELM 对Ⅲ区平均长度的预测结果对比

能力强、信息存储方便、学习功能强等特点，纠正各种工艺条件下预报值与实测值的偏差。

利用智能调优思想，数学模型提供一个很好的平面形状矩形度参数的控制近似值，ELM 则给出数学模型近似计算中固有的计算误差，两者有机地结合，得到了一个合理的、高精度的预测值，实现平面形状矩形度参数的精度预报。

数学模型与 ELM 的三种结合形式，如图 7-50 所示。图中第一种是将工艺参数如入口轧件尺寸、出口轧件尺寸、展宽比、延伸比、轧制策略等作为 ELM 输入参数，利用这些输入参数直接预报平面形状矩形度参数的大小，然后将该预报值与传统模型预报值进行误差修正。第二种结合方式是利用 ELM 预报轧件的平面形状矩形度参数，然后将该平面形状矩形度参数作为传统平面形状模型的一个输入项。通过现场实际应用发现，采用这两种方法的预报精度比单纯利用 ELM 进行预报的方法控制精度要高，但是控制精度的提升幅度并不是太大。为此，有必要将该平面形状的数学模型引入到 ELM 中，通过不断摸索和计算，从平面形状的实际生产特点出发，采用 ELM 与平面形状矩形度参数预报相结合的第三种方式，这种结合方式的一个重要特征是在不破坏传统平面形状矩形度模型自学习过程的前提下，直接将传统模型的预报值作为 ELM 的一个输入项。

d　模型预测值对 ELM 算法精度的影响

图 7-51～图 7-53 测值两种情况下 ELM 对不同分区平均长度的预测结果的对

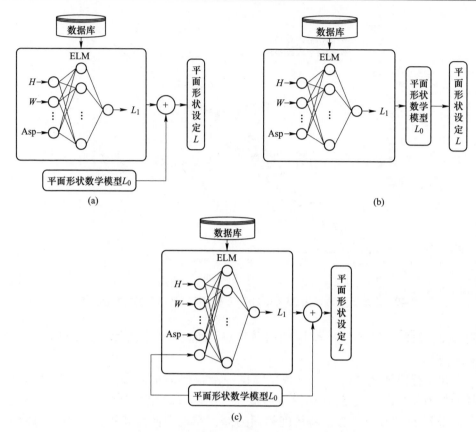

图 7-50　ELM 与传统数学模型的结合方式比较

（a）结合方式 1；（b）结合方式 2；（c）结合方式 3

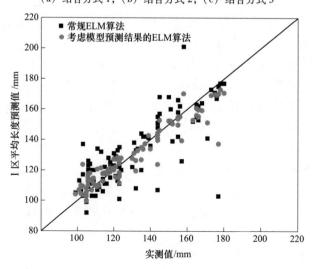

图 7-51　模型预测值对 I 区平均长度预测精度的影响

比。由图可以看出，在将模型预测值作为 ELM 输入节点的条件下，不同分区的预测结果均有所改善，振荡、偏差均减小。

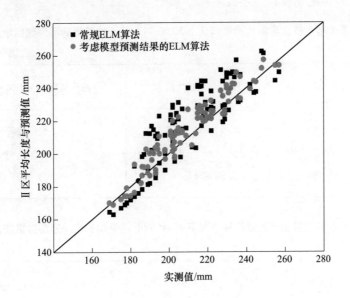

图 7-52　模型预测值对Ⅱ区平均长度预测精度的影响

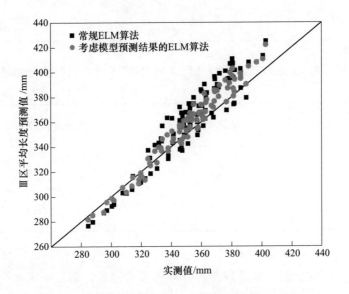

图 7-53　模型预测值对Ⅲ区平均长度预测精度的影响

　　表7-14~表7-16为是否考虑模型预测值两种情况下ELM对不同分区平均长度的预测数据的统计分析表。通过对比发现，在将模型预测值作为ELM的输入节点后，可将预测精度进一步提高。

表7-14　是否考虑模型预测值两种情况下ELM对Ⅰ区平均长度的预测数据统计分析表

（mm）

项　目	实测值	常规ELM的预测值	考虑模型预测值ELM的预测值
平均值	129.89	130.56	129.37
标准差	23.164	22.431	19.390

表7-15　是否考虑模型预测值两种情况下ELM对Ⅱ区平均长度的预测数据统计分析表

（mm）

项　目	实测值	常规ELM的预测值	考虑模型预测值ELM的预测值
平均值	209.78	217.74	214.51
标准差	19.692	23.983	20.850

表7-16　是否考虑模型预测值两种情况下ELM对Ⅲ区平均长度的预测数据统计分析表

（mm）

项　目	实测值	常规ELM的预测值	考虑模型预测值ELM的预测值
平均值	351.08	359.05	357.29
标准差	25.409	33.331	30.579

　　e　最终的ELM算法结构

　　通过算法对比、隐层节点数选择和输入参数分析，最终确定如图7-54所示的ELM算法结构。输入参数节点19个，输出参数节点1个，隐层节点30个，针对不同的分区采用相同的算法结构进行分别的学习和预测。

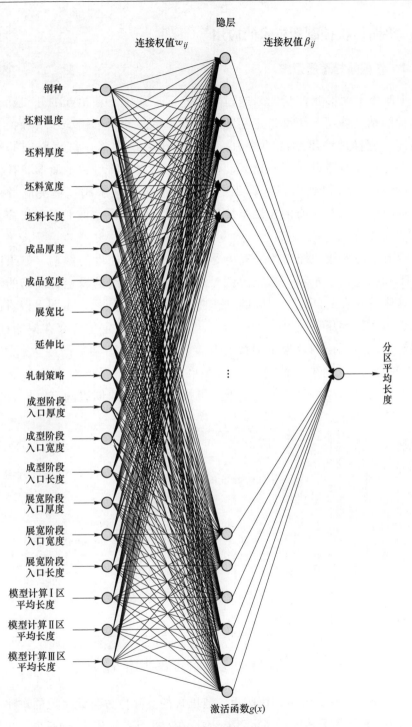

图 7-54　最终 ELM 算法结构

7.5　平面形状控制新技术的应用

7.5.1　新型强力液压系统

　　中厚板平面形状控制轧制过程需要进行带载压下和抬起的轧机动作，轧制过程的精度除了与模型设定精度有关外，更多的则依赖于压下和抬起的动作精度，也就是液压系统的能力。原有液压系统中液压缸伺服阀的流量较小，导致在执行带载压下和抬起动作时存在较大的滞后，平面形状控制轧制过程的精度无法得到保证，需要更换更大流量的伺服阀；解决流量限制问题，同时还需要对原有的控制系统进行升级，增加并完善平面形状控制轧制过程的功能。

　　钢板平面形状的控制效果直接受到液压缸动作速度的影响，如果液压带载压下和抬起速度不够，液压缸就无法跟随压下曲线的设定。现场的液压缸动作速度就存在此问题，实际的动作曲线如图 7-55 所示，由图可以看出伺服阀流量小，最大压下速度为 16mm/s，实际位置与设定位置存在偏差且滞后。受此影响，实际控制效果不但没有改善，反而导致了端部的"大斜角"，增大了切损量，恶化了平面形状控制效果。鉴于此，提出对液压系统进行改造，在液压供油能力足够的前提下，更换更大流量的伺服阀，以提高液压缸动作的响应速度。

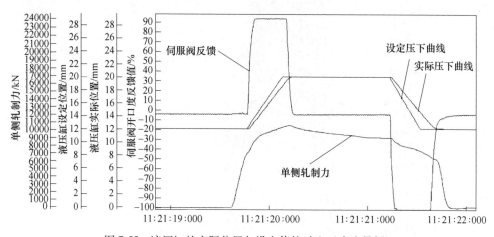

图 7-55　液压缸的实际位置与设定值的对比（小流量阀）

　　图 7-56 为更换大流量伺服阀后，液压缸的实际位置与设定值的对比。由图可以看出，最大压下速度提高至 20mm/s，在水平轧制速度为 1m/s 时，可以实现每轧制长度 100mm 情况下液压带载压下速度为 2mm/s，平面形状控制效果良好。

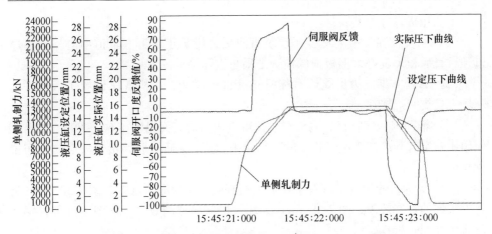

图 7-56 液压缸的实际位置与设定值的对比（大流量阀）

7.5.2 平面形状的智能感知

在某中厚板厂轧后的预矫直机和超快冷之间安装平面形状检测设备，测量用相机支架安装于超快冷入口处，相机由风冷套、水冷保护套进行防护，现场需提供仪表风冷通道。图 7-57 为工业相机和现场安装位置示意图。在测量设备边上设置机旁箱，放置交换机，并为交换机设备提供 220V 电源。工业相机由交换机的 POE 接口直接供电，采集的数字视频信号由千兆光纤传输至过程计算机室，由专门的图像处理计算机内千兆网卡接收，进行平面形状的测量和通讯；图像处理计算机与生产网络通讯，提供服务接口，满足过程计算机和基础自动化对于高精度平面形状控制的需求。

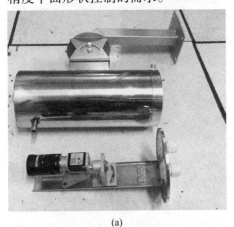
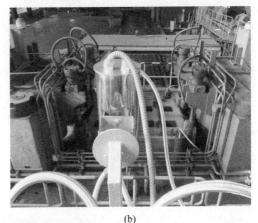

(a)   (b)

图 7-57 平面形状检测相机和安装位置示意图

(a) 检测相机组成；(b) 安装位置

工业相机设计及安装：

（1）安装位置。相机安装在预矫直机后，镜头正对下方辊道中心，钢板经过预矫直后板形良好，钢板图像检测结果与实际接近一致。

（2）云台支架。为了能够对相机角度进行微调，相机底座设置了云台，与现场安装支架焊接在一起。

（3）辅助水、气管路。钢板经过预矫直机后的表面温度在 600~800℃，需要使用压缩空气和冷却水用于相机的冷却保护和防尘处理，管路沿着安装支架布置到相机旁。

图 7-58 为机器视觉系统对平面形状控制效果的检测示意图。图 7-58（a）为轧件头部的控制效果，图 7-58（b）为轧件尾部的控制效果，从图中可见，平面形状的控制效果良好。

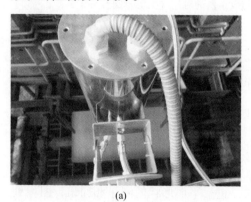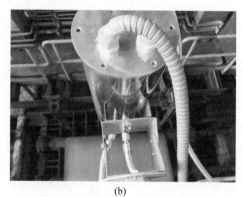

(a)　　　　　　　　　　　　　　　　　(b)

图 7-58　机器视觉系统对平面形状控制效果的检测示意图
（a）轧件头部的控制效果；（b）轧件尾部的控制效果

7.5.3　平面形状的智能优化

图 7-59 为 16mm（厚）×2600mm（宽）平面形状控制功能应用效果的现场照片，由此可见：无平面形状控制功能投入前轧制产品的端部"舌头"状缺陷非常明显，投入后该情况得到明显改善，大幅减少切头尾量。图 7-60 为 20mm（厚）×2900mm（宽）平面形状控制功能应用效果的现场照片，投入前轧制产品的端部"舌头"状缺陷非常明显，投入后该情况得到明显改善，大幅减少切头尾量。

生产线一在平面形状控制功能投入前后的综合成材率统计结果见表 7-17 和图 7-61。在未投入平面形状控制功能的 2011 年，全年综合成材率为 92.28%；2012 年投入平面形状控制功能以后，综合成材率得到明显提高，2013 年稳定投入后成材率与 2011 年相比，综合成材率提高 1% 以上。近年来随着产品结构的升

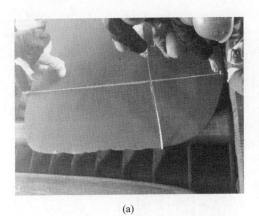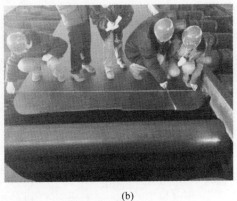

(a)   (b)

图 7-59 平面形状控制应用对比图（16mm×2600mm）

（a）无平面形状控制功能头部形状；（b）投入平面形状控制功能头部形状

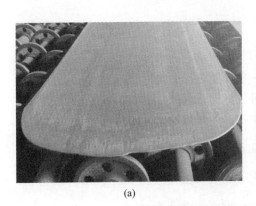

(a)   (b)

图 7-60 平面形状控制应用对比图（20mm×2900mm）

（a）无平面形状控制功能头部形状；（b）投入平面形状控制功能头部形状

级，成材率出现了小幅波动，但总体仍维持在较高的水平。

表 7-17 综合成材率统计表

年　份	综合成材率/%
2011	92.28
2012	93.03
2013	93.76
2014	93.82
2015	93.85
2016	93.78
2017	93.72

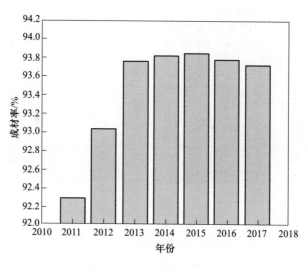

图 7-61　综合成材率统计图

　　生产线二对不同产品规格应用平面形状控制功能的效果进行了统计，统计结果如表 7-18 和图 7-62 所示。从图和表中可以看出，平面形状控制对提高产品的成材率效果明显，而且当实际展宽比与最优展宽比偏差越大时，平面形状控制对成材率的提高效果就越明显；综合成材率提高的平均值为 1.61%。

表 7-18　不同规格产品的平面形状控制效果

坯料（宽×厚×长）/mm	成品（宽×厚）/mm	展宽比	成材率提高/%
2100×250×3300	2380×30	1.13	1.55
2100×250×3300	2570×23	1.22	0.94
2100×250×3250	2630×26	1.25	0.85
2100×250×3090	2700×20	1.28	1.05
1600×220×3300	2220×14	1.39	0.29
1600×220×2830	2800×14	1.76	1.76
1260×200×3300	2200×14	1.8	1.96
1260×200×3300	2000×12	1.64	1.57
1600×220×2400	2440×26	1.56	3.83
1600×200×3250	2200×20	1.46	0.75
1600×220×3050	2050×20	1.34	0.87
2100×250×3150	2200×16	1.08	0.31
1800×280×2400	2270×18	1.26	2.7
1800×280×2570	2500×20	1.38	1

续表 7-18

坯料（宽×厚×长)/mm	成品（宽×厚)/mm	展宽比	成材率提高/%
1800×280×2700	2570×20	1.43	1.3
2000×220×2750	2820×16	1.45	1
1800×280×2700	3080×16	1.71	2.5
1260×200×2700	2200×12	1.78	2.4
1800×280×2400	3000×30	1.74	3.5
1800×280×2660	2350×20	1.37	0.8
2100×250×3000	2260×20	1.08	2.9
综合成材率平均提高			1.61

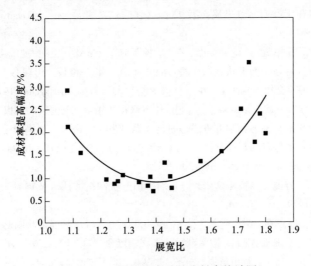

图 7-62 不同规格产品的成材率统计图

按吨钢成品和废品差价平均 1000 元、年产量 100 万吨计算，每年新增利润 1600 万元以上，为企业创造了显著的经济效益，大幅提升了企业的市场竞争力，深受用户的欢迎和好评。

参 考 文 献

[1] Ahn S H, Chun D M, Chu W S. Perspective to green manufacturing and applications [J]. International Journal of Precision Engineering & Manufacturing, 2013, 14 (6): 873~874.

[2] Singh A, Philip D, Ramkumar J, et al. A simulation based approach to realize green factory from unit green manufacturing processes [J]. Journal of Cleaner Production, 2018, 182: 67~81.

[3] Xu B S. Green remanufacturing engineering and its development strategy in China [J]. Frontiers of Engineering Management, 2016, 3 (2): 102~106.

[4] 王国栋. 减量化轧制技术研究进展 [C]. 全国轧钢生产技术会论文集, 2012: 1~7, 22.

[5] 王国栋. 我国热轧板带技术的进步和发展趋势——纪念《轧钢》杂志创刊 30 周年 [J]. 轧钢, 2014, 31 (4): 1~8.

[6] 王国栋. 中国钢铁轧制技术的进步与发展趋势 [J]. 钢铁, 2014, 49 (7): 23~29.

[7] 王国栋, 吴迪, 刘振宇, 等. 中国轧钢技术的发展现状和展望 [J]. 中国冶金, 2009, 19 (12): 1~14.

[8] 罗先德. 简述我国中厚板成材率现状与进步 [J]. 轧钢, 1999, 16 (1): 42~44.

[9] Seishi TSUYAMA. Thick plate technology for the last 100 years: a world leader in thermo mechanical control process [J]. ISIJ International, 2015, 55 (1): 67~78.

[10] 岡戸克, 中内一郎, 有泉孝. モデル圧延による変形挙動の解明 (厚板圧延における平面形状の研究 1), 日本鉄鋼協会第 92 回 (秋季) 講演大会 [J]. Tetsu-to-Hagane, 1976, 62 (11): S614.

[11] 瀬川佑二郎, 石井功一, 池谷尚弘, など. 圧下修正 (MAS) 圧延法の制御システム: 厚板圧延における新平面形状制御方法の開発 (第 2 報) (帯板・形鋼および厚板圧延, 加工, 日本鉄鋼協会第 97 回 (春季) 講演大会) [J]. Tetsu-to-Hagane, 1979, 65: 305.

[12] 石井功一, 坪田一哉, 菊池裕幸, など. 圧下修正 (MAS) 圧延法の実機への適用: 厚板圧延における新平面形状制御方法の開発 (第 3 報) (帯板・形鋼および厚板圧延, 加工, 日本鉄鋼協会 第 97 回 (春季) 講演大会) [J]. Tetsu to Hagane-Journal of the Iron & Steel Institute of Japan, 1979, 65: 306.

[13] 柳沢忠昭, 三芳純. 厚板圧延における新平面形状制御方法 (MAS 圧延法) [J]. 川崎製鉄技報, 1979, 11: 1~14.

[14] 平井信恒, 吉原正典, 関根稔弘, など. 厚板圧延における平面形状制御方法 (圧延歩留り向上の技術と理論) [J]. 鐵と鋼: 日本鐵鋼協會々誌, 1981, 67: 163~169.

[15] 中里嘉夫, 千貫昌一, 竹川英夫, など. 差厚幅出し圧延法の開発: 厚板圧延における平面形状制御圧延法 (形状・探傷・圧延形状制御, 加工, 日本鉄鋼協会第 99 回 (春季) 講演大会) [J]. 鐵と鋼: 日本鐵鋼協會々誌, 1980, 66: 291.

[16] 渡辺秀規, 高橋祥之, 塚原戴司, など. 厚板圧延における新平面形状制御法の開発: 差厚幅出し圧延法 (圧延歩留り向上の技術と理論) [J]. 鐵と鋼: 日本鐵鋼協會々誌, 1981, 67 (15): 2412~2418.

[17] 笹治峻, 久津輪浩一, など. エッジャー法による厚板の高歩留圧延法 (Ⅲ厚板圧延における歩留向上技術, 第 100 回講演大会討論会講演) [J]. Tetsu-to-Hagane, 1980, 66: 45~48.

[18] 笹治峻, 久津輪浩一, 堀部晃, など. エッジャ法による厚板の高歩留り圧延法の開発 (圧延歩留り向上の技術と理論) [J]. 鐵と鋼: 日本鐵鋼協會々誌, 1981, 67: 2395~2404.

[19] 河野輝雄, 横井玉雄, 吉松幸敏, など. 厚板エッジャーによる平面形状改善 (平面形状・クロップ, スラブの加工・討論会, 加工, 日本鉄鋼協会第 102 回 (秋季) 講演大

会）［J］. 鐵と鋼：日本鐵鋼協會々誌，1981，67：375.

[20] 川谷洋司，早川初男，福田正彦，など. エッジャー圧延法による厚板の歩留向上（平面形状・クロップ，スラブの加工・討論会，加工，日本鉄鋼協会第 102 回（秋季）講演大会）［J］. 鐵と鋼：日本鐵鋼協會々誌，1981，67：376.

[21] 岡戸克，有泉孝，野間吉之介，など. 熱延幅圧延におけるスラブ先後端幅挙動の解明（圧延歩留り向上の技術と理論）［J］. 鐵と鋼：日本鐵鋼協會々誌，1981，67：2516~2525.

[22] 西崎允，小久保一郎，早川初男，など. エッジャ圧延による厚板の歩留り向上（圧延歩留り向上の技術と理論）［J］. 鐵と鋼：日本鐵鋼協會々誌，1981，67（15）：2405~2411.

[23] 升田貞和，平沢猛志，市之瀬弘之，など. 厚板圧延における高精度圧延技術（圧延歩留り向上の技術と理論）［J］. 鐵と鋼：日本鐵鋼協會々誌，1981，67（15）：2433~2442.

[24] 升田貞和，平沢猛志，市之瀬弘之，など. 厚板平面形状制御法（ドッグボーン圧延法の開発）：第 2 報ドッグボーン材の変形（厚板，加工，日本鉄鋼協会第 104 回（秋季）講演大会）［J］. 鐵と鋼：日本鐵鋼協會々誌，1982，68：18.

[25] 升田貞和，平沢猛志，市之瀬弘之，など. 厚板平面形状制御法（ドッグボーン圧延法の開発）：第 1 報変形の基本特性について（スラブ圧延・厚板の形状・厚板圧延・圧延のトライボロジー，加工，日本鉄鋼協会第 103 回（春季）講演大会）［J］. 鐵と鋼：日本鐵鋼協會々誌，1982，68：39.

[26] 山脇満，芳賀行雄，平部謙二，など. 厚板平面形状制御法（ドッグボーン圧延法の開発）：第 3 報ドッグボーン圧延の実機化（熱間加工基礎・厚板，加工，日本鉄鋼協会第 105 回（春季）講演大会）［J］. 鐵と鋼：日本鐵鋼協會々誌，1983，69：156.

[27] 村上史敏，大西英明，竹腰篤尚，など. 厚板平面形状制御法（ドッグボーン圧延法の開発）：第 4 報ドッグボーン圧延制御システム（熱間加工基礎・厚板，加工，日本鉄鋼協会第 105 回（春季）講演大会）［J］. 鐵と鋼：日本鐵鋼協會々誌，1983，69：157.

[28] 萩原康彦，久保多，など. 討 14 厚板平面形状認識装置と最適スラブ設計解析システム（Ⅲ厚板圧延における歩留向上技術，第 100 回講演大会討論会講演）［J］. Tetsu-to-Hagane，1980，66：A173~A176.

[29] 萩原康彦，久保多貞夫，八柳博，など. 厚板平面形状認識装置と最適スラブ設計解析システム（圧延歩留り向上の技術と理論）［J］. 鐵と鋼：日本鐵鋼協會々誌，1981，67：2426~2432.

[30] 長田修次，岳藤敏夫，河原田実，など. スラブ幅集約圧延時のフィシュテール減少に及ぼす押込力の効果：スラブ幅集約圧延法の研究第 4 報（形状・探傷・圧延形状制御，加工，日本鉄鋼協会第 99 回（春季）講演大会）［J］. 鐵と鋼：日本鐵鋼協會々誌，1980，66：292.

[31] 井上正敏，折田朝之，磯山茂，など. 水島厚板工場 Attached Edger 設備概要：TFP（Trimming Free Plate）製造技術の開発（第 1 報）（厚板，加工・システム・利用技術，日本鉄鋼協会第 112 回（秋季）講演大会）［J］. 鐵と鋼：日本鐵鋼協會々誌，

1986: 72.

[32] 井上正敏，大森和郎，折田朝之，など. TFP（Trimming Free Plate）製造技術の開発 [J]. 鐵と鋼：日本鐵鋼協會々誌，1988，74：1809~1816.

[33] Inoue M, Nishida S, Omori K, et al. Manufacture of trimming-free plates [R]. Kawasaki Steel Technical Report, 1989 (20): 71~77.

[34] Shigemori H, Nanbu K, Nagao R, et al. Plan view pattern control for steel plates using locally-weighted regression [J]. IFAC Proceedings Volumes, 2007, 40 (11): 125~130.

[35] Radionov A A, Gasiyarov V R, Gasiyarova O A. Automatic gap control of plan view pattern control mechatronics system [C]. International Siberian Conference on Control and Communications (SIBCON), 2015.

[36] Horie M, Hirata K. Influence of dog-bone width on end profile in plan view pattern control method for plate rolling [J]. Key Engineering Materials, 2016, 725 (663): 542~547.

[37] 侯锦，张树堂. 提高中厚板成材率的平面形状控制技术 [J]. 钢铁，1984，19 (12)：40~47.

[38] 陈瑛. 提高锭到材厚板成材率的咬边和留尾轧制新技术通过部级鉴定 [J]. 轧钢，1988 (2)：63.

[39] 毕玉伟，方兴治，范垂俊. 现代厚板生产技术平面形状控制 [J]. 鞍钢技术，1989 (10)：14~25.

[40] 张军，四锡亮，王振宇. 厚板齐边轧制技术的探讨 [J]. 武汉钢铁学院学报，1995，18 (3)：280~285.

[41] 阳辉. 开发中厚板无切边轧制工艺提高成材率的研究 [J]. 重庆工业高等专科学校学报，1996，11 (4)：1~6.

[42] 孙大庆. 中厚板平面形状控制模型和计算机控制系统 [D]. 沈阳：东北大学，1998.

[43] 张延华. 中厚钢板平面形状数学模型及其控制的研究 [D]. 沈阳：东北大学，1998.

[44] 丁修堃，于九明，张延华，等. 中厚板平面形状数学模型的建立 [J]. 钢铁，1998，33 (2)：33~37.

[45] 丁修堃，于九明，李建平，等. 中厚板平面形状变形规律及其测定的研究 [J]. 轧钢，1998 (2)：3~6.

[46] 于九明，丁修堃，李永波. 平立辊协调轧制控制厚板平面形状的试验研究 [J]. 鞍钢技术，1999 (3)：40~43.

[47] 黄国建. 中厚板平面形状控制轧制成形过程的计算机模拟 [D]. 沈阳：东北大学，1999.

[48] 于世果，李宏图. 国外厚板轧机及轧制技术的发展（二）[J]. 轧钢，1999 (6)：29~32.

[49] 帅习元，葛懋琦，程晓茹，等. 中厚板轧制平面形状神经网络预报 [J]. 武汉科技大学学报（自然科学版），2001，24 (2)：125~127.

[50] 刘立忠. 中厚板轧制的数值模拟及数学模型研究 [D]. 沈阳：东北大学，2002.

[51] 杨韶丽，陈连生，刘战英. 中厚板端部变形的计算模型 [J]. 钢铁研究，2003，31 (1)：24~25.

［52］ 胡卫华. 宽厚板实验轧机短行程及平面形状模拟控制研究［D］. 沈阳：东北大学, 2004.

［53］ 刘慧. 中厚板平面形状控制的实验与数值模拟研究［D］. 沈阳：东北大学, 2005.

［54］ 胡贤磊, 矫志杰, 赵忠, 等. MAS 平面形状控制方法的在线应用［J］. 轧钢, 2005, 22（6）：6~8.

［55］ Hu X L, Jiao Z J, He C Y, et al. Forward and backward slip models in mas rolling process and its on-line application［J］. Journal of Iron and Steel Research International, 2007, 14（4）：15~19.

［56］ Jiao Z J, Hu X L, Zhao Z, et al. Calculation of taper rolling time in plan view pattern control process［J］. Journal of Iron and Steel Research（International）, 2006, 13（5）：1~3.

［57］ Jiao Z J, Hu X L, Zhao Z, et al. Derivation of simplified models of plan view pattern control function for plate mill［J］. Journal of Iron and Steel Research International, 2007, 14（4）：20~23.

［58］ 矫志杰, 胡贤磊, 赵忠, 等. 中厚板轧机平面形状控制功能的在线应用［J］. 钢铁研究学报, 2007, 19（2）：56~59.

［59］ 胡彬. 中厚板轧制平面形状控制物理模拟［D］. 秦皇岛：燕山大学, 2006.

［60］ 于湘涛, 姚小兰, 费庆, 等. 基于遗传规划的中厚板端部变形的预测［J］. 北京理工大学学报, 2006, 26（11）：1009~1013.

［61］ 于湘涛, 姚小兰, 伍清河, 等. 基于自适应模糊推理的平面形状控制模型的预报［J］. 制造业自动化, 2006, 28（12）：27~29.

［62］ 郭转林. 立辊调宽控制中厚板平面形状的研究［D］. 唐山：河北理工大学, 2009.

［63］ 陈凯. 中厚板轧制立辊短行程有限元模拟［D］. 武汉：武汉科技大学, 2013.

［64］ 谷胜凤. 立辊与 MAS 轧制在中厚板平面形状控制中的有限元模拟研究［D］. 沈阳：东北大学, 2014.

［65］ 何青松. 中厚板平面形状控制的有限元模拟研究［D］. 武汉：武汉理工大学, 2009.

［66］ 刘天纬, 朱建军. 3800mm 中厚板轧机平面形状控制功能的应用［J］. 金属世界, 2010（2）：28~31.

［67］ 韩杰. 中厚板轧制过程平面形状控制理论与策略研究［D］. 沈阳：东北大学, 2012.

［68］ 张春林, 程晓茹, 董述峰, 等. 低碳结构钢中厚板 MAS 轧制过程有限元模拟［J］. 特殊钢, 2011, 32（1）：9~12.

［69］ 沈敏, 卢春宁, 李磊. 平面形状控制数学模型研究与应用［J］. 轧钢, 2016, 33（6）：19~23.

［70］ Zhang Y, Wang G, Sun Y, et al. Research on plan view pattern control of heavy plate rolled with cleaned billet［J］. Journal of Anhui University of Technology, 2016, 33（4）：309~315.

［71］ Chen L J, Han B, Tan W, et al. Technology status and trend of shape detecting and shape controlling of rolled strip［J］. Steel Rolling, 2012, 29（4）：38~42.

［72］ 阮金华. 热轧宽厚板平面形状优化与成材率提高的数值模拟研究［D］. 大连：大连理工大学, 2014.

[73] 高娟. 楔形板厚控系统及轧制工艺研究 [D]. 秦皇岛：燕山大学，2009.

[74] 尹学霞. 中厚板平面形状控制的模拟研究 [D]. 秦皇岛：燕山大学，2003.

[75] Ding J G, Qu L L, Hu X L, et al. Short stroke control with gaussian curve and pso algorithm in plate rolling process [J]. Journal of Harbin Institute of Technology, 2013, 20 (4)：93~98.

[76] Kong L J, Wang H X, Zhang X H. Optimization of short stroke control for rough rolling on hot strip mill based on a new PSO [J]. Journal of Jilin Institute of Chemical Technology, 2008, 14 (4)：52~55.

[77] 刘其宏. 宝钢 2050 热连轧机的对外技术合作 [J]. 宝钢技术，1985 (4)：19~20, 17.

[78] 杨乃忠. 宝钢 5m 厚板轧机上应用的平面形状控制技术 [J]. 宝钢技术，2003 (5)：22~24.

[79] 曲圣昱，王明林. 鞍钢 5500mm 宽厚板轧机技术及装备概述 [J]. 鞍钢技术，2010 (3)：49~52.

[80] 张宏昌，马有辉，秦秀英. 邯钢 3000mm 中厚板轧机平面形状控制技术应用 [C]. 中国钢铁年会，2013：1~5.

[81] 金兹伯格 V B. 高精度板带材轧制理论与实践 [M]. 北京：冶金工业出版社，2000.

[82] 王廷溥，齐克敏. 金属塑性加工学：轧制理论与工艺 [M]. 北京：冶金工业出版社，2001.

[83] 丁修堃. 轧制过程自动化 [M]. 北京：冶金工业出版社，2009.

[84] 夏云得. 机器视觉 [M]. 北京：科学出版社，2000.

[85] 田勇，王国栋. 机器视觉技术在轧钢生产中的应用及其发展 [J]. 轧钢，2008, 25 (6)：37~40.

[86] 唐利虎. 基于 PC+DSP 的机器视觉检测控制系统设计与应用 [D]. 广州：广东工业大学，2016.

[87] 孙少红. 基于机器视觉的精确尺寸测量研究 [D]. 桂林：桂林电子科技大学，2014.

[88] Li Z M, Lin Y W, Huang J, et al. Preprocess algorithm of PCB line detection [J]. Optics & Precision Engineering, 2007, 15 (2)：272~276.

[89] Davies E R. Machine vision theory, algorithms, practicalities third edition [M]. 北京：人民邮电出版社，2009.

[90] 邢青青，罗新斌. 基于机器视觉的对中控制系统 [J]. 有色金属加工，2009 (3)：49~51.

[91] 许皓，李刚，马培松. 基于机器视觉的焊缝图像识别预处理的研究 [J]. 广西大学学报（自然科学版），2017, 42 (5)：1693~1700.

[92] 门全乐. 基于图像识别的宽厚板轧机自动转钢方案 [J]. 冶金自动化，2010, 34 (6)：55~60.

[93] 王国栋. 钢铁全流程和一体化工艺技术创新方向的探讨 [J]. 钢铁研究学报，2018, 30 (1)：1~7.

[94] 李爱国，覃征，鲍复民，等. 粒子群优化算法 [J]. 计算机工程与应用，2002, 38 (21)：1~3.

[95] 滕志军，吕金玲，郭力文，等. 基于动态加速因子的粒子群优化算法研究 [J]. 微电子

学与计算机，2017，34（12）：125~129.

[96] 袁晗，徐春梅，杨平，等. 一种基于子群变异的粒子群优化算法［J］. 计算机应用研究，2017，34（4）：1076~1079.

[97] 王照生. 基于惯性因子动态化的一种改进型粒子群算法［J］. 学园，2013（15）：54~55.

[98] Kilian K, Kilian M, Mazur V, et al. Rethinking reliability engineering using machine vision systems［J］. Proceedings of the Institution of Mechanical Engineers Part F Journal of Rail & Rapid Transit, 2016.

[99] Rout M, Pal S K, Singh S B. Prediction of edge profile of plate during hot cross rolling ［J］. Journal of Manufacturing Processes, 2018, 31: 301~309.

[100] 穆向阳，张太镒. 机器视觉系统的设计［J］. 西安石油大学学报（自然科学版），2007，22（6）：104~109.

[101] 刘金桥，吴金强. 机器视觉系统发展及其应用［J］. 机械工程与自动化，2010（1）：215~216.

[102] 李福建，张元培. 机器视觉系统组成研究［J］. 自动化博览，2004，21（2）：61~63.

[103] 王锋，阮秋琦. 基于灰度期望值和二值化高精度图像处理算法［J］. 铁路计算机应用，2001，10（7）：13~14.

[104] Milan S, Roger B, Vaclav H. Image processing, analysis, and machine vision ［M］. Chapman & Hall Computing, 1993.

[105] 雷志勇，刘群华，姜寿山，等. 线阵 CCD 图像处理算法研究［J］. 光学技术，2002，28（5）：475~477.

[106] 赵春江. C#数字图像处理算法典型实例［M］. 北京：人民邮电出版社，2009.

[107] 陶剑锋. 基于灰色系统理论的数字图像处理算法研究［D］. 武汉：武汉理工大学，2004.

[108] 白雁兵，高艳. 机器视觉系统坐标标定与计算方法［J］. 电子工艺技术，2007，28（6）：354~357.

[109] 蓝慕云，刘建瓴，吴庭万，等. 机器视觉中针孔模型摄像机的自标定方法［J］. 机电产品开发与创新，2006，19（1）：42~44.

[110] 路红亮. 机器视觉中相机标定方法的研究［D］. 沈阳：沈阳工业大学，2013.

[111] 郭津. 机器视觉边缘检测技术及应用研究［D］. 广州：广东工业大学，2011.

[112] 郭进，刘先勇. 机器视觉标定中的亚像素中心定位算法［J］. 传感器与微系统，2008，27（2）：106~108.

[113] 张艳玲，刘桂雄，曹东，等. 数学形态学的基本算法及在图像预处理中应用［J］. 科学技术与工程，2007，7（3）：356~359.

[114] 段黎明，邱猛，吴朝明. 面向逆向工程的工业 CT 图像预处理系统开发［J］. 强激光与粒子束，2008，20（4）：666~670.

[115] 钟彩. 边缘检测算法在图像预处理中的应用［J］. 软件，2013，34（1）：158~159.

[116] 王红君，施楠，赵辉，等. 改进中值滤波方法的图像预处理技术［J］. 计算机系统应用，2015，24（5）：237~240.

[117] 张黔，杨润玲，刘警锋，等. 带钢表面缺陷图片的去噪和分割方法研究 [J]. 计算机技术与发展，2015 (4)：26~29.

[118] 马艳，张治辉. 几种边缘检测算子的比较 [J]. 工矿自动化，2004 (1)：54~56.

[119] 段瑞玲，李庆祥，李玉和. 图像边缘检测方法研究综述 [J]. 光学技术，2005，31 (3)：415~419.

[120] 魏伟波，芮筱亭. 图像边缘检测方法研究 [J]. 计算机工程与应用，2006，42 (30)：88~91.

[121] 王富平，水鹏朗. 形状自适应各向异性微分滤波器边缘检测算法 [J]. 系统工程与电子技术，2016，38 (12)：2876~2883.

[122] Hueckel M H. An operator which locates edges in digitized pictures [J]. Journal of the Acm，1971，18 (1)：113~125.

[123] Hueckel M H. A local visual operator which recognizes edges and lines [M]. ACM, 1973.

[124] Tabatabai A J, Mitchell O R. Edge location to subpixel values in digital imagery [J]. IEEE Transactions on Pattern Analysis & Machine Intelligence，2009, PAMI-6 (2)：188~201.

[125] Huertas A, Medioni G. Detection of intensity changes with subpixel accuracy using laplacian-gaussian masks [J]. IEEE Transactions on Pattern Analysis & Machine Intelligence，2009, PAMI-8 (5)：651~664.

[126] Lyvers E P, Mitchell O R, Akey M L, et al. Subpixel measurements using a moment-based edge operator [J]. Pattern Analysis & Machine Intelligence IEEE Transactions on, 1989, 11 (12)：1293~1309.

[127] 雷晓峰，王耀南，段峰. 利用 VC++开发图像采集卡与图像预处理库 [J]. 微型机与应用，2002，21 (1)：48~50.

[128] 马晓亭. 基于大数据决策分析需求的图书馆大数据清洗系统设计 [J]. 现代情报，2016，36 (9)：107~111.

[129] 马凯航，高永明，吴止锾，等. 大数据时代数据管理技术研究综述 [J]. 软件，2015，36 (10)：52~55, 62.

[130] Madden S. From databases to big data [J]. IEEE Internet Computing, 2012, 16 (3)：4~6.

[131] 叶鸥，张璟，李军怀. 中文数据清洗研究综述 [J]. 计算机工程与应用，2012，48 (14)：121~129.

[132] 赵一凡，卞良，丛昕. 数据清洗方法研究综述 [J]. 软件导刊，2017 (12)：222~224.

[133] 王艺龙，杨守志. 基于连续阈值函数的小波去噪方法 [J]. 汕头大学学报（自然科学版），2013 (4)：66~74.

[134] 鲍远松. 基于 Kudu 的结构化数据存储分析方案设计 [J]. 信息技术与标准化，2017 (10)：60~63.

[135] 甘露. 极限学习机的研究与应用 [D]. 西安：西安电子科技大学，2014.

[136] 周召娣. 极限学习机相关算法的优化及应用研究 [D]. 南京：南京信息工程大学，2016.

[137] 刘学艺. 极限学习机算法及其在高炉冶炼过程建模中的应用研究 [D]. 杭州：浙江大学，2013.

[138] 温良玉. 基于极限学习机对卫星钟差预报的应用研究 [D]. 抚州：东华理工大学，2015.

[139] Junlong Xiang, Magnus Westerlund, Dušan Sovilj, et al. Using extreme learning machine for intrusion detection in a big data enviroment [C]. Proceeding of the 2014 workshop on Artificial Intelligent and Security Workshop (AISec' 14) . November 2014：73~82.

8 中厚板侧弯控制新技术

中厚板是重要的钢材品种,一般占钢材总产量的 10% 左右。中厚板广泛应用于基础设施建设、造船、工程机械、容器、能源、建筑等多个行业,在国民经济建设中占有重要的地位。自改革开放,特别是进入 21 世纪以来,中国的中厚板产业得到了飞跃发展,目前已投产和在建的中厚板轧机生产线约 76 套,全部建成后我国将具备近 1 亿吨中厚板生产能力[1]。

我国通过自主创新以及对引进先进技术的消化吸收再创新,建设了具有自主知识产权的 3500mm 中厚板轧机,开发的高刚度轧机、自动化控制系统、控制冷却系统等具有鲜明的特色和优良的性能,开创了我国自主研发大型中厚板轧机的先河[2~5]。我国新近建设的一批中厚板轧机,集成了世界上一大批先进的中厚板生产技术和装备,同时采用了我国自主创新的关键技术和共性技术,使得我国的中厚板生产技术和装备达到了国际先进水平。主轧机实现了强力化和高刚度,采用了厚度自动控制、板形控制、平面形状控制、自动轧钢等先进、实用的计算机控制系统[6~15]。自主开发了具有世界先进水平的新一代控制冷却系统,实现了TMCP 技术的创新发展。开发了经济建设急需的高级别中厚板产品,可以说我国已经跻身于世界中厚板强国之列[16~19]。

随着轧制工艺和自动控制技术的不断发展和日益成熟,产品的尺寸精度和过程控制水平都达到了很高的程度。可是无论是引进的自动化系统,还是自主集成的自动化系统,对于中厚板生产过程中经常出现的侧弯问题,从理论研究到生产实践,均缺乏系统可行的解决方法。在生产过程中一旦出现侧弯,轻者增加切边量影响成材率,重者无法轧出合格产品,甚至损坏设备造成停产。由于侧弯产生的原因非常复杂,包括设备因素、自动化系统因素、生产组织和操作等众多方面,严重影响中厚板产品成材率和生产稳定性。因此侧弯问题已经成为中厚板工艺和自动化技术人员急需解决的重要热点课题[20~35]。

本章以近年 RAL 实验室研究团队承担的国内某 4300mm 中厚板生产线板形板厚以及生产工艺技术优化项目为背景,结合多年来承担的国内十余条中厚板生产线自动化控制系统开发调试的经验,针对中厚板轧制过程中的侧弯问题,建立了轧件入出口侧弯运动方程;完善了横向不对称辊系弹性模型;采用影响函数法研究和分析各种因素对轧件侧弯的影响规律,特别是轧件入口和出口侧弯的耦合关系；建立了适于各种因素的统一的侧弯反馈控制模型；提出了一套侧弯故障诊断策略。对于提高产品质量、成材率和经济效益，增强产品竞争力具有重要的理论意义和实际应用价值。

8.1 侧弯研究和控制技术进展

在中厚板轧制过程中，由于不对称因素的作用，使得轧件在变形区出口截面处的出口速度沿横向不对称，表现为轧件横向一侧速度快、一侧速度慢，从而造成出口轧件向速度慢的一侧发生弯曲，称为侧弯。侧弯的衡量指标一般为单位长度的轧件对应的偏移量，或者曲率或者曲率半径。关于侧弯的研究和控制进展，主要包括三方面的内容：轧件侧弯运动模型、侧弯的检测和控制以及侧弯的影响因素分析。

8.1.1 侧弯的运动模型研究

关于轧件发生侧弯过程中其运动轨迹的研究，日本学者中岛 1980 年对之进行了研究[33]，其研究成果一直沿用至今[34~44]。图 8-1 所示为时刻 t 轧件在水平面内的形状。在水平面内取 x、y 轴，使 y 轴与轧辊轴线正下方的变形区一致，原点 O 在辊身中心，并只考虑轧件在水平面内的刚体运动。

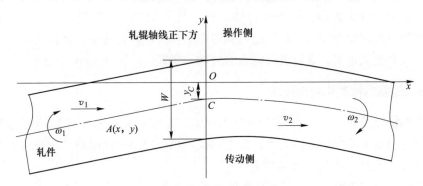

图 8-1　轧件运动分析

轧件内某点在时刻 t 的位置如取作 (x, y)，则该点在 x、y 坐标方向的速度 v、u 可用下式表示[33]：

$$\begin{cases} v(x,y,t) = \omega(t)(y - y_{C,t}) + v \\ u(x,y,t) = -\omega(t)x \end{cases} \tag{8-1}$$

式中　ω, v——轧件转动的角速度及中心点的 x 向速度；

$y_{C,t}$——t 时刻轧件的跑偏量。

经过一系列假设和推导，获得轧件出口和入口曲率半径与轧件出入口楔形率差之间的关系：

$$\frac{1}{\rho_2} = \frac{1}{\lambda^2} \times \left(\frac{1}{\rho_1} + \frac{\Delta\psi}{W} \right) \tag{8-2}$$

式中　ρ_1, ρ_2——轧件入口、出口曲率半径；

　　　　$\Delta\psi$——轧件出口与入口楔形率差；

　　　　λ——轧件延伸系数；

　　　　W——轧件宽度。

$$\begin{cases} \Delta\psi = \dfrac{\Delta h}{h} - \dfrac{\Delta H}{H} \\[3mm] \lambda = \dfrac{v_2}{v_1} \end{cases} \tag{8-3}$$

式中　Δh——轧件出口楔形；

　　　　h——轧件出口中心厚度；

　　　　ΔH——轧件入口楔形；

　　　　H——轧件入口中心厚度；

　　　　v_1, v_2——轧件入口和出口速度。

在中岛提出的轧件侧弯运动方程中，给出了轧件入出口侧弯与轧件入出口厚度楔形率差以及延伸率之间的关系。通过严密系统地理论分析和研究发现：该模型由于采用了较多假设，使所获得的结果出现了偏差。对于侧弯影响因素的分析、预测及控制模型而言，轧件出口侧弯曲率和入口侧弯曲率与轧件变形区参数之间的关系至关重要，必须进行深入的分析和研究。

8.1.2　侧弯的检测和控制技术

中厚板以及热连轧轧件侧弯的检测技术，是进行侧弯自动控制的前提和基础。侧弯检测方法归纳为两大类，基于扫描式热金属检测仪的跑偏检测仪和基于CCD技术的轧件平面尺寸测量装置。

1985 年日本川崎制铁公司水岛制铁所的大森和郎等[45~50]，开发了厚板轧机轧件侧弯检测装置和侧弯前馈控制系统，并应用于生产线。该装置的构成如图8-2所示，在机后辊道上间隔一定距离安装 3 台轧件侧弯检测仪，该检测仪可以检测到钢板边部距离辊道中心的距离。通过 3 台侧弯检测仪和 1 台板凸度仪，在前一个道次对侧弯曲率和轧件两侧厚度差进行测量和计算，在当前道次实施侧弯的前馈控制。

2001 年日本神户制钢加古川厚板厂，与三菱电气合作，开发了一套包含 4 个边部激光扫描仪的厚板侧弯测量系统[51,52]，如图 8-3 所示。近距离（6m）布置在精轧机后连续测量轧件侧弯，其中采用光传输关键技术，有效地避免了轧机周围环境以及轧件高温的影响，而且结构紧凑，占用空间少。该公司计划基于该厚板侧弯测量系统进行侧弯控制系统的研究开发。

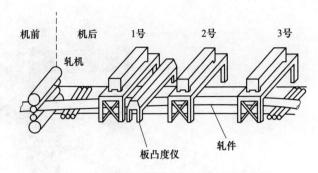

图 8-2　日本川崎制铁水岛厂侧弯检测装置

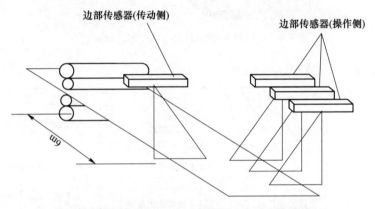

图 8-3　日本神户制钢加古川厚板厂侧弯测量装置

　　2002 年，英国克鲁斯集团塔尔伯特港热连轧厂与英国威尔士大学斯旺西学院合作，采用有限元分析方法，对粗轧机各道次轧件横向温度差、厚度楔形以及轧机辊缝倾斜量对侧弯的耦合影响关系进行了深入研究，建立了侧弯影响关系模型[53]。2004 年，与英国卡迪夫大学合作，研究开发了基于 CCD 的板坯侧弯测量系统[54]，包括 1 架 Olympus C-800L 数字摄像机、1 台工业 PC 和 1 台 SHARP PC-GP10 笔记本电脑，其摄像头安装于第一架粗轧机平台上，如图 8-4 所示。该系统采用标准设备，测量精度高、易于维护、价格低廉。

　　2004 年西班牙阿塞拉利亚钢铁公司与西班牙国立奥维尔多大学合作，开发了基于计算机视觉技术的新的侧弯测量系统[55]，安装于粗轧机出口。这套系统包括 3 个单色 CCD 摄像机、工业用 PC 和用户终端，如图 8-5 所示；具有精度高（5mm）、速度快、鲁棒性强（只要镜头位置不变就无需校准）和价格低廉的特点，对操作工人工纠正侧弯起到了很好的作用。

　　2008 年中国台湾中钢公司针对热连轧粗轧机轧件侧弯问题，考虑到现场环境高温以及灰尘和水汽比较大的具体特点，一般的检测设备难以长期稳定运行，

图 8-4　英国塔尔伯特港热连轧厂侧弯测量装置

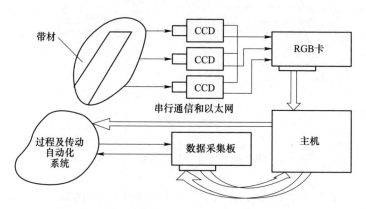

图 8-5　西班牙阿塞拉利亚钢铁公司侧弯测量装置

在其热连轧粗轧机后辊道上方设计安装了基于高分别率（2048×2048）CCD 的光学侧弯测量系统[56,57]，如图 8-6 所示；侧弯测量数据用于轧机操作人员人工纠正侧弯，现场应用表明该侧弯测量系统运行稳定可靠、测量数据准确。

2009 年由东北大学研制了基于 CCD 技术的轧件平面尺寸测量装置[35]，如图 8-7 所示，该装置由图像采集系统和图像处理系统两部分组成。图像采集系统包括 CCD 摄像机、镜头及视频信号光电转换模块；图像处理系统包括图像采集卡、工业计算机和图像处理软件。通过图像采集和处理，获得轧件侧弯数据。

2010 年韩国浦项公司针对热连轧粗轧机轧件侧弯问题，基于设备投资和维护困难的考虑，没有采用在轧线上间隔一定距离安装多组传感器的方案，研制成功基于 CCD 的侧弯测量装置，应用于浦项 2 号热连轧粗轧机[58,59]，如图 8-8 所

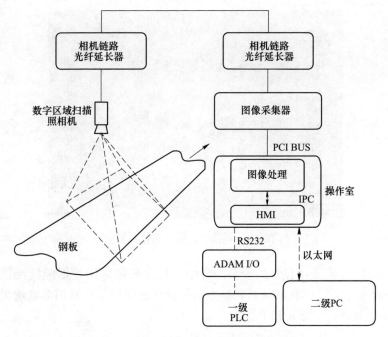

图 8-6 中国台湾中钢公司侧弯测量系统

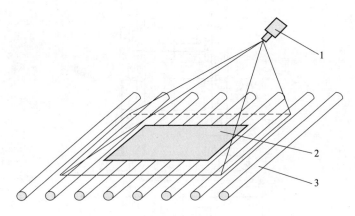

图 8-7 东北大学基于 CCD 的侧弯测量系统

1—CCD 摄像机;2—轧件;3—辊道

示;采用板到板的自适应前馈控制策略,调节轧辊辊缝倾斜量,平均减少侧弯 30%,同时提高了精轧机穿带的稳定性。

另外,关于热连轧带材的蛇形问题,日本的日立公司[60]、石川岛播磨[61]、住友轻金属[62]、JFE[63]、住友金属[64,65]及新日铁[66]等公司,先后进行了深入研究,采用轧机辊缝倾斜控制,实现了轧件蛇形自动控制 (Automatic Steering

图 8-8　浦项公司侧弯测量系统

Control，ASC)，取得了良好的效果。其中，日立公司采用蛇形间接反馈控制方式如图 8-9 所示，使用轧机两侧轧制力差间接反映蛇形量；石川岛播磨采用了蛇形前馈控制策略，如图 8-10 所示。

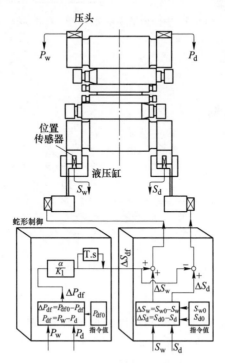

图 8-9　日立公司蛇形控制系统

综上所述，侧弯检测技术近年来发展迅速、日趋成熟，但侧弯控制尚仅局限

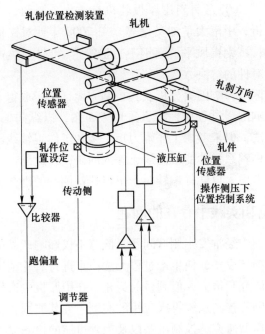

图 8-10 石川岛播磨开发的蛇形控制系统

于前馈控制，其特点是针对已知的不对称因素（来料楔形和侧弯半径），通过调整辊缝倾斜量来控制出口轧件侧弯，而对于无法预知的其他不对称因素（如轧件横向温度差、轧件跑偏和轧机刚度差等），前馈控制则无能为力。在侧弯反馈控制方面，目前尚缺乏可行性研究，特别是反馈控制模型和控制系统的研究与实现尚属空白。

8.1.3 侧弯的影响因素分析和模型研究

造成轧件侧弯的不对称因素有很多，主要表现在以下几个方面：

（1）轧件方面：轧件横向厚度楔形和温度不对称。

（2）设备方面：轧机两侧刚度不对称，轧机推床机械不对中，机架辊传动故障造成轧件咬入不顺利。

（3）自动化控制系统方面：轧机推床自动化系统动态对中精度不够，轧机液压缸控制系统动态速度不等。

（4）工艺模型方面：原始辊型、负荷分配模型以及弯辊力模型存在问题造成负荷辊缝断面处于不稳定状态。

（5）生产操作方面：某道次未进行对中操作或未完全对中。

国内关于侧弯的研究和分析主要集中在侧弯的影响因素分析和模型研究，东北大学赵宪明等[67~69]2001 年对热轧带钢侧弯的形成机理及主要影响因素进行了分析；胡贤磊等[70~76] 2005 年针对中厚板轧机自动化系统调试过程中出现的侧弯形成原因进行了分析；中南大学刘义伦等[77~89] 2008 年针对铝板带轧机侧弯模型进行了研究和仿真；济钢崔凤平、南钢王玉姝等[90~102] 针对生产现场中出现的侧弯问题给出了有针对性的解决方案。

　　由此可见，在侧弯影响因素分析及其控制方面，已经取得了一定的进展，但在分析研究侧弯影响因素过程中，要么采用 P-h 图，以纵向偏差代替横向偏差；要么采用影响函数法，但未考虑工作辊力矩平衡和工作辊轴线刚性倾斜，针对侧弯问题的横向不对称辊系弹性变形尚缺乏深入的研究；此外，在侧弯的影响因素分析过程中也没有考虑入口轧件偏转对于出口轧件侧弯的耦合影响。

8.2　侧弯的理论和实践中存在的问题

　　中厚板轧制过程中经常发生侧弯问题，侧弯不仅影响产品的成材率，还可能造成无法生产甚至损坏设备，使生产过程无法稳定进行。轧钢生产者和研究人员对此进行了不懈的研究和努力，但到目前为止，在中厚板生产轧机上，国内还没有完善有效的轧件侧弯控制系统投入应用的实例。究其原因，在中厚板轧件侧弯的运动方程、侧弯模型研究、控制策略以及完善可靠的检测设备等方面，还存在很多问题亟待解决。

　　（1）建立精确的轧件侧弯运动方程。轧件在变形区中的变形模型和轧件在变形区外入口和出口侧弯运动方程，是进行侧弯影响规律和控制模型研究的基础。但目前业内普遍采用的轧件侧弯运动方程，源于 1980 年日本学者中岛的研究成果，其中关于轧件发生侧弯时平面刚体运动的假设是非常重要的，但通过严密系统的理论分析和研究发现：该模型由于采用了较多假设，使所获得的结果出现了偏差。而对于侧弯影响因素的分析、预测及控制模型而言，轧件出口侧弯曲率和入口侧弯曲率与轧件变形区参数之间的关系至关重要，必须进行深入系统的分析和研究。

　　（2）横向不对称辊系弹性变形模型。目前为止，在分析研究侧弯影响因素过程中，要么采用 P-h 图，以纵向偏差代替横向偏差；要么采用影响函数法，但未考虑工作辊力矩平衡和工作辊轴线刚性倾斜，针对侧弯问题的横向不对称辊系弹性变形模型尚缺乏深入的研究。横向轧制状态不对称是产生侧弯的根本原因，建立完善的横向不对称辊系弹性变形模型对于中厚板侧弯问题的理论分析和系统研究至关重要。

　　（3）轧件入口和出口侧弯的耦合研究。在建立的轧件侧弯运动方程和完善的横向不对称辊系弹性变形模型基础上，开发中厚板侧弯分析应用软件，对各种影响因素下侧弯规律进行深入系统研究是非常必要的；特别是轧件出口侧弯和入口偏转是共生关系，入口轧件偏转对于出口轧件侧弯的耦合影响关系，目前尚缺少深入的研究。

（4）侧弯反馈控制策略和控制模型。目前中厚板侧弯控制仅局限于前馈控制，只是针对已知的不对称因素（来料楔形和侧弯半径），通过调整辊缝倾斜量来控制出口轧件侧弯；而对于无法预知的其他不对称因素（如轧件横向温度差、轧件跑偏和轧机刚度差等），则无能为力。侧弯可否依据对侧弯的实时测量，采用辊缝倾斜实现侧弯反馈控制？由于造成侧弯的各种不对称因素很多，影响关系错综复杂，能否建立统一的控制模型实现侧弯反馈控制？这些至关重要问题的研究目前尚属空白。

（5）侧弯影响因素的诊断。在生产实践中，经常出现中厚板的侧弯问题，轻则影响成材率，重则影响生产甚至损坏设备，现场迫切需要一套比较系统全面的侧弯诊断方法。通过对现场各种数据进行分析与诊断，从而确定引起侧弯的原因，进而采取针对性的措施，尽快地消除侧弯的发生，对于目前普遍未实现侧弯前馈或反馈控制的现实条件下是一项非常有意义的工作。

8.3 中厚板侧弯运动方程的建立和研究

在中厚板轧制过程中，由于不对称因素的作用，导致轧件横向轧制状态不同，使得轧件出口速度沿横向不对称，轧件横向一侧速度快、一侧速度慢，从而造成出口轧件向速度慢的一侧发生弯曲。

轧件横向轧制状态不同，也会导致轧件入口速度沿横向不对称，从而使得入口轧件向入口速度快的一侧发生偏转。随着轧制的进行，入口轧件偏转使轧件中心线不断地偏移，从而使出口轧件侧弯问题更加复杂。

20 世纪 80 年代中岛依据刚体平面运动理论提出了中厚板侧弯模型[33]，为中厚板侧弯的控制及影响因素分析开创了先河，成为中厚板侧弯问题研究的经典模型，得到广泛应用[34~50]。但通过严密系统地理论分析和研究发现：该模型由于采用了较多假设，使所获得的结果出现了偏差。另外，作为侧弯影响因素分析及侧弯控制的基础，轧件入口和出口侧弯曲率计算模型尚属空白。

8.3.1 中厚板侧弯运动方程的建立

轧件横向不对称轧制状态，造成轧件横向各点的纵向延伸不对称，使得轧件在变形区出口处和入口处横向各点速度不对称，造成轧件在出口区域和入口区域出现侧弯。

在变形区内，无论在前滑区还是在后滑区，由于轧件横向各点速度差的存在，轧件都会不同程度地发生侧向弯曲。但对于变形区内的侧弯过程进行准确描述是非常困难的，加之变形区很短，与变形区出口和入口区域相比侧弯很小，因此，本章假设变形区内轧件未发生侧弯，轧件横向各点的出口速度和入口速度均垂直于轧辊轴线。

在变形区外的出口和入口区域，轧件的运动过程一般假设为刚体平面运动。刚体是在任何力的作用下，体积和形状都不发生改变的物体。如果刚体在运动过程中，刚体中任意一点始终在平行于某一固定平面的平面内运动，则称为刚体平面运动。刚体在进行平面运动过程中，任一瞬时刚体上（或刚体外）都唯一地存在速度为零的点，该点称为速度瞬心。不同瞬时，刚体可以有不同的速度瞬心。所以，刚体平面运动是由一系列绕不同速度瞬心的瞬时转动组成的[103]。

8.3.1.1　出口轧件侧弯运动方程的建立

对于出口轧件的侧弯运动，需要确定的特征变量为：各时刻出口轧件刚体转动的速度瞬心和转动角速度；各时刻出口轧件头部中心点与轧机出口及轧制中心线的距离。

图 8-11 为在某时刻 t 轧件出口运动过程的平面示意图。其中，x 轴为轧制中心线，正向为轧制方向，y 轴为轧辊轴线的正下方，正向与非传动侧一致，O 为原点。

当给定一个微小时间 Δt 时，从变形区出口截面轧出的轧件微元为 $ABB'A'$。如果 $l_{BB'} = l_{AA'}$，即 $v_B = v_A$，则新增微元 $ABB'A'$ 为一矩形，未发生侧弯，此时出口轧件运动过程为刚体的平面平动，其上各点具有相同的速度。如果 $l_{BB'} \neq l_{AA'}$，即 $v_B \neq v_A$，此时出口轧件绕速度瞬心做刚体平面转动。速度瞬心为 $B'A'$ 延长线与 y 轴的交点 Q。

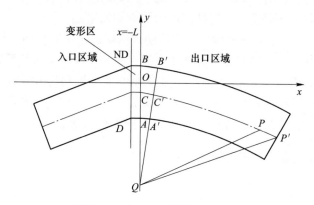

图 8-11　出口区域轧件运动过程

设出口轧件的刚体转动角速度为 ω_2，轧件中心对应的曲率半径为 ρ_2（$\rho_2 = QC$），依据刚体平面运动理论，则有：

$$\begin{cases} v_B = (\rho_2 + W/2)\omega_2 \\ v_A = (\rho_2 - W/2)\omega_2 \end{cases} \tag{8-4}$$

上式整理得：

$$\begin{cases} \rho_2 = W\bar{v}_2/\Delta v_2 \\ \omega_2 = \bar{v}_2/\rho_2 \\ \bar{v}_2 = (v_A + v_B)/2 \\ \Delta v_2 = v_B - v_A \end{cases} \tag{8-5}$$

式中　W——变形区出口轧件宽度，m；

　　　$\bar{v}_2$——出口轧件平均速度，m/s；

　　　Δv_2——轧件两侧出口速度差，m/s。

对于整个出口轧件，设 t 时刻变形区出口截面轧件宽度中心点 C 的坐标为 $(0, a)$，在给定的微小时间 Δt 内，运动到 C' 点，其坐标为 (x_0, y_0)，轧件旋转角度为 $\Delta\theta$；与之相对应，设 t 时刻轧件出口头部宽度中心坐标为 (x, y)，$(t+\Delta t)$ 时刻 P 点运动到 $P'(x+\Delta x, y+\Delta y)$，则有：

$$\begin{cases} \Delta\theta = \omega_2\Delta t \\ x_0 = \rho_2\sin\Delta\theta \\ y_0 = \rho_2(\cos\Delta\theta - 1) + a \end{cases} \tag{8-6}$$

$$\begin{cases} \Delta x = R_2[\sin(\theta + \Delta\theta) - \sin\theta] \\ \Delta y = -R_2[\cos(\theta + \Delta\theta) - \cos\theta] \\ \tan\theta = \dfrac{x}{\rho_2 - a + y} \\ R_2 = QP = \sqrt{x^2 + (\rho_2 - a + y)^2} \end{cases} \tag{8-7}$$

式中　a——t 时刻出口轧件中心点的跑偏量；

　　　R_2——轧件出口头部瞬时曲率半径。

8.3.1.2　入口轧件侧弯运动方程的建立

对于入口轧件侧弯方程，需要确定的特征变量为：各时刻入口轧件刚体转动的速度瞬心和转动角速度，变形区入口截面轧件中心点的跑偏量和轧件中心线与轧制中心线的偏转角度。

图 8-12 为轧件在某时刻 t 轧件入口运动的平面示意图。其中，x 轴为轧制中心线，正向为轧制方向，y 轴为轧辊轴线的正下方，正向与非传动侧一致，O 为原点。

定义零起始状态为：入口轧件中心线与变形区入口截面垂直，且轧件中心线偏离轧制中心线距离为 a_0，变形区长度为 L，则 H 点坐标为 $(-L, a)$。经过微小时间 Δt 后，入口区域减少的轧件微元为 $EFF'E'$。

如果 $l_{EE'} = l_{FF'}$，即 $v_E = v_F$，减少的微元 $EFF'E'$ 为一矩形，未发生侧弯，此时

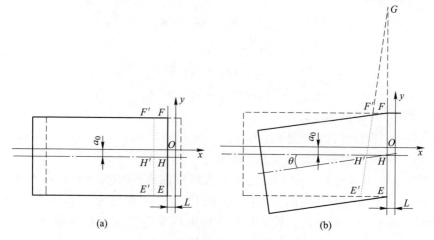

图 8-12　入口区域轧件运动过程

（a）未发生侧弯；（b）发生侧弯

入口轧件运动过程为刚体平面平动，其上各点具有相同的速度，如图 8-12（a）所示。

如果 $l_{EE'} \neq l_{FF'}$，即 $v_E \neq v_F$，此刻入口轧件绕速度瞬心做刚体平面转动。速度瞬心为 $E'F'$ 延长线与 EF 延长线的交点 G，如图 8-12（b）所示。

设入口轧件的刚体转动角速度为 ω_1，轧件中心对应的曲率半径为 ρ_1（$\rho_1 = GH$），依据刚体平面运动理论，则有：

$$\begin{cases} v_E = -(-\rho_1 + W/2)\omega_1 = (\rho_1 - W/2)\omega_1 \\ v_F = -(-\rho_1 - W/2)\omega_1 = (\rho_1 + W/2)\omega_1 \end{cases} \tag{8-8}$$

式中　W——变形区入口轧件宽度，m。

上式整理得：

$$\begin{cases} \rho_1 = W\bar{v}_1/\Delta v_1 \\ \omega_1 = \bar{v}_1/\rho_1 \\ \bar{v}_1 = (v_E + v_F)/2 \\ \Delta v_1 = v_F - v_E \end{cases} \tag{8-9}$$

式中　$\bar{v}_1$——入口轧件平均速度，m/s；

　　　Δv_1——轧件两侧入口速度差，m/s。

经过微小时间 Δt 后，入口轧件中心线围绕速度瞬心的偏转角度为 $\Delta\theta$，轧件中心点偏离轧制中心线增量为 Δa，变形区入口轧件宽度为 W，则：

$$\begin{cases} \Delta\theta = \omega_1\Delta t \\ \Delta a = \rho_1(\cos\Delta\theta - 1) \end{cases} \tag{8-10}$$

$$\begin{cases} \theta = \sum \Delta\theta \\ W = W_0/\cos\theta \\ a = \sum \Delta a \end{cases} \qquad (8\text{-}11)$$

式中　W——入口轧件宽度，m；

　　　W_0——轧件原始宽度，m；

　　　a——入口偏转导致的跑偏量，m；

　　　θ——入口轧件总的偏转角度，rad。

8.3.1.3　轧件出入口曲率与轧件楔形率差的关系

根据轧件变形过程体积流量恒定原理，假设轧制过程中轧件的宽度不变，当轧制过程横向不对称时，体积流量增量方程[104]如下：

$$\frac{\Delta H}{H} + \frac{\Delta v_1}{\bar{v}_1} = \frac{\Delta h}{h} + \frac{\Delta v_2}{\bar{v}_2} \qquad (8\text{-}12)$$

式中　H——轧件入口平均厚度；

　　　h——轧件出口平均厚度；

　　　ΔH——轧件入口两侧厚度之差；

　　　Δh——轧件出口两侧厚度之差；

　　　$\bar{v}_1$——轧件入口平均速度；

　　　$\bar{v}_2$——轧件出口平均速度；

　　　Δv_1——轧件入口两侧速度之差；

　　　Δv_2——轧件出口两侧速度之差；

　　　$\dfrac{\Delta H}{H}$——轧件入口两侧厚度楔形率；

　　　$\dfrac{\Delta h}{h}$——轧件出口的两侧厚度楔形率。

把式（8-5）和式（8-9）代入式（8-12）整理可得出口与入口侧弯半径及轧件楔形率差的数学模型：

$$\begin{cases} \dfrac{1}{\rho_2} = \dfrac{1}{\rho_1} - \dfrac{\Delta\Psi}{W} \\[2mm] \Delta\Psi = \dfrac{\Delta h}{h} - \dfrac{\Delta H}{H} \end{cases} \qquad (8\text{-}13)$$

式中　$\Delta\Psi$——轧件出口和入口两侧厚度楔形率差。

8.3.1.4　变形区轧件延伸与压下关系

咬入角：

$$\cos\alpha = 1 - (H - h)/D \qquad (8\text{-}14)$$

式中　α——咬入角；

　　　H——入口轧件厚度；

　　　h——出口轧件厚度；

　　　D——轧辊直径。

　　中性角：

$$\sin\gamma = \frac{\sin\alpha}{2} - \frac{1 - \cos\alpha}{2\mu} \tag{8-15}$$

式中　μ——摩擦系数。

　　轧件出口及入口速度：

$$\begin{cases} v_h = v_R \times \dfrac{\cos\gamma \times [\, h + D(1 - \cos\gamma)\,]}{h} \\[3mm] v_H = v_R \times \dfrac{\cos\gamma \times [\, h + D(1 - \cos\gamma)\,]}{H} \end{cases} \tag{8-16}$$

式中　v_R——轧辊线速度，m/s。

8.3.2　侧弯运动方程的比较研究

　　本节根据刚体平面运动的基本理论，建立了轧件出口和入口侧弯的运动方程。在变形区前后单位宽度体积流量恒定的假设下，建立了轧件入出口侧弯曲率与轧件入出口楔形率差的关系。

　　由于目前业内普遍采用的轧件侧弯运动方程，源于1980年日本学者中岛的研究成果[33]，所以有必要对这两种侧弯运动方程进行比较研究。

8.3.2.1　中岛基本方程的严格求解

　　图8-13所示为时刻 t 轧件在水平面内的形状。x 轴为轧制中心线，正向为轧制方向，y 轴为轧辊轴线的正下方，正向与非传动侧一致，O 为原点，并只考虑轧件在水平面内的刚体运动。入口区域轧件和出口区域轧件的 x 向速度为常量 v_1、v_2。轧件跑偏量为 y_C，入口及出口轧件转动的角速度分别为 ω_1、ω_2。

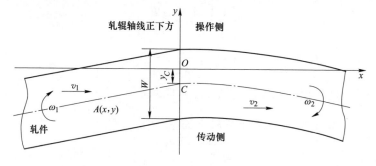

图 8-13　轧件运动分析

轧件上某点在时刻 t 的位置为 (x, y)，则该点在 x、y 坐标方向的速度由中岛基本方程描述[33]：

$$\begin{cases} v(x, y, t) = \dfrac{\mathrm{d}x}{\mathrm{d}t} = \omega \times (y - y_C) + v \\[3mm] u(x, y, t) = \dfrac{\mathrm{d}y}{\mathrm{d}t} = -\omega x \end{cases} \tag{8-17}$$

式中　ω，v——轧件转动的角速度及中心点的 x 向速度；

　　　y_C——轧件的跑偏量。

由式（8-17）可得：

$$\begin{cases} \dfrac{\mathrm{d}^2 x}{\mathrm{d}t^2} = -\omega^2 x \\[3mm] \dfrac{\mathrm{d}^2 y}{\mathrm{d}t^2} = -\omega^2 (y - y_C) - \omega v \end{cases} \tag{8-18}$$

式（8-18）为二阶常系数线性微分方程，其通解[105]为：

$$\begin{cases} x(t) = C_1 \cos\omega t + C_2 \sin\omega t \\[3mm] y(t) = C_3 \cos\omega t + C_4 \sin\omega t - \dfrac{v}{\omega} + y_C \end{cases} \tag{8-19}$$

将式（8-19）代入式（8-17）得：

$$\begin{cases} x(t) = C_1 \cos\omega t + C_2 \sin\omega t \\[3mm] y(t) = -C_1 \sin\omega t + C_2 \cos\omega t - \dfrac{v}{\omega} + y_C \end{cases} \tag{8-20}$$

由式（8-20），得：

$$\begin{cases} x(t)^2 + \left[y(t) + \dfrac{v}{\omega} - y_C \right]^2 = \rho^2 \\[3mm] \rho^2 = C_1^2 + C_2^2 \end{cases} \tag{8-21}$$

式中　C_1，C_2——常数。

该式表明：轧件中心点的运动轨迹是以点 $[0, y_C - v/\omega]$ 为圆心——速度瞬心、以 ρ 为半径的圆周曲线方程。因此，在中厚板轧制过程中的任意时刻，入口及出口轧件中心点的曲率半径见式（8-22）；与式（8-5）和式（8-9）比较可知，两者完全相同。

$$\begin{cases} \rho_1 = \dfrac{v_1}{\omega_1} = \dfrac{W v_1}{\Delta v_1} \\[3mm] \rho_2 = \dfrac{v_2}{\omega_2} = \dfrac{W v_2}{\Delta v_2} \end{cases} \tag{8-22}$$

式中　ω_1，ω_2——变形区入口及出口轧件中心点的转动角速度；

　　　v_1，v_2——变形区入口及出口轧件中心点 x 方向的速度；

Δv_1，Δv_2——变形区入口及出口轧件两侧速度之差；

ρ_1，ρ_2——变形区入口及出口轧件中心点的曲率半径；

W——轧件宽度。

考虑到变形区长度 L，中厚板轧制过程的任意时刻 t，出口轧件中心点的运动轨迹为以 $(0, y_C - v_2/\omega_2)$ 为圆心、以 ρ_2 为半径的圆周曲线方程；入口轧件中心点的运动轨迹为以 $(-L, y_C - v_1/\omega_1)$ 为圆心、以 ρ_1 为半径的圆周曲线方程。

8.3.2.2　中岛侧弯模型

中岛在对基本方程式（8-17）进行求解过程中，由于采用了过多的假设和简化，所得结果非常复杂，可以说不够严谨。

中岛在求解过程中采用的重要假设：

（1）y 的积分中 x 近似为 $x = x_0 + vt$，忽略轧件刚体运动中 x 向速度分量 $\omega(y - y_C)$。

（2）角度近似为 $\theta = \dfrac{\mathrm{d}y}{\mathrm{d}x}$；曲率近似为 $\dfrac{1}{\rho} = \dfrac{\mathrm{d}^2 y}{\mathrm{d}x^2}$。

中岛侧弯模型：

$$\begin{cases} \dfrac{1}{\rho_2} = \dfrac{1}{\lambda^2} \times \left(\dfrac{1}{\rho_1} + \dfrac{\beta}{W}\Delta\psi \right) \\[2mm] \Delta\psi = \dfrac{\Delta h}{h} - \dfrac{\Delta H}{H} \\[2mm] \lambda = \dfrac{v_2}{v_1} \\[2mm] \beta = \dfrac{1 + \alpha\lambda^3}{1 + \alpha\lambda} \\[2mm] \alpha = \dfrac{f_w - f_d}{g_w - g_d} \end{cases} \qquad (8\text{-}23)$$

该模型进一步简化为式（8-24），在工程实践中得到应用[34~36,45~50]，但与式（8-13）比较可知，由于采用过多的简化，使得结果出现了偏差。

$$\begin{cases} \dfrac{1}{\rho_2} = \dfrac{1}{\lambda^2} \times \left(\dfrac{1}{\rho_1} + \dfrac{\Delta\psi}{W} \right) \\[2mm] \Delta\psi = \dfrac{\Delta h}{h} - \dfrac{\Delta H}{H} \\[2mm] \lambda = \dfrac{v_2}{v_1} \end{cases} \qquad (8\text{-}24)$$

8.4　横向不对称辊系弹性变形模型的建立

横向轧制状态不对称是产生侧弯的根本原因。此前，虽然有关学者采用影响函数法对该问题进行了分析，但是或者未考虑工作辊刚性倾斜，或者假设工作辊刚性倾斜与支撑辊刚性倾斜相等，特别是工作辊的力矩平衡问题均未得到很好的解决，导致基本理论分析不够严谨。

采用影响函数法对横向不对称轧制状态下轧机的受力及变形规律进行研究，建立了工作辊及支撑辊刚性倾斜模型，改进了轧件及辊间变形协调方程；通过调整工作辊刚性倾斜系数，解决了工作辊力矩平衡的问题；建立了完善的横向不对称辊系弹性变形模型。基于轧件侧弯运动方程及横向不对称辊系弹性模型，开发了中厚板侧弯研究分析应用软件，为研究各种工艺参数对中厚板侧弯的影响规律奠定基础。

8.4.1　轧辊刚性倾斜量模型的建立

横向轧制不对称的辊系受力状态如图 8-14 所示，轧辊刚性倾斜是不对称轧制状态的特点之一。支撑辊刚性倾斜量见式（8-25），支撑辊刚性倾斜量的分布模型见式（8-26）。

$$\Delta S = \frac{P_R}{K_R} - \frac{P_L}{K_L} + \Delta S_0 \tag{8-25}$$

式中　P_L——支撑辊左压下螺丝反力；

　　　P_R——支撑辊右压下螺丝反力；

　　　K_L——轧机左侧的刚度；

　　　K_R——轧机右侧的刚度；

　　　ΔS——支撑辊刚性倾斜量；

　　　ΔS_0——轧机空载辊缝倾斜量。

$$\delta S_B(x) = \frac{\Delta S}{L_B} x \tag{8-26}$$

式中　$\delta S_B(x)$——支撑辊刚性倾斜量的分布；

　　　　x——轧件水平坐标值；

　　　　L_B——支撑辊左右两侧液压缸中心距。

在辊间力和轧制力的作用下，支撑辊刚性倾斜后，工作辊必然产生刚性倾斜，工作辊刚性倾斜量的模型见式（8-27），其中 η_W 为工作辊刚性倾斜系数，该系数根据工作辊力矩平衡方程确定。

$$\delta S_W(x) = \eta_W \delta S_B(x) = \eta_W \frac{\Delta S}{L_B} x \tag{8-27}$$

式中　$\delta S_W(x)$——工作辊刚性倾斜量的分布。

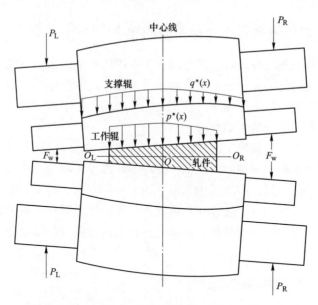

图 8-14　横向轧制不对称的辊系受力状态

8.4.2 · 辊系变形模型的建立与完善

横向不对称轧制时轧机的辊系变形可以分为工作辊挠曲变形、支撑辊挠曲变形、工作辊与轧件之间的压扁变形、工作辊与支撑辊之间的压扁变形等四种。此外，在横向不对称轧制状态的辊系分析过程中，将轧辊简化为以轧机中心线为固定端的悬臂梁模型。

8.4.2.1　离散化过程

对于横向不对称轧制，必须考虑辊身全长。如图 8-15 所示，将半辊身长抽

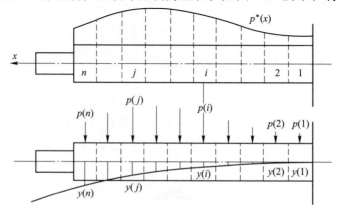

图 8-15　辊身的离散化

象为一个悬臂梁，轧辊中心为悬臂梁的固定端，辊肩部为它的自由端。将轧辊沿轴线方向分为 n 个单元，各单元中点的序号分别为 1，2，$\cdots$，n。各单元的长度为 $\Delta x(i)$，则各单元中点到固定端的距离为：

$$x(i) = x(i-1) + \frac{1}{2}\left[\Delta x(i-1) + \Delta x(i)\right] \tag{8-28}$$

将作用于轧辊上的载荷——单位宽轧制力 $p^*(x)$ 及辊间接触压力 $q^*(x)$ 按相同单元离散化，即将作用于上述各单元的分布载荷以集中力代表，则作用于 i 单元上的轧制力 $p(i)$ 和辊间的接触压力 $q(i)$ 分别为：

$$\begin{cases} p(i) = \begin{cases} p^*\left[x(i)\right]\Delta x(i) & i \leqslant m \\ 0 & i > m \end{cases} \\ q(i) = q^*\left[x(i)\right]\Delta x(i) \end{cases} \tag{8-29}$$

这里假设板宽范围之外，工作辊互相不接触。当 $i \leqslant m$ 时，在板宽范围之内，辊缝中有轧件；当 $i > m$ 时，在板宽范围之外，辊缝中无轧件。

8.4.2.2　变形基本模型

辊间压扁模型采用王国栋院士[106]根据半无限体推导的模型；工作辊与轧件之间的压扁模型采用由户泽按半无限体模型进行推导，并由中岛进行修正的模型；工作辊和支撑辊挠曲模型采用艾德瓦兹悬臂梁假设推导得出模型。

A　辊间压扁影响函数模型

a　辊间单元压扁接触长度的计算

将工作辊与支撑辊的弹性接触区离散化为 n 个 $2b(i)\Delta x(i)$ 微面积元，如图 8-16 所示。接触区宽度是由该区域作用的接触压力 $q(i)$ 决定的，设接触区半宽为 $b(i)$，则由黑尔茨公式可得：

$$\begin{cases} k_W = \dfrac{1-\nu_W^2}{\pi E_W} \\[2mm] k_B = \dfrac{1-\nu_B^2}{\pi E_B} \\[2mm] b(i) = \sqrt{\dfrac{4 \times (k_W + k_B) \times R_W R_B q(i)}{(R_W + R_B)\Delta x(i)}} \end{cases} \tag{8-30}$$

式中　k_W——工作辊弹性压扁常量；

　　　k_B——支撑辊弹性压扁常量；

　　　E_W——工作辊杨氏模量；

　　　E_B——支撑辊杨氏模量；

　　　ν_W——工作辊泊松比；

ν_B——支撑辊泊松比;

R_W——工作辊半径;

R_B——支撑辊半径;

$q(i)$——辊间接触 i 单元接触压力;

$b(i)$——辊间 i 单元压扁接触长度的一半。

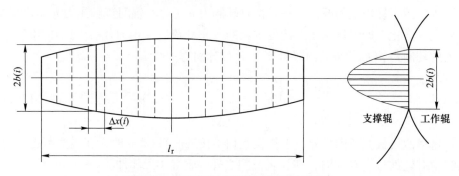

图 8-16   工作辊和支撑辊接触区的离散化

b   轧辊压扁影响函数的完善

为了避免轧辊压扁影响函数计算过程出现浮点数被零除的现象,对轧辊中心压扁常量进行理论计算,辊间压扁和工作辊压扁影响函数理论模型[107]:

$$
\begin{cases}
M = \dfrac{1 - \nu^2}{E\pi\Delta x} \\[2mm]
A = X_i + 0.5\Delta x \\[2mm]
B = X_i - 0.5\Delta x \\[2mm]
C = \sqrt{b^2 + A^2} \\[2mm]
D = \sqrt{b^2 + B^2}
\end{cases}
\tag{8-31}
$$

$$
\begin{cases}
A_1 = 2b \times \ln\dfrac{C + A}{D + B} \\[3mm]
A_3 = \dfrac{BD - AC}{3b} \\[3mm]
A_4 = \dfrac{2}{3}b \times \ln\dfrac{C + A}{B + D} \\[3mm]
A_7 = \dfrac{A}{\sqrt{A^2 + R^2}} - \dfrac{B}{\sqrt{B^2 + R^2}} \\[3mm]
A_8 = \ln\dfrac{\sqrt{B^2 + R^2} - B}{\sqrt{A^2 + R^2} - A}
\end{cases}
\tag{8-32}
$$

$$A_2 = \begin{cases} -2B\ln\dfrac{D+b}{|B|} & |B| = 0 \\[3mm] 2A\ln\dfrac{C+b}{|A|} & |A| = 0 \\[3mm] 2\times\left[A\ln\dfrac{C+b}{|A|} - B\ln\dfrac{D+b}{|B|}\right] & |A| \neq 0, |B| \neq 0 \end{cases} \quad (8\text{-}33)$$

$$A_5 = \begin{cases} 0 & |A| = 0 \\[3mm] \dfrac{A^3}{6b^2}\times\ln\dfrac{C+b}{C-b} & |A| \neq 0 \end{cases} \quad (8\text{-}34)$$

$$A_6 = \begin{cases} 0 & |B| = 0 \\[3mm] \dfrac{B^3}{6b^2}\times\ln\dfrac{D+b}{D-b} & |B| \neq 0 \end{cases} \quad (8\text{-}35)$$

$$F(X_i) = M \times \left[\frac{3}{4b}(A_1 + A_2 + A_3 - A_4 + A_5 - A_6) - \frac{A_7}{2(1-\nu)} - A_8\right] \quad (8\text{-}36)$$

c 辊间压扁影响函数理论模型

$$\begin{cases} X_i = x_i - x_j \\ g_{WB}(i,j) = F_W(x_i - x_j) + F_B(x_i - x_j) \end{cases} \quad (8\text{-}37)$$

求工作辊弹性压扁时：$R = R_W$，$\nu = \nu_W$，$E = E_W$；

求支撑辊弹性压扁时：$R = R_B$，$\nu = \nu_B$，$E = E_B$。

式中，M、A、B、C、D、$A_1 \sim A_8$ 为中间变量；x_i 为辊间接触 i 单元的中点坐标；x_j 为辊间接触 j 单元的中点坐标；X_i 为 i，j 单元中点的距离；$g_{WB}(i,j)$ 为辊间压扁影响函数；$F_W(x_i - x_j)$ 为 j 单元辊间接触压力引起工作辊 i 单元中点的压扁量；$F_B(x_i - x_j)$ 为 j 单元辊间接触压力引起支撑辊 i 单元中点的压扁量。

B 轧制力引起的工作辊压扁影响函数模型

在轧件与轧辊的接触面上作用有轧制压力。为了计算轧制力引起的工作辊压扁，将接触区离散化，如图 8-17 所示。各单元宽为 $\Delta x(i)$，接触区沿轧向的长度用希契柯克公式确定[104]。

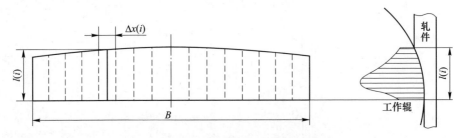

图 8-17 轧辊与轧件接触区的离散化

$$\begin{cases} l(i) = \sqrt{R_\mathrm{W}\Delta h(i) + \left(\dfrac{8k_\mathrm{W}R_\mathrm{W}p(i)}{\Delta x(i)}\right)^2} + \dfrac{8k_\mathrm{W}R_\mathrm{W}p(i)}{\Delta x(i)} \\[4mm] k_\mathrm{W} = \dfrac{1 - \nu_\mathrm{W}^2}{\pi E_\mathrm{W}} \end{cases} \tag{8-38}$$

式中 $\Delta h(i)$——i 单元的绝对压下量；

$\qquad R_\mathrm{W}$——工作辊半径；

$\qquad k_\mathrm{W}$——由工作辊泊松比和杨氏模量确定的弹性常数。

工作辊与轧件之间的压扁模型采用由户泽按半无限体模型进行推导，并由中岛进行修正的模型：

$$\begin{cases} N = \dfrac{1 - \nu_\mathrm{W}^2}{E_\mathrm{W}\pi\Delta x} \\[3mm] L = \sqrt{R_\mathrm{W}\Delta h + (8NR_\mathrm{W}p)^2} + 8NR_\mathrm{W}p \\[3mm] A = X_i + 0.5\Delta x \\[2mm] B = X_i - 0.5\Delta x \\[2mm] C = \sqrt{L^2 + A^2} \\[2mm] D = \sqrt{L^2 + B^2} \end{cases} \tag{8-39}$$

$$\begin{cases} A_1 = \ln\dfrac{C + A}{D + B} \\[4mm] A_4 = \dfrac{A}{\sqrt{A^2 + R_\mathrm{W}^2}} - \dfrac{B}{\sqrt{B^2 + R_\mathrm{W}^2}} \\[4mm] A_5 = \ln\dfrac{\sqrt{B^2 + R_\mathrm{W}^2} - B}{\sqrt{A^2 + R_\mathrm{W}^2} - A} \end{cases} \tag{8-40}$$

$$A_2 = \begin{cases} 0 & |A| = 0 \\[3mm] \dfrac{A}{L} \times \ln\dfrac{C + L}{|A|} & |A| \neq 0 \end{cases} \tag{8-41}$$

$$A_3 = \begin{cases} 0 & |B| = 0 \\[3mm] \dfrac{B}{L} \times \ln\dfrac{D + L}{|B|} & |B| \neq 0 \end{cases} \tag{8-42}$$

$$\Phi(X_i) = N \times \left[A_1 + A_2 - A_3 - \frac{A_4}{2(1 - \nu_W)} - A_5 \right] \qquad (8\text{-}43)$$

轧制力引起的工作辊压扁影响函数模型:

$$\begin{cases} X_i = x_i - x_j \\ g_{WS}(i,j) = \Phi(x_i - x_j) \end{cases} \qquad (8\text{-}44)$$

式中, N、A、B、C、D、$A_1 \sim A_5$ 为中间变量; R_W 为工作辊半径; ν_W 为工作辊的泊松比; L 为 j 单元工作辊压扁弧长; p 为 j 单元的轧制力; Δx 为 j 单元轧件宽度; Δh 为 j 单元压下量; x_i 为辊间接触 i 单元的中点坐标; x_j 为辊间接触 j 单元的中点坐标; X_i 为 i, j 单元中点的距离; $g_{WS}(i,j)$ 为工作辊压扁影响函数; $\Phi(x_i - x_j)$ 为 j 单元轧制力引起工作辊 i 单元中点的压扁量。

C 工作辊和支撑辊挠曲影响函数模型

a 工作辊弹性挠曲影响函数

工作辊弹性挠曲影响函数可用卡氏定理求出。对于工作辊离散化后的任意两个单元 i 和 j, 设其中点坐标分别为 x_i 和 x_j, j 单元对 i 单元的影响函数为 $g_W(i,j)$。

当 $x_i \geqslant x_j$ 时:

$$g_W(i,j) = \frac{1}{6E_W I_W} \left[x_j^2 \times (3x_i - x_j) + (1 + \nu_W) \times D_W^2 x_j \right] \qquad (8\text{-}45)$$

当 $x_i < x_j$ 时:

$$g_W(i,j) = \frac{1}{6E_W I_W} \left[x_i^2 \times (3x_j - x_i) + (1 + \nu_W) \times D_W^2 x_i \right] \qquad (8\text{-}46)$$

式中 E_W——工作辊的杨氏模量;

ν_W——工作辊的泊松比;

I_W——工作辊的抗弯截面模数;

D_W——工作辊直径。

b 支撑辊弹性挠曲影响函数

支撑辊影响函数的推导与工作辊影响函数类似。

当 $x_i \geqslant x_j$ 时:

$$g_B(i,j) = \frac{3x_i^2 \times (0.5L_B - x_j) - (x_i - x_j)^3 + (1 + \nu_B) \times (x_i - x_j) \times D_B^2}{6E_B I_B}$$

$$(8\text{-}47)$$

当 $x_i < x_j$ 时:

$$g_B(i,j) = \frac{1}{6E_B I_B} \times \left[3x_i^2 \times (0.5L_B - x_j) \right] \qquad (8\text{-}48)$$

式中 E_B——支撑辊的杨氏模量;

ν_B——支撑辊的泊松比;

　　D_B——支撑辊直径；

　　I_B——支撑辊的抗弯截面模数；

　　L_B——支撑辊左右两侧液压缸中心距。

c　工作辊弯辊力影响函数

由式（8-46）可知，当 $x_j = L_W/2$ 时得出工作辊弯辊力影响函数为：

$$g_{WF}(i) = \frac{1}{6E_W I_W} \times \left[x_i^2 \times (1.5L_W - x_i) + (1 + \nu_W) \times x_i D_W^2 \right] \qquad (8\text{-}49)$$

式中　L_W——弯辊缸中心距。

8.4.3　辊系弹性变形基本方程

　　在横向不对称影响函数方法的计算过程中，共有 10 个方程，其中 4 个力-变形关系方程、2 个力平衡方程、2 个力矩平衡方程、2 个变形协调关系方程。下面介绍这些方程写成矩阵和向量的形式。

8.4.3.1　力-变形关系方程

A　工作辊弹性挠曲方程

$$\begin{cases} Y_{WL} = G_W(Q_L - P_L) - G_E F_W \\ Y_{WR} = G_W(Q_R - P_R) - G_F F_W \end{cases} \qquad (8\text{-}50)$$

式中，$Y_{WL} = [\, y_{WL}(1) \quad y_{WL}(2) \quad \cdots \quad y_{WL}(n) \,]^T$ 为轧制中心线左侧的工作辊挠度向量；$Y_{WR} = [\, y_{WR}(1) \quad y_{WR}(2) \quad \cdots \quad y_{WR}(n) \,]^T$ 为轧制中心线右侧的工作辊挠度向量；$G_W = \begin{bmatrix} g_W(1,1) & \cdots & g_W(1,n) \\ \vdots & & \vdots \\ g_W(n,1) & \cdots & g_W(n,n) \end{bmatrix}$ 为工作辊挠曲影响函数矩阵；$Q_L =$ $[\, q_L(1) \quad q_L(2) \quad \cdots \quad q_L(n) \,]^T$ 为轧制中心线左侧的辊间压力向量；$Q_R =$ $[\, q_R(1) \quad q_R(2) \quad \cdots \quad q_R(n) \,]^T$ 为轧制中心线右侧的辊间压力向量；$P_L =$ $[\, p_L(1) \quad p_L(2) \quad \cdots \quad p_L(n) \,]^T$ 为轧制中心线左侧的轧制力向量；$P_R =$ $[\, p_R(1) \quad p_R(2) \quad \cdots \quad p_R(n) \,]^T$ 为轧制中心线右侧的轧制力向量；$G_F =$ $[\, g_F(1) \quad g_F(2) \quad \cdots \quad g_F(n) \,]^T$ 为弯辊力影响函数向量；F_W 为液压弯辊力。

B　支撑辊弹性挠曲方程

$$\begin{cases} Y_{BL} = G_B Q_L \\ Y_{BR} = G_B Q_R \end{cases} \qquad (8\text{-}51)$$

式中，$Y_{BL} = [\, y_{BL}(1) \quad y_{BL}(2) \quad \cdots \quad y_{BL}(n) \,]^T$ 为轧制中心线左侧的支撑辊挠度向量；$Y_{BR} = [\, y_{BR}(1) \quad y_{BR}(2) \quad \cdots \quad y_{BR}(n) \,]^T$ 为轧制中心线右侧的支撑辊挠度向

量; $G_B = \begin{bmatrix} g_B(1,1) & \cdots & g_B(1,n) \\ \vdots & & \vdots \\ g_B(n,1) & \cdots & g_B(n,n) \end{bmatrix}$ 为支撑辊挠曲影响函数矩阵。

C 轧制力引起的工作辊压扁方程

$$Y_{WS} = G_{WS}P \tag{8-52}$$

式中, $Y_{WS} = [y_{WS}(1) \quad y_{WS}(2) \quad \cdots \quad y_{WS}(2n)]^T$ 为轧制力引起的工作辊压扁向量;

$G_{WS} = \begin{bmatrix} g_{WS}(1,1) & \cdots & g_{WS}(1,2n) \\ \vdots & & \vdots \\ g_{WS}(2n,1) & \cdots & g_{WS}(2n,2n) \end{bmatrix}$ 为轧制压力引起的工作辊压扁影响函数矩

阵; $P = [p_L(n) \quad p_L(n-1) \quad \cdots \quad p_L(1) \quad p_R(1) \quad p_R(2) \quad \cdots \quad p_R(n)]^T$ 为轧制力向量。

D 辊间压扁方程

$$Y_{WB} = G_{WB}Q \tag{8-53}$$

式中, $Y_{WB} = [y_{WB}(1) \quad y_{WB}(2) \quad \cdots \quad y_{WB}(2n)]^T$ 为辊间压扁向量; $Q = [q_L(n) \quad q_L(n-1) \quad \cdots \quad q_L(1) \quad q_R(1) \quad q_R(2) \quad \cdots \quad q_R(n)]^T$ 为辊间接触压力向

量; $G_{WB} = \begin{bmatrix} g_{WB}(1,1) & \cdots & g_{WB}(1,2n) \\ \vdots & & \vdots \\ g_{WB}(2n,1) & \cdots & g_{WB}(2n,2n) \end{bmatrix}$ 为辊间压扁影响函数矩阵。

8.4.3.2 力矩平衡关系方程

$$\begin{cases} P_L + P_R = \sum_1^n p_L(i) + \sum_1^n p_R(i) + 2F_W \\ Q = P_L + P_R = \sum_1^{2n} q(i) \end{cases} \tag{8-54}$$

$$\begin{cases} (P_R - P_L) \times \dfrac{L_B}{2} = \sum_1^n [q_R(i)X_R(i) - q_L(i)X_L(i)] \\ \sum_1^n [p_R(i)X_R(i) - p_L(i)X_L(i)] = \sum_1^n [q_R(i)X_R(i) - q_L(i)X_L(i)] \end{cases} \tag{8-55}$$

式中 P_L, P_R——支撑辊左右压下螺丝反力;

Q——辊间总压力。

8.4.3.3 变形协调方程的改进

A 轧件与工作辊间的变形协调方程

在采用影响函数法计算辊系弹性变形时, 轧件的出口厚度向量（辊缝向量）的

初值是假设给定的，最终结果需要迭代修正得出。轧件出口厚度向量可由下式计算。

$$h = 0.5h_0 + (Y_{WS} - Y_{WS0}) + (M_W - Y_W) \tag{8-56}$$

式中　h——辊缝向量（从工作辊左侧至右侧）；

　　　h_0——轧件出口中心厚度常向量；

　　　Y_{WS0}——轧件中心处工作辊压扁常向量。

B　工作辊与支撑辊间的变形协调方程

$$Y_{WB} = Y_{WB0} + Y_B - Y_W - M_B - M_W \tag{8-57}$$

式中，Y_{WB0} 为工作辊与支撑辊间的辊面中心处压扁常量；$M_W = [\, m_W(1)$ $m_W(2)$ $\cdots$ $m_W(2n)\,]^T$ 为工作辊的凸度向量；$M_B = [\, m_B(1)$ $m_B(2)$ $\cdots$ $m_B(2n)\,]^T$ 为支撑辊的凸度向量。

　　由于本章研究的是横向轧制状态不对称的辊系变形，此时轧辊刚性倾斜是不对称轧制状态的特点，因此必须考虑轧辊刚性倾斜对轧辊变形协调方程的影响。根据前面确定的轧辊刚性倾斜量的分布模型式（8-26）和式（8-27），轧件与工作辊间及辊间变形协调关系方程见式（8-58）。当轧件受力状态对称时 δS_W 和 δS_B 为零向量，式（8-58）与式（8-56）和式（8-57）相同，可见，本章提出变形协调关系方程更具有广泛性。

$$\begin{cases} h = 0.5h_0 + (Y_{WS} - Y_{WS0}) + M_W - Y_W + 0.5\delta S_W \\ Y_{WB} = Y_{WB0} + Y_B - Y_W - M_B - M_W - 0.5\delta S_B + 0.5\delta S_W \end{cases} \tag{8-58}$$

式中　h——辊缝向量；

　　　Y_{WS0}——轧件中心处工作辊压扁常向量；

　　　Y_{WB0}——工作辊与支撑辊间的辊面中心处压扁常量；

　　　M_W——工作辊的凸度向量；

　　　M_B——支撑辊的凸度向量；

　　　δS_W——工作辊刚性倾斜向量；

　　　δS_B——支撑辊刚性倾斜向量。

8.4.4　计算方法

　　辊系变形计算涉及的矩阵、向量和变量包括：轧制力向量 P、辊间压力向量 Q、工作辊挠曲影响函数矩阵 G_W、支撑辊挠曲影响函数矩阵 G_B、轧制压力引起的工作辊压扁影响函数矩阵 G_{WS}、辊间压扁影响函数矩阵 G_{WB}、工作辊挠度向量 Y_W、支撑辊挠度向量 Y_B、辊间压扁向量 Y_{WB}、轧制力引起的压扁向量 Y_{WS}、工作辊和支撑辊刚性倾斜向量 δS_W 和 δS_B、辊缝形状向量 h、支撑辊和工作辊凸度向量 M_B、M_W。其中，Y_W、Y_B、Y_{WS}、Y_{WB}、P、Q、h 需要通过线性方程组联立求解，用于中厚板侧弯研究的横向不对称辊系变形的计算流程如图 8-18 所示。

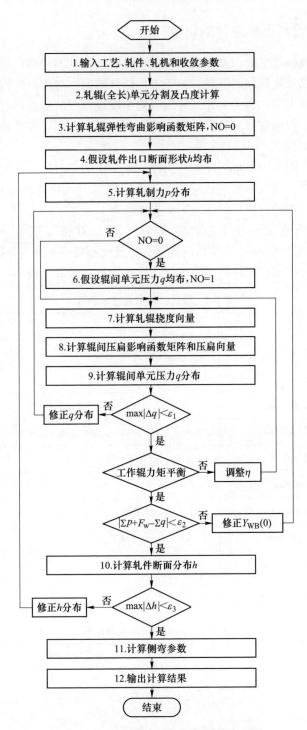

图 8-18 中厚板侧弯分析软件计算流程图

8.5　中厚板侧弯影响规律的研究

影响中厚板侧弯主要因素包括来料楔形、轧件温度不对称、轧机两侧刚度不等、轧件跑偏以及轧辊倾斜五种。由于入口轧件的偏转与出口轧件的侧弯是共生关系，现有文献表明：有关上述五种因素对中厚板侧弯的影响均有研究，但是都没有考虑入口轧件偏转对出口轧件侧弯的影响，所以必须研究轧件入口偏转对出口侧弯的影响规律。

本节针对我国某中厚板厂的生产实际，基于横向不对称弹性变形模型及中厚板侧弯分析软件，深入系统地研究了各种影响因素下入口和出口轧件侧弯规律，特别是轧件入口偏转对出口侧弯的影响规律。

该厂精轧机的主要技术参数见表 8-1。产品规格厚度为 10mm、宽度为 2333mm，典型钢种 Q460C 中厚板的化学成分及轧制规程见表 8-2 和表 8-3。本章研究精轧第五道次出口轧件的侧弯规律，轧件的相关参数见表 8-4。

表 8-1　精轧机的主要技术参数

技术参数	范　围	计算取值
工作辊直径/mm	1020~1120	1100
工作辊凸度/μm	400	400
工作辊辊身长度/mm	4600	4600
弯辊缸中心距/mm	6040	6040
支撑辊直径/mm	2000~2200	2100
支撑辊凸度/μm	0	0
支撑辊辊身长度/mm	4300	4300
液压缸中心距/mm	5900	5900
传动侧轧机刚度/kN·mm^{-1}	4100	4100
非传动侧轧机刚度/kN·mm^{-1}	4100	4100

表 8-2　Q460C 钢的化学成分

合金元素	含量（质量分数）/%
C	0.15
Si	0.22
Mn	1.39

表 8-3　轧制规程

道次	厚度/mm	压下量/mm	弯辊力/MN	轧制宽度/mm	平均温度/℃	轧制速度/m·s⁻¹
0	148					
1	127.97	20.03	1.7	1809.33	980.8	2.5
2	110.78	17.07	1.71	3527.47	0	-2.37
3	99.4	11.4	1.71	3527.98	0	2.08
4	72.74	26.47	3.19	2330.96	1003.02	-3.49
5	50.16	22.61	3.29	2331.92	973.86	4.07
6	35	15.17	1.96	2332.47	1029.32	-4.5
7	35	0	0	2332.47	1005.79	4.5
8	27	8	1.72	2332.72	962.16	5.33
9	20	7	2.96	2332.92	947.81	-6.24
10	15.85	4.15	1.72	2333.03	942.14	6.7
11	12.98	2.87	2.06	2333.09	923.23	-6.7
12	11.14	1.84	2.25	2333.13	896.14	6.7
13	10	1.14	2.08	2333.16	851.94	-6.7
14	10	0	0	2333.16	805.06	6.9

表 8-4　轧件的相关参数

道次	厚度/mm	压下量/mm	弯辊力/MN	宽度/mm	平均温度/℃	轧制速度/m·s⁻¹
11	12.98	2.87	2.06	2333.09	923.23	-6.7

8.5.1　来料存在楔形时侧弯规律的研究

8.5.1.1　来料存在楔形时入口轧件的侧弯规律

A　入口轧件的偏转角度

轧机的参数取值见表 8-1，轧件的参数取值见表 8-2 和表 8-4。在其他条件不变的条件下，当来料楔形为 0.1~0.5mm 时，入口轧件偏转角度随轧制时间的变化规律如图 8-19 所示。从图中明显可见，随着轧制过程的进行，入口轧件的偏转角度线性增加；而且随着来料楔形量的增加，偏转角度线性增大。

B　入口轧件跑偏量

入口轧件偏转导致的轧件跑偏量随轧制时间的变化规律如图 8-20 所示。从图中明显可见，随着轧制过程的进行，入口轧件跑偏量迅速增加；而且随着来料楔形量的增加，入口轧件跑偏线性增加。

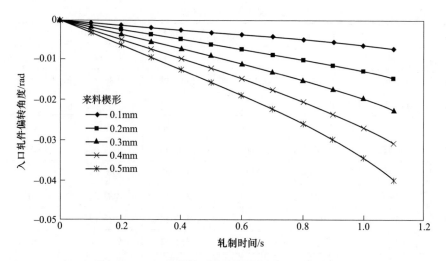

图 8-19　入口轧件偏转角度随轧制时间的变化规律

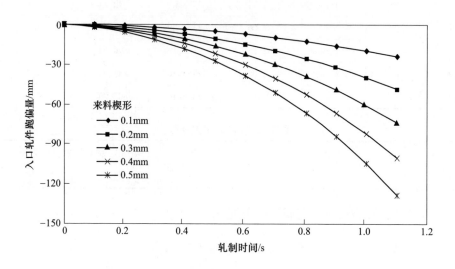

图 8-20　入口轧件中心点与轧制中心线的偏离距离

8.5.1.2　来料存在楔形时出口轧件的侧弯规律

A　出口轧件的侧弯半径

当轧件刚出变形区时（$t=0$），来料楔形对出口轧件弯曲半径的影响规律如图 8-21 所示。随着来料楔形量的增加，出口轧件弯曲半径迅速减小，轧件向非传动侧的弯曲程度增大；即当来料存在楔形时，出口轧件向来料较薄的一侧发生弯曲变形，来料楔形量越大，弯曲变形的程度也就越大。

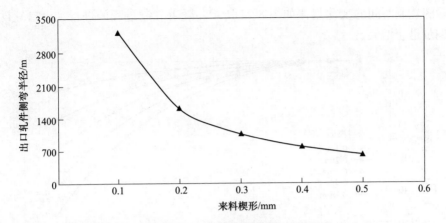

图 8-21 来料楔形对出口轧件弯曲半径的影响（$t = 0$）

这是因为如果来料存在楔形，较厚一侧轧件压下量及延伸却很大，最终导致较厚一侧轧件出口速度大于较薄一侧轧件的出口速度，所以出口轧件将向较薄的一侧发生弯曲变形。它们两者之间的关系可以用指数形式来描述，见下式：

$$\rho_2 = 305.03\Delta H^{-1.0271} \qquad R^2 = 0.9999 \qquad (8-59)$$

式中　ρ_2——出口轧件头部侧弯曲率半径，m；

　　　ΔH——轧件楔形量，mm。

出口轧件的侧弯曲率半径随轧制时间的变化规律如图 8-22 所示。可见，随着轧制过程的进行，出口轧件的侧弯曲率半径逐渐减小，即入口轧件的偏转对出口轧件侧弯程度具有很大的影响。

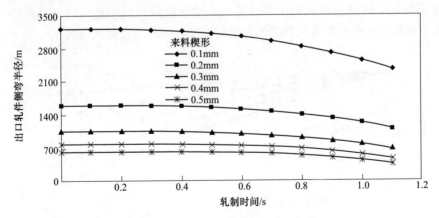

图 8-22 出口轧件侧弯曲率半径随轧制时间的变化规律

B　出口轧件的跑偏量

在其他条件不变的条件下，当来料楔形为 0.1 ~ 0.5mm 时，出口轧件头部跑偏量随轧制时间的变化规律如图 8-23 所示。随着轧制过程的进行，出口轧件的跑偏量迅速增大。

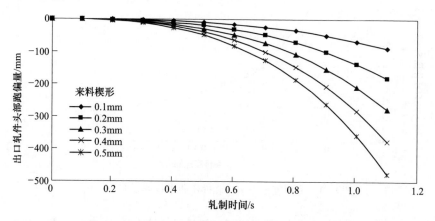

图 8-23　出口轧件头部跑偏量随轧制时间的变化规律

8.5.2　轧件两侧温度不对称时侧弯规律的研究

8.5.2.1　轧件两侧温度不对称时入口轧件的侧弯规律

A　入口轧件的偏转角度

轧机的参数取值见表 8-1，轧件的参数取值见表 8-2 和表 8-4。在其他条件不变的条件下，轧件温度差值为 20~100℃时，入口轧件偏转角度随轧制时间的变化规律如图 8-24 所示。从图中明显可见，随着轧制过程的进行，入口轧件的偏转角度逐渐增加；且随着轧件温度差值的增加，偏转角度线性增大。

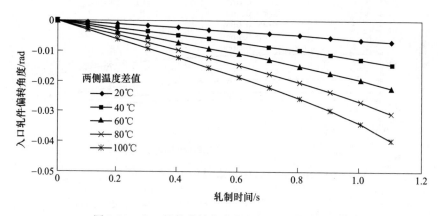

图 8-24　入口轧件偏转角度随轧制时间的变化规律

B 入口轧件跑偏量

由于入口轧件偏转导致的轧件跑偏量随轧制时间的变化规律如图 8-25 所示。从图中明显可见,随着轧制过程的进行,入口轧件跑偏量迅速增加;且随着轧件温度差值的增加,入口轧件跑偏线性增加。

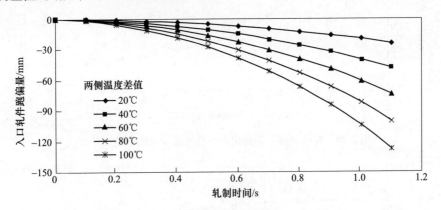

图 8-25 入口轧件跑偏量随轧制时间的变化规律

8.5.2.2 轧件两侧温度不对称时出口轧件的侧弯规律

A 出口轧件的侧弯半径

当轧件刚出变形区时 ($t=0$),轧件温度差值对出口轧件侧弯曲率半径的影响规律如图 8-26 所示。随着轧件温度差值的增加,出口轧件弯曲半径迅速减小,轧件向非传动侧的弯曲程度增大;即当轧件温度分布不均时,出口轧件将向温度低的一侧弯曲,且轧件温度差值越大,弯曲程度也就越大。其原因在于:温度高的一侧轧件的变形抗力较小,轧件容易变形即压下量及延伸较大,轧件出口速度大于温度低的一侧,导致出口轧件将向温度低的一侧弯曲。它们两者之间的关系可以用指数形式来描述,见式(8-60)。

$$\rho_2 = 70436\Delta T^{-1.0271} \qquad R^2 = 0.9999 \qquad (8\text{-}60)$$

式中 ρ_2——出口轧件弯曲半径,m;

ΔT——轧件参考点温度之差,℃。

出口轧件的侧弯曲率半径随轧制时间的变化规律如图 8-27 所示。可见,随着轧制过程的进行,出口轧件的侧弯曲率半径逐渐减小,即入口轧件的偏转对出口轧件侧弯程度具有很大的影响。

B 出口轧件的跑偏量

当轧件温度差值为 20~100℃ 时,出口轧件头部跑偏量随轧制时间的变化规律如图 8-28 所示。随着轧制过程的进行,出口轧件的跑偏量迅速增大。

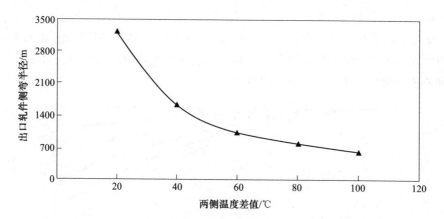

图 8-26　轧件温度差值对出口轧件弯曲半径的影响（$t=0$）

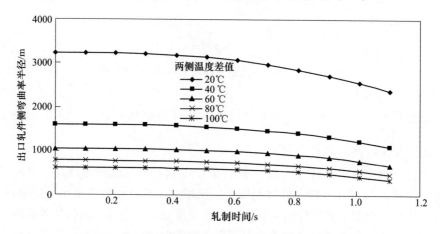

图 8-27　出口轧件的侧弯曲率半径随轧制时间的变化规律

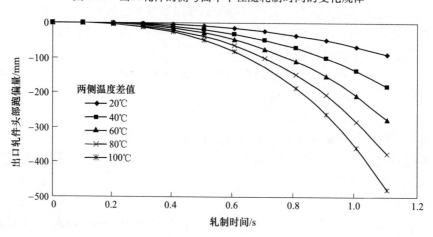

图 8-28　出口轧件头部跑偏量随轧制时间的变化规律

8.5.3 轧机两侧刚度不同时侧弯规律的研究

8.5.3.1 轧机两侧刚度不同时入口轧件的侧弯规律

A 入口轧件的偏转角度

轧机的参数取值见表 8-1，轧件的参数取值见表 8-2 和表 8-4。在其他条件不变的条件下，当轧机两侧刚度差值为 20~100kN/mm 时，入口轧件偏转角度随轧制时间的变化规律如图 8-29 所示。随着轧制过程的进行，入口轧件偏转角度不断增加；而且随两侧刚度差值的增加，偏转角度线性增大。

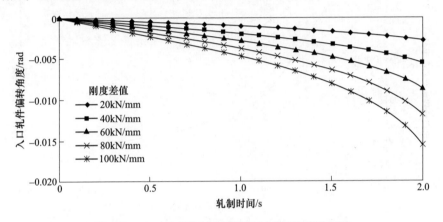

图 8-29 入口轧件偏转角度随轧制时间的变化规律

B 入口轧件跑偏量

由于入口轧件偏转导致的轧件跑偏量随轧制时间的变化规律如图 8-30 所示。随着轧制过程的进行，入口轧件跑偏量不断增加；而且随着两侧刚度差值的增加，入口轧件跑偏量线性增加。

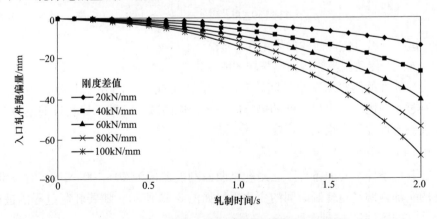

图 8-30 入口轧件跑偏量随轧制时间的变化规律

8.5.3.2　轧机两侧刚度不同时出口轧件的侧弯规律

A　出口轧件的侧弯半径

当轧件刚出变形区时（$t=0$），刚度差值对出口轧件侧弯曲率半径的影响规律如图 8-31 所示。随着刚度差值的增加，出口轧件侧弯曲率半径迅速减小，轧件向非传动侧的弯曲程度增大；即当机架两侧刚度不同时，出口轧件将向刚度小的一侧发生弯曲变形，刚度差值越大，弯曲程度也就越大。

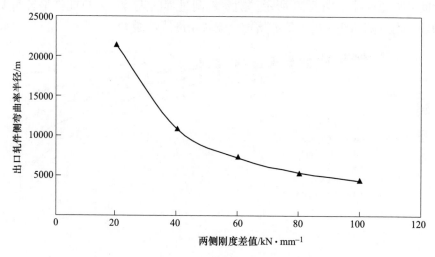

图 8-31　刚度差值对出口轧件侧弯曲率半径的影响（$t=0$）

由于刚度大的一侧轧机牌坊弹跳较小，轧件压下量及延伸较大，导致轧件出口速度大于刚度小的一侧，所以出口轧件将向刚度小的一侧发生弯曲变形。两者之间的关系可以用指数形式来描述，见下式：

$$\rho_2 = 414459\Delta K^{-0.9887} \qquad R^2 = 1.0 \tag{8-61}$$

式中　ρ_2——出口轧件侧弯曲率半径，m；

　　　ΔK——传动侧与非传动侧牌坊的刚度之差，kN/mm。

出口轧件的侧弯曲率半径随轧制时间的变化规律如图 8-32 所示。可见，随着轧制过程的进行，出口轧件的侧弯曲率半径逐渐减小，即入口轧件的偏转对出口轧件侧弯程度具有很大的影响。

B　出口轧件的跑偏量

在其他条件不变的条件下，当轧机两侧刚度差值为 20~100kN/mm 时，出口轧件的头部跑偏量随轧制时间的变化规律如图 8-33 所示。随着轧制过程的进行，出口轧件的跑偏量迅速增大。

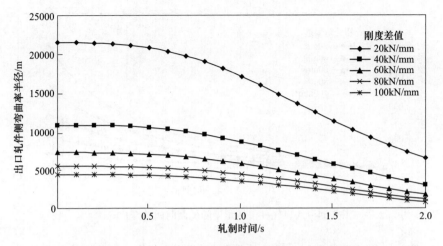

图 8-32　出口轧件侧弯曲率半径随轧制时间的变化规律

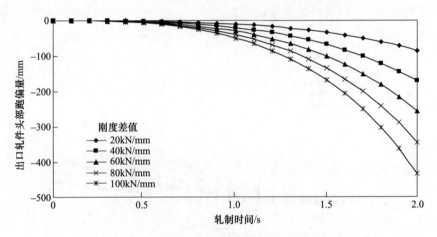

图 8-33　出口轧件头部跑偏量随轧制时间的变化规律

8.5.4　轧件跑偏时侧弯规律的研究

8.5.4.1　轧件跑偏时入口轧件的侧弯规律

A　入口轧件的偏转角度

轧机的参数取值见表 8-1，轧件的参数取值见表 8-2 和表 8-4。在其他条件不变的条件下，当轧件初始跑偏量为 20~100mm 时，入口轧件偏转角度随轧制时间的变化规律如图 8-34 所示。随着轧制过程的进行，入口轧件偏转角度逐渐增加；而且随着轧件初始跑偏量的增加，偏转角度也迅速增大。

B　入口轧件跑偏量

由于入口轧件偏转导致的入口轧件跑偏量随轧制时间的变化规律如图 8-35

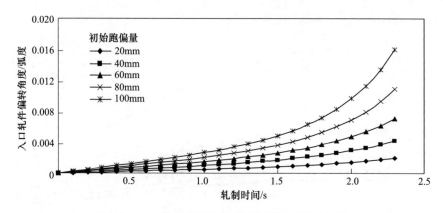

图 8-34　入口轧件偏转角度随轧制时间的变化规律

所示。随着轧制过程的进行，入口轧件跑偏量不断增大；而且随着来料轧件初始跑偏量的增加，入口轧件跑偏量也增加。

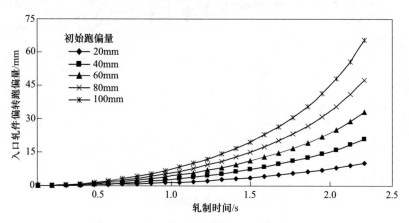

图 8-35　入口轧件跑偏量随轧制时间的变化规律

8.5.4.2　轧件跑偏时出口轧件的侧弯规律

A　出口轧件的侧弯半径

在其他条件不变的条件下，当轧件刚出变形区时（$t=0$），轧件初始跑偏量对出口轧件弯曲半径的影响规律如图 8-36 所示。随着跑偏量的增加，出口轧件弯曲半径的绝对值迅速减小，轧件向传动侧的弯曲程度增大，即轧件向传动侧或非传动侧跑偏，则出口轧件将向传动侧或非传动侧发生弯曲变形，跑偏量越大，弯曲变形的程度也就越大。

这是因为如果轧件向传动侧偏离，则传动侧的轧制力增加、轧机牌坊弹跳增大、轧件压下量及延伸减小，导致传动侧轧件出口速度小于非传动侧轧件的出口

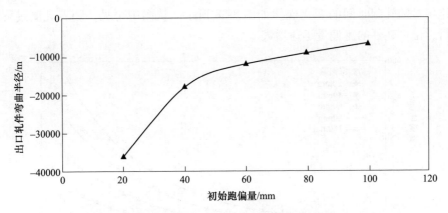

图 8-36　轧件初始跑偏量对出口轧件弯曲半径的影响（$t=0$）

速度，所以出口轧件将向传动侧发生弯曲变形。它们两者之间的关系可以用指数形式来描述，见下式：

$$\rho_2 = -771048\Delta W_0^{-1.0232} \qquad R^2 = 0.9999 \qquad (8\text{-}62)$$

式中　ρ_2——出口轧件弯曲半径，m；

　　　　ΔW_0——轧件跑偏量，mm。

出口轧件的侧弯曲率半径随轧制时间的变化规律如图 8-37 所示。可见，随着轧制过程的进行，出口轧件的侧弯曲率半径逐渐减小，即入口轧件的偏转对出口轧件侧弯程度具有很大的影响。

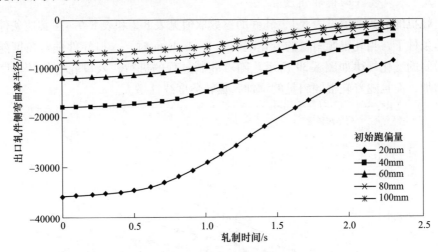

图 8-37　出口轧件侧弯曲率半径随轧制时间的变化规律

B　出口轧件的跑偏量

在其他条件不变的条件下，当轧件初始跑偏量为 20~100mm 时，出口轧件头部跑偏量随轧制时间的变化规律如图 8-38 所示。从图中可见，随着轧制过程的进行，出口轧件的跑偏量迅速增大。

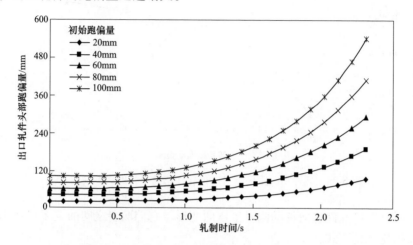

图 8-38　出口轧件头部跑偏量随轧制时间的变化规律

8.5.5　轧辊倾斜时侧弯规律的研究

8.5.5.1　轧辊倾斜时入口轧件的侧弯规律

A　入口轧件的偏转角度

轧机的参数取值见表 8-1，轧件的参数取值见表 8-2 和表 8-4。在其他条件不变的条件下，当轧辊倾斜量的变化范围为 0~1.0mm 时，入口轧件偏转角度随轧制时间的变化规律如图 8-39 所示。随着轧制过程的进行，入口轧件偏转角度不断增加，而且随着轧辊倾斜量的增加，偏转角度线性增大。

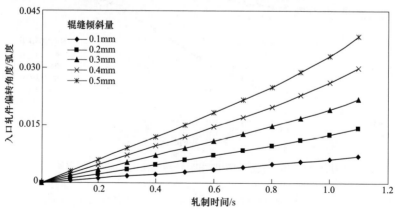

图 8-39　入口轧件偏转角度随轧制时间的变化规律

B　入口轧件的跑偏量

由于入口轧件偏转导致的入口轧件跑偏量随轧制时间的变化规律如图 8-40 所示。随着轧制过程的进行，入口轧件跑偏量不断增加，而且随着轧辊倾斜量的增加，入口轧件跑偏量线性增加。

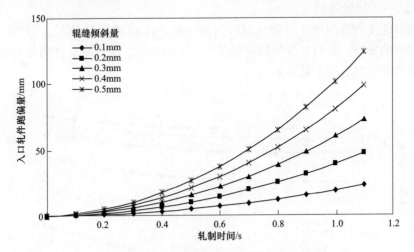

图 8-40　入口轧件跑偏量随轧制时间的变化规律

8.5.5.2　轧辊倾斜时出口轧件的侧弯规律

A　出口轧件的侧弯半径

在其他条件不变的条件下，当轧件刚出变形区时（$t=0$），初始倾斜量对出口轧件弯曲半径的影响规律如图 8-41 所示。随着初始倾斜量的增加，出口轧件侧弯半径的绝对值迅速减小，轧件向传动侧的弯曲程度增大，即当轧辊倾斜时，

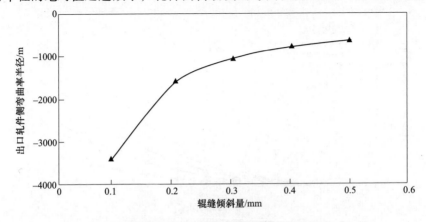

图 8-41　初始倾斜量对出口轧件侧弯曲率半径的影响（$t=0$）

出口轧件向压下小的一侧发生弯曲变形，轧辊倾斜量越大，弯曲变形的程度也就越大。它们两者之间的关系可以用指数形式来描述，见下式：

$$\rho_2 = -313.87\Delta S^{-1.0132} \qquad R^2 = 1.0 \qquad (8\text{-}63)$$

式中　ρ_2——出口轧件弯曲半径，m；

　　　ΔS——初始倾斜量，mm。

出口轧件侧弯曲率半径随轧制时间的变化规律如图 8-42 所示。可见，随着轧制过程的进行，出口轧件的侧弯曲率半径逐渐减小，即入口轧件的偏转对出口轧件侧弯程度具有很大的影响。

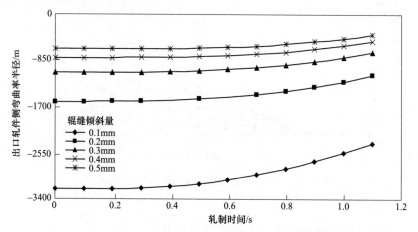

图 8-42　出口轧件侧弯曲率半径随轧制时间的变化规律

B　出口轧件的跑偏量

在其他条件不变的条件下，当轧辊倾斜量为 0.1~0.5mm 时，出口轧件的头部跑偏量随轧制时间的变化规律如图 8-43 所示。从图中可见，随着轧制过程的

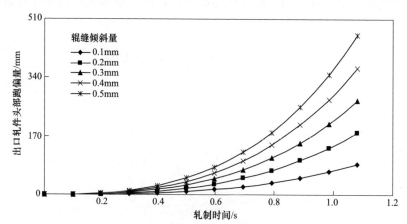

图 8-43　出口轧件头部跑偏量随轧制时间的变化规律

进行，出口轧件的跑偏量迅速增大。

8.6 侧弯反馈控制模型及控制策略的研究

中厚板侧弯规律研究的目的是消除与改善中厚板侧弯缺陷；轧辊倾斜是侧弯缺陷控制的有效手段；控制目标通常是出口轧件的楔形控制，即通过调整轧辊的倾斜量，使出口轧件的楔形达到目标值。出口轧件楔形的目标值根据式（8-13）及出口曲率半径 $\rho_2 = \infty$ 确定：

$$\Delta h = h \times \left(\frac{W}{\rho_1} + \frac{\Delta H}{H} \right) \tag{8-64}$$

式中　h——出口轧件厚度，mm；

$\quad\quad$ H——入口轧件厚度，mm；

$\quad\quad$ ρ_1——入口轧件弯曲半径，mm；

$\quad\quad$ ΔH——来料楔形，mm；

$\quad\quad$ Δh——目标楔形，mm。

对于中厚板轧件的侧弯问题，此前均采用前馈控制[34~36,45~50]。通过前一个道次轧件各长度段上的来料楔形和侧弯曲率拟合数据，在当前道次通过调节辊缝倾斜量使出口轧件的楔形达到目标值，从而实现侧弯的前馈控制。由于前馈控制需要对侧弯曲率和厚度楔形高精度的测量、计算和跟踪，实现起来难度是非常大的，而且对于无法预知的其他不对称因素（如轧件横向温度差、轧件跑偏和轧机刚度差等），则无能为力。

本节在轧辊刚性及工作辊凸度二次抛物线分布假设的条件下，结合轧件塑性变形方程和轧机弹性变形方程，针对入口轧件楔形、轧件温度不对称、轧件跑偏、轧机两侧刚度不相等以及轧机辊缝倾斜五种因素，建立了适于各种影响因素统一的出口轧件侧弯及其反馈控制数学模型；采用该模型建立的侧弯反馈控制系统具有无滞后特性，为侧弯反馈控制奠定了理论基础。同时，针对轧件横向温差所造成的两侧热胀冷缩差别问题，提出了在末道次使成品具有预定曲率的侧弯的思想，并建立了相应的预定曲率侧弯模型，旨在实现轧件冷却后无侧弯。

8.6.1 横向不对称轧制状态下的基本方程

A 辊缝刚性倾斜量方程

轧辊倾斜是横向轧制状态不对称的主要特点之一。为了便于中厚板轧制过程侧弯缺陷的分析，假设轧辊刚性，此时轧件与轧辊的受力状态如图 8-44 所示。辊系的刚性倾斜量为轧机传动侧与非传动侧有载辊缝差值，辊系刚性倾斜量的基本方程为：

$$\Delta S = \frac{P_2}{K_2} - \frac{P_1}{K_1} + \Delta S_0 = \frac{P_2 K_1 - P_1 K_2}{K_1 K_2} + \Delta S_0 \tag{8-65}$$

式中　ΔS——辊系刚性倾斜量；

　　　ΔS_0——空载辊缝差倾斜量；

　　P_1，P_2——支撑辊两侧压下螺丝或液压缸的压下力；

　　K_1，K_2——轧机两侧刚度。

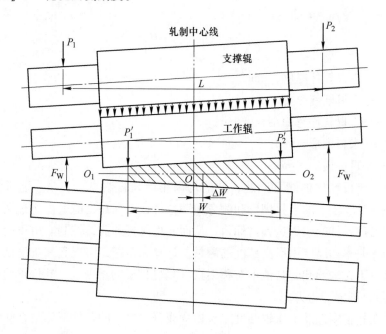

图 8-44　中厚板横向不对称状态轧制过程的受力状态

B　出口轧件楔形方程

轧件跑偏量为轧件中心线与轧制中心线的偏离量，定义轧件向传动侧的跑偏量为正值；轧件楔形为非传动侧与传动侧轧件厚度的差值；轧辊凸度为轧辊辊身中部直径与端部直径差值；轧件凸度为轧件中部厚度与两侧边部厚度均值之差。假设工作辊辊型采用二次曲线，则以轧辊中部为原点，工作辊半径分布方程见式（8-66）；轧件中心及两侧各点对应的工作辊半径见式（8-67）。

$$R(x) = R_0 - \frac{2C_R}{L_W^2} x^2 \tag{8-66}$$

式中　$R(x)$——工作辊半径分布方程；

　　　R_0——轧辊中心线半径；

C_R——工作辊凸度；

L_W——工作辊辊身长度。

$$\begin{cases} R_{h0} = R(\Delta W) = D_0/2 - 2C_R\Delta W^2/L_W^2 \\ R_{h2} = R(W/2 + \Delta W) = D_0/2 - 2C_R(W/2 + \Delta W)^2/L_W^2 \\ R_{h1} = R(-W/2 + \Delta W) = D_0/2 - 2C_R(-W/2 + \Delta W)^2/L_W^2 \end{cases} \quad (8\text{-}67)$$

式中　R_{h0}，R_{h1}，R_{h2}——轧件中心及两侧各点对应的工作辊半径；

　　　　D_0——轧辊中心线直径；

　　　　W——轧件宽度；

　　　　ΔW——轧件跑偏量。

当轧辊刚性时，忽略工作辊磨损及热凸度的情况下，出口轧件楔形与有载辊缝差值之间的关系如图 8-45 所示。从图 8-45 可见有式（8-68）成立。把式（8-67）代入式（8-68），整理可得轧件出口凸度与工作辊凸度的关系以及出口轧件楔形与工作辊凸度和有载辊缝差值之间的关系，分别见式（8-69）和式（8-70）。

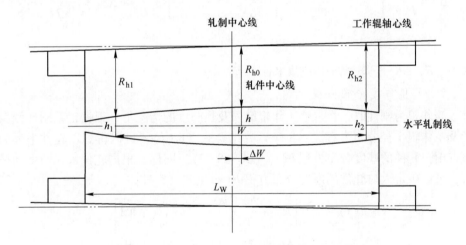

图 8-45　出口轧件楔形与有载辊缝差值之间的关系

$$\begin{cases} (R_{h2} + h_2/2) + (R_{h1} + h_1/2) = 2(R_{h0} + h_0/2) \\ \dfrac{(R_{h0} + h_2/2) - (R_{h1} + h_1/2)}{W} = \dfrac{\Delta S}{2L} \end{cases} \quad (8\text{-}68)$$

$$C_h = h_0 - (h_2 + h_1)/2 = -\frac{W^2 C_R}{L_W^2} \quad (8\text{-}69)$$

式中　h_1，h_2，h_0——出口轧件两侧及中心点厚度；

　　　　C_h——出口轧件凸度。

$$\Delta h = h_2 - h_1 = \Delta S \times \frac{B}{L_B} + \frac{8B\Delta B C_R}{L_W^2}$$

$$= \frac{W}{L_B} \times \left(\frac{P_2 K_1 - P_1 K_2}{K_1 K_2} \right) + \frac{W}{L_B} \times \Delta S_0 + \frac{8W\Delta W C_R}{L_W^2} \quad (8\text{-}70)$$

式中　Δh——出口轧件楔形。

轧机平均刚度为传动侧与非传动侧牌坊刚度的均值，轧机刚度差为传动侧与非传动侧牌坊刚度的差值，轧机两侧刚度、轧机平均刚度及轧机刚度差之间的关系见式（8-71）。把式（8-71）代入式（8-70），并整理可得出口轧件楔形见式（8-72）。

$$\begin{cases} K = (K_1 + K_2)/2 \\ \Delta K = K_2 - K_1 \end{cases} \Rightarrow \begin{cases} K_1 = K - \Delta K/2 \\ K_2 = K + \Delta K/2 \\ K_2 K_1 = K^2 - \Delta K^2/4 \end{cases} \quad (8\text{-}71)$$

$$\Delta h = \frac{W}{L_B} \times \left[\frac{2(P_2 - P_1) \times K - (P_2 + P_1) \times \Delta K}{2K^2 - 0.5\Delta K^2} \right] + \frac{W}{L_B} \times \Delta S_0 + \frac{8W\Delta W C_R}{L_W^2}$$

$$(8\text{-}72)$$

式中　K, ΔK——轧机平均刚度和刚度差。

C　轧件厚度分布方程

当轧辊为刚性时，在忽略工作辊磨损及热凸度的情况下，根据辊系刚性倾斜量及工作辊半径分布方程式（8-66）并结合式（8-67），可以得到以轧件中部为原点出口轧件的厚度分布方程 $h(x)$ 见式（8-73）。同样，根据轧件入口凸度和楔形，可以确定入口轧件的厚度分布方程 $H(x)$ 见式（8-74）。

$$h(x) = 2 \times \left[R_{h0} + \frac{h_0}{2} + \frac{\Delta S}{2L}x - R(x + \Delta W) \right]$$

$$= h_0 + \frac{\Delta h}{W}x + \frac{4C_R}{L_W^2}x^2 = h_0 + \frac{\Delta h}{W}x - \frac{4C_h}{W^2}x^2 \quad (8\text{-}73)$$

$$H(x) = H_0 + \frac{\Delta H}{W}x - \frac{4C_H}{W^2}x^2 = H_0 + \frac{\Delta H}{W}x + \frac{4C_R}{L_W^2}x^2 \quad (8\text{-}74)$$

式中　ΔH——入口轧件楔形；

　　　C_H——入口轧件凸度。

D　单位宽度轧制力分布方程

轧件平均塑性刚度为传动侧与非传动侧塑性刚度的均值，轧件塑性刚度差为传动侧与非传动侧塑性刚度的差值。假设轧件温度及轧件塑性刚度沿横向线性分布，轧件平均塑性刚度即为轧件中心点塑性刚度。以轧件中部为原点，轧件塑性刚度及分布方程如下：

$$
\begin{cases}
M_0 = \dfrac{M_2 + M_1}{2} \\[2mm]
\Delta M = M_2 - M_1 \\[2mm]
M(x) = M_0 + \dfrac{\Delta M}{W}x
\end{cases}
\tag{8-75}
$$

式中　M_1，M_2，M_0——轧件两侧及中心点的塑性刚度。

根据金属塑性变形基本理论，以轧件中部为原点，根据轧件厚度和轧件塑性刚度分布方程，可以建立如下的单位宽度轧制力的分布方程：

$$
p(x) = [H(x) - h(x)]M(x) = (H_0 - h_0)M_0 +
$$
$$
\frac{(\Delta H - \Delta h)M + (H_0 - h_0)\Delta M}{W}x + \frac{(\Delta H - \Delta h)\Delta M}{W^2}x^2
\tag{8-76}
$$

E　力平衡方程

根据轧制力、弯辊力 F_W 及支撑辊两侧压下螺丝或液压缸的压下力，结合单位宽度轧制力的分布方程可建立辊系的力平衡方程：

$$
P_2 + P_1 = 2F_W + \int_{-W/2}^{W/2} [p(x)]\mathrm{d}x
$$
$$
= \frac{24F_W + 12W(H_0 - h_0)M_0 + W(\Delta H - \Delta h)\Delta M}{12}
\tag{8-77}
$$

F　力矩平衡方程

轧件跑偏量为轧件中心线与轧制中心线的偏离量，定义轧件向传动侧的跑偏量为正值。以轧制中心线为基点，结合单位宽度轧制力的分布方程可得辊系的力矩平衡方程：

$$
\begin{cases}
P_2 - P_1\dfrac{L_B}{2} = \displaystyle\int_{-W/2}^{W/2} [p(x)(\Delta W + x)]\mathrm{d}x \\[3mm]
\qquad = \dfrac{W}{12} \times [12M_0(H_0 - h_0)\Delta W + (\Delta H - \Delta h)\Delta M\Delta W + \\[2mm]
\qquad\quad W(\Delta H - \Delta h)M_0 + W(H_0 - h_0)\Delta M] \\[3mm]
P_2 - P_1 = \dfrac{W}{6L_B}[12M_0(H_0 - h_0)\Delta W + (\Delta H - \Delta h)\Delta M\Delta W + \\[2mm]
\qquad\quad W(\Delta H - \Delta h)M_0 + W(H_0 - h_0)\Delta M]
\end{cases}
\tag{8-78}
$$

式中　L_B——轧机两侧压下螺丝或液压缸中心距。

8.6.2　中厚板横向不对称轧制状态下侧弯数学模型

出口轧件侧弯主要取决于出口与入口轧件楔形率的变化量，楔形率为轧件两侧厚度差值与中心点厚度的比值。把式（8-77）和式（8-78）代入式（8-72），并整理可得出口轧件楔形 Δh、变形前后楔形率差 $\Delta\Psi$ 和出口侧弯曲率半径 ρ_2 的数学模型：

$$\begin{cases}
\Delta h = a_1\Delta H + a_2\Delta M + a_3\Delta K + a_4\Delta W + a_5\Delta S_0 \\
a_1 = \dfrac{4KM_0W^3}{6L_B^2(4K^2-\Delta K^2)+4KM_0W^3+W^2(4K\Delta W-L_B\Delta K)\Delta M} \\
a_2 = \dfrac{4KW^3(H_0-h_0)+W^2(4K\Delta W\Delta H-L_B\Delta H\Delta K)}{6L_B^2(4K^2-\Delta K^2)+4KM_0W^3+W^2(4K\Delta W-L_B\Delta K)\Delta M} \\
a_3 = \dfrac{12L_BW[W(H_0-h_0)M_0+2F_W]}{6L_B^2(4K^2-\Delta K^2)+4KM_0W^3+W^2(4K\Delta W-L_B\Delta K)\Delta M} \\
a_4 = \dfrac{48KW^2M_0(H_0-h_0)+48W(4K^2-\Delta K^2)(L_B/L_W)^2C_R}{6L_B^2(4K^2-\Delta K^2)+4KM_0W^3+W^2(4K\Delta W-L_B\Delta K)\Delta M} \\
a_5 = \dfrac{6WL_B(4K^2-\Delta K^2)}{6L_B^2(4K^2-\Delta K^2)+4KM_0W^3+W^2(4K\Delta W-L_B\Delta K)\Delta M}
\end{cases} \tag{8-79}$$

$$\Delta\Psi = \Delta h/h_0 - \Delta H/H_0 = \frac{1}{h_0}[(a_1-1/\lambda)\Delta H + a_2\Delta M + a_3\Delta K + a_4\Delta W + a_5\Delta S_0] \tag{8-80}$$

式中　λ——压下系数，$\lambda = H_0/h_0$。

$$\frac{1}{\rho_2} = \frac{1}{\rho_1} - \frac{\Delta\Psi}{W} = \frac{1}{\rho_1} - \frac{1}{Wh_0}[(a_1-1/\lambda)\Delta H + a_2\Delta M + a_3\Delta K + a_4\Delta W + a_5\Delta S_0] \tag{8-81}$$

由此可见，出口轧件侧弯曲率半径 ρ_2 受入口轧件侧弯、轧件楔形、轧件温度不对称、轧机两侧刚度不相等、入口轧件跑偏量、空载辊缝倾斜量以及工作辊凸度和弯辊力多种因素的影响。

8.6.3　侧弯反馈控制模型

为了消除出口轧件侧弯缺陷，应该调整空载辊缝倾斜量 $\Delta S_0'$，并使目标 $\rho_2 = \infty$。由于出口轧件侧弯曲率半径 ρ_2 的影响因素很多，且多数无法事先准确确定，同时轧件入口与出口曲率半径存在某种特定的关系，因此只要确定满足控制需要的轧件出口及入口曲率之间的简约关系，即可根据出口曲率半径的实测值确定辊缝

倾斜调整量 $\Delta S'_0$ 使目标 $\rho_2 = \infty$ 。

8.6.3.1 轧件出口及入口曲率半径之间的简约关系

根据板带钢轧制基本理论，咬入角、中性角、前滑值及入口和出口速度方程见式（8-82）；根据轧件出口及入口曲率半径计算公式（8-5）和式（8-9）可得式（8-83）。

$$\begin{cases} \alpha = \sqrt{(H-h)/R_{\mathrm{W}}} \\ \gamma = \alpha/2 \\ S_{\mathrm{h}} = \dfrac{\gamma^2 R_{\mathrm{W}}}{h} = \dfrac{H-h}{4h} \\ v_{\mathrm{h}} = (1+S_{\mathrm{h}})v_{\mathrm{R}} \\ v_{\mathrm{H}} = \dfrac{h \times (1+S_{\mathrm{h}}) \times v_{\mathrm{R}}}{H} \end{cases} \tag{8-82}$$

式中　α——咬入角；

　　　γ——中性角；

　　　S_{h}——前滑值；

　　　v_{h}——出口速度；

　　　v_{H}——入口速度；

　　　R_{W}——工作辊半径；

　　　v_{R}——工作辊线速度。

$$\frac{\rho_2}{\rho_1} = \lambda \times \frac{\Delta v_1}{\Delta v_2} \tag{8-83}$$

式中　Δv_2——轧件两侧出口速度差；

　　　Δv_1——轧件两侧入口速度差。

根据式（8-82）可得轧件两侧出口速度差及入口速度差的计算式见式（8-84）。把式（8-84）代入式（8-83）可得轧件出口及入口曲率半径之间的简约关系见式（8-85）。

$$\begin{cases} \Delta v_2 = v_{\mathrm{h}2} - v_{\mathrm{h}1} = \dfrac{H_2 h_1 - H_1 h_2}{4 h_2 h_1} \times v_{\mathrm{R}} \\ \Delta v_1 = v_{\mathrm{H}2} - v_{\mathrm{H}1} = \dfrac{3 \times (H_1 h_2 - H_2 h_1)}{4 h_2 h_1} \times v_{\mathrm{R}} \end{cases} \tag{8-84}$$

$$\begin{cases} \dfrac{\rho_2}{\rho_1} = \lambda \times \dfrac{\Delta v_1}{\Delta v_2} = -\dfrac{3\lambda \times (4 h_0^2 - \Delta h^2)}{4 H_0^2 - \Delta H^2} \approx -\dfrac{3}{\lambda} \\ \dfrac{1}{\rho_2} - \dfrac{1}{\rho_1} = \dfrac{1}{\rho_2} \times \left(1 + \dfrac{3}{\lambda}\right) \end{cases} \tag{8-85}$$

8.6.3.2　侧弯反馈控制模型

根据中厚板出口侧弯模型式（8-81）和式（8-85），可得空载辊缝倾斜量的调整值与出口轧件侧弯曲率半径之间的数学模型——侧弯反馈控制模型见式（8-86）。

$$
\begin{aligned}
\Delta S_0' &= \frac{h_0}{\rho_2} \times \frac{W}{a_5} \times \left(1 + \frac{3}{\lambda}\right) \\
&= \begin{cases}
\dfrac{h_0}{\rho_2} \times \left(1 + \dfrac{3}{\lambda}\right) \times \left[\dfrac{4KM_0W^2 + W \times (4K\Delta B - L_B\Delta K) \times \Delta M}{6L_B \times (4K^2 - \Delta K^2)} + L_B\right] & \Delta M \neq 0 \\[4mm]
\dfrac{h_0}{\rho_2} \times \left(1 + \dfrac{3}{\lambda}\right) \times \left[\dfrac{4KM_0W^2}{6L \times (4K^2 - \Delta K^2)} + L_B\right] & \Delta M = 0
\end{cases}
\end{aligned}
$$

$$
\text{(8-86)}
$$

式中　$\Delta S_0'$——辊缝倾斜量的调整值；

　　　ΔM——轧件两侧塑性刚度差值；

　　　K——轧机单侧刚度；

　　　L_B——支撑辊液压缸中心距。

从中厚板侧弯控制模型式（8-86）可知，轧件横向温度对称分布是实现中厚板出口侧弯缺陷反馈控制的至关重要的因素；当轧件横向温度对称分布，无论其他哪种不对称因素或者综合因素，只要发现出口轧件侧弯并测得其曲率半径 ρ_2，即可采用该模型确定出所需的空载辊缝倾斜调整量 $\Delta S_0'$，消除该侧弯缺陷。因此，中厚板出口侧弯缺陷可以采用该模型进行反馈控制。

仅考虑单一因素影响时，空载辊缝倾斜调节量 $\Delta S_0'$ 见式（8-87）。针对某厂轧机具体情况，轧机的参数取值见表 8-1、轧件的参数取值见表 8-2 和表 8-4，空载辊缝倾斜调节量 $\Delta S_0'$ 见式（8-88）。

$$
\Delta S_0' = \begin{cases}
-\dfrac{a_1 - 1/\lambda}{a_5} \times \Delta H = \dfrac{1}{\lambda} \times \left[L_B + \dfrac{M_0W^2 \times (1 - \lambda)}{6L_BK}\right] \times \Delta H & \Leftarrow \Delta M = \Delta K = \Delta W = \Delta S_0 = 0 \\[4mm]
-\dfrac{a_2}{a_5}\Delta M = -\dfrac{W^2 \times (H_0 - h_0)}{6L_BK} \times \Delta M & \Leftarrow \Delta H = \Delta K = \Delta W = \Delta S_0 = 0 \\[4mm]
-\dfrac{a_3}{a_5}\Delta K = \dfrac{2WM_0 \times (H_0 - h_0) + 4F_W}{4K^2 - \Delta K^2} \times \Delta K & \Leftarrow \Delta H = \Delta M = \Delta W = \Delta S_0 = 0 \\[4mm]
-\dfrac{a_4}{a_5}\Delta W = -\left[\dfrac{2WM_0 \times (H_0 - h_0)}{L_BK} + \dfrac{8L_BC_R}{L_W^2}\right] \times \Delta W & \Leftarrow \Delta H = \Delta M = \Delta K = \Delta S_0 = 0
\end{cases}
$$

$$
\text{(8-87)}
$$

$$\Delta S_0' = \begin{cases} 2.18664\Delta H & \Leftarrow \Delta M = \Delta K = \Delta W = \Delta S_0 = 0 \\ 0.00274\Delta T & \Leftarrow \Delta H = \Delta K = \Delta W = \Delta S_0 = 0 \\ 0.00150\Delta K & \Leftarrow \Delta H = \Delta M = \Delta W = \Delta S_0 = 0 \\ -0.0048\Delta W & \Leftarrow \Delta H = \Delta M = \Delta K = \Delta S_0 = 0 \end{cases} \tag{8-88}$$

8.6.3.3 轧件两侧温度不对称时侧弯反馈控制模型

当轧件横向两侧存在温度差时，如果终轧后轧件无侧弯，则冷却到常温后由于轧件两侧冷缩量的不同，将导致轧件出现侧弯。因此，必须通过调整辊缝倾斜量使轧件终轧后具有预定曲率的侧弯，保证冷却到常温后轧件无侧弯缺陷。

A 轧件两侧温度不对称时的预定曲率计算模型

假设轧件横向温度线性分布，根据终轧后与冷却到常温时轧件长度的转换关系，可得冷却导致轧件横向两侧纵向应变差及轧件两侧温度不对称时的预定曲率半径计算模型见式（8-89）。

$$\begin{cases} l_2' = l \times [\,1 + \alpha \times (T_2 - T_a)\,] \\ l_1' = l \times [\,1 + \alpha \times (T_1 - T_a)\,] \\ l_0' = l \times [\,1 + \alpha \times (T_0 - T_a)\,] \\ \varepsilon = \dfrac{l_2' - l_1'}{l_0'} = \dfrac{\alpha \times (T_2 - T_1)}{1 + \alpha \times (T_0 - T_a)} \\ \rho_2' = \dfrac{W}{\varepsilon} = \dfrac{W \times [\,1 + \alpha \times (T_0 - T_a)\,]}{\alpha \times (T_2 - T_1)} \end{cases} \tag{8-89}$$

式中　T_a——室温；

　　　l——室温时轧件长度；

l_2', l_1', l_0'——终轧后轧件右侧、左侧及中部长度；

T_2, T_1, T_0——终轧后轧件右侧、左侧及中部温度；

　　　α——碳钢的热膨胀系数，通常取 1.3×10^{-5},℃$^{-1}$；

　　　ε——冷却后轧件右侧与左侧纵向应变差；

　　　ρ_2'——轧件两侧温度不对称时的预定曲率。

B 预定曲率半径侧弯反馈控制模型

根据中厚板侧弯控制模型式（8-81）和式（8-86），考虑轧件两侧温度不对称时的预定曲率半径计算模型，可得具有预定曲率半径的侧弯反馈控制模型见式（8-90）。

$$\Delta S_0' = \left(\frac{1}{\rho_2} - \frac{1}{\rho_2'} \right) \times \frac{h_0 W}{a_5} \times \left(1 + \frac{3}{\lambda} \right) \tag{8-90}$$

8.6.4　侧弯反馈控制模型与数值解的比较

8.6.4.1　来料存在楔形时的侧弯控制模型

轧机的参数取值见表 8-1，轧件的参数取值见表 8-2 和表 8-4。来料楔形的变化范围为 0～0.5mm。在其他条件不变的条件下，为了控制出口轧件不产生侧弯缺陷，辊缝倾斜调整量与来料楔形的关系如图 8-46 所示，出口轧件弯曲半径的最小值大于 $3×10^6$ m。随着来料楔形量的增加，辊缝倾斜调整量线性增加，两者关系见式（8-91），与式（8-88）有一定的差别。其原因在于：辊系刚性假设模型忽略了轧辊挠曲及压扁对轧件两侧厚度差的影响。

$$\Delta S'_0 = 4.3814\Delta H \qquad R^2 = 1.0 \tag{8-91}$$

式中　ΔH——来料楔形量，mm。

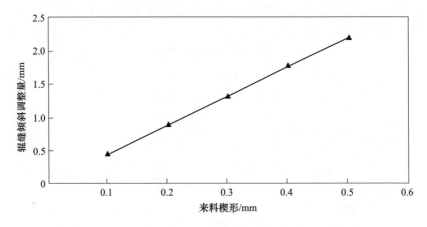

图 8-46　辊缝倾斜调整量与来料楔形的关系

8.6.4.2　轧件两侧温度不对称时的侧弯控制模型

轧机的参数取值见表 8-1，轧件的参数取值见表 8-2 和表 8-4。在其他条件不变的条件下，当轧件两侧温度不对称时，辊缝倾斜调整量与轧件两侧温度差值之间的关系如图 8-47 所示，出口轧件弯曲半径的最小值大于 $2×10^6$ m。从图中可见，随着轧件两侧温度差值的增加，辊缝倾斜调整量 ΔS_0 线性增加，两者之间的关系见式（8-92），与式（8-88）有一定的差别。其原因在于：当轧件两侧存在温度差值时，辊系刚性假设模型忽略了轧辊挠曲及压扁对轧件两侧厚度差的影响。

$$\Delta S'_0 = 0.0101\Delta T \qquad R^2 = 0.9999 \tag{8-92}$$

式中　$\Delta S'_0$——辊缝倾斜量；

　　　ΔT——轧件参考点温度之差，℃。

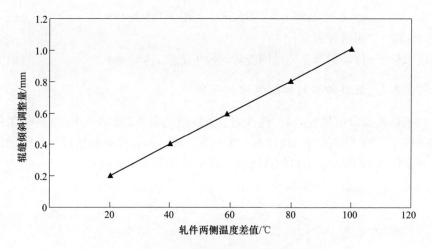

图 8-47　辊缝倾斜调整量与轧件两侧温度差值的关系

8.6.4.3　两侧刚度不同时的侧弯控制模型

刚度差值为传动侧与非传动侧牌坊刚度之差，变化范围为 $10 \sim 100 \mathrm{kN/mm}$。轧机的参数取值见表 8-1，轧件的参数取值见表 8-2 和表 8-4。在其他条件不变的条件下，为了控制出口轧件不产生侧弯缺陷，辊缝倾斜调整量如图 8-48 所示。出口轧件弯曲半径的最小值大于 $10^{8} \mathrm{m}$。从图可见，随着轧机两侧刚度差值 ΔK 的增加，辊缝倾斜调整量线性增加，两者之间的关系见式（8-93），与式（8-88）吻合程度很好。

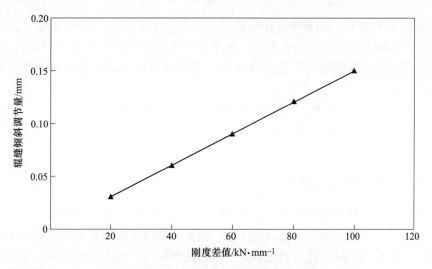

图 8-48　辊缝倾斜调整量与轧机两侧刚度差值的关系

$$\Delta S'_0 = 0.0015 \Delta K \qquad R^2 = 0.9999 \tag{8-93}$$

式中　$\Delta S'_0$——辊缝倾斜量；

　　　ΔK——传动侧与非传动侧牌坊的刚度之差，kN/mm。

8.6.4.4　轧件跑偏时的侧弯控制模型

轧机的参数取值见表 8-1，轧件的参数取值见表 8-2 和表 8-4。在其他条件不变的条件下，为了控制出口轧件不产生侧弯缺陷，辊缝倾斜调整量与轧件跑偏量的关系如图 8-49 所示，出口轧件弯曲半径的最小值大于 $2 \times 10^6 m$。

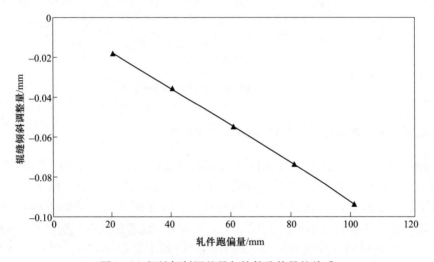

图 8-49　辊缝倾斜调整量与轧件跑偏量的关系

从图 8-49 可见，随着轧件跑偏量 ΔW_0 的增加，辊缝倾斜调整量 ΔS_0 线性减小，两者之间的关系见式（8-94），与式（8-88）有一定的差别。其原因在于：当轧件跑偏时，辊系刚性假设模型忽略了轧辊挠曲及压扁对轧件两侧厚度差的影响。

$$\Delta S'_0 = -0.0009 \Delta W \qquad R^2 = 0.9991 \tag{8-94}$$

式中　$\Delta S'_0$——辊缝倾斜量，mm；

　　　ΔW——轧件跑偏量，mm。

8.6.5　中厚板侧弯控制策略

中厚板侧弯典型前馈控制如图 8-50 所示。根据来料楔形和侧弯半径实测数据，调整辊缝倾斜量来减小出口轧件侧弯缺陷。前馈控制能够针对已知的不对称因素，采取相应的措施控制侧弯，但对于无法预知的其他不对称因素，如来料横向温度差、轧件跑偏量和轧机刚度差，则完全无能为力。

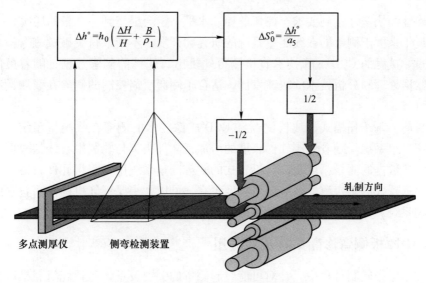

图 8-50　中厚板侧弯典型前馈控制

厚板侧弯反馈控制策略如图 8-51 所示。无论侧弯源于哪种影响因素，只要测得出口轧件侧弯曲率半径值，采用本章提出的反馈控制模型，即可确定辊缝倾斜调整量，从而减小或消除出口轧件侧弯缺陷。尽管该反馈控制模型采用了轧辊刚性假设，对于侧弯控制动态过程会产生一定的影响，但可以采用 PI 调节特性，只要有侧弯，辊缝倾斜调节量就会不断累加，直至完全消除侧弯达到稳态。

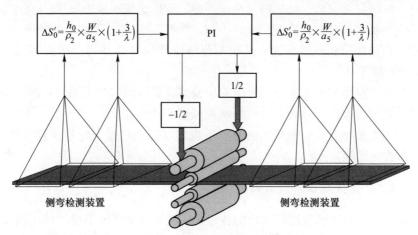

图 8-51　中厚板侧弯反馈控制

在厚度反馈控制系统中，测厚仪的检测值为检测点处的轧件厚度，与轧机出口厚度有一个无法避免的时间滞后问题。而侧弯检测值为轧机出口轧件的侧弯特性，所以基于侧弯检测装置的反馈控制策略具有无滞后特性。只要侧弯测量系统的准确性和快速性达到要求，侧弯的控制水平一定会提高到一个新的层次。

近年来关于侧弯的在线测量系统的研究和开发，不断取得突破。侧弯检测可以通过非接触的 CCD 成像技术直接测得轧机出口轧件的侧弯数据，随着摄像技术、数据处理和分析技术的快速发展，适合于侧弯反馈控制的侧弯在线测量系统指日可待。

目前，基于扫描式金属检测器和 CCD 成像技术的侧弯在线测量系统，一般只采用一组系统。随着轧制轧件长度的增加，轧件头部与轧制中心线偏离更加明显，侧弯数据的测量精度更高，近置式的侧弯测量系统用于获得轧件较短时的侧弯，而远置式的侧弯测量系统测量精度更高，可以在中厚板轧机两侧布置多组侧弯检测系统，以满足中厚板可逆轧制所有道次轧件侧弯控制的需要。

8.7　中厚板侧弯诊断策略及其应用

在中厚板轧制过程中，针对可能引起侧弯的关键设备，包括轧机、推床及其自动化控制系统，通过对各种因素所造成的侧弯的具体特征进行分析，提出了切实可行的中厚板侧弯诊断策略；对现场宽薄规格侧弯严重难以生产的问题，通过分析和诊断，采取有效措施，侧弯控制效果良好。

8.7.1　中厚板侧弯诊断策略的研究

引起轧件侧弯的因素可以分为以下六类：

（1）轧制设备方面：轧机两侧刚度不等，推床机械零位不对中。

（2）传动设备方面：接轴平衡力不当，机架辊传动故障等。

（3）自动化控制系统方面：轧机两侧液压缸位移动态同步精度不高，推床动态对中精度不高。

（4）生产操作方面：未进行推床对中操作，辊缝倾斜量不当。

（5）轧件方面：轧件楔形，轧件横向温度不对称。

（6）工艺模型方面：负荷辊缝形状不稳定（原始辊型、轧制规程、弯辊力、轧辊横移或交叉等）。

8.7.1.1　离线测试和校核诊断

需要进行离线测试和校核诊断的各因素：轧机两侧刚度不等，推床机械零位不对中；接轴平衡力不当，机架辊传动故障等；轧机两侧液压缸位移动态同步精度不高，推床动态对中精度不高。

（1）轧机两侧刚度校核：采用空压靠方法，取得空压靠下轧机两侧的压力和液压缸位移量（弹跳）对应值，经过数据处理，即可得到轧机两侧的刚度。

（2）推床机械零位校核：检查校核推床的机械零位是否对中。

（3）接轴平衡力校核：计算确认接轴平衡力的设计值以及实际平衡力是否合适。

（4）机架辊传动故障修复：机架辊故障不利于轧件正常咬入，容易造成角轧，停产检修时需要修复。

（4）轧机两侧液压缸位移动态同步精度校核：检查确认空载下轧机两侧液压缸位置动态同步精度是否满足要求。

（5）推床动态对中精度校核：检查确认空载下推床对中动态同步精度是否满足要求。

8.7.1.2 自动化系统数据的在线校核诊断

通过在线自动化控制系统数据采集系统，进行如下校核诊断工作。

（1）轧机两侧液压缸位移动态同步精度校核：检查确认载荷下轧机两侧液压缸位置动态同步精度是否满足要求。

（2）推床动态对中精度校核：检查确认载荷下推床两侧对中位置动态同步精度是否满足要求。

（3）推床对中操作：检查确认各道次操作工（或者自动轧钢状态下）是否进行推床对中操作以及稳态对中精度是否满足要求。

8.7.1.3 在线轧制数据的分析和诊断

上述校核诊断工作完成后，还有轧件未对中、辊缝倾斜量不当、轧件楔形、轧件横向温度不对称及负荷辊缝形状不稳定需要诊断。

A 楔形的诊断

假设变形过程无金属横向流动，变形前后两侧单位宽度轧件体积相等，根据轧后两侧厚度与其同侧长度之积的差，可以计算出入口轧件厚度差：

$$\begin{cases} H_1 L = h_1 l_1 \\ H_2 L = h_2 l_2 \\ H_0 L = h_0 l_0 \end{cases} \tag{8-95}$$

式中 h_0，h_1，h_2——轧件出口取样段中心厚度和两侧厚度测量值；

$\quad\quad l_0$，l_1，l_2——轧件出口取样段中心长度和两侧长度测量值；

$\quad\quad H_0$，H_1，H_2——轧件入口中心厚度实际值和两侧厚度计算值。

$\quad\quad L$——轧件入口长度计算值。

如果没有其他不对称原因，轧件入口两侧厚度差 ΔH 与轧件出口两侧厚度差 Δh 应满足式（8-96）；如果不满足，则可以断定，除入口厚度楔形外，还存在其他不对称因素。

$$\Delta h = \frac{MW^2}{6L_B^2 K + MW^2} \times \Delta H \tag{8-96}$$

式中　K——轧机刚度；

　　　M——轧件塑性刚度；

　　　L_B——压下螺丝中心距；

　　　W——轧件宽度。

　　B　负荷辊缝形状不稳定诊断

　　分析出口轧件凸度 C_0，如果满足式（8-97），则可以断定辊缝形状不稳定。

$$C_0 = h_0 - (h_1 + h_2)/2 < \varepsilon_0 \tag{8-97}$$

式中　h_0，h_1，h_2——出口轧件中心及两侧参考点的厚度；

　　　　　　ε_0——轧件出口凸度最小极限值。

　　C　轧件跑偏诊断

　　通过轧机两侧空载辊缝值和轧制力，分别计算轧机两侧负荷辊缝值，取其平均值 h_0'，并与轧件取样段中心厚度值 h_0 比较，如果满足式（8-98），则可以断定轧件跑偏。

$$\begin{cases} h_0' = 0.5 \times (S_2 + P_2/K_2 + S_1 + P_1/K_1) \\ |h_0' - h_0| > \varepsilon_1 \end{cases} \tag{8-98}$$

式中　S_1，S_2——轧机两侧空载辊缝值；

　　　P_1，P_2——轧机两侧轧制力值；

　　　K_1，K_2——轧机两侧刚度值；

　　　　　ε_1——轧件跑偏判定基准值。

　　D　辊缝倾斜量的诊断

　　如果出口轧件楔形与空载辊缝倾斜量 ΔS_0 满足式（8-99），则可断定没有其他不稳定因素，侧弯仅由于空载辊缝倾斜量不当造成。

$$\Delta h = \frac{6L_B \times (4K^2 - \Delta K^2)}{[6L_B^2 \times (4K^2 - \Delta K^2) + 4KMW^2] \times h} \times \Delta S_0 \tag{8-99}$$

式中　K——轧机刚度；

　　　M——轧件塑性刚度；

　　　L_B——压下螺丝中心距；

　　　W——轧件宽度。

　　E　温度不对称诊断

　　如果能够判明不存在轧件楔形、轧件跑偏，但不能明确判定由于辊缝倾斜不当，则温度不对称就可能存在。由于温度不对称一般不会出现在个别轧件上，而是成批大量出现，并且以出炉方向为基准，固定某一侧温度偏低，所以可以通过采用完全相同的转钢方式，观察侧弯的方向是否一致，以进一步确定是否存在温度不对称问题。另外，还可以采用高温测量仪，针对典型品种和规格的中厚板生产规程，对各道次轧件两侧温度进行多次测量，根据统计分析处理确定各道次轧件两侧温差。

8.7.2 液压式推床两侧同步控制方法研究

8.7.2.1 液压式推床的组成

推床是中厚板轧钢生产线中必不可少的组成部分。在可逆轧机的前后各设有一对推床，基本功能是推动钢板使其与轧机中心线对中，引导轧件正常轧制，同时可以辅助对轧件进行测宽。对于中厚板轧机而言，在各道次的轧制过程中，若钢板偏离轧机轧制中心线，则会出现钢板两侧厚差加大，出口轧件产生侧弯现象，严重时可能偏出辊道，造成严重事故，所以必须保证钢板在每道次轧制过程中对称于轧机中心线。

推床按照驱动方式可分为电机驱动和液压驱动。电机驱动式推床由于具有两侧无法单独调整、位置控制精度低、振动冲击大等缺点，已经逐步被液压驱动式推床替代，常见的液压驱动式推床的结构见图 8-52 所示，推床推板由液压缸带动传动箱，通过齿轮增速机构（齿轮齿条箱），带动齿条推杆来完成推床推板的开合、对中。

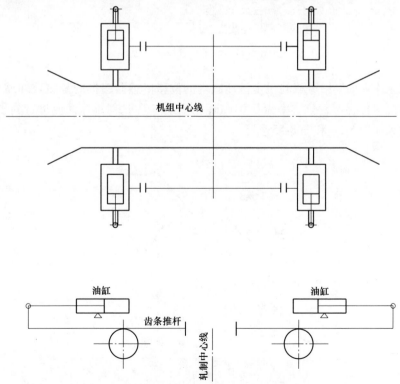

图 8-52　液压驱动式推床结构

8.7.2.2　液压式推床同步控制方法

推床的两侧各有两个液压缸，同侧的两个液压缸使用一个比例阀进行控制。由于质量、摩擦力等因素差异，对于同样的比例阀设定，两侧推床的速度会有所不同。如果不进行补偿，在对轧件夹紧的过程中无法保证轧件对正轧制中心线，造成轧件咬入偏移。

针对推床的控制特点，开发了基于两侧推床位置比较的同步补偿方法，在推床移动过程中进行动态位置补偿，如图 8-53 所示。

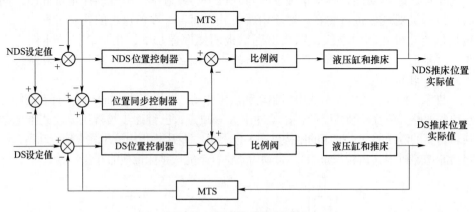

图 8-53　推床位置控制系统

在某 4300mm 中厚板轧机上液压缸内的位移传感器选择的是磁致伸缩全数字绝对值位移传感器，分辨率为 0.01mm，使用以上方法对推床两侧进行同步控制，控制效果如图 8-54 和图 8-55 所示。

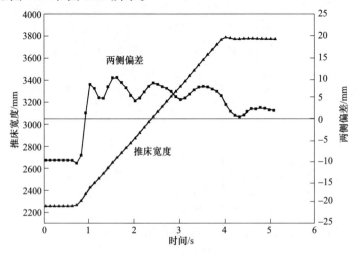

图 8-54　推床打开过程中两侧偏差变化

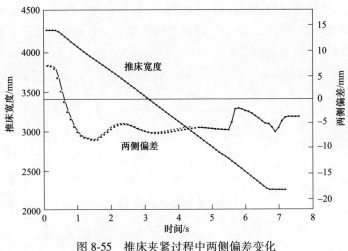

图 8-55 推床夹紧过程中两侧偏差变化

由推床打开和夹紧过程中两侧偏差的变化可以看出,推床开始运行后,两侧推床在同步算法的控制下,偏差很快进入稳定状态,两侧偏差可以控制在 5mm 之内,保证轧件咬钢前对中,避免了侧弯的发生。

8.7.3 轧机两侧液压缸位置同步控制研究

中厚板轧机的两侧辊缝控制是独立的闭环系统,在轧制过程中使用 AGC 算法来控制钢板的厚差,如果两侧液压缸压下速度有差异,会直接造成轧件出口厚度存在横向楔形,使轧件两侧出口速度不一致,导致侧弯现象发生。

典型中厚板轧机 APC 系统组成如图 8-56 所示,在单侧液压缸位置闭环控制

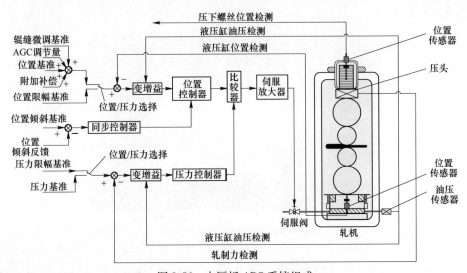

图 8-56 中厚板 APC 系统组成

的基础上，为了保证两侧液压缸位置动态同步控制精度，增加了同步补偿控制功能。同步控制结果如图8-57所示，两侧液压位置差在0.03mm之内，减少侧弯的发生。

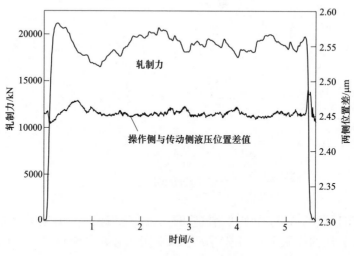

图 8-57　辊缝同步控制结果

8.7.4　侧弯诊断和现场应用效果

A　不稳定辊型诊断

某4300mm宽厚板轧机轧制薄规格产品时频繁出现侧弯现象，甚至导致轧废，严重制约了薄规格钢板的生产，图8-58为冷床上薄规格钢板的侧弯情况。

图 8-58　薄规格钢板侧弯现象

表8-5为一组薄规格钢板轧制过程数据，从出现侧弯前或后轧件经过测厚仪

时厚度测量数据中发现，板凸度均小于 0.15mm，钢板处于不稳定区轧制，容易发生侧弯。通过减小弯辊力、适当增加压下量的方式增大有载辊缝凸度，使轧件处于稳定的轧制状态。后续 30 块钢板的试轧结果表明，仅有 3 块钢板存在较轻的侧弯，其余钢板平直度良好。

表 8-5 薄规格钢板轧制数据

编号	道次	弯曲方向	平均辊缝/mm	轧制力/kN	轧制力差/kN	弯辊力/kN	凸度/mm
	1	无	41.09	36630	−122.0	12780	
	2	无	28.19	44320	−386.6	11130	
1	3	无	17.22	51720	−1404	11060	
	4	DS	8.84	59020	−1130	12438	
	5	OS	5.82	31560	−5661	7857	0.1
	1	无	40.56	44130	−421.5	12840	
	2	无	29.29	40240	−437.1	8025	
2	3	无	15.56	54920	−2010	10190	
	4	DS	9.43	50130	−537	10090	
	5	OS	6.18	47640	−5835	9355	0.08
	1	无	42.92	40740	−150	12490	
	2	无	28.65	47410	−591.6	7041	
3	3	无	15.6	57190	−1229	8711	
	4	DS	7.99	59240	−83	10370	
	5	OS	6.59	44000	−3830	6043	0.15
	1	无	42.89	40050	−184.3	12180	
	2	无	31.51	39810	−252.7	6433	
4	3	OS	18.99	50920	−794	8015.8	
	4	DS	8.62	63310	−228.9	12545	
	5	OS	5.14	57940	−7242	12223	0.02
	1	无	39.3	38120	−193.6	9220	
	2	无	24.265	48670	−1007	6206	
5	3	OS	12.714	54010	−2053	8961	
	4	OS	7.817	51640	−1363	10147	0.01

B 刚度差异诊断

在轧制过程中，如果两侧的刚度差异存在，那么相同的轧制力在两侧产生的弹跳是不同的，这样就造成了轧件出口断面形状的分布不均，导致钢板侧弯现象的发生。

图 8-59 为某 4300mm 轧机利用全辊身压靠进行刚度测试时的两侧弹跳曲线测量情况。从图中可以看出，在轧制力逐渐升高的过程中两侧弹跳曲线变化趋势是不同的，非传动侧的刚度要大于传动侧的刚度，在轧制力从 1000~5000t 的变化过程中，由刚度差异所造成的弹跳量变化接近 0.35mm。

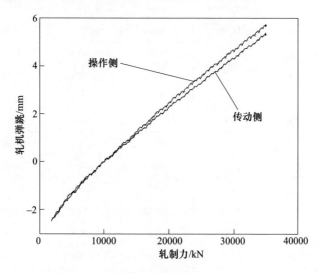

图 8-59　两侧轧机牌坊弹跳与轧制力关系

大修后两侧刚度测试曲线如图 8-60 所示，随着轧制力的变化两侧刚度相差不大，用最新刚度测试数据对模型参数进行更新后，侧弯发生现象明显降低。

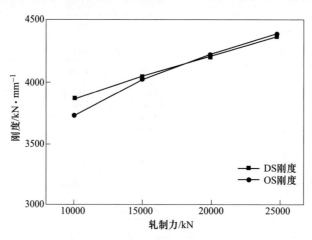

图 8-60　大修后两侧刚度测试曲线

C 轧件异常跑偏诊断

现场在钢种 Q235、轧件宽度 3325mm、成品厚度 12mm 轧制生产中，前面各道次钢板轧制非常正常，末道次咬入后突然发生严重的侧弯，轧件头部与辊道挡板发生严重的擦划和撞击，致使挡板损坏，轧件轧废，造成停产。

通过调取控制系统 PDA 记录数据，详细检查侧弯道次各项数据，发现两侧推床在稳定夹紧后，推床位置数据突然增加一个位移量 110mm，如图 8-61 所示。在推床稳定夹紧的情况下，推床推头之间的距离即应为轧件宽度，推床夹紧后增加的位移量，已使得推头之间的距离小于轧件宽度。通过调取轧机前后录像资料，发现在推床夹紧后，轧件出现一个明显的偏转，如图 8-62 所示，轧件头部一侧钻入推床下面，造成轧件头部被推偏 110mm，致使轧件严重跑偏，从而导致出口轧件侧弯缺陷。

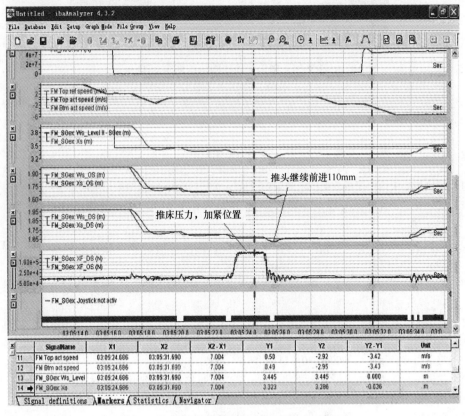

图 8-61 轧件头部被推离轧制中心线示意图
（扫书前二维码看精细图）

通过停产检修、更换相应辊道及推头，保证入口轧件准确对中，使出口轧件侧弯问题得到解决，保证了生产的顺利进行。

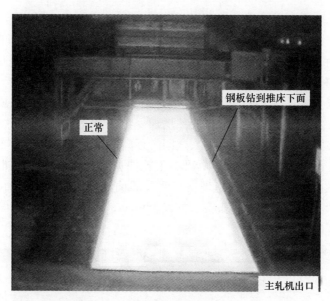

图 8-62　钢板头部一侧钻入推床下面

参 考 文 献

[1] 王国栋. 中国中厚板轧制技术与装备 [M]. 北京：冶金工业出版社，2009.

[2] 王国栋，刘相华，王君. 我国中厚板生产技术进步 20 年 [J]. 轧钢，2004，21（6）：5~9.

[3] 王国栋，刘相华，张殿华，等. 我国中厚板行业如何直面 WTO [J]. 轧钢，2002，19（2）：3~5.

[4] 王国栋，刘相华，王君. 我国中厚板生产设备、工艺技术的发展 [J]. 中国冶金，2004，14（9）：1~8.

[5] 王国栋，刘相华，等. 金属轧制过程人工智能优化 [M]. 北京：冶金工业出版社，2000.

[6] 矫志杰，王君，何纯玉，等. 中厚板生产线的全线跟踪实现与应用 [J]. 东北大学学报（自然科学版），2009，30（11）：1617~1620.

[7] 何纯玉，吴迪，王君，等. 中厚板轧制过程计算机控制系统结构的研制 [J]. 东北大学学报（自然科学版），2006，27（2）：173~176.

[8] 何纯玉，吴迪，王君. S7-400 PLC 与过程计算机通讯研究 [J]. 工业控制计算机，2005，8（11）：69~71.

[9] 胡贤磊，王君，王昭东，等. 首钢 3340mm 中板精轧机过程模型设定系统 [J]. 轧钢，2003，20（1）：42~44.

[10] 李勇，王君，胡贤磊，等. 轧辊偏心补偿重复控制系统的设计与仿真 [J]. 东北大学学

报（自然科学版），2006，27（2）：177~180.

[11] 李勇，王君，胡贤磊，等. 基于自适应小波阈值法的 AGC 系统［J］. 钢铁，2007，42（1）：39~44.

[12] Hu X L, Wang J, Wang Z D, et al. Application of shape lock-on method in plate rolling ［J］. J. Iron & Steel Res. , Int. 2004, 11（3）：24~26.

[13] Hu X L, Wang J, Wang Z D, et al. Influence of roll elastic deformation on gaugemeter equation for plate rolling ［J］. J. Iron & Steel Res. , Int. 2004, 11（2）：25~29.

[14] Qiu H L, Wang J, Hu X L, et al. Dynamic correction algorithm of rolling force in plate rolling ［J］. J. Iron & Steel Res. , Int. 2005, 12（4）：28~31.

[15] He C Y, Jiao Z J, Wu D. Application of machine vision technique in plate camber control system ［J］. Advanced Materials Research, 2010（139~141）：2082~2086.

[16] 王国栋，吴迪，刘振宇，等. 中国轧钢技术的发展现状和展望［J］. 中国冶金，2009，19（12）：1~14.

[17] 王国栋. 新一代 TMCP 技术的发展［J］. 轧钢，2012，29（1）：1~8.

[18] 王国栋. 新一代控制轧制和控制冷却技术与创新的热轧过程［J］. 东北大学学报（自然科学版），2009，30（7）：913~922.

[19] 李永强，李海明，张兆萍. 我国中厚板生产技术的发展［J］. 莱钢科技，2011（4）：5~8.

[20] 孙本荣，王有铭，陈瑛. 中厚钢板生产［M］. 北京：冶金工业出版社，1993.

[21] 日本钢铁协会编. 板带轧制理论与实践［M］. 王国栋，吴国良，等译. 北京：中国铁道出版社，1990.

[22] 川并高雄. 高精度化高效率化に挑む最新圧延技術-高度化する圧延技術［M］. 第 169-170 回西山記念技術講座，社団法人日本鉄鋼協会，1998.

[23] 楠原祐司. 新しい時代を創造する高性能厚板-厚板製造技術の進歩［M］. 第 159-160 回西山記念技術講座，社団法人日本鉄鋼協会，1996.

[24] Pichleri R, Auzinger D, Parzer F, et al. Recent developments by VAI in plate mill automation ［J］. Steel Times International, 2003, 27（7）：34~35.

[25] Kornas I, Pichler R, Parzer F, et al. Modernization and restart of the 3. 5m plate mill at Vitkovice ［J］. Metallurgical Plant and Technology, 2000, 23（1）：84~89.

[26] Choi J W, Lee J H, Sun C G, et al. FE based online model for the prediction of work roll thermal profile in hot strip rolling ［J］. Ironmaking & Steelmaking, 2010, 37（5）：369~379.

[27] Yazawa T, Sasaki T, Adachi Y, et al. Flatness control in plate rolling ［A］. In：Kiuchi M. Proceedings of the 7th International Conference on Steel Rolling（STEEL ROLLING'98）［C］. Chiba：The Iron and Steel Institute of Japan, 1998：611~616.

[28] Evans R D, Anderson D E, Zanni J M, et al. Plate mill automation at U. S Steel, Gary Works ［J］. Iron and Steel Engineer, 1993, 70（3）：44.

[29] Johan V R, Hedwig V, Rainer M. Accurate profile and flatness control on a modernized hot strip mill ［J］. Iron and Steel Engineer, 1996, 73（2）：29~33.

[30] Choi J W, Lee J H, Sun C G, et al. FE based online model for the prediction of work roll thermal profile in hot strip rolling ［J］. Ironmaking & Steelmaking, 2010, 37（5）：369~379.

[31] Hedwig V, Robert B, J ohan V R, et al. Profile and flatness control on a modernized hot strip

finishing mill ［J］. Meta lurgical Plant and Technology International，1994，17（5）：s935~7254.

［32］Saitoin H，Sakimoto T. Development of advanced steering control of hot strip mill in steel production process ［J］. Proc. 29th Conf. on Decision and Control，Honolulu. 1992，55~56.

［33］中岛浩衛，梶原利幸，菊間敏夫，ほか. ホットストリップ圧延にぉける蛇行制御法の研究（第1報）［C］. 昭和55年度塑性加工春季講演会，1980，61~64.

［34］刘立忠. 中厚板轧制的数值模拟及数学模型研究 ［D］. 沈阳：东北大学，2002.

［35］何纯玉. 中厚板轧制过程高精度侧弯控制的研究与应用 ［D］. 沈阳：东北大学，2009.

［36］SHIRAISHI Toshikazu，IBATA Haruhiro. Relation Between Camber and Wedge in Flat Rolling Under Restriction of Lateral Movement ［J］. ISIJ International，1991，31（6）：583~587.

［37］金兹伯格. 高精度板带材轧制理论与实践 ［M］. 姜明东，王国栋，等译. 北京：冶金工业出版社，2002.

［38］金兹伯格. 板带轧制工艺学 ［M］. 马东清，陈荣清，赵晓林，等译. 北京：冶金工业出版社，1998.

［39］王国栋，刘相华. 日本中厚板生产技术的发展和现状（一）［J］. 轧钢，2007，24（2）：1~5.

［40］Choi J W，Lee J H，Sun C G，et al. FE based online model for the prediction of work roll thermal profile in hot strip rolling ［J］. Ironmaking & Steelmaking，2010，37（5）：369~379.

［41］石川隆. Fundamental Study on Snaking in Strip Rolling ［J］. Traction ISIJ，1988，28：485~489.

［42］古川洋一，藤井昭吾. 熱延仕上蛇行制御にょる通板性改善 ［J］. 鉄と鋼，1992，78（8）：141~144.

［43］林干博，河野輝雄. ストリッズミルにぉけゐキャンバ発生機構の解析 ［J］. 鉄と鋼，1977，63：21~24.

［44］河野輝雄. 左右非対称圧延のロールたゎみ式 ［A］. 第26回塑性加工連合講演会 ［C］. 1975，49~52.

［45］大森和郎，磯山茂，井上正敏，ほか. 厚板圧延にぉけゐキャソバ—発生機構の解析—厚板圧延にぉけゐキャソバ—制御技術の開発（第1報）［C］. 昭和60年度塑性加工春季講演会，85-S1175.

［46］西崎克己，手塚栄，福高善己，ほか. 厚板圧延にぉけゐキャソバ—測定装置の開発—厚板圧延にぉけゐキャソバ—制御技術の開発（第2報）［C］. 昭和60年度塑性加工春季講演会，85-S1176.

［47］三宅孝則，井上正敏，大森和郎，ほか. 実圧延にぉけゐキャソバ—制御—厚板圧延にぉけゐキャソバ—制御技術の開発（第3報）［C］. 昭和60年度塑性加工春季講演会，85-S1177.

［48］井上正敏，西田俊一，大森和郎，ほか. 厚板圧延にぉけゐトリミングフリ—厚鋼板製造技術の確立 ［J］. 川崎製鉄技報，1988，20（3）：183~188.

［49］大森和郎，井上正敏，三宅孝則，ほか. 厚板圧延にぉけゐキャソバ—制御技術の開発 ［J］. 鉄と鋼，1986，72（16）：2248~2255.

［50］田中佑兒，大森和郎，三宅孝則，ほか. 厚板圧延にぉけゐキャソバ—制御技術 ［J］. 川崎製鉄技報，1986，18（2）：47~53.

[51] Shimada S, Hamagchi M, Sugiyama M, et al. Devolopment of camber meter in plate rolling [A]. IFAC in Mining Mineral and Metal processing, Tokyo, Japan, 2001, 257~260.

[52] 杉山昌之, 段儀治, 中島利郎, ほか. レーザ走査型センサを用いた厚板キャンバ計 [J]. 三菱電機技報, 2000, 74: 351~355.

[53] Hardy S J, Biggs D L, Brown K J. Three-dimensional hot rollingmodel for prediction of camber generation [J]. Ironmaking and Steelmaking, 2002, 29 (4): 245~252.

[54] Montague R J, Watton J, Brown K J. A machine vision measurement of slab camber in hot strip rolling [J]. Journal of Materials Processing Technology, 2005, 168: 172~180.

[55] Fraga C, Gonzalez R C, Cancelas J A. et al. Camber measurement system in a hot rolling mill [J]. IEEE, 2004, 897~902.

[56] Hor C Y, Li W C, Yang Y Y, et al. The development of laser-based slab shape measuring system [J]. SEAISI Quarterly, 2007, 36 (1): 63~67.

[57] Yang Y Y, Chen C M, Hor C Y, et al. Development of a camber measurement system in a hot rolling mill [J]. IEEE, 2008, 1~6.

[58] Choi I S, Bae J S, Chung J S. Measurement and control of camber in hot rolling mills [J]. CAMP-ISIJ, 2010, 23: 1053.

[59] Choo W Y. New Innovative rolling technologies for high value-added products in POSCO [C]. Proceedings of the 10th International Conference on Steel Rolling. Beijing, 2010: 68~73.

[60] 木村智明, 田川昌良. ストリップ圧延における蛇形制御 [J]. 日立評論, 1983, 65 (2): 25~30.

[61] 桑野博明, 高橋則夫. 圧延材の蛇形制御 (第1報　特性解析とテストミル実験結果) [J]. 石川島播磨技報, 1986, 26 (1): 35~40.

[62] Okamura Y, Hoshino I. State feedback control of the strip steering for aluminum hot rolling mills [J]. Control Eng. Practice, 1997, 5 (8): 1035~1042.

[63] Okada M, Murayama K, Anabuki Y, et al. VSS control of strip steering for hot rolling mills [C]. 16th Triennial World Congress of International Federation of Automatic Control, Prague, Czech republic, 2005 (16): 19~24.

[64] 伊勢居良仁, 武衛康彦, 斉藤憲幸. 熱延仕上スタント間蛇行計の開発 (熱延仕上ミル蛇行制御技術の開発—2) [J]. CAMP-ISIJ, 2004, 17: 958.

[65] 鷲北芳郎, 武衛康彦. モデル予測制御理論を用いた蛇行制御方法の開発 (熱延仕上ミル蛇行制御技術の開発—3) [J]. CAMP-ISIJ, 2004, 17: 959.

[66] 石井篤, 小川茂, 山田健二. タンデム圧延の蛇行現象と尾端部蛇行制御[J]. CAMP-ISIJ, 2005, 18: 1164~1167.

[67] 赵宪明, 王国栋, 刘相华, 等. 带钢热轧侧弯模拟器的开发 [C]. 中国钢铁年会论文集, 2001: 112~114.

[68] 代晓莉, 赵宪明. 热轧带钢侧弯的形成机理及主要影响因素的分析 [J]. 钢铁研究, 2002, 总129 (6): 26~28.

[69] 赵宪明, 刘相华, 王国栋, 等. 板坯轧制过程化中不对称工艺参数对侧弯的影响 [J]. 钢铁, 2003, 38 (3): 25~28.

[70] 胡贤磊, 赵忠, 刘相华, 等. 中厚钢板侧弯的形成原因分析 [J]. 钢铁, 2006, 41 (4): 56~61.

［71］ 胡贤磊，田勇，赵忠，等．工作辊辊形对中厚板侧弯的影响分析［J］．东北大学学报（自然科学版），2005，26（7）：648~651.

［72］ 李振兴，胡贤磊，刘相华．中厚板侧弯与楔形的关系分析［J］．轧钢，2010，27（4）：10~12.

［73］ 胡贤磊，王昭东，刘相华，等．轧辊弹性变形对中厚板辊缝设定的影响［J］．东北大学学报（自然科学版），2003，27（3）：1089~1092.

［74］ 祝夫文，宋成志，胡贤磊，等．中厚板轧制过程中消除侧弯的辊缝调节模型［J］．钢铁研究学报，2008，20（11）：25~28.

［75］ 祝夫文．中厚板轧制过程成材率的控制方法研究［D］．沈阳：东北大学，2010.

［76］ 何纯玉，吴迪，赵宪明．中厚板轧制过程横向厚度的计算方法［J］．东北大学学报（自然科学版），2009，30（12）：1751~1754.

［77］ 王晓崇，赵先琼，刘义伦，等．非对称情况下金属出口横向位移函数的求解［J］．轧钢，2007，24（6）：12~14.

［78］ 黄平，赵先琼，刘义伦，等．铝带热连轧过程跑偏现象三维模拟及其规律研究［J］．北京工商大学学报（自然科学版），2007，25（3）：26~29.

［79］ 杨军，刘义伦，赵先琼，等．热轧铝板带跑偏控制的辊缝调节理论与仿真［J］．铝加工，2008（6）：4~8.

［80］ 刘义伦，周红平，赵先琼．楔形板带轧制过程跑偏计算模型及其仿真［J］．工程设计学报，2008，15（6）：444~447.

［81］ 刘义伦，赵先琼，王晓崇．非对称情况下板带轧制跑偏的研究［J］．轻金属，2008，（7）：54~57.

［82］ 赵先琼，林丹，刘义伦．轧辊倾斜影响下的板带轧制跑偏规律及其力能参数研究［J］．现代制造工程，2008，（12）：62~65.

［83］ 周红平．横向非对称轧制下板带跑偏模型及其控制［D］．长沙：中南大学，2009.

［84］ 林丹．五机架吕热连轧机轧件跑偏机理分析［D］．长沙：中南大学，2009.

［85］ 刘义伦，唐鹏飞，王广斌．用模式识别轧机尾部跑偏的自适应控制［J］．现代制造工程，2009（11）：132~135.

［86］ 赵先琼．铝带热连轧过程跑偏机理和平衡调控的建模及数值仿真［D］．长沙：中南大学，2010.

［87］ 刘义伦，廖伟，时圣鹏，等．宽幅铝板带热连轧跑偏控制的张力调节模型与仿真［J］．锻压技术，2011，36（2）：152~155.

［88］ 赵先琼，刘义伦，付卓，等．非对称扰动下热轧铝带跑偏过程三维数值模拟［J］．湖南大学学报（自然科学版），2011，38（7）：37~42.

［89］ 赵先琼，刘义伦，林丹，等．铝合金板带热连轧横向失稳跑偏过程数值模拟［J］．机械科学与技术，2011，30（8）：1343~1347.

［90］ 赵山绩，崔凤平，路义山．钢坯滑道黑印造成钢板镰刀弯问题的分析与对策［J］．山东冶金，2003，25（1）：39~42.

［91］ 王玉姝，周震．中厚板卷产生镰刀弯的原因分析和解决办法［J］．江苏冶金，2007，35（2）：49~51.

［92］ 李长宏，黄贞益，王萍．轧机两侧刚度差异对热轧宽厚板两侧厚度偏差的影响［J］．安徽工业大学学报，2009，26（4）：373~376.

[93] 胡大超. 带钢热轧时的跑偏与控制措施 [J]. 重型机械, 2002 (5): 4~6.

[94] 何安瑞, 张清东. 热连轧精轧机组轧件走偏的探究 [J]. 冶金设备, 1998, 112 (6): 1~3.

[95] 李汉俊. 热轧带钢侧弯及单边浪板形的分析与控制 [J]. 钢铁研究, 1993, 73 (4): 11~16.

[96] 杨澄. 热轧带钢镰刀弯问题研究 [J]. 金属世界, 2010 (2): 23~27.

[97] 董瑞. 热轧带钢侧向弯曲仿真研究 [D]. 包头: 内蒙古科技大学, 2011.

[98] 肖玉波, 肖光耀, 张成瑞, 等. 唐钢超薄热带生产过程中的跑偏现象分析与纠偏措施 [J]. 冶金标准化与质量, 2007, 45 (1): 24~27.

[99] 刘文仲, 吕志民, 陈雨来. 一种带钢热连轧的楔形控制方法 [J]. 北京科技大学学报, 2002, 24 (3): 288~290.

[100] 方达辉, 郭丽丽, 雍漫江. 板带连轧跑偏信号的混沌特性及尾部跑偏预测 [J]. 机械, 2009, 36 (10): 10~13.

[101] 沈训良. 热轧带钢轧制过程的稳定性探讨 [J]. 冶金丛刊, 2001 (5): 10~14.

[102] 李汉俊, 热轧带钢侧弯及单边浪板形的分析与控制 [J]. 钢铁研究, 1993, 4: 11~16.

[103] 东南大学等七所工科院校编, 马文蔚改编, 物理学 [M]. 北京: 高等教育出版社, 2006.

[104] 王廷溥, 齐克敏. 金属塑性加工学——轧制理论与实践 [M]. 2版. 北京: 冶金工业出版社, 2004.

[105] 车向凯, 谢崇远. 高等数学 [M]. 北京: 高等教育出版社, 2005.

[106] 王国栋. 板形控制和板形理论 [M]. 北京: 冶金工业出版社, 1986.

[107] 徐建忠, 张凤琴, 龚殿尧, 等, 四辊轧机轧辊弹性变形解析模块的开发 [J]. 轧钢, 2003, 20 (2): 8~11.

⑨ 变厚度轧制新技术

9.1 变厚度轧制技术应用背景和相关技术发展概况

9.1.1 变厚度轧制技术的应用背景和工艺概括

9.1.1.1 变厚度轧制技术的应用背景

近年来，随着我国国民经济的高速发展及超高层、大跨度钢结构建设项目的不断增加，电力、建筑、军工、桥梁、海洋平台、模具制造与重型机械等行业的蓬勃发展，国内对大单重、高强度、厚规格钢板的需求量越来越大，中厚板产品也开始向高强度、高性能以及特厚化的方向发展。随着厚规格钢板在各领域的广泛应用，对于厚规格钢板的需求量不断增加，性能与质量要求也越来越高。如何克服厚规格钢板内部组织疏松、晶粒粗大和偏析等问题，保证产品的内在质量，是一直困扰各中厚板生产企业的共性问题。

特厚板生产的传统方法一般采用较厚的铸锭作为坯料，通过增大轧制压缩比使变形向轧件心部移动改善心部质量，但采用铸锭生产会严重影响特厚板产品的产量和成品尺寸精度，且成材率较低。随着技术的进步，连铸坯尺寸不断增大，使得利用较厚的厚铸坯生产厚规格钢板成为可能。但厚连铸坯通常采用较低的速度进行浇铸，使得钢板的凝固速率也降低，浇铸的钢水外侧温度低中心温度高，钢水凝固从外侧向中心进行，钢板的外侧金属先凝固得到的组织晶粒细小，中心金属后凝固，晶粒组织粗大，而且铸坯中的溶质元素容易向中心富集，导致铸坯心部缩松缩孔、中心夹杂物及中心偏析、V形偏析及倒V形偏析缺陷更加严重。因此厚连铸坯的心部缺陷要明显多于表层缺陷，而且铸坯越厚，心部的缺陷也越严重，产品的质量无法得到保证，组织性能与力学性能也无法满足实际要求，给钢板的生产造成许多困难[1]。

厚规格钢板的组织性能与产品质量除了受到厚连铸坯本身缺陷的影响，在轧制生产过程中也会受到其他因素的制约与限制。随着连铸坯厚度的增加，钢板厚度方向变形均匀性越来越差，心部的变形也越来越困难，钢板的表面由于容易发生变形而变形大，心部不容易发生变形而变形小，使得钢板厚度方向上组织不均匀，钢板的强度、韧性难以保证，生产的技术难度很大。在钢板轧制过程中，钢板受到轧辊的压应力而产生变形，变形从钢板表层逐渐向心部渗透，钢板表面变形大心部变形小，变形无法深入钢板的中心处，也就无法压合心部缺陷，钢板厚度方向发生非均匀变形使得钢板沿厚度方向侧边产生双鼓形，无法产生心部压合效果明显的单鼓形，这也给钢板的板形控制带来很大的困难。厚规格钢板温度、变形、相变、应力的不均匀性相互影响，使得钢板表面变形大晶粒细小，心部变形小晶粒较粗大。再加上厚连铸坯本身的质量缺陷，使得厚规格钢板的质量更加难以保证，必须采取新的轧制工艺消除钢板缺陷，改善变形均匀性[2]。

为了改善厚规格钢板厚度方向变形不均匀现象，增加钢板表面变形向心部的渗透，传统轧制工艺通常采用增加轧制压下率的方法，尤其是单道次压下率来增加心部变形，压合钢板的心部缺陷从而得到晶粒细小的组织，改善厚规格钢板产品的性能[3,4]。但是在轧制厚规格钢板时增加钢板压下率会受到轧机设备条件，如轧机开口度、轧机功率等限制。厚规格钢板由于钢板较厚，轧机要有较大的开口度，当钢板厚度增加到一定程度时轧机的开口度可能无法满足轧制较厚的钢板。另外，中厚板轧制的咬钢瞬间，轧机受到较大冲击，轧制力与轧制力矩会急剧上升到峰值，在咬钢之后的近似稳态轧制过程中，轧制扭矩回落到一个较低的数值，如果咬钢瞬间轧制扭矩超限将会危及设备与生产安全；同时，当轧制厚规格钢板的压下量很大时，轧制力与轧制力矩也会显著增加，使轧辊受到较大扭矩与冲击，如果轧制扭矩太大，容易造成断辊、万向接轴断裂等恶性事故。近年来，我国中厚板轧机也出现了多起万向接轴断裂等重大事故[5]。因此，为了挖掘设备潜能，提高产品性能，在不改变现有轧制设备的前提下，拟采用变厚度轧制方法进行中厚板生产，克服上述限制条件并增加单道次压下量。

9.1.1.2 变厚度轧制工艺概括

变厚度轧制工艺如图9-1所示，以两道次为一组进行变厚度轧制：第一道次以较小的压下量咬入，稳定轧制后带载压下进行变厚度轧制，轧制完成后轧件为

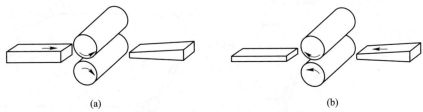

(a)   (b)

图9-1 变厚度轧制工艺示意图

(a) 趋薄轧制道次；(b) 趋平轧制道次

头厚尾薄的楔形板，将该道次定义为趋薄轧制道次；第二道次为可逆轧制，以较薄的尾端咬入，稳定轧制后以压下量逐渐增大的方式进行变厚度轧制，轧制完成后轧件为头尾厚度一致的平板，将该道次定义为趋平轧制道次。两道次轧制头部压下量都较小，避开咬钢冲击峰值，并通过逐渐加大压下量，提高单道次压下量。

9.1.2　变厚度轧制相关技术进展

变厚度轧制是指在轧制过程中动态调节轧辊辊缝，得到沿轧制方向厚度连续变化的轧件。变厚度轧制技术的产生建立在轧机设备发展和自动化控制系统发展的基础上，特别是随着轧机高精度的液压系统的应用以及轧制自动化控制系统的不断发展，变厚度轧制技术也在不断地发展，现已逐步在热轧中厚板及冷轧薄板的轧制生产过程中得到应用。

9.1.2.1　中厚板平面形状控制技术

1978 年日本川崎制铁公司水岛厚板厂开发了一种平面形状控制技术，该方法通过自动化系统来控制轧制过程中轧辊辊缝，实现变厚度轧制达到控制钢板平面形状，进而减小切头尾和切边量降低材料损耗，提高钢板成材率的目的，这种方法称为水岛平面形状自动控制方法（Mizushima Automatic Plan View Pattern Control System），简称 MAS 轧制法。

平面形状控制技术通过对轧后钢板的平面形状进行预测，将钢板头尾以及边部凸形或者凹形部分的金属体积换算成为对应的钢板断面厚度的变化，使成品钢板的平面形状接近矩形。基于该基本原理，国内外企业和科研人员在中厚板平面形状控制技术开发方面开展了大量的研究工作，并取得了很好的应用效果[6,7]。

以展宽阶段平面形状控制为例，如图 9-2 所示，根据对成品头尾形状的预测，在展宽阶段末道次进行变厚度轧制。如果预测头尾形状为凸形，则展

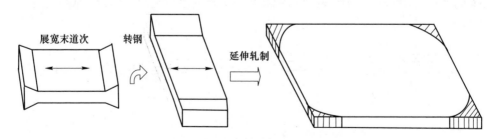

图 9-2　展宽平面形状控制及效果示意图

宽阶段末道次轧制为头尾厚中间薄的形状，转钢后头尾超厚部分转换为边部超厚部分，边部多余金属在延伸轧制后用于补充头尾缺失的体积。成型阶段平面形状控制原理与此类似，通过在成型末道次进行变厚度轧制，补充成品边部形状缺陷。

9.1.2.2 中厚板 LP 板生产

变厚度轧制应用于热轧中厚板生产过程中，生产沿轧制方向厚度连续变化的钢板，称为纵向变厚度（Longitude Profile Plate，LP）钢板。LP 板目前主要用于造船、桥梁和建筑等。

LP 钢板的生产最先出现在国外的钢铁公司，20 世纪末日本 JFE 公司（JFE Steel Co.）、德国迪林根公司（Dillinger Hutte GTS）和捷克维特科维策钢铁厂（VITKOVICE Steel，Czech）都生产过用于造船、建桥的 LP 钢板。LP 钢板在船舶上的应用如图 9-3 所示[8~13]。

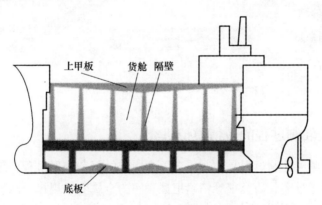

图 9-3 LP 钢板在船舶上的应用

9.1.2.3 冷轧 TRB 生产

轧制变厚度板（Tailor Rolled Blanks，TRB）是在轧制过程中按预设定值周期性改变轧辊位置以生产沿轧制方向厚度连续变化的板材。20 世纪 90 年代德国的亚琛工业大学金属成型研究所提出 TRB，并在 21 世纪初实现工业应用。

东北大学从 21 世纪初开始对冷轧 TRB 理论与应用开展了一系列研究工作，目前也已经实现工业应用。通过柔性轧制生产工艺得到的 TRB 具有表面质量好、连接强度高等优点，目前 TRB 代替激光拼焊板已经广泛应用于汽车各种零部件的制造，如承载力的各种梁、柱、连接件、加强件等。如图 9-4 所示，TRB 的广泛应用有利于加快汽车轻量化和节能减排的进程[14~17]。

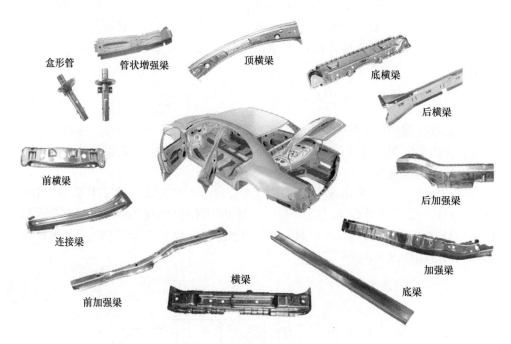

盒形管　　管状增强梁　　顶横梁　　底横梁　　后横梁　　前横梁　　后加强梁　　连接梁　　横梁　　底梁　　加强梁　　前加强梁

图 9-4　TRB 在汽车车身的应用

9.2　变厚度轧制过程的数值模拟研究

中厚板变厚度轧制过程是一个受多因素影响的复杂变形过程，单纯通过理论模型分析或者通过实验研究很难精确把握真实的金属变形规律。随着计算机技术的发展，有限元数值模拟软件已经广泛应用在各种变形，包括轧制过程的研究[18~23]。与传统轧制成型实验相比，有限元数值模拟不仅可以快速地进行计算和分析获得最佳工艺参数，而且可以降低研究成本，减少工艺不合理导致的生产事故。因此，采用数值模拟软件对变厚度轧制过程进行分析研究，获得其变形过程的基本规律。

9.2.1　变厚度轧制数值模拟建模

采用 DEFORM 软件，下面介绍针对变厚度轧制数值模拟的建模过程。

9.2.1.1　工艺参数选取

通过数值模拟研究特厚板变厚度轧制金属流动性，分析不同变厚度轧制条件下轧件中心层应变变化规律。结合现场数据，工艺参数选取见表 9-1。

表 9-1　模拟工艺参数

项　目	参　数
轧件材料	45 号钢
轧件长度/mm	1000
轧件宽度/mm	1000
轧件厚度/mm	200
轧辊材料	AISI-H-13
轧辊半径/mm	560
轧辊温度/℃	20
辊道材料	AISI-H-13
辊道长度/mm	1500
辊道宽度/mm	1500
辊道温度/℃	20
推头材料	AISI-H-13
推头速度/mm·s^{-1}	400
摩擦系数	0.4

9.2.1.2　轧制模型建立

　　根据中厚板轧制过程，建立轧辊、前辊道和后辊道等设备的轧制模型。考虑轧制过程轧件在宽度方向上的对称性，选择对称半模型。设置轧辊温度、选择轧辊材质等参数，生成 3D 模型，并进行网格划分，生成的轧辊模型如图 9-5 所示。设置轧件的几何尺寸参数和轧件材质，生成 3D 模型，并进行网格划分，生成的轧件模型如图 9-6 所示。设置各部分轧件和轧辊的接触关系、热交换参数和摩擦系数等参数，轧件和轧辊的接触关系如图 9-7 所示。最终生成轧制过程的全部模型，并进行模拟计算。

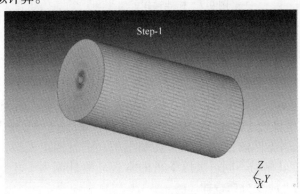

图 9-5　轧辊模型

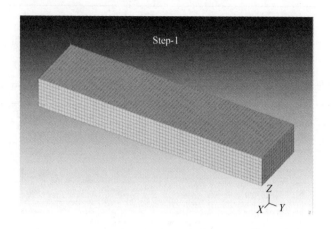

图 9-6　轧件模型

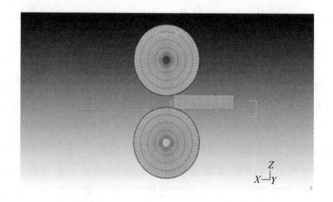

图 9-7　轧件和轧辊的接触关系

9.2.2　变厚度轧制与常规轧制对比分析

对同一厚度规格钢板分别建立变厚度轧制与常规轧制有限元模型进行模拟，钢板厚度为 170mm。变厚度轧制第一道次与第二道次头部与尾部压下率分别为 20%、30%。对厚度为 170mm 的钢板不投入变厚度轧制进行常规轧制，可逆轧制两道次，分别采用不同的道次压下率轧制钢板，进行四组模拟，轧制规程见表 9-2。对比变厚度轧制与不同道次压下量的常规轧制轧制力、轧制力矩的差异以及钢板厚度方向上应变分布规律。

表 9-2 轧制规程表

轧制方法	钢板厚度/mm	第一道次压下率/%	第一道次完成钢板厚度/mm	第二道次压下率/%	第二道次完成钢板厚度/mm
变厚度轧制	170	头 20 尾 30	头 136 尾 119	头 20 尾 30	95.2
常规轧制 1		20	136	20	108.8
常规轧制 2		20	136	30	95.2
常规轧制 3		30	119	20	95.2
常规轧制 4		30	119	30	83.3

轧制力与轧制力矩是厚规格钢板轧制过程中的重要力学参数，如果轧制力矩太大容易造成断辊、万向接轴断裂等恶性事故；如果轧制力矩太小，直接限制道次压下量，影响轧机轧制能力的发挥，降低生产效率。在钢板的轧制过程中产生最大轧制力矩的是咬钢瞬间，厚规格钢板在轧制过程中钢板在咬钢时头部咬入阶段的峰值扭矩是限制道次压下量的关键因素，在咬钢后的近似稳态轧制过程中，轧制力矩又回落到一个较低的数值。在轧制厚规格钢板时制定的道次压下量必须考虑考虑咬钢瞬间的最大力矩的影响，使其不超过设备的额定力矩，保证生产过程与设备的安全。

从图 9-8 中可以看出，常规轧制随着道次压下量的增大，轧制力与轧制力矩显著上升，在钢板咬钢瞬间轧制力与轧制力矩急剧上升到最大峰值，轧机设备此时受到较大冲击；咬钢后进入稳定轧制阶段，轧制力与轧制力矩回落到较低值，道次压下量越大，咬钢冲击也就越大。变厚度轧制在钢板头部咬入瞬间按照常规轧制要求进行轧制，在经过短暂时间后轧制力与轧制力矩回落到稳定值，此时增加道次压下量进行变厚度轧制。在钢板头部轧制过程中，轧制力与轧制力矩基本相等，随着压下量增大，变厚度轧制的轧制力与轧制力矩要比常规轧制要大，呈现逐渐上升趋势。钢板在轧制延伸的前几个阶段轧件温度高，通过利用变厚度轧制其稳定阶段轧制力与轧制力矩比常规轧制要大，此时进行大压下提高单道次压下量可显著缩短轧制道次时间并细化奥氏体晶粒，提高轧机利用效率，充分发挥轧机轧制潜能，同时可降低头部咬入冲击，在实际生产过程中头部的冲击负荷比模拟结果会更大，可以起到保护设备与生产安全的作用。

图 9-9 为变厚度轧制与压下率分别为 20% 与 30% 的常规轧制在第一道次、第二道次与两道次累加的钢板厚度方向上应变分布规律，从图中可以看出，不同的轧制方法其厚度方向上的钢板变形规律一致，钢板表面变形较大，心部变形较小，从表面到心部变形逐渐递减，变形难以渗透到心部。通过变厚度轧制提高单道次压下量，钢板厚度方向上的变形比压下率 20% 常规轧制要大，但是比压下率 30% 常规轧制要小，通过增加轧制压缩比，促使变形渗透到钢板心部，增大轧

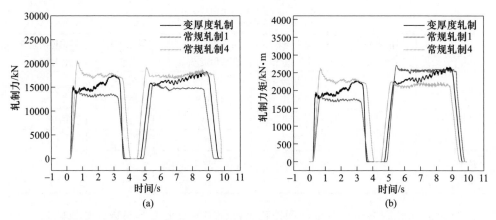

图 9-8　不同轧制方法下钢板轧制力和轧制力矩变化曲线

（a）轧制力；（b）轧制力矩

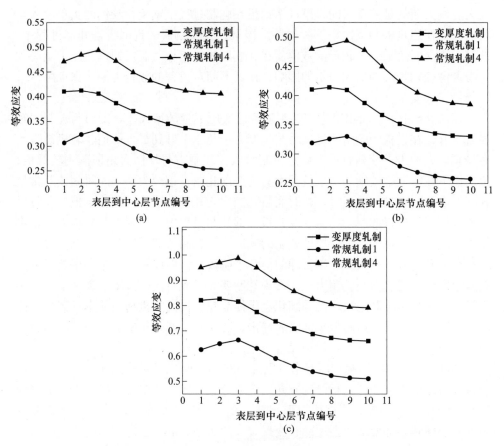

图 9-9　不同轧制方法下钢板厚度方向上的应变分布

（a）第一道次；（b）第二道次；（c）两道次完成

过程中心部累积变形量，从而达到细化心部奥氏体晶粒、改善轧后厚向变形均匀性的目的。

　　厚规格钢板的轧制过程为多道次可逆轧制，通过图 9-10 可以看出，轧制过程中钢板需要频繁的咬钢与抛钢，使得工作辊与电机之间的连接轴在咬钢瞬间受到冲击负荷而产生扭振，连接轴出现很高的交变力矩，这是一种力矩放大效应；随着钢板咬入完成进入稳定轧制阶段，轧制力与轧制力矩回落到相对较小的值，整个过程呈现阻尼衰减趋势。为了保证设备的安全，变厚度轧制可以在不改变道次累加压下量的前提下，减小厚规格钢板轧制过程头部咬入阶段的峰值轧制力与轧制力矩。钢板分别以第一道次压下率20%和第二道次压下率30%、第一道次压下率30%和第二道次压下率20%进行常规轧制，在钢板的咬钢阶段出现明显的轧制力矩急剧上升，危险生产与设备安全；通过变厚度轧制可消除钢板头部咬入瞬间上下辊轧制力与轧制力矩急剧升高，避免了头部轧制力矩峰值超限，起到了保护生产与设备安全的作用。

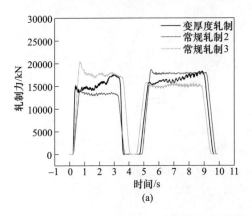 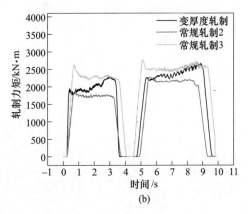

图 9-10　相同压下率下钢板轧制力和轧制力矩变化曲线
(a) 轧制力；(b) 轧制力矩

　　由图 9-11 可知，两道次采用不同压下量的常规轧制 2、3 与变厚度轧制都是将钢板从 170mm 轧制为 95.2mm，虽然钢板的第一道次与第二道次由于压下量的不同而导致应变不同，第一道次变厚度轧制钢板厚度方向等效应变要大于压下量 20% 的常规轧制 2、小于压下量 30% 的常规轧制 3，第二道次变厚度轧制钢板厚度方向等效应变要大于压下量 20% 的常规轧制 3、小于压下量 30% 的常规轧制 2，但两道次的钢板累加变形基本一致。在轧机生产过程中，由于其特殊的工艺制度，如频繁地启动和制动，轧件的突然的咬入和抛出，以及上下辊速度不一致而导致打滑等都会引起轧机负荷的突然变化。在保证钢板质量一致的前提下，使用变厚度轧制可以显著降低钢板头部咬钢瞬间冲击载荷，起到了保护设备的作用，有效地预防了事故的发生。

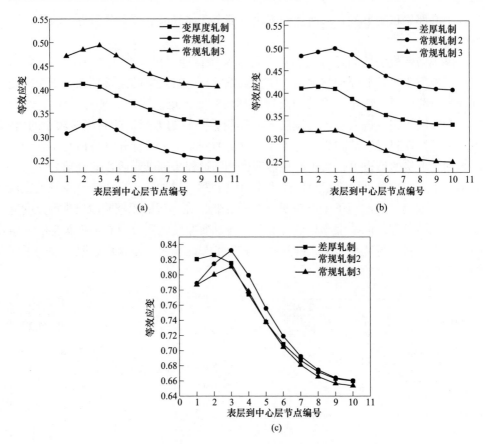

图 9-11　相同压下率下钢板厚度方向上的应变分布

（a）第一道次；（b）第二道次；（c）两道次完成

9.2.3　变厚度轧制金属流动规律分析

中厚板变厚度轧制过程中轧件出口厚度不断变化，因此不同厚度处沿纵向和横向的金属流动速度不同。为了研究金属沿纵向和横向的流动规律，以变厚度趋薄轧制为例，模拟分析不用压下速度和摩擦系数下的金属流动情况。图 9-12 为变厚度趋薄轧制示意图。

9.2.3.1　金属纵向出口速度变化规律

中厚板变厚度轧制过程中，轧件在出口处的轧制速度不同，轧制速度的不同反映了轧件内部金属的流变规律。图 9-13 为轧辊直径 1000mm、轧件厚度 180mm、压下速度为 10mm/s，轧制速度为 1m/s 的趋薄轧制轧件出口速度随时间变化曲线。

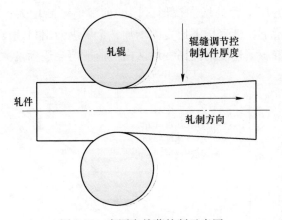

图 9-12   变厚度趋薄轧制示意图

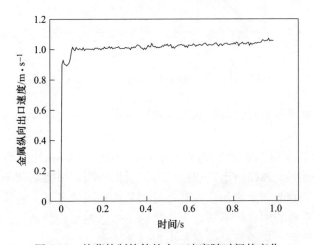

图 9-13   趋薄轧制轧件的出口速度随时间的变化

由图 9-13 可以看出，在趋薄轧制过程中金属的纵向出口速度随着时间的增加而不断增加（即随着轧辊压下量的增加，金属的纵向出口速度逐渐增大）。由于压下量的不断增加，导致轧制过程中的前滑值增大，从而轧件的出口速度增加。

在中厚板变厚度轧制过程中影响金属纵向出口速度的因素很多，下面主要研究不同压下速度和摩擦系数下的金属纵向流动规律。

为了研究压下速度对金属纵向出口速度的影响，以变厚度趋薄轧制为例，模拟在轧辊直径 1000mm、轧件厚度 180mm、摩擦系数 0.35、轧制速度 1m/s 和轧辊压下速度分别为 6mm/s、8mm/s、10mm/s 下轧件变形情况。

图 9-14 为不同轧辊压下速度下的趋薄轧制金属纵向出口速度图，可以看出：同一压下速度下随着压下量的增加金属纵向出口速度逐渐增加，这是由于在同一

压下速度下，随着压下量的增加变形区内的前滑值不断增大；对于不同压下速度，在相同压下量下，随着压下速度的增加，金属纵向出口速度增大，因为在相同压下量下，随着压下速度的提高变形区内的前滑值会逐渐增大，从而使金属纵向流动速度增大。

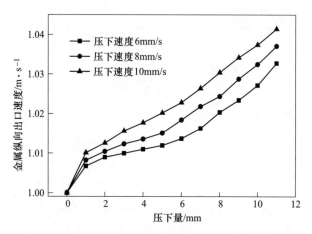

图 9-14　轧件纵向出口速度和轧辊压下速度的关系

为了研究摩擦系数对金属纵向出口速度的影响，以变厚度趋薄轧制为例，模拟在轧辊直径 1000mm、轧件厚度 180mm、轧辊压下速度为 8mm/s、轧制速度 1m/s 的情况下，摩擦系数分别为 0.15，0.25 和 0.35 的轧件变形情况。图 9-15 为不同摩擦系数下金属纵向出口速度，可以看出：同一摩擦系数下，轧件纵向出口速度随压下量的增加而增加；在其他轧制条件相同情况下，趋薄轧制过程中前滑值随着摩擦系数的增大而不断增大，这是由于摩擦系数的增大，剩余摩擦力增加，因而前滑增大，从而使轧件纵向出口速度增大。

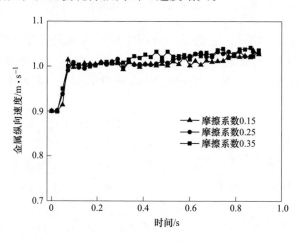

图 9-15　轧件纵向出口速度和摩擦系数的关系

9.2.3.2　金属横向流动速度变化规律

相比于常规轧制，变厚度轧制过程中轧件厚度是随时间不断变化的。因此，在轧制过程中轧件横向流动速度与常规轧制不同，不再是一个定值，而是随着轧辊压下速度和摩擦系数的不同而改变。

在轧辊直径 1000mm、轧件厚度 180mm、轧制速度 1m/s、摩擦系数 0.35 的情况下，模拟了不同轧辊压下速度下的轧件变形情况。图 9-16 为在轧辊压下速度分别为 6mm/s、8mm/s、10mm/s 下轧件金属横向流动速度。由图可见：对于同一压下速度下，在变厚度趋薄轧制过程中，随压下量的增加，金属横向流动速度增加，这是由于随着压下量的增加，变形金属的量增加，所以流动速度增加；对于不同压下速度下，在同一压下量下，随轧辊压下速度的增加，金属横向流动速度增加，由于压下速度增加，压下时间缩短，所以金属的流动速度增加。

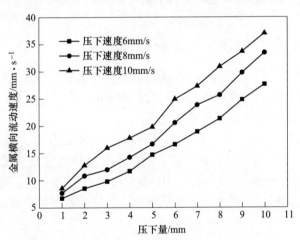

图 9-16　金属横向流动速度和轧辊压下速度的关系

为了研究摩擦系数对金属横向流动速度的影响，在轧辊直径 1000mm、轧件厚度 180mm、轧辊压下速度 8mm/s、轧制速度 1m/s 的情况下，模拟了不同摩擦系数的轧件变形情况。

图 9-17 为在摩擦系数分别为 0.15、0.35、0.55 下轧件金属横向流动速度图。由图可以看出，在变厚度趋薄轧制过程中，不同摩擦系数下的金属横向流动速度具有相似性，都是随压下量的增加金属横向流动速度增加。对于不同摩擦系数下的金属在相同的压下量时，金属在变形区内的横向流速随摩擦系数的增大而减小，这是因为中厚板轧件的宽度远大于轧件变形区长度；随着摩擦系数的增大，轧件所受到的横向阻力的增加值要远大于轧件纵向所受阻力的增加值，金属更容易向纵向流动，所以横向流动速度减小。

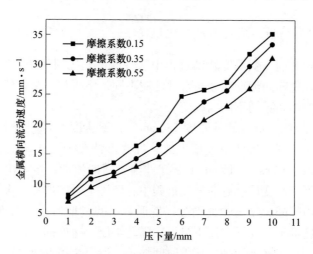

图 9-17　金属横向流动速度和摩擦系数的关系

9.2.3.3　变厚度轧制横向宽展变化规律

为了研究变厚度轧制过程中轧件横向宽展的变化情况，以变厚度趋薄轧制为例，模拟了在轧辊直径 1000mm、轧件厚度 180mm、轧制速度 1m/s，不同轧辊压下速度和不同摩擦系数下的轧件变形情况。

在钢板的轧制方向取 9 个划分点，这样就把钢板在长度方向上等分成 10 个单元，在有限元模拟结果中记录下这些划分点处轧件的宽展情况。图 9-18 为轧辊压下速度分别为 6mm/s、8mm/s、10mm/s 的轧件宽展变化，可以看出，对于同一压下速率下的钢板，随着压下量的增加，轧件的宽度呈逐渐增加的趋势，由

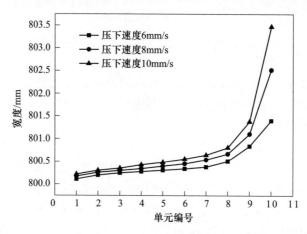

图 9-18　压下速度对变厚度轧制宽展的影响

于压下量不断增大，变形区长度增加，变形区状态系数增大，因而使纵向塑性流动阻力增大，根据最小阻值定理，金属沿横向运动的趋势增大；另一方面，随着压下量增加，厚度方向上压下的体积增大，这部分体积一部分转化为长度方向的延伸，另一部分转化为横向的宽展，也使得宽展增大。在钢板尾部宽展增加较大，出现了失宽现象。对于不同压下速度下的钢板，随着压下速度的增大，钢板的宽度也呈增加的趋势，这是由于随着压下速度的增大在厚度方向压下量增大。同时从图中还可以看出，当压下速度变化不大时，压下速度对钢板的宽展影响并不大。

9.2.3.4　摩擦系数对中厚板变厚度轧制宽展的影响

摩擦是轧制过程中影响宽展的重要因素。在变厚度轧制压下速度为 8mm/s，摩擦系数分别为 0.15、0.35、0.55 时的轧件变形情况如图 9-19 所示。由图可见，钢板的宽展量不但随着压下量的增加而增加，而且随着摩擦系数的增加而增加。由于轧件的宽度要远远大于变形区的长度，随着摩擦系数的增加，金属横向流动阻力的增加量要小于金属纵向流动阻力的增加量，延伸变得困难起来，所以随着摩擦系数的增加轧件的宽展是逐渐增大的。从图中可以看出，当摩擦系数变化不大时，摩擦因数对宽展的影响不是很明显，所以三条曲线比较接近。从图中还可以看出，钢板前 9 个单元宽度增加趋势比较平缓，最后一个单元的宽展有突变的趋势，这是由于钢板尾部出辊缝时出现失宽现象。

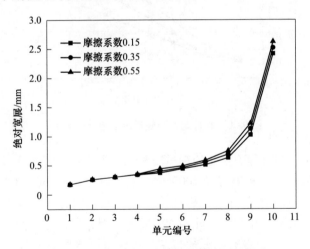

图 9-19　摩擦系数对变厚度轧制宽展的影响

9.2.3.5　变厚度轧制纵向延伸变化规律

中厚板变厚度轧制过程中，辊缝随着轧制时间的变化而变化，因此每一时间段内的纵向延伸量也不同。以变厚度趋薄轧制为例,主要研究了轧辊不同压下速度和摩擦系数对纵向延伸的影响。

　　轧辊压下速度是影响变厚度轧制过程中纵向延伸的重要因素。为了研究不同压下速度对变厚度轧制纵向延伸的影响,以趋薄变厚度轧制为例,模拟分析了在轧辊直径 1000mm、轧件厚度 180mm、轧制速度 1m/s,轧辊压下速度分别为6mm/s、8mm/s、10mm/s 纵向延伸情况。在钢板的轧制方向取 9 个划分点,这样就把钢板在长度方向上等分成 10 个单元,在有限元模拟结果中记录下这些划分点处轧件的延伸情况。

　　图 9-20 为轧辊压下速度分别为 6mm/s、8mm/s、10mm/s 各单元纵向延伸。由图可以看出,不同压下速度下轧件纵向延伸不同:对于同一压下速度下的轧件,从头部到尾部轧辊不断压下,变厚度轧制的压下量不断增大,因此轧件纵向延伸逐渐增大;对于不同压下速度下的轧件,随着压下速度的增加相同时间内轧辊的压下量是增加的,因此轧出的变厚度轧件的各个划分单元长度是增加的。

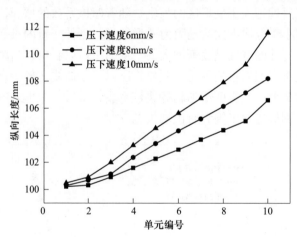

图 9-20　轧件延伸与轧辊压下速度的关系

　　摩擦系数是轧制过程中重要的影响因素。为了研究不同摩擦系数对变厚度轧制纵向延伸的影响,在轧辊直径 1000mm、轧件厚度 180mm、轧制速度 1m/s 和轧辊压下速度 8mm/s 的条件下,模拟分析了摩擦系数分别为 0.15、0.35、0.55下轧件纵向延伸情况。在钢板的轧制方向取 9 个划分点,这样就把钢板在长度方向上等分成 10 个单元,在有限元模拟结果中记录下这些划分点处轧件的延伸情况。图 9-21 为摩擦系数分别为 0.15、0.35、0.55 时的各单元纵向延伸,可以看出,不同摩擦系数下的轧件纵向延伸具有相似性,从单元 1 到单元 10 的变化可知,随着压下量的增加纵向延伸逐渐增大;不同摩擦系数下,随着摩擦系数的增大,纵向延伸有逐渐减小趋势,因为摩擦系数越大金属流动受到的纵向阻力越大，流动越困难。总体来看，摩擦系数对轧件纵向延伸影响不大。

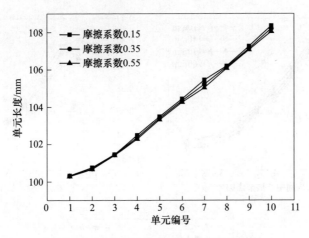

图 9-21 轧件纵向延伸与摩擦系数的关系

9.2.4 变厚度轧制工艺条件对变形均匀性的影响

在热轧中厚板粗轧过程中，尤其是粗轧的前几道次，轧件比较厚，变形很难深入轧件的心部，通常靠近表面的位置变形比较大，而中心变形比较小，从而造成轧件心部的晶粒比较粗大、表层的晶粒比较细小，进而影响成品组织和性能的均匀性。影响轧件变形过程的因素有很多，如来料厚度、接触摩擦和压下率等。为了得出变形渗透的规律与趋势，基于现场的实际工艺参数，模拟不同因素对变厚度轧制厚度方向变形均匀性的影响，同时对比变厚度轧制和常规轧制对于钢板变形均匀性及咬入条件改善的变化规律，从而为厚规格钢板轧制工艺制度的制定与改进，提供充足的理论基础。

9.2.4.1 钢板厚度对变形均匀性影响

随着钢板厚度的增加，厚度方向上的变形与应变差异也会越来越大，控制与消除钢板内部缺陷也会更加困难。钢板厚度是影响厚度方向变形均匀性的敏感因素。对不同厚度规格的钢板进行变厚度轧制有限元模拟，有限元轧制模型的厚度取典型的厚度规格依次为 110mm、140mm、170mm、200mm；其他主要工艺参数主要有：摩擦系数 0.3，轧制速度 1m/s，工作辊直径 1000mm，变厚度轧制头部压下率 20%，尾部压下率 30%。由于钢板的厚度规格不一定，建模时节点编号统一划分，相邻几点间距不一样，但可以比较等分位置处的应变分布情况。

不同厚度规格钢板厚度方向上的应变分布如图 9-22 所示，可以得到：不同规格厚度的钢板等分位置处的等效应变规律是一致的。厚规格钢板在轧制时钢板表面变形大，心部变形小，由表层到中心层厚度方向整体上的等效应变是逐渐减小的，在轧制过程中沿轧件厚度方向上存在着明显的变形不均匀现象。

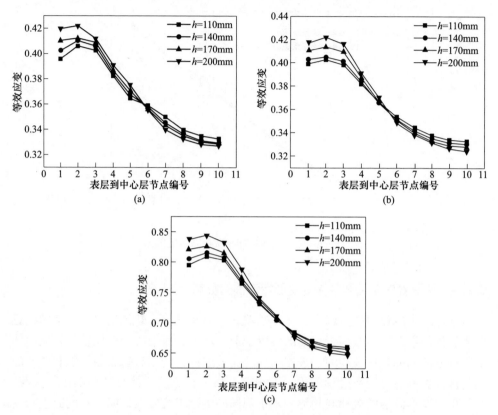

图 9-22　不同厚度规格钢板厚度方向上的应变分布
（a）第一道次；（b）第二道次；（c）两道次完成

　　不同厚度规格钢板变厚度轧制表层与心部应变分布如图 9-23 所示，随着钢板厚度规格的增加，表层的等效应变逐渐增大，心部的等效变形逐渐减小；说明在同一压下率下，随着钢板厚度规格的增加，变形向心部渗透性越差，厚度方向的变形越不均匀，钢板的组织性能也越差。因此，变厚度轧制对于厚规格钢板的厚度方向上的变形渗透性的改善具有重要意义，对于热轧厚规格钢板的粗轧前几道次，应该考虑通过变厚度轧制工艺，改善钢板咬入条件，增加单道次压下量来改善心部的变形。

9.2.4.2　接触摩擦对变形均匀性的影响

　　钢板在咬钢后与轧辊相互接触，轧辊与钢板之间建立接触弧，钢板依靠与轧辊之间产生的摩擦力将钢板拖入轧辊之中进行轧制。当钢板与轧辊之间的摩擦条件发生变化时，钢板的轧制状态也将发生变化，轧制力也会变化，影响钢板厚度

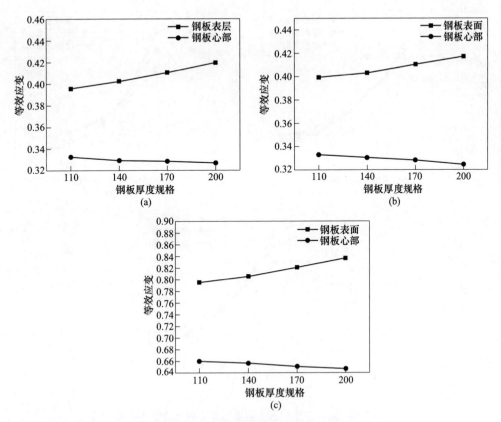

图 9-23 不同厚度规格钢板心表面应变分布

（a）第一道次；（b）第二道次；（c）两道次完成

方向的变形。同时摩擦使轧辊的表面状态发生变化，影响钢板的表面质量。为了方便，采用简单的库伦模型，结合实际生产的工艺参数，摩擦系数分别取 0.2、0.3、0.4；其他主要工艺参数有：钢板厚度 170mm，轧制速度 1m/s，轧辊直径 1000mm，钢板投入 17mm 变厚度轧制头部压下率 20%，尾部压下率 30%。

　　钢板在不同的摩擦条件下经过变厚度轧制第一道次、第二道次以及两道次轧制变形累加后的厚度方向上的应变分布如图 9-24 所示。由图可知，在变厚度轧制过程中，第一道次钢板由等厚度轧制变为变厚度轧制，第二道次钢板由变厚度轧制变为等厚度轧制，不同的轧制状态等效应变的分布规律是相似的，钢板表面等效应变要比心部等效应变大，从钢板表面到心部等效应变呈现逐渐较小的趋势。随着钢板与轧辊之间摩擦的增大，不同轧制状态下的钢板厚度方向的等效应变的分布规律是相似的。不同的摩擦系数使得钢板表面变形略有不同，摩擦系数越大钢板的表面等效应变略大，变形越大，但是钢板厚度方向尤其是心部的等效应变基本相同。

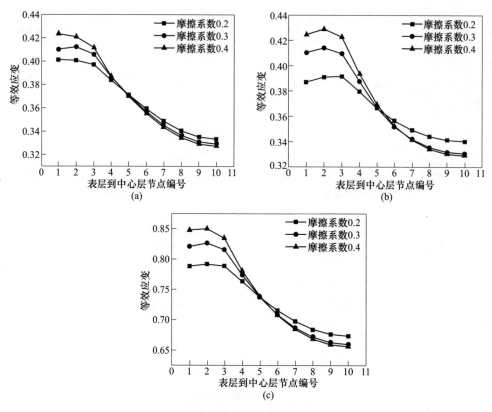

图 9-24　不同摩擦状态下钢板厚度方向上的应变分布
（a）第一道次；（b）第二道次；（c）两道次完成

9.2.4.3　压下率对变形均匀性的影响

在实际生产中轧辊直径、接触摩擦、板坯的来料厚度难以改变，而轧制压下率可以灵活调整。压下率是轧制过程的核心参数，对轧制厚度方向的应变分布影响很大。选取轧件尺寸 180mm×1400mm×1980mm，轧辊直径 1000mm、摩擦系数 0.35 和轧制速度 1m/s 条件下，模拟计算道次压下率（工程应变）分别为 10%、15%、20%、25%、30% 和 40% 的两道次变厚度轧制所对应的轧制变形情况，定量地研究了不同道次压下率对变形均匀性的影响。

图 9-25 为不同压下率下的轧件沿厚度方向的等效应变曲线，可以看出，随着压下率的不断增大，变形向心部也逐渐渗透。当压下率为 10% 时，轧件心部变形量明显小于表面，钢板变形主要集中在表面，钢板沿厚度变形渗透均匀性不好。当压下率为 15% 时，轧件表面和心部变形渗透性有所提高；当压下率为 25%~30% 时，钢板表面和内部变形比较均匀，变形完全渗透到心部，此时钢板沿厚度方向塑性变形均匀性最好。当压下率继续增加至大于 40% 时，开始出现心

部变形大于表面，随着压下率的继续增加心部与表面的变形不均匀程度也不断增加，钢板沿厚度方向的变形均匀性变差。由此可见，在轧制过程中采用大压下工艺，将在轧制过程中有利于变形的深入，提高中厚板差厚轧制厚度方向变形的渗透均匀性，从而提高产品质量。

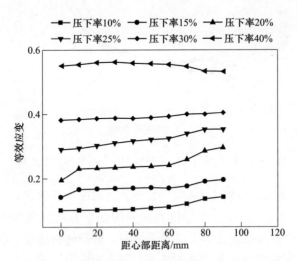

图 9-25　不同压下率沿厚度方向分布的等效应变

9.2.4.4　轧辊直径对变形均匀性的影响

为了研究轧辊直径对变厚度轧制厚度方向变形渗透性的影响，在轧件厚度 180mm、轧制速度 1m/s、摩擦系数 0.35、压下率 20% 的情况下，参照中厚板生产的轧机实际参数，模拟了轧辊直径为 800mm、1000mm 和 1200mm 的轧件变形情况。图 9-26 为厚度方向等效应变与轧辊直径之间的关系，由图可知，随着轧辊直径的增加，轧件表层附近的等效应变减小，而中心层的等效应变呈逐渐增大趋势。所以，轧辊的直径大小对中厚板厚度方向变形渗透性有一定的影响，较大的轧辊直径对心部的变形有一定的改善作用。但是实际生产过程中，考虑到轧制力大小、轧辊的质量及其他轧制工艺要求，轧辊的直径并不是越大越好，一般轧辊的直径在 1200mm 以下。

9.2.4.5　轧制速度对变形均匀性的影响

在轧制工艺参数中轧制速度对轧件变形均匀性有一定的影响。为了研究轧制速度对轧件变形均匀性的影响，模拟研究在轧辊直径 1000mm、轧件厚度 180mm、轧制压下率 10% 和摩擦系数为 0.35 的情况下不同轧制速度对厚度方向变形渗透性影响。

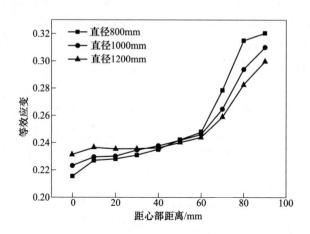

图 9-26　钢板厚度方向上的应变分布与轧辊直径关系

　　图 9-27 为轧制速度分别为 1m/s 、1.5m/s 、2m/s 下的等效应变曲线。由图可知，不同轧制速度下，轧件沿厚度方向的应变分布具有相似性。在压下率为 10% 情况下，轧件在表面的变形明显大于心部，随着轧制速度的改变，厚度方向变形均匀性有一定的改变。轧制速度越大，钢板表面附近的变形越大（即随轧制速度增加钢板更容易发生表面变形），而钢板心部的变形较小，因此轧制速度的提高不利于厚度方向变形的渗透性。但是整体来看，轧制速度对于厚度方向变形渗透性影响不大，因此在轧制过程中一般不通过改变轧制速度来改善中厚板差厚轧制厚度方向的变形均匀性。但是，轧制过程中的轧机速度也不能随便选取，应考虑到实际的轧制节奏、电机功率和轧制速度规程等。

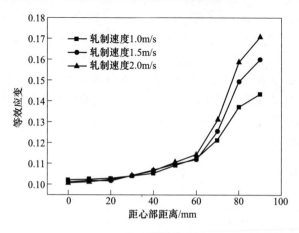

图 9-27　钢板厚度方向上的应变分布与轧制速度的关系

9.3　变厚度轧制的设定模型研究

根据变厚度轧制过程趋薄阶段出口厚度不断变化以及趋平阶段入口厚度不断变化的特点，基于几何学和力学基本理论建立与常规轧制过程不同的变厚度轧制过程工艺参数模型[24~28]。

9.3.1　变厚度轧制特点

特厚板变厚度轧制以两个道次为一个组合：第一道次以较小的压下量咬入，轧制稳定后带载压下，压下量逐渐增大，进行变厚度轧制，轧制完成后获得头厚尾薄的楔形板；在随后的第二道次，对上一道次厚度相对较薄的楔形板尾部咬入，仍然以压下量逐渐增大的方式进行变厚度轧制，该道次轧制完成后，钢板头尾厚度一致。根据变厚度轧制过程厚度变化趋势，将变厚度轧制过程分成趋薄轧制道次和趋平轧制道次，如图 9-1 所示。

变厚度轧制趋薄轧制阶段在坯料咬入之后轧辊带载压下，从而使压下量逐渐增大轧制成楔形板；而趋平轧制阶段首先咬入楔形板厚度小的一端，使压下量逐渐增大将楔形板轧制成平板。变厚度轧制与常规轧制过程不同，主要体现在以下几个方面：

（1）变厚度轧制钢板的厚度在长度方向上不断变化改变了变形区内金属的流动规律，变形区内金属的流动速率随着轧制时间变化，将会发生动态改变。

（2）变厚度轧制过程趋薄阶段轧件实际出口侧边界面与轧辊圆心的连线不在同一平面，两平面之间形成一个倾斜角，该倾角与轧件楔形角相等。

（3）变厚度轧制趋平阶段钢板是楔形，而轧辊位置基本保持固定，因此轧件出口位置仍在两轧辊中心连线位置，入口位置及压下量不断变化。

9.3.2　变厚度轧制工艺参数

9.3.2.1　咬入角

由常规轧制理论可知，在钢板与轧辊咬钢接触后，轧件与轧辊相接触的圆弧所对应的圆心角称为咬入角。常规轧制咬入角为：

$$\alpha = \sqrt{\frac{\Delta h}{R}} \tag{9-1}$$

但是，变厚度轧制过程中咬入角不同于常规轧制咬入角，对于变厚度轧制趋薄阶段咬入角是在常规轧制咬入角基础上加上楔形角：

$$\alpha = \sqrt{\frac{\Delta h}{R}} + \theta \tag{9-2}$$

对于变厚度轧制趋平阶段，基于轧件入口厚度不断变化的特点，针对轧制过程轧件厚度变化曲线为直线形情况进行分析。设定轧件水平速度为定值，推导变厚度轧制趋平阶段咬入角模型。

趋平阶段道次压下量为：

$$\Delta h(t) = \Delta h + v\tan\theta \tag{9-3}$$

变厚度轧制趋平阶段咬入角为：

$$\alpha = \sqrt{\frac{\Delta h(t)}{R}} = \sqrt{\frac{\Delta h + v\tan\theta}{R}} \tag{9-4}$$

式中　　α——变厚度轧制的咬入角，rad；

　　　　θ——楔形轧制过程中的楔形角，rad；

　　　Δh——初始压下量，mm；

　　　　v——轧件水平速度，mm/s；

　　　　R——轧辊半径，mm。

9.3.2.2　变形区长度

轧制过程中轧件与轧辊相接触产生的圆弧在轧制方向上的投影长度称为变形区长度。趋薄轧制阶段工作辊带载压下使压下量逐渐增大，轧件的实际出口位置发生变化的同时，变形区长度也相应发生变化。对变厚度轧制趋薄阶段的变形区长度公式进行推导，变厚度轧制变形区如图 9-28 所示。

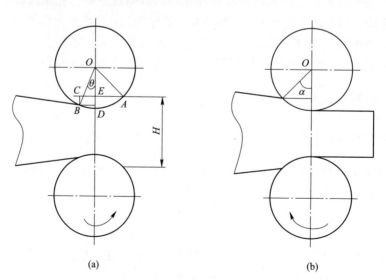

(a)　　　　　　　　　　　(b)

图 9-28　变厚度轧制变形区长度

(a) 趋薄轧制；(b) 趋平轧制

对于趋薄轧制阶段，$BD = CE = R\sin\theta$，$BC = \Delta h/2$，$OE = R\cos\theta - \Delta h/2$，变形区长度为 $AC = AE + CE$。

$$AE = \sqrt{OA^2 - OE^2} \tag{9-5}$$

$$l = \sqrt{(R\sin\theta)^2 + R\Delta h\cos\theta - \frac{\Delta h^2}{4}} + R\sin\theta \tag{9-6}$$

忽略根号内较小项，进行简化可得：

$$l = \sqrt{(R\sin\theta)^2 + R\Delta h\cos\theta} + R\sin\theta \tag{9-7}$$

变厚度轧制趋平阶段来料为楔形板，首先咬入楔形板厚度较小的一端，使轧制过程中入口厚度逐渐增大，变形区长度随之变化，根据几何关系对变形区长度进行推导：

$$l = R\sin\alpha \tag{9-8}$$

将咬入角公式（9-4）代入到式（9-8）中得出变厚度轧制趋平阶段变形区长度公式：

$$l = \sqrt{R \cdot (\Delta h + vt\tan\theta)} \tag{9-9}$$

9.3.2.3　中性角

变厚度轧制时变形区接触弧上轧件水平速度和轧辊水平速度相同的点即中性点，中性点与轧辊中心连线所构成的圆心角称为中性角，如图 9-29 所示。变厚度轧制过程中变形区内金属的流动速率随着压下量增加而不断变化，变形区内金属相对轧辊的运动速度可以通过中性角为参考来度量。在轧件上与中性角相对的

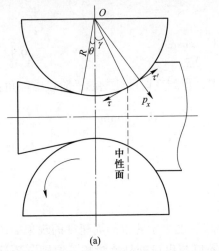
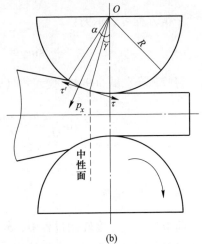

(a)　　　　　　　　　　　　　　　　　(b)

图 9-29　变厚度轧制中性角示意图

（a）趋薄轧制；（b）趋平轧制

截面称中性面，中性面将变形区分为前滑区（由变形区出口到中性面）和后滑区（由变形区入口到中性面）。轧制过程中摩擦条件与中性角的大小有密切关系。

轧辊作用在轧件表面上的单位正压力用 px 表示，轧件表面摩擦力用 τ 表示。忽略轧件的宽展，根据静力平衡条件，作用在单位宽度轧件上的所有作用力在水平方向上的合力为零：

$$-\int_{-\theta}^{\alpha} p_x \sin\alpha_x R\mathrm{d}\alpha_x + \int_{\gamma}^{\alpha} \tau \cos\alpha_x R\mathrm{d}\alpha_x - \int_{-\theta}^{\gamma} \tau' \cos\alpha_x R\mathrm{d}\alpha_x = 0 \qquad (9\text{-}10)$$

式中　γ——中性角，rad；

　　　p_x——单位压力，kN；

　　　τ——后滑区单位摩擦力，kN；

　　　τ'——前滑区单位摩擦力，kN。

为简化计算，假设单位压力沿整个变形区等于常值，则摩擦力为：

$$\tau = \mu p \qquad (9\text{-}11)$$

式中　μ——稳定轧制时的摩擦系数。

趋薄阶段中性角可表示为：

$$\sin\gamma = \frac{\sin\alpha - \sin\theta}{2} - \frac{\cos\theta - \cos\alpha}{2\mu} \qquad (9\text{-}12)$$

变厚度轧制趋平阶段变形区长度随轧件入口厚度增加而变化，忽略宽展的影响，根据静力平衡条件，作用在单位宽度轧件上的所有作用力在水平方向上的合力为零：

$$-\int_{-\theta}^{\alpha} p_x \sin\alpha_x R\mathrm{d}\alpha_x + \int_{\gamma}^{\alpha} \tau \cos\alpha_x R\mathrm{d}\alpha_x - \int_{-\theta}^{\gamma} \tau' \cos\alpha_x R\mathrm{d}\alpha_x = 0 \qquad (9\text{-}13)$$

平衡方程可表示为：

$$\sin\gamma = \frac{\sin\alpha}{2} - \frac{1 - \cos\alpha}{2\mu} \qquad (9\text{-}14)$$

将咬入角公式（9-4）代入式（9-14）中，得到变厚度轧制趋平阶段中性角：

$$\sin\gamma = \frac{\sin\sqrt{\dfrac{\Delta h + vt\tan\theta}{R}}}{2} - \frac{1 - \cos\sqrt{\dfrac{\Delta h + vt\tan\theta}{R}}}{2\mu} \qquad (9\text{-}15)$$

9.3.2.4　前滑

前滑是指变厚度轧制过程中，轧件的出口速度大于轧辊圆周速度的现象。由于变厚度轧制过程不同于常规轧制，"轧件入口与出口处秒流量相等原则"不适用于变厚度轧制。根据变厚度轧制特点，推导变厚度轧制过程前滑值（见图9-30）。

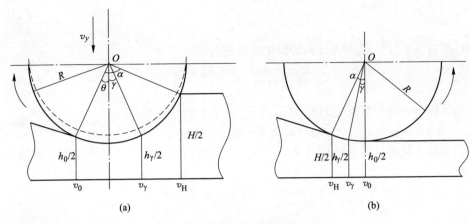

图 9-30 变厚度轧制前滑示意图

(a) 趋薄轧制；(b) 趋平轧制

轧件咬入后轧辊带载压下，在 Δt 时间内轧辊在垂直方向的位移为：

$$\Delta y = v_y \Delta t \tag{9-16}$$

式中 v_y——轧辊的压下速度，mm/s。

在变厚度轧制过程趋薄阶段，工作辊带载压下导致变形区金属体积减少，其减少量为 Δv。流过入口断面 H 的金属与来自变形区的体积为 Δv 的金属的总量与流过出口断面 h_0 的金属量相同。满足下列关系式：

$$V_{h_0} = V_H + \Delta V \tag{9-17}$$

式中 V_{h_0}——流过 h_0 断面金属的体积，mm^3；

$\quad\quad V_H$——流过 V_H 断面金属的体积，mm^3；

$\quad\quad \Delta V$——变形区减少的金属体积，mm^3。

假设 Δt、α、θ 均为极小量，则 $\sin\alpha \approx \tan\alpha \approx \alpha$，有：

$$\Delta V = \Delta y R(\alpha + \theta) = v_y \Delta t R(\alpha + \theta) \tag{9-18}$$

取 Δt 时间段 h_0 截面的平均厚度为 h_0、平均速度为 v_x，将式（9-18）代入式（9-17）可得：

$$h_0 v_x = H v_0 + v_y R(\alpha + \theta) \tag{9-19}$$

用中性面处的平均速度和厚度表示出口断面金属的速度：

$$h_0 v_x = h_\gamma v + v_y R(\gamma + \theta) \tag{9-20}$$

式中 v——轧辊的线速度，mm/s。

$$v_x = \frac{h_\gamma v + v_y R(\gamma + \theta)}{h_0} \tag{9-21}$$

前滑的定义式：

$$s = \frac{v_x - v}{v} \tag{9-22}$$

将式（9-21）代入式（9-22）中，整理可得：

$$s = \frac{(h_\gamma - h_0)v + v_y R(\gamma + \theta)}{h_0 v} \tag{9-23}$$

又因为在变厚度轧制过程中 h_γ 和 h_0 满足下面的关系式：

$$h_\gamma = h_0 + R \cdot (\cos\theta - \cos\gamma) \tag{9-24}$$

前滑系数的计算方法同样适用于变厚度轧制过程，所在变厚度轧制趋薄阶段前滑：

$$s = \frac{R(\cos\theta - \cos\gamma)v + v_y R(\gamma + \theta)}{h_0 v} \tag{9-25}$$

变厚度轧制趋平阶段前滑计算方法有所不同，在稳定轧制阶段随时间变化过程中轧辊位置不再变化，但是随着轧件入口厚度增加，压下量不断增加。由此造成变形区金属体积增加，其增加量为 ΔV。因此流过入口断面 H 的金属除了用于流过出口断面 h_0，还有一部分体积为 ΔV 的金属保存在变形区，且满足下列关系式：

$$V_{h_0} = V_H - \Delta V \tag{9-26}$$

假设 Δt、α、θ 均为极小量，则 $\sin\alpha \approx \tan\alpha \approx \alpha$，有：

$$\Delta V = \Delta y R\alpha = v_y \Delta t R\alpha \tag{9-27}$$

取 Δt 时间段 h_0 截面的平均厚度为 h_0、平均速度为 v_x，将式（9-27）代入式（9-26）可得：

$$h_0 v_x = H v_0 - v_y R\alpha \tag{9-28}$$

用中性面金属的平均速度和厚度表示出口断面金属的速度：

$$h_0 v_x = h_\gamma v - v_y R\gamma \tag{9-29}$$

$$v_x = \frac{h_\gamma v - v_y R\gamma}{h_0} \tag{9-30}$$

前滑的定义式：

$$s = \frac{v_x - v}{v} \tag{9-31}$$

将式（9-30）代入前滑定义式（9-31），整理可得：

$$s = \frac{(h_\gamma - h_0)v - v_y R\gamma}{h_0 v} \tag{9-32}$$

又因为在变厚度轧制过程中 h_γ 和 h_0 满足下面的关系式：

$$h_\gamma = h_0 + R(1 - \cos\gamma) \tag{9-33}$$

变厚度轧制趋平阶段前滑：

$$s = \frac{R(1 - \cos\gamma)v - v_y R\gamma}{h_0 v} \tag{9-34}$$

9.3.3 变厚度轧制尺寸计算模型

变厚度轧制趋薄阶段轧件出口厚度不断变化而趋平阶段入口厚度不断变化，要得到良好的平面形状的钢板，需根据坯料尺寸参数、目标钢板尺寸参数以及轧制过程中厚度变化曲线等对变厚度轧制过程中轧件尺寸进行预测，实现变厚度轧制过程的精确控制。

9.3.3.1 变厚度轧制宽度预测模型

在轧制过程中，金属沿轧制方向流动产生延伸，沿垂直轧制方向流动产生宽展。在变厚度轧制过程中压下量和金属流动情况不断变化，导致轧件的展宽量和延伸量发生变化。分析特厚板变厚度轧制的特点，轧件的宽展不再是定值，而是一个连续变化的函数。根据变厚度轧制理论，分析特厚板变厚度轧制过程宽展的特点。

由于影响宽展的因素非常多，宽展模型难以考虑所有的因素，而且包含太多变量的宽展模型过于复杂，不适用于计算机在线控制。采用巴赫契诺夫公式：

$$\Delta b = 1.15 \times \frac{\Delta h}{2H}\left(\sqrt{R\Delta h} - \frac{\Delta h}{2f}\right) \tag{9-35}$$

式中　Δb——宽展量，mm；

　　　Δh——压下量，mm；

　　　H——轧件初始厚度，mm；

　　　R——轧辊半径，mm；

　　　f——轧件与轧辊表面的摩擦系数。

变厚度轧制过程压下量 Δh 不断变化，应把变厚度轧制的压下量 Δh 的公式代入上式得出适合于变厚度轧制的展宽公式。以变厚度轧制趋薄轧制阶段为例，推导厚度变化曲线为直线条件的宽展公式，变厚度轧制趋薄阶段示意图如图 9-31 所示。

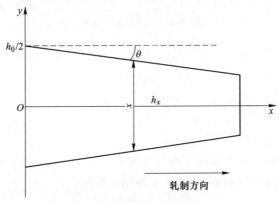

图 9-31　趋薄轧制阶段示意图

变厚度轧制的压下量 Δh 是和轧后该点距离变厚度轧件头部距离相关的函数，可得：

$$\tan\theta = \frac{\Delta h_x}{2x} \tag{9-36}$$

从而可以求出 x 点处的压下量：

$$\Delta h_x = 2x\tan\theta \tag{9-37}$$

把式（9-37）代入式（9-35）得出适合于变厚度轧制的展宽公式：

$$\Delta b = 1.15 \times \frac{\Delta h_x}{2H}\left(\sqrt{R\Delta h_x} - \frac{\Delta h_x}{2f}\right) \tag{9-38}$$

变厚度轧制后的轧件宽度公式为：

$$b = B + \Delta b = B + 1.15 \times \frac{x\tan\theta}{H}\left(\sqrt{2xR\tan\theta} - \frac{x\tan\theta}{f}\right) \tag{9-39}$$

式中　b——轧制后轧件的宽度，mm；

　　　B——轧制前轧件的宽度，mm；

　　　Δb——宽展量，mm。

9.3.3.2　变厚度轧制长度预测模型

在变厚度轧制过程中沿轧制方向的延伸量受诸多因素影响，如压下量、宽展量、工作辊直径以及摩擦系数等。根据工艺条件建立轧件延伸预测难度较大，因此利用轧制过程中"体积不变原则"，基于轧件宽展预测模型推导变厚度轧制延伸预测模型。由于宽度变化相对于长度变化比较小可以近似为线性变化，因此可以用一种近似的方法估算轧后钢板长度。

推导在变厚度轧制轧件厚度变化曲线为直线形条件下，进行变厚度轧制趋薄阶段，钢板由平板轧制成楔形板，可得：

$$HLB = \frac{1}{2}(h_1 + h_2)lb \tag{9-40}$$

式中　L——钢板当前道次实际长度，mm；

　　　H——钢板的咬入前平均厚度，mm；

　　　B——钢板的咬入前宽度，mm；

　　　l——轧后钢板长度，mm；

　　　b——钢板的轧后宽度，mm；

h_1，h_2——轧后楔形板的薄端和厚端厚度，mm。

由此可得变厚度轧制趋薄阶段长度预测模型为：

$$l_{预测长度} = \frac{2HLB}{(h_1 + h_2)b} \tag{9-41}$$

变厚度轧制趋平阶段长度预测模型为：

$$l_{预测长度} = \frac{(H_1 + H_2)LB}{2hb} \tag{9-42}$$

式中　H_1，H_2——轧制前楔形板的薄端和厚端厚度，mm。

9.4 变厚度轧制技术的应用

变厚度轧制控制功能的核心是在轧制过程中动态地改变目标厚度，所以在轧制过程中需要动态改变辊缝。变厚度轧制的实现必须以设备为保证，其中机械液压系统是最关键的硬件设备。目前典型的中厚板轧机生产线一般为双机架四辊可逆轧机，粗轧机主要完成成型、展宽和待温前的延伸轧制阶段，变厚度轧制在展宽阶段后的延伸道次投入，主要在粗轧机上完成。在粗轧机的设备与主电机设计时，需要满足较大的咬入角和压下量，对于轧制速度的要求不高，因此应该保证较大的轧制力矩和较大的电机功率，但不要求较高的电机速度。变厚度轧制必须通过液压系统完成，需要通过液压缸设定的位置曲线实现厚度控制，单纯电动压下的轧机不能实现变厚度轧制控制功能。此外，在变厚度轧制过程中需要实现水平和垂直方向速度的协调，水平方向以较低速度均匀轧制，轧辊匀速转动，垂直方向动态改变辊缝，并根据变厚度轧制对厚度变化量的要求来确定垂直速度，即根据辊缝变化行程确定液压压下速度[29~32]。

9.4.1 变厚度轧制技术应用的设备概括

某中厚板厂生产线的主体设备是双机架四辊可逆轧机，其他辅助设备包括：加热炉、高压水除鳞系统、超快冷装置、热矫直机、冷床、切头剪、双边剪、定尺剪，以及收集装置，轧制区的仪表布置情况如图9-32所示。坯料放入炉内加热至工艺要求的温度后进行高压水除鳞，运至轧制区轧制。在粗轧机上进行成型轧制、展宽轧制以及延伸轧制，粗轧阶段结束后钢坯在粗轧机和精轧机中间进行待温，待温至控温温度后运送至精轧机上进行轧制并达到最终尺寸需求，精轧阶段结束后运送到冷却区冷却，然后进行后续的矫直、剪切成为成品。

图 9-32　轧制区的仪表布置示意图

轧机配有高精度检测仪表，其中顶帽传感器可以测量轧机两侧压下螺丝的位置移动；液压缸柱塞位置的测量通过液压缸中心位置安装的位移传感器测量；轧制力传感器安装在轧机下支撑辊的下面，可以直接测量轧机两侧的轧制力；四辊轧机的主要设备参数见表 9-3。

表 9-3 四辊轧机的主要设备参数

仪　表	参　数
工作辊尺寸	ϕ950mm/1050mm×3500mm
支撑辊尺寸	ϕ1900mm/2100mm×3300mm
机架刚度	8000kN/mm
主电机	转速 0~120r/min，功率 5000kW/台
额定轧制力	70000kN
最大轧制力矩	3000kN·m
压下方式	电动/液压压下
电动压下速度	0~35mm/s
液压缸行程	50mm
液压缸最大压下速度	20mm/s

轧机计算机控制系统结构图如图 9-33 所示，控制系统由过程控制级、基础自动化级和设备、仪表组成。过程控制系统完成模型设定计算，根据轧件目标形

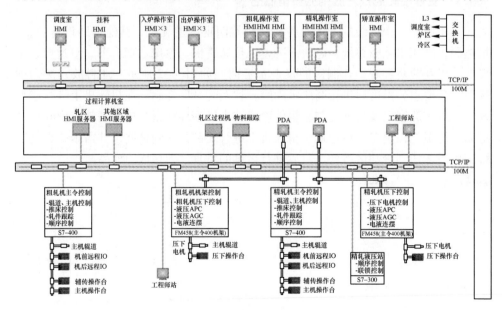

图 9-33 计算机控制系统结构图

状、板坯原始尺寸、轧机参数等计算轧制规程，进行轧制道次和压下量的设定、轧制过程跟踪、数据采集处理、与其他系统通讯。过程控制系统硬件采用通用PC 服务器，并采用 Windows Server 操作系统。基础自动化级完成轧制过程的各种控制功能，包括 AGC 液压站、辅助液压站、润滑站控制换辊控制、水平方向主令控制、垂直方向机架控制等。基础自动化硬件采用 SIMATIC TDC 完成高精度 APC 和 AGC 控制，采用 SIMATIC S7-400 PLC 完成逻辑和设备控制功能，另外人机界面系统采用 WinCC 软件。

9.4.2 变厚度轧制技术的自动化系统实现

变厚度轧制技术需要通过基础自动化和过程控制系统的协调合作实现。在自动化系统中与变厚度轧制控制功能实现相关的部分包括：基本自动化系统的粗轧机主令控制（辊道、主机控制、推床控制、轧件跟踪、顺序控制），粗轧机的机架控制（粗轧机压下控制、液压 APC、液压 AGC、电液连摆），过程控制系统的模型设定以及人机界面的监控和干预功能。过程控制系统计算变厚度轧制控制参数，并将它们传递给基础自动化系统。基本自动化系统根据设定参数进行变厚度轧制道次的水平速度和垂直压下的协调控制，以完成变厚度轧制。

9.4.2.1 变厚度轧制钢板多点动态压下设定

变厚度轧制过程需要通过配备的高性能液压系统对辊缝进行大行程的动态调节来改变轧件厚度，钢板沿长度方向出口厚度是动态变化的；压下量在钢板的不同位置不同，需要在合适的位置和时间进行多点动态设定，使得辊缝在不同的位置和时刻严格按照目标厚度进行实时调整，连续动态改变辊缝，得到变厚度板。

变厚度轧制过程中线性厚度变化对应的辊缝是非线性变化的，如图 9-34 所示。对于趋厚轧制阶段，辊缝由小变大，整个轧制过程中辊缝由 A 点变化到 B 点，随着轧制过程的不断进行，辊缝的梯度减小，图 9-34（a）中所示的曲线 $g(l)$ 为上凸形曲线，点 C 和点 D 均为中间设定点。同样，对于趋薄轧制过程，整个轧制过程的辊缝由点 A 到点 B，辊缝的梯度增大，辊缝为图 9-34（b）中所示的曲线 $g(l)$ 同样为上凸形曲线，点 C 和点 D 均为中间设定点。

对于图 9-34（a）的增厚轧制过程，曲线 $g(l)$ 与表示钢板变厚度段长度的 l 轴围成的面积为 $A_{g(l)}$。假设设定点间为线性关系，$\sum A$ 表示设定点间的折线线段与表示钢板变厚度段长度的 l 轴的面积和，设定点 A 和 B 间线段与表示钢板变厚度段长度的 l 轴围成的面积 A_{AB}，如果变厚度段轧制过程中只有 A 和 B 两个设定点，那么 $\sum A = A_{AB}$，$A_{g(l)}$ 与 $\sum A$ 的差小于误差极限：

$$\left| A_{g(l)} - \sum A \right| \leqslant \varepsilon_A \tag{9-43}$$

如果公式（9-43）成立，则表明 A 和 B 两个设定点能够满足设定控制要求；

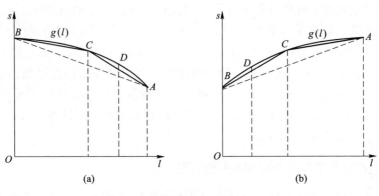

图 9-34　变厚度段轧制辊缝设定分析

（a）趋厚轧制；（b）趋薄轧制

当 $A_{g(l)}$ 与 $\sum A$ 的差大于误差极限 ε_A 时，则需要在曲线上选择一个点 C，对应的坐标为 l，使 $\sum A = A_{AC} + A_{CB}$ 的值最大，也就是要保证函数 $f(l) = A_{g(l)} - \sum A$ 的值最小，这样将转化成有约束条件的最优化问题：

$$\begin{cases} \min f(l) \\ s.t. \quad g(l) = 0 \end{cases} \tag{9-44}$$

采用惩罚函数法或者乘子法，求解设定点 C 对应的坐标后，即可以确定 C 点的位置。这时将 $\sum A$ 又代入式（9-43），如果公式成立则表明 A、B 和 C 三个设定点能满足变厚度轧制过程的设定控制要求，否则继续按照设定点 C 的求解方法在 A、C 点之间或 B、C 点之间继续增加设定点，如图 9-34 中的 D 点，直到满足式（9-43）为止。变厚度段设定点的确定原理流程如图 9-35 所示。

9.4.2.2　变厚度轧制过程钢板微跟踪

变厚度轧制过程中钢板厚度在长度方向上是连续变化的，各个轧制道次的钢板长度无法实时在线测量。为了实现变厚度轧制过程的辊缝带载动态调整，需要开发变厚度轧制过程中的微跟踪模型实时精确地监控钢板长度，计算出钢板已经轧制和未轧制长度。变厚度轧制过程不同于常规轧制过程，变形区内出口速度、前滑、中性角等轧制参数都发生动态变化，可以利用主电机反馈速度和变厚度轧制实时计算的前滑率实现变厚度轧制工作中钢板微跟踪。

变厚度轧制由于受到前滑的影响，轧件的出口速度与轧辊速度不相等，它们之间关系如下式：

$$v_s = v_R(1 + f) \tag{9-45}$$

式中　v_s——轧件出口速度；

　　　v_R——轧辊速度；

　　　f——前滑率。

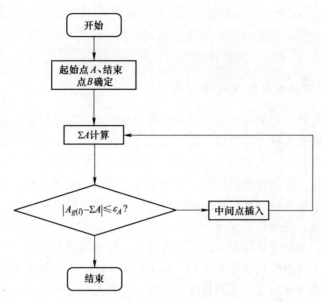

图 9-35 纵向变厚度段设定点的确定原理流程

在轧制时间 t 内轧件轧出长度和辊面弧长具有式（9-46）所示的关系：

$$l = l_R(1 + f) = \int_0^t v_R(1 + f)\,dt \tag{9-46}$$

式中 l——轧件轧出长度；

l_R——转过的辊面弧长；

f——前滑率。

在计算机控制算法中将式（9-46）离散化：

$$l_i = l_{i-1} + l_{Ri}(1 + f_i) \tag{9-47}$$

式（9-47）中 i 为控制序列。在变厚度轧制过程中辊缝动态改变压下量不断变化，压下率 r_i 是压下量 Δh_i 的函数，轧辊压扁半径 R'_i 也是压下量 Δh_i 的函数，所以前滑模型可以表示为：

$$f_i = f(R'_i, \Delta h_i) \tag{9-48}$$

第 i 个周期的轧件出口厚度 h_i 是轧件轧过长度 l_i 的函数，根据变厚度轧制控制模型求解出轧件出口厚度 $h_i(h_i = h(l_i))$。综合上述公式，得到 l_i 的多项式方程：

$$F(l_i) = l_i - l_{i-1} - l_{Ri}[1 + f(h(l_i))] \tag{9-49}$$

对公式（9-49）作牛顿迭代运算，迭代算法为：

$$l_{in} = l_{in-1} - \frac{F(l_{in-1})}{F'(l_{in-1})} \tag{9-50}$$

迭代初值为 $l_{i0} = l_{Ri}[1 + f(h(l_i))]$；$l_{i0}$ 为第 i 个控制周期轧过的轧件长度的

预测初值；l_{in} 为第 i 个控制周期轧过的轧件长度的第 n 次迭代计算；l_{in-1} 为第 i 个控制周期轧过的轧件长度的第 $n-1$ 次迭代计算值；$F'(l_{in-1})$ 为 $F(l_{in-1})$ 的一阶导数。如果 $|l_{in} - l_{in-1}| < \varepsilon$，则迭代终止。

9.4.2.3　钢板咬入长度精确跟踪

在变厚度轧制过程中钢板咬入之后辊缝带载压下，需要针对不同的宽展比与延伸比设定带载压下量，通过自动化系统保证钢板头尾压下量按照设定压下量压下得到预期的具有一定斜率的变厚度板。钢板在经过宽展与延伸轧制后，钢板的长度将发生变化，在钢板进行变厚度轧制之前需要对钢板实际轧制长度进行精确跟踪测量，钢板咬入后钢板长度的跟踪精度决定了最终的钢板楔形段形状是否能够满足压下曲线的设定要求。

钢板实际轧制长度从钢板咬钢后计算开始，抛钢时计算结束。当测量轧制力大于预测轧制力的80%时为咬钢信号，测量轧制力小于预测轧制力的20%为抛钢信号。为了提高钢板的实际轧制长度的精度，在预测模型中嵌入高精度前滑计算模型。变厚度轧制的趋薄和趋平轧制道次的前滑模型在前面变厚度轧制工艺参数计算一节已经推导获得，PLC 计算道次实际长度根据如下公式计算得到：

$$l = \sum (f_s v \Delta t) \tag{9-51}$$

式中　f_s——变厚度轧制前滑值；

v——工作辊线速度测量值；

Δt——PLC 计算周期时间。

9.4.2.4　钢板道次长度预测与自学习

钢板在变厚度轧制前需要预测出钢板的轧出长度，道次轧出长度的预测精度越高，变厚度轧制带载压下曲线的执行精度也越高。由于受到坯料尺寸精度等条件影响，轧制道次长度的预测常常是不准确的，这不仅不能获得设定倾斜角的楔形板，甚至会使钢板压下量发生变化，影响钢板的尺寸规格。对钢板轧制终了道次长度进行预测时可以依据体积不变原理，基于当前道次计算长度与平均厚度预测下道次钢板的总长度。钢板在轧制前后厚度、宽度与长度发生变化，但是体积是保持不变的，即：

$$HLW = hl(W + \Delta W) \tag{9-52}$$

式中　L——钢板当前轧制道次实际长度；

H——钢板的咬入前平均厚度；

W——钢板的咬入前宽度；

h——下道次钢板的厚度，咬入前为设定厚度，咬入后为平均厚度；

ΔW——轧制宽展量。

由此可预测出钢板轧后的道次长度为：

$$l = \frac{HL}{h} \times \frac{W}{W + \Delta W} \tag{9-53}$$

当钢板在进行变厚度轧制时，钢板由平板轧制成为楔形板，由体积不变条件可知：

$$HLW = \frac{1}{2}(h_1 + h_2) \times l \times (W + \Delta W) \tag{9-54}$$

式中　L——钢板当前轧制道次实际长度；

　　　H——钢板的咬入前平均厚度；

　　　W——钢板的咬入前宽度；

　　　ΔW——轧制宽展量；

　　h_1，h_2——轧后钢板的楔形段入口厚度与出口厚度。

由此可预测出钢板轧后的道次长度为：

$$l = \frac{2HL}{h_1 + h_2} \times \frac{W}{W + \Delta W} \tag{9-55}$$

在生产现场中，PDI 数据中坯料尺寸会存在偏差，坯料尺寸的偏差将导致轧制过程道次长度预测不准确，影响变厚度轧制楔形段头尾厚度、楔形段长度及倾斜角大小的控制。为此，按照中厚板可逆轧制特点，建立坯料尺寸自学习方法，采用指数平滑法用前面已经轧制完成钢板的实际长度对下一块钢板的预测长度进行加权学习。将轧制完成后的 n 块钢板实际长度与预测长度进行比较得到 n 个预测长度学习系数，采用指数平滑法公式运算得到调整后的学习系数，运用新的调整系数对接下来的钢板长度进行更高精度的预测。指数平滑法计算公式如下：

$$\dot{\beta}_{n+1} = \dot{\beta}_n + \alpha(\overset{*}{\dot{\beta}}_n - \dot{\beta}_n) \tag{9-56}$$

式中　$\dot{\beta}_n$——第 n 次设定或控制时 β 的预报值；

　　　$\overset{*}{\dot{\beta}}_n$——第 n 次设定或控制时 β 的实测值；

　　　α——增益系数，$0 \leqslant \alpha \leqslant 1$。

钢板道次长度预测值与实际长度的偏差通过调整系数 C 来补偿，认为变厚度轧制投入道次钢板实际长度等于按照体积不变公式预测长度与调整系数的乘积，即：

$$L_{实际长度} = CL_{预测长度} \tag{9-57}$$

取最近 n 块同一规格钢板，每块钢板轧制后均可得到钢板实际长度与按体积不变公式预测的长度，从而得到 n 个调整系数序列数据：

$$C = \{C_n, C_{n-1}, \cdots, C_1\} \tag{9-58}$$

将得到的 n 个调整系数 C 代入指数平滑法公式得到最新的长度调整修正系数 C_{n+1}，将 C_{n+1} 用于下块钢板的长度预测，即：

$$L_{测试长度}^{n+1} = C_{n+1} L_{预测长度} \tag{9-59}$$

9.4.3 变厚度轧制技术的现场应用

9.4.3.1 现场工艺条件

现场应用选择 50 号钢的普通热轧坯料，实验一共分为 2 组，每组分别轧制 2 个试样，共轧制 4 个试样。第一组钢板进行的是常规可逆轧制，第二组钢板在延伸轧制进行单向多道次变厚度轧制，最终得到厚度为 70mm 的成品。表 9-4 为常规轧制的实验方案，表 9-4 为投入两组变厚度轧制的实验方案。

表 9-4　常规轧制实验方案

道　次	辊缝/mm	压下量/mm	压下率/%	道次说明
1	235	15	6.0	展宽道次
2	222	13	5.5	展宽道次
3	209	13	5.9	展宽道次
4	196	13	6.2	展宽道次
5	176	20	10.2	转钢后延伸道次
6	146	30	17.0	延伸道次
7	126	20	13.7	延伸道次
8	96	30	23.8	延伸道次
9	83	13	13.5	延伸道次
10	70	13	15.7	延伸道次

将两组钢坯放入加热炉中加热到 1150℃，第一组按照表 9-4 的轧制规程，先进行 4 个道次的展宽轧制，然后再旋转 90°进行 6 个道次的延伸轧制，轧制 70mm 厚的成品；第二组按照表 9-5 的轧制规程，先进行 4 个道次的展宽轧制，然后在延伸阶段以两道次为一组，进行两组变厚度轧制，第一组第 5 道次头部保持现有 20mm 压下量不变，咬钢后进行带载压下至尾部辊缝减小 10mm，第 6 道次压下量增大 20mm 进行辊缝设定并将轧件轧平。第二组第 7 道次头部保持现有 20mm 压下量不变，咬钢后进行带载压下至尾部辊缝减小 10mm，第 8 道次压下量增大 20mm 进行辊缝设定并将轧件轧平，第 9、第 10 道次轧制成 70mm 厚的成品。

表 9-5 变厚度轧制实验方案

道次	原辊缝/mm	调整辊缝/mm	压下量/mm	压下率/%	道次说明
1	235	235	15	6.0	展宽道次
2	222	222	13	5.5	展宽道次
3	209	209	13	5.9	展宽道次
4	196	196	13	6.2	展宽道次
5	176	166	20~30	10.2~15.3	转钢后延伸道次（趋薄压下 10mm）
6	146	146	20~30	12.0~17.0	延伸道次（趋平）
7	126	116	20~30	13.7~20.5	延伸道次（趋薄压下 10mm）
8	96	96	20~30	17.2~23.8	延伸道次（趋平）
9	83	83	13	13.5	延伸道次
10	70	70	13	15.7	延伸道次

9.4.3.2 钢板力学性能检测与显微组织观察

轧制结束后取样，进行力学性能检测和微观组织观察。按照 GB/T 1591—2008 要求厚板拉伸取样部位为钢板厚度 1/4 处，但为了解钢板厚度方向力学性能差异，本次工业试验对钢板厚度 1/4 处和心部力学性能都进行了检验。检验结果见表 9-6（Q 为试样的 1/4 厚度处，C 为试样的 1/2 厚度处），实验钢的抗拉强度、屈服强度及伸长率均满足 50 号钢的国家标准，并且经过变厚度轧制的钢板力学性能略好于常规轧制。

表 9-6 试验钢的拉伸性能

试样号	规格/mm	取样位置	屈服强度/MPa	抗拉强度/MPa	伸长率/%
1-1	70	Q	400	705	16
	70	C	390	695	16
1-2	70	Q	395	700	17
	70	C	380	670	16
2-1	70	Q	415	725	16
	70	C	410	720	16
2-2	70	Q	410	715	17
	70	C	405	710	16

常规轧制和变厚度轧制钢板厚度方向不同位置的显微组织如图 9-36 和图9-37 所示。由图可以看出，两种轧制工艺条件下得到的表面、1/4 厚度处及 1/2 厚度处的显微组织均为铁素体和珠光体。常规轧制和变厚度轧制得到的显微组织具有相似性，但是也存在着差异。对于同一种工艺下不同厚度显微组织也有差异，这

是由于不同厚度位置处金属的变形程度不同，所以金属的晶粒大小不同，轧制过程中金属从表层到心部变形逐渐减小，因此金相组织的晶粒从表层到心部逐渐增大。不同工艺下的晶粒也有所不同，经过变厚度轧制金属的各层晶粒要比常规轧制的均匀性有所改善，同时经过变厚度轧制的金属晶粒小于常规轧制，说明变厚度轧制对于改善中厚板厚度变形的均匀性和金相组织具有积极的意义。

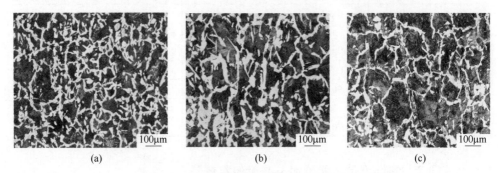

图 9-36　常规轧制钢板不同位置处显微组织

(a) 表面；(b) 1/4 厚度处；(c) 1/2 厚度处

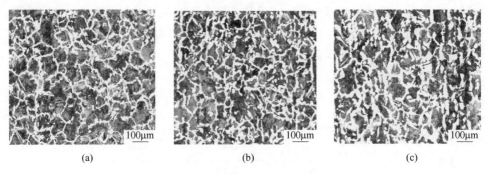

图 9-37　变厚度轧制钢板不同位置处显微组织

(a) 表面；(b) 1/4 厚度处；(c) 1/2 厚度处

参 考 文 献

[1] 耿明山，刘艳，黄衍林. 大型特厚板坯料制造技术现状和发展趋势 [J]. 中国冶金，2014，24 (8)：10~17.

[2] 崔风平，孙玮，赵乾，等. 我国极厚钢板生产制造技术的发展 [J]. 山东冶金，2013，35 (1)：1~6.

[3] 刘莎莎. 特厚板轧制内部缺陷压合物理模拟实验研究与应用 [D]. 沈阳：东北大

学, 2011.

[4] 张林, 赵德文, 邓伟, 等. 400mm 厚连铸坯轧制时缺陷的压合模拟 [J]. 钢铁, 2011, 46 (11): 61~65.

[5] 邹家祥, 林鹤. 轧钢机动力学设计 [J]. 重型机械, 1997 (3): 26~30.

[6] 王国栋. 中国钢铁轧制技术的进步与发展趋势 [J]. 钢铁, 2014, 49 (7): 23~29.

[7] 刘慧. 中厚板平面形状控制技术概述 [J]. 山西冶金, 2008, 113 (3): 3~4.

[8] 弓削佳德, 堀纪文, 西田俊一. LP 鋼板 (テーパープレート) の製造技術と船舶, 橋梁への適用 [J]. 川崎製鉄技報, 1998, 30 (3): 137~141.

[9] Fukumoto Y, Nagai M. Steel bridges: new steels and innovative erection methods [J]. Progress in Structural Engineering and Materials, 2000, 2 (1): 34~40.

[10] Fumimaru K, Kazuyuki M, Tadashi O, et al. Steel plates for bridge use and their application technologies [J]. JFE Technical Report, 2004 (2): 85~90.

[11] 鈴木伸一, 村岡隆二, 小日向忠, ほか. 造船用鋼材 [J]. JFE 技报, 2003 (2): 37~44.

[12] 高宏适. 高性能 LP 钢板的制造技术进步 [J]. 世界金属导报, 轧钢技术, 2014 (B04): 1~9.

[13] Vigo J M, Hubo R, Raoul J. Modern steels for constructional bridges: Longitudinally profiled-LP-plates [J]. Journal of Constructional Steel Research, 1998, 46 (1-3): 403.

[14] 刘相华, 吴志强, 支颖, 等. 差厚板轧制技术及其在汽车制造中的应用 [J]. 汽车工艺与材料, 2011 (1): 30.

[15] 刘相华, 高琼, 苏晨, 等. 变厚度轧制理论与应用的新进展 [J]. 轧钢, 2012, 29 (3): 1~7.

[16] 余伟, 孙广杰. TRB 薄板变厚度轧制中前滑理论模型和数值模拟 [J]. 北京科技大学学报, 2014, 36 (2): 241~245.

[17] Meyer A, Wietbrock B, Hirt G. Increasing of the drawing depth using tailor rolled blanks——numerical and experimental analysis [J]. International Journal of Machine Tools & Manufacture, 2008, 48 (5): 522~531.

[18] Lars Erik Lindgren, Jonas Edberg. Explicit versus implicit finite element formulation in simulation of rolling [J]. Journal of Material Proeessing Teehnology, 1990, 24: 85~94.

[19] 谢红飙, 肖宏, 张国民, 等. 用显式动力学有限元法分析压下率对板带轧制压力分布的影响 [J]. 钢铁研究学报, 2002, 14 (6): 33~35.

[20] 孟令启, 徐如松, 王建勋, 等. 中厚板轧制过程数值模拟 [J]. 钢铁研究学报, 2009, 21 (3): 15~18.

[21] 丁文华, 李淼泉, 姜中行, 等. 中厚板轧制过程的数值模拟 [J]. 轧钢, 2010, 27 (6): 15~18.

[22] 史金芳. 热带钢粗轧过程变形规律的模拟研究 [D]. 沈阳: 东北大学, 2012.

[23] 刘慧, 王国栋, 齐志新. 中厚板 MAS 轧制过程的有限元模拟 [J]. 钢铁, 2005, 9 (40): 45~48.

[24] 杜平. 纵向变厚度扁平材轧制理论与控制策略研究 [D]. 沈阳: 东北大学, 2008.

[25] 丁雷. 变厚度板材的轧制技术及其厚度控制模型研究 [D]. 山西：太原科技大学，2011.

[26] 董连超. 变厚度轧制金属流动规律 [D]. 秦皇岛：燕山大学，2013.

[27] 赵志业. 金属塑性变形与轧制理论 [M]. 北京：冶金工业出版社，2004.

[28] 齐克敏，丁桦. 材料成形工艺学 [M]. 北京：冶金工业出版社，2006：474~477.

[29] 赵虎. 中厚板差厚轧制及变形渗透性模拟与研究 [D]. 沈阳：东北大学，2015.

[30] 武晓刚. 厚规格钢板差厚轧制数值模拟与工艺研究 [D]. 沈阳：东北大学，2017.

[31] 史海军. 特厚板变厚度轧制过程金属流动规律研究 [D]. 沈阳：东北大学，2018.

[32] 王旭. 特厚板变厚度轧制工艺模型研究 [D]. 沈阳：东北大学，2018.

10 中厚板翘扣头控制新技术

　　中厚板通常占钢材总产量的10%左右，是基础设施建设和大型工程、重型机械制造的基本原材料[1]。自从 20 世纪计算机控制技术应用于轧钢生产，中厚板轧件的厚度、宽度、温度、板形以及矩形度等均达到了很高的水平，但是各大钢厂对中厚板头部弯曲的控制一直没有取得较为满意的结果。

　　中厚板材热轧成品中，存在很多的不合格板件，而头尾弯曲严重是造成这种现象的主要原因之一[2]。据统计，舞钢在中厚板生产过程中，因头尾翘曲造成的废钢量占轧废总量的35%左右[3]。中厚板的头部弯曲主要包括上翘和下扣两种情况，上翘时不仅影响下一道次的咬入，甚至可能引起卡钢、缠辊等严重事故，当板坯下扣严重时会撞击辊道，不仅影响了产品质量，还增加了停产检修时间和维修费[4,5]。总之，头部弯曲现象对中厚板的生产影响十分巨大，不仅影响产品成材率和产品质量，甚至会损坏设备，造成安全事故，影响生产效率。中厚板生产过程中的头部上翘现象如图 10-1 所示。

图 10-1　中厚板轧制时的头部弯曲

　　由于轧件头部出现翘头或扣头现象具有随机性，弯曲变形机理复杂，涉及相互关联的多个影响因素，故对轧件头部弯曲现象进行控制看似简单，却至今是轧制领域研究的重要难题[6]。目前对中厚板生产过程中头部弯曲研究的困难主要有如下两个方面：

　　（1）热轧板材生产过程中的不对称轧制因素普遍存在，中厚板轧制过程中造成头部弯曲现象的本质原因是生产过程中的不对称因素，如轧件上下表面温差、上下工作辊辊径差、上下工作辊辊速差、中心差等导致不对称轧制，使轧件产生厚度方向上的不均匀变形，从而产生头部弯曲现象。而实际生产中，这些因素又无法彻底避免。

（2）单一不对称因素对头部弯曲的影响机理十分复杂，在实际生产时，这些不对称因素又同时存在，它们相互耦合，相互作用，对头部弯曲的控制造成很大的困难。此外，对弯曲问题产生的有些机理尚未完全明确，更没有形成完善的理论体系，目前钢厂普遍缺乏有效的头部弯曲控制手段。

多年来，虽然国内外众多学者对头部弯曲问题进行了很多的研究，但是轧件头部弯曲问题在各大钢厂依旧普遍存在，一直无法得到彻底解决。因此，以轧制过程中中厚板厚向不对称变形为研究对象，通过数值模拟研究不对称因素对轧件头部弯曲方向和程度的影响规律，并通过对中厚板精轧道次实际轧制规程进行模拟，探索头部弯曲的控制手段，这对提高中厚板产品质量、成材率、生产效益和经济效益，增强产品竞争力具有重要的理论价值和现实意义。

10.1　中厚板厚向不对称变形机理

中厚板生产过程中产生头部弯曲现象的本质是生产过程中的不对称条件使轧件产生厚度方向上的不均匀变形，从而使轧件厚度方向上的金属沿轧制方向的延伸量不同，轧件便向金属流动慢的一侧弯曲。

在所有条件都对称的理想条件下，轧件在出口处应该是平直的，不会产生头部弯曲现象。但是，实际生产中不对称条件无法彻底避免，头部弯曲的现象客观存在，造成不对称条件的主要因素有轧件上下表面温差、轧制线高度、轧件来料厚度及压下量综合造成的轧件中心线高度和辊缝中心高度不一致、上下辊直径不相等、上下辊线速度不相等、上下接触面摩擦条件不同和电气传动系统等[7]。这些因素通常都不是单独存在，多种因素同时存在共同对头部弯曲产生影响。

10.2　中厚板不对称变形的影响因素

10.2.1　轧件上下表面温差对头部弯曲的影响

钢坯在加热炉的加热过程中，由于受上下表面加热条件的影响，轧件上下表面会存在一定的温差，导致轧件厚向温度的分布不均；此外，钢坯加热后在运输过程中，在除鳞水、轧机冷却水、辊道冷却水以及二阶段空冷待温等因素的共同作用下，上下表面会产生较大的温差。

由于轧件上下表面存在温差，轧制过程中上下表面金属的变形不同，从而使轧件轧完后头部发生弯曲[8]。当其他因素全对称，轧件上表层温度 T_1 大于下表层温度 T_2 时轧件发生头部向下弯曲的情况如图 10-2 所示。

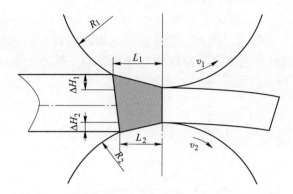

图 10-2　钢坯上、下表面存在温度差时轧出的轧件形状

根据变形区板坯上下表面受力平衡，则有：

$$\begin{cases} P_1 = 1.15\sigma_1 BL_1 = 1.15\sigma_1 B \times \sqrt{R_1 \Delta H_1} \\ P_2 = 1.15\sigma_2 BL_2 = 1.15\sigma_2 B \times \sqrt{R_2 \Delta H_2} \\ P_1 = P_2 \Rightarrow \sigma_1 \times \sqrt{R_1 \Delta H_1} = \sigma_2 \times \sqrt{R_2 \Delta H_2} \end{cases} \qquad (10\text{-}1)$$

式中　P_1，P_2——上下辊轧制力，N；

　　　σ_1，σ_2——轧件上下表层变形抗力，Pa；

　　　L_1，L_2——轧件与上下轧辊的接触弧长度，m；

　　　　B——轧件宽度，m；

　　　R_1，R_2——上下工作辊半径，m；

ΔH_1，ΔH_2——上下工作辊的压下量，m。

因为 $T_1 > T_2$，所以 $\sigma_1 < \sigma_2$；根据 $R_1 = R_2$ 可得：$L_1 > L_2$，$\Delta H_1 > \Delta H_2$。因此，一方面，轧件上表面的温度较高，使轧件上表面的金属压下量较大，上表面金属的伸长率和出口流动速度大于下表面，最终导致轧件向下弯曲；另一方面，轧件上下表面温度不同时，上下两侧的接触弧长度也不同，轧件上下表面轧制力分布不一致，此时轧件相当于受到一个向下的弯矩，会使轧件的下弯加剧[9]。

10.2.2　轧制线高度对头部弯曲的影响

轧制线高度是指辊道上表面与工作辊上表面的距离，用符号 ΔS 来表示。轧制线高度的大小取决于阶梯垫的厚度、下支撑辊的半径和下工作辊的直径[10]。在实际生产过程中，轧辊工作一段时间之后就需要对其进行磨辊，磨辊之后轧辊的辊径就会减小，此时轧制线高度就会改变；理想状态下轧制线高度等于压下量的一半时，若其他因素都对称轧件就不会产生头部弯曲。但是生产过程中轧制线高度并不会恰好是理想状态下轧制线高度等于压下量的一半，此时轧件便会发生倾斜咬入，导致不对称轧制，使轧件在出口处产生弯曲现象。

轧制线高度并不总是等于压下量的一半，当 $\Delta S > \Delta H/2$ 时，轧件上倾咬入；

当 $\Delta S < \Delta H/2$ 时，轧件下倾咬入。实际生产时为了保证设备安全，基本上都是 $\Delta S > \Delta H/2$，轧件上倾咬入。因此，轧件在进入辊缝时存在咬入角 θ，且 θ 不为零，使轧件在出口处产生头部弯曲现象。当 $\Delta S > \Delta h$、轧件上倾咬入时，轧制变形区示意图如图 10-3 所示。

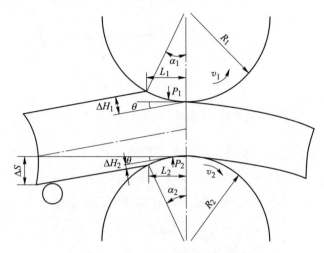

图 10-3　$\theta \neq 0°$ 时的变形区示意图

在轧制变形区内：

$$\begin{cases} L_1 = R_1 \sin\alpha_1 \\ L_2 = R_2 \sin\alpha_2 \end{cases} \tag{10-2}$$

式中　L_1，L_2——轧件与上下轧辊的接触弧长度，m；

　　　α_1，α_2——上、下辊咬入角，(°)；

　　　R_1，R_2——上、下工作辊半径，m。

当轧件向上倾斜咬入时，$\alpha_1 > \alpha_2$，因为 $R_1 = R_2$，所以 $L_1 > L_2$。由变形区内几何关系可知，上、下辊压下量分别为：

$$\begin{cases} \Delta H_1 = [R_1(1 - \cos\alpha_1) + L_1\tan\theta]/\cos\theta \\ \Delta H_2 = [R_2(1 - \cos\alpha_2) + L_2\tan\theta]/\cos\theta \\ \Delta H_1 > \Delta H_2 \end{cases} \tag{10-3}$$

上辊压下量大于下辊压下量，轧件上下部分金属的流动速度不对称，使轧件在出口处头部发生弯曲，轧制线不对中其实是中厚板实际生产时的一个常态。当 $\Delta S < \Delta H/2$ 时，轧件下倾咬入，此时情况与上述相反，但是实际生产过程中为保证设备安全，不会有 $\Delta S < \Delta H/2$ 的情况发生。

10.2.3　来料厚度和压下率对头部弯曲的影响

当轧制线高度一定时，随着来料厚度和压下量的变化，辊缝中心线与轧件中心线的距离会发生改变，因此会造成轧件咬入时导入角的变化。当来料厚度和压下率发生改变时，轧件倾斜咬入时的导入角也会发生改变，影响轧件头部产生弯曲。在一个轧制周期内，前面道次入口厚度较大，轧件会向下倾斜咬入。随着轧制的进行，轧件的入口厚度逐渐变小，轧件会逐渐发生爬坡咬入。

在完全对称轧制条件下，压下率对轧件翘曲并不产生影响；而一旦轧件受温差等非对称因素作用处于非对称轧制条件下，轧件将发生翘曲，此时压下率对翘曲的影响十分显著。因此，压下率是通过扩大其他因素的不对称程度而间接影响翘曲的一个因素[11]。

10.2.4　上下工作辊辊速差对头部弯曲的影响

当上下工作辊辊径相等、角速度不同时，上下工作辊的线速度不相等，由上下工作辊辊速差导致不对称轧制，使轧件在出口处产生头部弯曲。快辊的中性点会向出口处偏移，慢辊的中性点会向入口处偏移，因此造成上下表面中间部分摩擦力方向不对称。根据摩擦力方向的分布，可将变形区分为三部分，如图10-4所示[12]，假设下辊速大于上辊速。

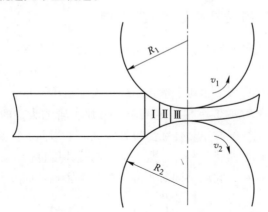

图 10-4　轧制过程中的变形区

Ⅰ区内金属流动速度小于轧辊线速度的水平分量，上下表面的摩擦力都向前，为后滑区。Ⅱ区内金属流动速度大于轧辊线速度水平分量，上下表面摩擦力方向都向后，为前滑区。Ⅲ区内，金属流动速度小于下轧辊线速度水平分量，但是大于上轧辊线速度水平分量，上表面摩擦力向后，下表面摩擦力向前，为搓轧区[13]。三个区内上下表面的摩擦力方向如图10-5所示。

在搓轧区内，由于上下表面的摩擦力方向不同，形成了一对力偶，在力偶的作用下，使轧件在出口处向慢辊侧弯曲。同时，由于上下辊的线速度不同，快辊相对于慢辊来说，有将轧件向出口方向强迫拖动的作用，从而导致慢辊侧金属前滑值增大。相反慢辊相对于快辊来说，有将轧件往入口处强迫拖动的作用，从而

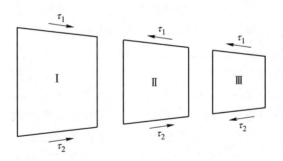

图 10-5　不对称轧制变形区轧件上下表面受力图

使快辊侧前滑值减小，因此轧辊线速度的不同会导致慢辊侧前滑大于上辊侧前滑，使轧件向快辊侧弯曲。实际生产时，轧辊的弯曲方向是由这两种因素共同起作用的，轧件是向快辊侧弯曲还是向慢辊侧弯曲，取决于哪种因素占主导作用。大量文献研究结果表明，当压下量较小时，力偶的影响起主导作用，轧件向慢辊侧弯曲；当压下量大时，前滑的影响起主导作用，轧件向快辊侧弯曲[14]。

10.2.5　上下工作辊辊径差对头部弯曲的影响

当上下工作辊辊径不同时，轧件在出口处也会产生头部弯曲现象。当下辊径小于上辊径时，轧件的头部弯曲方向如图 10-6 所示，图中 R_1 代表上辊半径，R_2 代表下辊半径，ΔH_1 代表上辊压下量，ΔH_2 代表下辊压下量。当上辊辊径小于下辊辊径时，即当 $R_2 < R_1$ 时，下辊产生的压下量比上辊的大，即 $\Delta H_2 > \Delta H_1$，因此当下辊直径小于上辊直径时，轧件在出口处应该向上弯曲。但是当上下辊径不相等时，如果此时轧辊的角速度相等，则上下辊的线速度也会不对称，因此此时会有两个不对称条件存在，它们共同对头部弯曲产生影响。如前所述，辊速比对头

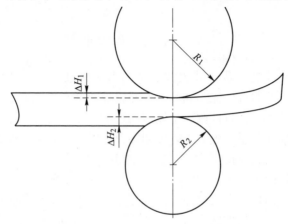

图 10-6　上下轧辊直径不同时轧出的轧件形状

部弯曲的影响本身就很复杂，如果和其他因素共同起作用，那么对头部弯曲的影响结果就更难预测，对实际生产过程中的头部弯曲控制造成很大的困难。

因此，当上下辊角速度相同、辊径不相同时，会造成两辊的线速度不同，这种情况下轧件头部弯曲情况是辊速差和辊径差共同作用的结果。经大量文献研究表明，当上下辊角速度相同而上下辊直径不相等时，在压下量较小的时候，轧件在出口处向小辊侧弯曲。当压下量较大的时候，轧件向大辊侧弯曲[15]。

10.2.6 上下接触面摩擦系数对头部弯曲的影响

轧件与上下轧辊接触面之间的摩擦条件不同，也会导致不对称轧制，造成轧件头部弯曲。工具与工件接触面之间的摩擦对变形金属的流动产生影响如图 10-7 所示。

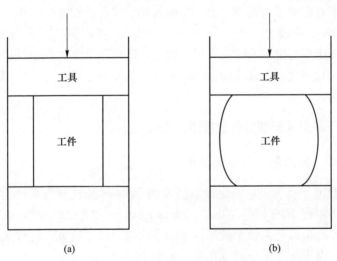

(a)   (b)

图 10-7　压力测试
(a) $\mu=0$；(b) $\mu\neq0$

图 10-7 (a) 所示是摩擦因素 $\mu=0$ 时金属变形情况，当工具与工件之间不存在摩擦时，金属变形不受摩擦阻碍作用，变形均匀；图 10-7 (b) 所示是摩擦因素 $\mu\neq0$ 时金属变形情况，当工具与工件之间存在摩擦时，摩擦会限制上下表面金属的流动，并且影响着靠近上下表面金属的自由流动，而当上下表面摩擦条件不对称时，对金属流动的影响也会不同。

轧制时当上下接触面摩擦系数不同时，会使轧件厚度方向金属流动速度不对称[16]，从而使轧件在出口处产生头部弯曲现象。轧制时，轧件与上辊上下接触面之间的摩擦受多种因素的影响。轧制时轧件表面通常会有氧化铁皮，低温时的氧化铁皮会增大摩擦系数，高温时的氧化铁皮能起到润滑剂的作用，会降低摩擦系数；而轧件上下表面的氧化铁皮受高压水除鳞工艺等多种因素的影响，当上下表面氧化铁皮情况不同时，会造成上下接触面摩擦条件不同。另外，上下轧辊表面的磨损情况不同时也会造成上下表面摩擦条件不同。研究表明，摩擦系数越大，对金属的流动阻碍越大，因此轧件会向摩擦系数较大的一侧弯曲。实际生产过程中，轧件上下表面摩擦系数不易确定，也不易控制，上下表面摩擦系数不同的现象客观存在。

10.3　轧制线不对中时压下率对头部弯曲的影响规律及应用研究

大量文献研究和现场工作人员反馈表明，中厚板生产过程中的来料厚度、压下率和轧制线高度都是引起轧件厚向不对称变形的主要因素。而实际生产过程中造成轧件厚向不对称变形的因素通常都不是单独存在，通过数值模拟可以很方便地研究单一不对称因素对头部弯曲的影响规律，因此针对轧件厚度方向上的不对称变形，忽略轧件展宽，对轧件头部弯曲问题进行研究。采用有限元软件DEFORM-2D建立二维平面应变有限元模型，研究压下率、轧制线高度以及轧制变形区形状参数对轧件头部弯曲的影响规律，为复杂条件下轧件头部弯曲的控制提供理论依据。

10.3.1　压下率对头部弯曲影响规律的研究

10.3.1.1　模拟条件及结果分析

在轧件温度 T 为 950℃、轧辊半径 R 为 500mm 及轧制线高度为 30mm 条件下，针对来料厚度 H 分别为 40mm、70mm、90mm 和 120mm 时，采用不同的压下率，进行轧件头部弯曲曲率随压下率的变化情况模拟研究。轧件头部弯曲曲率在不同来料厚度下随压下率的变化曲线如图 10-8 所示。

由图 10-8 可见，当来料厚度 H 为 40～120mm 时，轧件头部弯曲曲率随压下率的变化曲线与曲率为 0 的直线均有一个交点，分别为 8%、15%、19% 和 24% 四个临界压下率。临界压下率与来料厚度有关，来料厚度越大，临界压下率越大；当压下率小于临界压下率时，轧件头部弯曲曲率为负值表明轧件下扣，且随压下率的增大，下扣曲率的绝对值先增大后减小；当压下率大于临界压下率时，轧件头部弯曲曲率为正值表明轧件上翘，且随压下率的增大，上翘曲率绝对值也是先增大后减小。

10.3.1.2　临界压下率与来料厚度的关系

在轧件温度 T 为 950℃、轧辊半径 R 为 500mm 及轧制线高度为 30mm 条件下，来料厚度 H 在 20～120mm 时，轧件头部弯曲曲率随压下率的变化曲线如图 10-9 所示。由图可见，来料厚度越小，临界压下率处的曲线斜率越大。不同来料

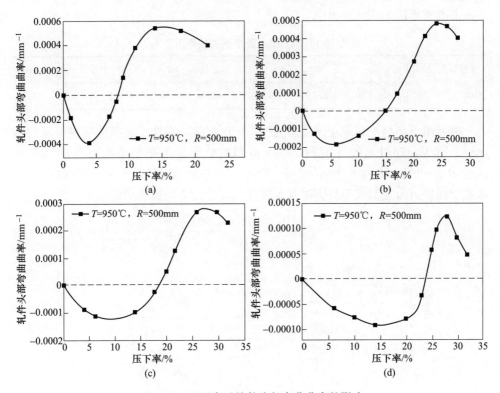

图 10-8　压下率对轧件头部弯曲曲率的影响

（a）$H=40$mm；（b）$H=70$mm；（c）$H=90$mm；（d）$H=120$mm

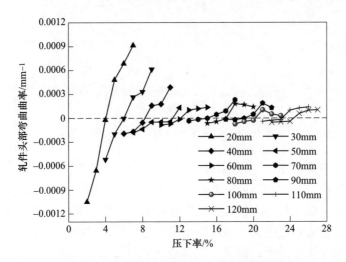

图 10-9　不同压下率下轧件头部弯曲曲率值

厚度下的临界压下率见表 10-1。

表 10-1　不同来料厚度下的临界压下率

来料厚度/mm	20	30	40	50	60	70	80	90	100	110	120
临界压下率/%	4.05	6.05	8.25	11.28	12.86	15.66	17.04	19.05	20.21	23.13	24.43

　　临界压下率与来料厚度的关系如图 10-10 所示。临界压下率随来料厚度的增加逐渐递增，近似呈线性关系；拟合得到的临界压下率与来料厚度的关系见式（10-4）、拟合度因子达到 0.995；临界压下率附近时轧件头部弯曲曲率很小，该数学模型可为轧制线不对中时判断轧件头部弯曲方向提供依据。

$$\varepsilon_0 = \frac{0.205H + 0.308}{100} \tag{10-4}$$

式中　ε_0——临界压下率；

　　　　H——来料厚度，mm。

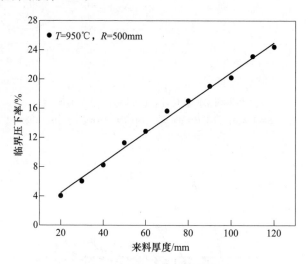

图 10-10　临界压下率与来料厚度的关系

　　综上分析可以得出，轧件翘扣转变取决于当前来料厚度下的道次压下率是否大于临界压下率。当来料厚度较薄时，临界压下率较小，容易发生翘扣转变；而来料厚度越厚，临界压下率越大，轧件则需要较大的道次压下率才能达到临界压下率的大小，才有可能变为上翘。中厚板实际生产过程中，粗轧道次轧件入口厚度较厚，临界压下率较大，而粗轧通常道次压下率较小，因此粗轧轧件易下扣；精轧道次，尤其是最后几道次，轧件入口厚度较小，临界压下率较小时，道次压下率容易大于临界压下率，因此精轧时轧件易上翘。

10.3.2 中厚板典型轧制规程头部翘扣变化过程研究

10.3.2.1 轧制规程的选取

为了分析各轧制道次轧件的翘扣变化情况,选取中厚板实际生产时的四个典型轧制规程进行模拟。各规程的板厚变化及各道次压下率分配分别见表10-2~表10-5。

表 10-2 压下规程 1

轧制道次	入口厚度/mm	辊缝/mm	压下率/%	轧制道次	入口厚度/mm	辊缝/mm	压下率/%
1	200	182	9.0	8	59	46	22.0
2	182	164	9.9	9	46	37	19.6
3	164	146	11.0	10	37	31	16.2
4	146	131	10.3	11	31	26	16.1
5	131	106	19.1	12	26	22	15.4
6	106	80	24.5	13	22	20	9.1
7	80	59	26.3				

表 10-3 压下规程 2

轧制道次	入口厚度/mm	辊缝/mm	压下率/%	轧制道次	入口厚度/mm	辊缝/mm	压下率/%
1	250	225	10.0	9	49	42	14.3
2	225	199	11.6	10	42	36	14.3
3	199	170	14.6	11	36	31	13.9
4	170	140	17.6	12	31	28	9.7
5	140	109	22.1	13	28	24	14.3
6	109	81	25.7	14	24	21	12.5
7	81	59	27.2	15	21	20	4.8
8	59	49	16.9				

表 10-4 压下规程 3

轧制道次	入口厚度/mm	辊缝/mm	压下率/%	轧制道次	入口厚度/mm	辊缝/mm	压下率/%
1	200	176	12.0	9	49	42	14.3
2	176	151	14.2	10	42	36	14.3
3	151	130	13.9	11	36	31	13.9
4	130	110	15.4	12	31	27	12.9
5	110	92	16.4	13	27	24	11.1
6	92	77	16.3	14	24	21	12.5
7	77	60	22.1	15	21	19	9.5
8	60	49	18.3	16	19	18	5.3

表 10-5　压下规程 4

轧制道次	入口厚度/mm	辊缝/mm	压下率/%	轧制道次	入口厚度/mm	辊缝/mm	压下率/%
1	250	222	11.2	9	59	50	15.3
2	222	196	11.7	10	50	42	16.0
3	196	170	13.3	11	42	36	14.3
4	170	142	16.5	12	36	31	13.9
5	142	115	19.0	13	31	26	16.1
6	115	90	21.7	14	26	23	11.5
7	90	72	20.0	15	23	20	13.0
8	72	59	18.1	16	20	18	10.0

10.3.2.2　模拟结果分析

针对上述四个典型轧制规程进行模拟，以道次数为横轴、曲率为纵轴，得到四个典型轧制规程下曲率随轧制道次增加的变化情况如图 10-11 所示。由图可

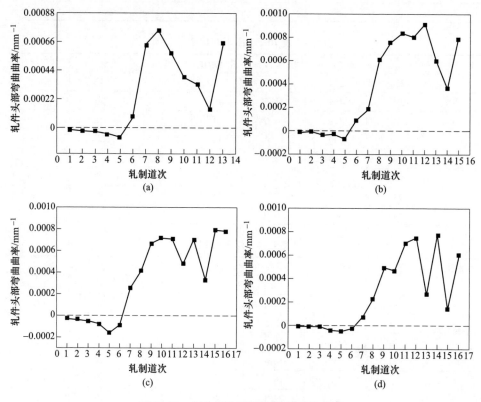

图 10-11　每个道次下轧件头部弯曲曲率
（a）规程 1；（b）规程 2；（c）规程 3；（d）规程 4

见，在每个轧制规程下，头部弯曲规律基本呈现前几道次下扣、后几道次上翘的规律，且前几道次弯曲程度较小，后几道次弯曲程度较大。

四个典型轧制规程的临界压下率与道次压下率的比较如图 10-12 所示。由于轧制的前几道次入口厚度较大，受咬入条件和轧机压下能力的限制压下率较小，而临界压下率又较大，所以实际压下率小于临界压下率、轧件下扣；轧制的后几道次轧件入口厚度较小，实际压下率大于临界压下率、轧件上翘，这种规律和实际生产时轧件头部弯曲的规律是一致的。

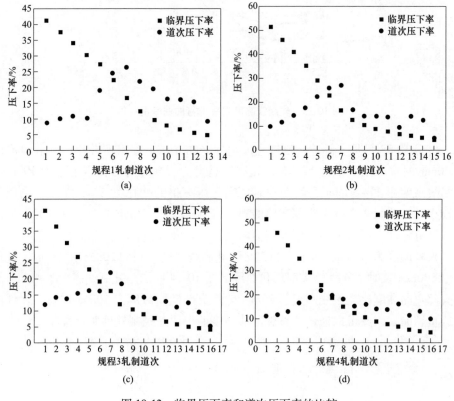

图 10-12　临界压下率和道次压下率的比较
（a）规程 1；（b）规程 2；（c）规程 3；（d）规程 4

10.3.3　轧制线高度对头部弯曲的影响规律研究

上述模拟研究是在轧制线高度为 30mm 的条件下进行的。为了研究轧制线高度改变对轧件头部弯曲的影响，在轧制线高度为 20mm 和 40mm 的条件下，针对来料厚度为 90mm 的轧件在不同压下率下的头部弯曲曲率进行模拟研究。来料厚度为 90mm 时，不同轧制线高度时轧件头部弯曲曲率随压下率的变化曲线如图 10-13 所示。

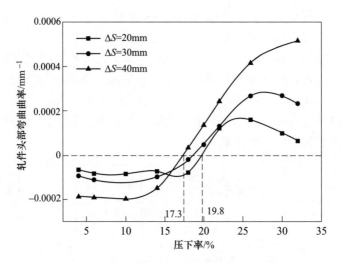

图 10-13　轧制线高度对头部弯曲曲率的影响

　　由图 10-13 可见，随着轧制线高度增加，临界压下率有所减小；轧制线高度为 40mm 时临界压下率为 17.3%，轧制线高度为 20mm 时临界压下率为 19.8%；轧制线高度在 20~40mm 之间变动时，临界压下率的变化为 2.5% 左右。当压下率较小时，轧制线高度对头部弯曲曲率的影响不大；当压下率大于 20% 时，轧制线高度对轧件头部弯曲曲率影响明显增大。

　　来料厚度为 90mm、压下率为 32%，轧制线高度分别为 20mm 和 40mm，轧件轧出 500mm 长时，轧件的头部形状曲线如图 10-14 所示。轧制线高度为 40mm 轧件头部翘曲高度比轧制线高度为 20mm 轧件头部翘曲高度大 70mm 左右，轧件头部严重翘曲，因此可以通过调整轧制线高度的手段来控制轧件头部弯曲。

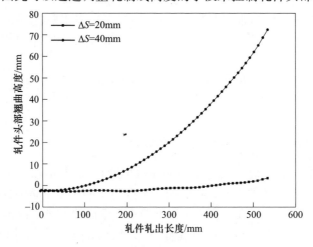

图 10-14　轧件头部形状曲线

10.3.4　变形区形状参数对轧件头部弯曲的影响规律研究

10.3.4.1　不同变形区形状参数下的轧件头部弯曲曲率

轧件来料厚度和压下率的变化会导致变形渗透程度的变化，变形渗透程度与变形区形状参数接触弧长与轧件平均厚度的比值 $l/\bar{h}$ 密切相关，$l/\bar{h}$ 可近似用公式来表示：

$$l/\bar{h} = \frac{2\sqrt{R\Delta h}}{H + h} \tag{10-5}$$

式中　Δh——压下量；

　　　H——轧件入口厚度；

　　　h——轧件出口厚度；

　　　R——轧辊半径。

来料厚度分别为 40mm、70mm、90mm 和 120mm 时，不同压下率下的变形区形状参数及其对应的头部弯曲曲率见表 10-6~表 10-9。

表 10-6　$H=40$mm 时不同变形区形状参数下的头部弯曲曲率

来料厚度/mm	压下率/%	压下量/mm	出口厚度/mm	变形区形状参数	曲率/mm^{-1}
40	1	0.4	39.6	0.36	−18.19×10^{-5}
40	4	1.6	38.4	0.72	−38.7×10^{-5}
40	7	2.8	37.2	0.97	−17.05×10^{-5}
40	8	3.2	36.8	1.04	−5.51×10^{-5}
40	9	3.6	36.4	1.11	13.8×10^{-5}
40	11	4.4	35.6	1.24	38.64×10^{-5}
40	14	5.6	34.4	1.42	53.42×10^{-5}
40	18	7.2	32.8	1.65	51.63×10^{-5}
40	22	8.8	31.2	1.86	40.15×10^{-5}

表 10-7　$H=70$mm 时不同变形区形状参数下的头部弯曲曲率

来料厚度/mm	压下率/%	压下量/mm	出口厚度/mm	变形区形状参数	曲率/mm^{-1}
70	2	1.4	68.6	0.38	−12.32×10^{-5}
70	6	4.2	65.8	0.67	−17.91×10^{-5}
70	10	7.0	63.0	0.89	−13.54×10^{-5}
70	15	10.5	59.5	1.12	−0.03×10^{-5}
70	17	11.9	58.1	1.20	9.00×10^{-5}

来料厚度/mm	压下率/%	压下量/mm	出口厚度/mm	变形区形状参数	曲率/mm⁻¹
70	20	14.0	56.0	1.33	26.96×10^{-5}
70	22	15.4	54.6	1.41	41.80×10^{-5}
70	24	16.8	53.2	1.49	47.37×10^{-5}
70	26	18.2	51.8	1.57	46.29×10^{-5}
70	28	19.6	50.4	1.64	40.41×10^{-5}

表 10-8　$H = 90mm$ 时不同变形区形状参数下的头部弯曲曲率

来料厚度/mm	压下率/%	压下量/mm	出口厚度/mm	变形区形状参数	曲率/mm⁻¹
90	4	3.6	86.4	0.48	-9.37×10^{-5}
90	6	5.4	84.6	0.60	-11.14×10^{-5}
90	14	12.6	77.4	0.95	-9.80×10^{-5}
90	18	16.2	73.8	1.10	-1.99×10^{-5}
90	20	18.0	72.0	1.17	4.77×10^{-5}
90	22	19.8	70.2	1.24	13.02×10^{-5}
90	26	23.4	66.6	1.38	26.69×10^{-5}
90	30	27.0	63.0	1.52	26.82×10^{-5}
90	32	28.8	61.2	1.59	23.23×10^{-5}

表 10-9　$H = 120mm$ 时不同变形区形状参数下的头部弯曲曲率

来料厚度/mm	压下率/%	压下量/mm	出口厚度/mm	变形区形状参数	曲率/mm⁻¹
120	6	7.2	112.8	0.52	-5.76×10^{-5}
120	10	12.0	108.0	0.68	-7.52×10^{-5}
120	14	16.8	103.2	0.82	-9.01×10^{-5}
120	20	24.0	96.0	1.01	-7.87×10^{-5}
120	23	27.6	92.4	1.11	-3.47×10^{-5}
120	25	30.0	90.0	1.17	5.81×10^{-5}
120	26	31.2	88.8	1.20	9.80×10^{-5}
120	28	33.6	86.4	1.26	12.35×10^{-5}
120	30	36.0	84.0	1.32	8.25×10^{-5}
120	32	38.4	81.6	1.37	4.93×10^{-5}

10.3.4.2　轧制变形区形状参数对轧件头部弯曲的影响规律

将表 10-6~表 10-9 中的数据以变形区形状为横坐标、以轧件头部弯曲曲率为纵坐标，可得到 $H=40mm$、$H=70mm$、$H=90mm$ 和 $H=120mm$ 时轧件头部弯曲曲率随变形区形状参数 $l/\bar{h}$ 的变化曲线，如图 10-15 所示。

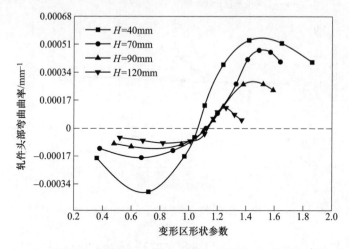

图 10-15　变形区形状参数对轧件头部弯曲曲率的影响

由图 10-15 可见，当来料厚度为 40mm、70mm、90mm 和 120mm 时，轧件头部弯曲曲率随变形区形状参数的变化规律与随压下率变化规律趋势一致；且轧件头部弯曲曲率随变形区参数的变化曲线与曲率为 0 的直线大致上都交于一点，该点对应的变形区形状参数为 1.1，可称为临界变形区形状参数。其计算公式为：

$$z_c = \frac{2.236\sqrt{0.205H^2 + 0.358H}}{H - 0.00104H^2} \tag{10-6}$$

当来料厚度为 20~120mm 时，通过式（10-6）和式（10-4）得出的临界变形区形状参数及临界压下率随来料厚度的变化曲线如图 10-16 所示。临界压下率呈显著线性增加趋势，而临界变形区形状参数变化甚微，基本稳定在 1.1 附近。因此，可以将 $l/\bar{h}=1.1$ 作为判断轧件翘扣转变的依据，当 $l/\bar{h}<1.1$ 时，轧件上翘；当 $l/\bar{h}>1.1$ 时，轧件下扣；当 $l/\bar{h}=1.1$ 附近时，轧件几乎平直。

10.3.5　头部弯曲控制的压下规程优化

压下率的变化不仅会造成头部弯曲方向的改变，还会造成头部弯曲程度的变化，且具有非单调性。由于临界压下率可使轧件头部不发生弯曲变形，所以可通过合理调整压下规程控制头部弯曲。

10.3.5.1　现场生产概况

国内某钢厂 3000mm 中厚板生产线：轧件材质为 Q355、原料规格为 320mm×

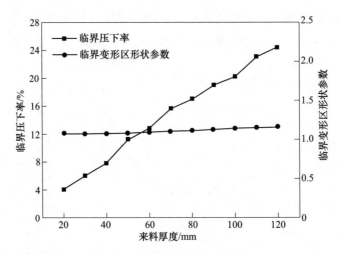

图 10-16　不同来料厚度下的临界压下率和临界变形区参数

2000mm×2400mm、成品规格为 43mm×2735mm×13060mm、工作辊直径为 535.5mm，轧制线高度为 35mm。精轧轧制规程见表 10-10，采用偶道次轧制。精轧最后一道次轧制完成后，头部会发生翘曲，但尾部平直。由于轧件较厚且头部翘起严重，超过矫直机能力。

表 10-10　精轧轧制规程

道　次	出口厚度/mm	压下率/%	轧件心部温度/℃	轧辊转速/r·min⁻¹
1	106.14	18.34	1143	20
2	86.57	18.44	1129	20
3	70.46	18.61	1102	25
4	58.59	16.84	1067	30
5	49.75	15.09	1030	30
6	43.41	12.74	997	35

10.3.5.2　优化方案

原始压下规程最后一道次轧件入口厚度 49.75mm、出口厚度 43.41mm、道次压下率 12.74%。首先通过数值模拟得到轧件入口厚度为 49.75mm 时，不同压下率下轧件头部弯曲曲率的值，结果如图 10-17 所示。

由图 10-17 可见，在该厂设备及工艺条件下，轧件入口厚度为 49.75mm 时，临界压下率约为 9.67%，而末道次的实际压下率为 12.74%，已经大于临界压下率，轧件发生严重上翘。

将末道次压下率控制在临界值附近，调整后末道次入口厚度为 48mm，压下

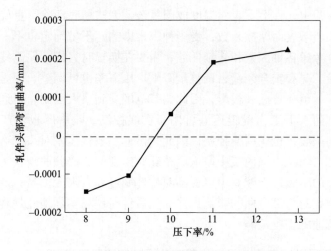

图 10-17 轧件头部弯曲曲率与压下率的关系

率为 9.56%，轧件头部弯曲曲率与压下率之间关系模拟结果如图 10-18 所示，此时的压下率几乎和临界压下率重合。将提出的优化方案应用于现场，工作人员反馈，头部翘曲情况得到明显改善。

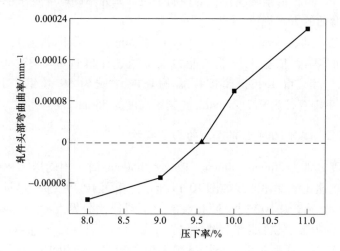

图 10-18 轧件头部弯曲曲率与压下率之间关系

10.4 辊速比对头部弯曲的影响规律及应用研究

中厚板头部弯曲变形的产生机理复杂，涉及多个相互关联的影响因素，这些因素可分为不可控因素和可控因素。不可控因素主要包括上下表面温差、上下表面摩擦系数；可控因素主要包括上下工作辊辊径差、上下工作辊辊速差以及轧制线高度、轧件厚度及压下量综合造成的轧件线不对中。

不可控因素中轧件上下表面温度成因复杂，无法彻底消除，且轧件下表面温度难以测量；上下表面摩擦系数，受多种因素影响，不易确定也不一定控制。辊径差需要综合考虑各种因素和轧制任务，需要在换辊时完成。轧制线高度主要考虑最大压下量工况和安全余量，调整量有限。压下率也可调整，但是压下规程的制定要兼顾压下负荷分配和板形，因此调节范围受到很大限制，可通过微调来改善头部弯曲；而上下工作辊辊速差可用于在线控制，是中厚板生产过程中最方便、最有效的手段，也叫雪橇控制。因此，研究上下辊速差对头部弯曲的影响规律是非常有必要的。以国内某中厚板厂精轧时出现的头部翘曲现象为背景，首先基于现场生产的实际环境建立中厚板不对称轧制过程有限元模型，通过数值模拟手段获得辊速比对头部弯曲的影响规律，然后针对现场实际精轧规程进行研究分析确定头部弯曲的控制策略。

10.4.1　基于现场生产环境下的头部弯曲规律的模拟研究

10.4.1.1　模拟方案的制定

轧制线高度和辊径差可通过现场数据采集得到，因此将轧制线高度、辊径差作为已知条件，可控因素辊速比作为控制手段，研究不同厚度及压下率下辊速比对轧件头部弯曲的影响规律。

来料厚度选取 20mm、30mm、40mm 和 50mm，压下率选取 10%、15%、20%、25% 和 30%，依据现场设备能力上下辊速比值选取 0.88、0.92、0.96、1.00、1.04、1.08 和 1.12。模拟所需的坯料材质为 50 号钢，上辊直径为 975.49mm，下辊直径为 977.27mm，轧制线高度为 35mm。

10.4.1.2　辊速比对头部弯曲的影响规律

来料厚度分别为 20mm、30mm、40mm 和 50mm 时，不同压下率下轧件头部弯曲曲率随辊速比的变化曲线如图 10-19 所示。由图 10-19（a）可见，当来料厚度为 20mm、压下率为 10% 时，翘扣头的上下辊速比分界点 $v_上/v_下 = 1.05$。当上下辊速比小于该值时轧件头部上翘，且 $v_上/v_下$ 越小轧件头部上翘越严重；当 $v_上/v_下 > 1.05$，轧件表现为扣头。当压下率大于 20% 时，翘扣头的上下辊速比分界点 $v_上/v_下 = 1.00$。当 $v_上/v_下 < 1.00$ 时，轧件表现为扣头；当 $v_上/v_下 > 1.00$ 时，轧件表现为翘头。因此当来料厚度为 20mm、压下率较大时，轧件头部易向快辊侧弯曲，且轧件头部弯曲程度随辊速差呈现波动状态，具有非单调性。

由图 10-19（b）可见，来料厚度为 30mm。当压下率小于 25% 时，$v_上/v_下 < 1.025$ 时，轧件表现为翘头，当 $v_上/v_下 > 1.025$ 时，轧件表现为扣头，且在辊速比较小时上翘较严重，在辊速比较大时扣头较严重；当压下率增加至 30% 时，轧件基本上为扣头状态。当来料厚度为 30mm、压下率较小时，轧件易向慢辊侧弯

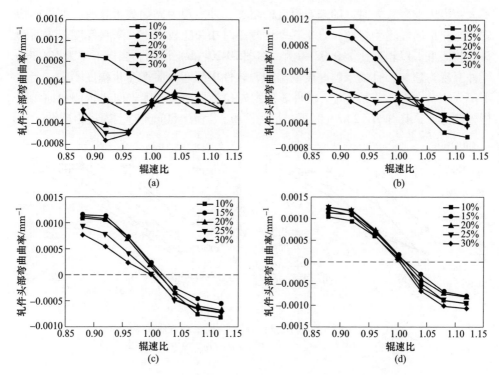

图 10-19　不同压下率下辊速比对轧件头部弯曲曲率的影响

（a）$H=20$mm；（b）$H=30$mm；（c）$H=40$mm；（d）$H=50$mm

曲，且上下辊速差越大，轧件头部弯曲程度越大；当压下率较大时，轧件头部易向快辊侧弯曲。

　　由图 10-19（c）、（d）可见，来料厚度为 40mm 和 50mm，当 $v_上/v_下 < 1.00$ 时，轧件表现为翘头，当 $v_上/v_下 > 1.00$ 时，轧件表现为扣头；在辊速比较小时上翘较严重，在辊速比较大时扣头较严重，且轧件头部弯曲程度随辊速差的增大而增大。

　　综上可见，辊速比对头部弯曲状态的影响规律非常复杂，尤其是在轧件来料厚度较薄、压下率较大时，轧件头部弯曲程度随辊速比的变化呈波动状态，具有非单调性；轧件头部弯曲的方向不仅取决于上下辊速的相对大小，还与压下率和来料厚度有关。

10.4.1.3　来料厚度对头部弯曲的影响规律

　　上下辊速比 $v_上/v_下 = 0.88$ 和 $v_上/v_下 = 0.92$ 时，不同压下率下轧件头部弯曲曲率随来料厚度的变化曲线如图 10-20 所示。由图可见，当压下率较小时轧件始终表现为翘头，即轧件始终向慢辊侧弯曲，且随来料厚度的增加上翘程度变化幅度不大；当压下率较大时，随来料厚度的增加轧件表现为先扣头再翘头，即先向快辊侧弯曲再向慢辊侧弯曲，且来料厚度较小时扣头比较严重，来料厚度较大时翘头比较严重。以辊速比为 0.92 为例，如图 10-20（b）所示，当压下率为 10% 时，轧件表现为翘头，且随来料厚度的增加，轧件头部弯曲曲率变化幅度不大；当压下率为 20%、25%、30% 时，轧件表现为先扣头再翘头，即先向快辊侧弯曲再向慢辊侧弯曲，且在 $H = 20$mm 时下扣最为严重，当 $H = 50$mm 时上翘最为严重。

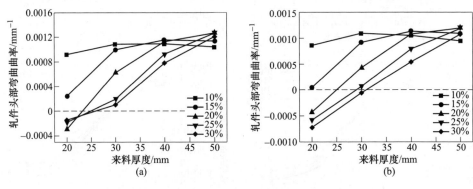

图 10-20　不同压下率下轧件初始厚度对头部弯曲曲率的影响

（a）$v_上/v_下 = 0.88$；（b）$v_上/v_下 = 0.92$

综上可以看出，当 $v_上/v_下 < 1$、辊速比和压下率一定时，来料厚度越大，轧件越易向慢辊侧弯曲；来料厚度越薄，轧件越易向快辊侧弯曲。

10.4.1.4　压下率对头部弯曲的影响规律

来料厚度一定时，不同辊速比下轧件头部弯曲曲率随压下率的变化曲线如图 10-21 所示。由图 10-21（a）可见，当来料厚度为 30mm、辊速比为 0.88 和 0.92 时，轧件头部弯曲曲率随着压下率的增大逐渐减小，且轧件始终向慢辊侧弯曲。当辊速比为 0.96 时，轧件头部随压下率的增大由翘头变为扣头，当压下率增加到 25% 时，变为扣头，轧件变为向快辊侧弯曲。综上可以看出，随压下率的增加，轧件有从向慢辊侧弯曲变为向快辊侧弯曲的变化趋势，且辊速差越小、轧件厚度越薄，这种转变需要的压下率较小；而辊速差越大，来料厚度越厚，这种转变需要在较大的压下率下才能发生。

当来料厚度为 50mm 时，不同辊速比下轧件头部弯曲曲率随压下率的变化曲线如图 10-21（b）所示。由图可见，当来料厚度为 50mm 时，轧件头部弯曲曲率在 10%~20% 之间随压下率的增加逐渐增大；当压下率大于 20% 时，轧件头部弯曲曲率随压下率的增加逐渐减小且轧件始终表现为翘头，即轧件始终向慢辊侧弯曲。

综上可见，当来料厚度较厚、压下率较小、变形渗透性较小时，轧件表现为翘头，轧件易向慢辊侧弯曲；当来料厚度较小、压下率较大，也就是变形渗透性越大时，轧件表现为先扣后翘，轧件易向快辊侧弯曲。

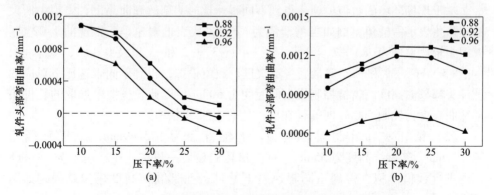

图 10-21 不同辊速比下轧件头部弯曲曲率随压下率的变化
(a) $H=30\text{mm}$；(b) $H=50\text{mm}$

10.4.2 中厚板精轧道次头部弯曲控制研究

国内某中厚板厂 3000mm 中厚板轧机生产线，配置了雪橇控制系统，可以通过调节雪橇值来控制上下工作辊辊速差，实现对头部弯曲的控制。雪橇值为负值代表上辊速大于下辊速，雪橇值为正值代表下辊速大于上辊速。如当雪橇值为-2时，代表上辊速比下辊速大 2%。

现场轧件头部弯曲程度通常用轧后钢板的翘曲高度来表示，根据现场工作人员反馈，精轧第 6 道次未投入雪橇控制的时候轧件上翘高度约为 50mm。基于现场生产环境建立有限元模型，探索头部弯曲的控制方案，该厂精轧轧制规程见表10-11。

表 10-11 精轧轧制规程

道 次	轧前厚度/mm	轧后厚度/mm	压下率/%
1	80	60.7	24.13
2	60.7	47	22.57
3	47	36.3	22.77
4	36.3	29.2	19.56
5	29.2	24.5	16.10
6	24.5	21.2	13.47

（1）头部弯曲控制的研究思路。通过观察未投入雪橇控制时的轧件翘曲高

度，根据目标值确定需要的调整量。例如当目标值为 0，即目标让轧件在出口处平直的时候，则此时的翘曲高度就是需要的调整量。

基于现场环境的数值模拟，得到不同辊速比时头部的翘曲高度，模拟中所设的辊速差表示雪橇值，例如当雪橇值为-2 时，代表上辊速是下辊速的 1.02 倍。模拟中辊速差设为-8、-7、-6、-5、-4、-3、-2 和-1 以及 0、+1、+2、+3、+4、+5、+6、+7 和+8。对最后一道次进行数值模拟，得到不同辊速比下对应的轧件头部翘曲高度。雪橇控制投入的时间为 500ms，因此，模拟中选取的轧件头部翘曲高度为轧制 500ms 时轧件在出口处的头部翘曲高度。

（2）精轧实际轧制规程模拟。上辊直径为 975.49mm，下辊直径为977.27mm，轧制线高度为 35mm。对于精轧的最后一道次，在辊速差为-8 ～+8范围进行数值模拟，得到不同辊速差下轧件的头部翘曲高度模拟结果，如图10-22 所示。

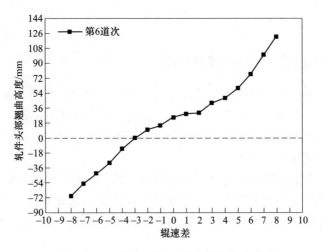

图 10-22　不同辊速差下的头部翘曲高度

现场实际测得的精轧最后一道次测得轧件的头部上翘 50mm，若以轧件在出口处平直为目标，则此时需要的调整量为 50mm。由图 10-23 可以看出，当头部弯曲的控制量为 50mm 时，此时辊速差应设为-5 ～-4 之间。

（3）工厂实际应用结果。由前面得出的结论可知，在精轧末道次投入雪橇值-5 理论上能够使轧件在出口处平直，下面通过现场应用观察控制效果。精轧机轧制过程主画面如图 10-24 所示，投入的雪橇值为-5，雪橇投入时间为 500ms。

经过现场工作人员反馈，雪橇值为-5 时，轧件在出口处几乎平直，头部弯曲控制取得良好效果，证明头部弯曲控制方案是可行的。为了进一步证明此头部弯曲控制方案是可行的，把头部弯曲的目标值设定为 30mm，则需要的调整量为

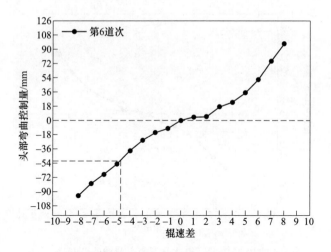

图 10-23　不同辊速差下的头部翘曲控制量

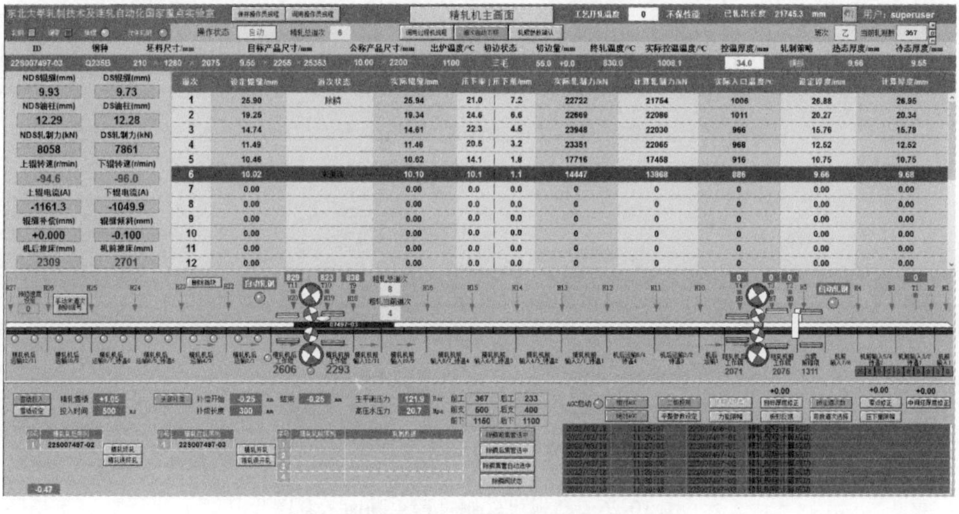

图 10-24　精轧机轧制过程主画面示意图

（扫书前二维码看精细图）

20mm，由图 10-25 可以看出，当头部弯曲的控制量为 20mm，辊速差应设为-3～-2 之间。

投入的雪橇值为-3，雪橇投入时间为 500ms 时精轧机轧制过程主画面如图 10-26 所示。根据现场工作人员反馈，当精轧最后一道次投入的雪橇值为-3 时，轧件的头部翘曲高度大致为 30mm，与目标值基本吻合，进一步证明了头部弯曲控制方案的可行性，同时也证明了数值模拟结论的可靠性。

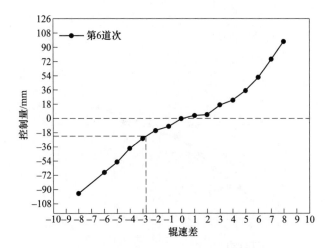

图 10-25　不同辊速差下的头部翘曲控制量

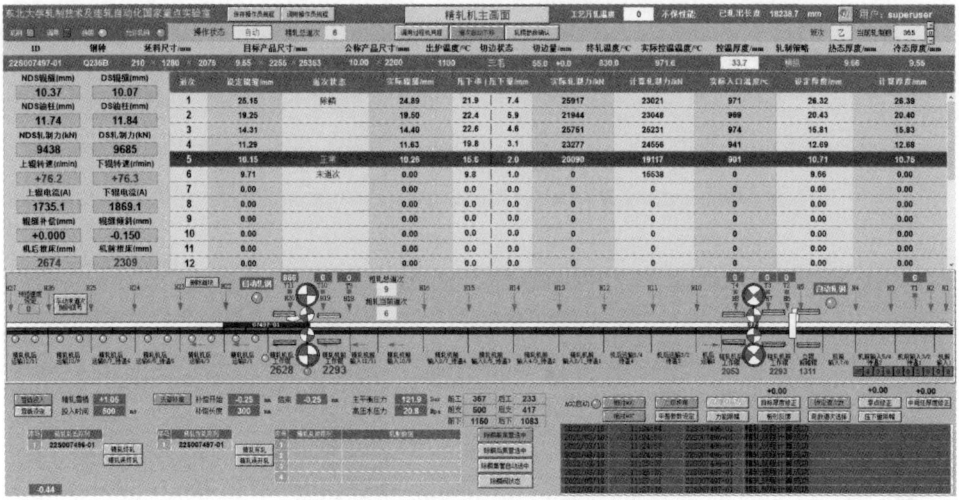

图 10-26　精轧机轧制过程主画面示意图

（扫书前二维码看精细图）

参 考 文 献

[1] 张树堂，周积智．我国轧钢技术的进步和展望 [J]. 山东冶金，2007，29（1）：1~3.

[2] 王国栋，吴迪，刘振宇，等．中国轧钢技术的发展现状和展望 [J]. 中国冶金，2009，19（12）：1~14.

［3］谭泽卓．浅谈中厚板轧制过程中头尾翘曲现象［J］．科技传播，2016，8（10）：156~157.

［4］张启远，王少义，陈起．中厚板轧制过程中头尾翘曲现象浅析［J］．宽厚板，2015，21（6）：34~36.

［5］李亮，杜凤山，郭振宇，等．非对称板带热轧头部翘曲的分析与有限元模拟［J］．冶金设备，2003（2）：4~7，31.

［6］徐桂喜，张瑞超．钢板头部弯曲理论在实践中的应用［J］．科技视界，2013（34）：105，145.

［7］熊涛．基于显式动力学有限元的中厚板粗轧头部翘曲的研究［D］．武汉：武汉科技大学，2008.

［8］刘泽田，董瑞峰，高军，等．中厚板轧制过程中头部弯曲原因及其控制［J］．金属材料与冶金工程，2013，41（4）：10~13，17.

［9］杨竞，吴迪平．轧件头部下弯的成因分析［J］．北京科技大学学报，1997（S1）：97~100.

［10］仇丹圣．浅谈轧制线高度与轧制稳定性之间的关系［J］．武钢技术，2011，49（5）：22~25.

［11］陈佳，田士平，刘永利，等．轧制头部翘曲因素的研究［J］．热加工工艺，2015，44（21）：145~146，149.

［12］Jiquan S, Haibin Z, Quancheng Y. Analysis of bending on the front end of sheet during hot rolling［J］. Journal of University of Science and Technology Bejing, 2006, 13（1）：54~59.

［13］Gudur P P, Salunkhe M A, Dixit U S. A theoretical study on the application of asymmetric rolling for the estimation of friction［J］. International Journal of Mechanical Sciences, 2008, 50（2）：315~327.

［14］李元亭．中厚板轧制头部弯曲控制技术的开发研究［D］．武汉：武汉科技大学，2001.

［15］吴孟飞．中厚板头部翘曲的影响因素及控制［J］．天津冶金，2018（1）：35~37.

［16］罗德兴，陈其安，刘立文．摩擦系数不等的非对称轧制条件下变形区内的变形分析［J］．钢铁研究学报，2004，16（4）：42~45.

11 中厚板轧区智能化控制技术研究与开发

人工智能,即 AI,已发展成为一门广泛交叉的前沿科学。人工智能在自动化方面的应用,即智能自动化,是人工智能的一个重要应用领域。智能自动化是继机械自动化、电气自动化、信息自动化、综合自动化之后的一种新型自动化,处于当今自动化技术的最高发展层次。智能自动化能够进一步改善产品质量,提高经济效益,减轻劳动强度,是发展的必由之路。本章针对中厚板轧制的一些智能化控制技术进行讨论。

11.1 机器视觉技术的开发及其在中厚板轧线上的应用

11.1.1 机器视觉技术开发

人工智能概念自 20 世纪 50 年代诞生以来,直到近十几年计算机技术的快速发展,才产生突破性的发展,特别是机器视觉技术的突破,在工业、农业、交通、医疗、零售等行业得到了广泛的应用,成为了智能控制的代表。如:以指纹识别、虹膜识别为代表的智能锁;以人脸识别为代表的高铁站、宾馆身份证识别和本人人脸双重验证门禁系统和支付系统;以车牌识别的门禁系统;以路况识别的自动驾驶系统等,机器视觉在民用领域已经发挥了重要的作用。

机器视觉又称智能控制的眼睛,其不仅仅局限于图像的处理,而是通过机器视觉这个新技术手段将数据采集、信号处理、过程控制策略的确定、基础控制的实施、人工智能融合等多个领域整合到一起,共同实现某个控制任务。机器视觉在工业系统的应用也进入了蓬勃发展时期,但是机器视觉应用首先遇到的瓶颈就是工业需求的描述,生产工艺需求与先进的技术手段无法有效结合。民用级的工艺过程是容易被描述且容易被理解,如车牌识别、人脸识别,甚至是自动驾驶,每个人都能说出若干条的控制要素,同时测试、训练的数据开源容易获取,无形中降低了相关技术研发的门槛。因此相关的人工智能算法不断地被研究、被优化,人工智能在民用领域最先产生的突破。但是在工业领域中机器视觉技术的落地一定要通过设备,它一定是检测机构、电气、算法软件结合的系统化驱动的工程;与本区域控制系统和上、下游区域控制系统协调的工程;甚至最后的装配工具及其装配技术本身都会成为关键环节,这就要求技术开发人员对生产工艺过程有相当深入的了解。

机器视觉应用第二瓶颈就是技术稳定性和成品率。在民用领域对于价格更敏感，且应用环境可控性差，因此对产品的价格和适应性要求更高。而工业领域对可靠性要求高得多，并且客户需求更加个性化，生产过程的稳定性和成品率永远是第一位的。以人脸识别系统为例，人脸识别能达到90%的准确率就很好，而工业上即便达到98%都不行，至少也要达到99%，甚至99.99%才行。对一个年产超过150万吨的轧钢产线来说，如果识别准确率达不到99%以上，就意味着1.5万吨不合格产品有可能出现。

机器视觉的控制一般由图像采集与提取、特征值计算、控制策略决策、控制策略执行四个环节组成，包括图像的采集与提取、特征值计算、控制策略决策、控制策略执行，如图11-1所示。

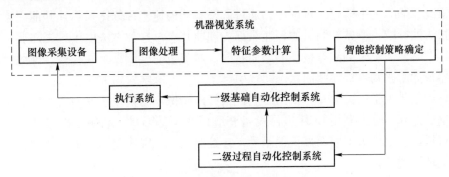

图 11-1   机器视觉控制系统结构图

根据中厚板轧钢过程工艺与控制的要求（图11-2），以下几个方面将成为机器视觉控制的突破点：板坯的翘曲控制、板坯的侧弯控制、板坯的头部形状检测、板坯转钢的自动控制、板坯的位置跟踪。

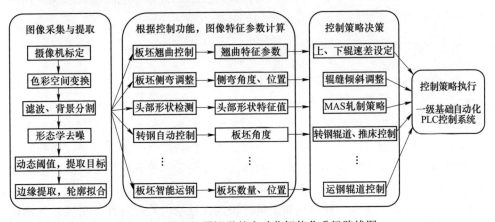

图 11-2   基于机器视觉的自动化智能化升级路线图

11.1.2　基于机器视觉的翘扣头形状检测

板材在热轧过程中，由于板材上下表面延伸不等，在其头部经常发生上翘或下扣，这种现象统称为钢板的翘曲。当板材头部下扣时，会冲击运输辊道造成辊道及辊道电机的损伤，严重时会插入辊道间隙；当板材头部翘曲过高时，易损伤导卫装置，严重时发生缠辊。为保证板材能够顺利进入后续工序设备，通常增加平整轧制道次，而这样会影响产量。引起钢板翘曲的原因较多，如板材上下辊轧制线速度不同、轧制线高度、当前道次压下率、上下表面温差、轧辊的辊径差、上下辊电机特性、上下轧辊表面摩擦系数的差异等。

目前，轧制现场控制翘扣头的方法是操作工人依靠经验以及观察轧制后的翘曲情况，输入上下轧辊的辊速差，通过调整不同的速差百分比来弥补其他因素对翘扣头的影响，调整轧制后的板坯头部的翘曲状态。这种方法由于首先需要人工操作，需要人工时刻注意板坯的翘曲状况，调节量完全依靠个人经验，因此利用机器视觉手段判断板坯翘曲状态，也引起了众多专家学者的关注。

如东北大学田勇等首先提出了通过近红外图像来测量板坯的翘曲程度。上海宝钢的沈际海等人利用 CCD 摄像设备获取板坯头部形状，利用三次多项式曲线进行拟合，量化上下表面弧长偏差量，并给出上、下辊速差调整量，达到自动控制板坯雪橇的目的。

但是经过多个现场验证，仅仅通过调整上下辊的辊速差并不能完全控制板坯头部的翘曲状态，往往需要配合调整轧线高度、钢坯的咬入角、道次、辊缝等综合调节手段。为了更加准确地控制调整板坯雪橇，必须准确地描述板坯的翘曲状态，东北大学中厚板课题组首次引入了翘曲特征参数，包括板坯的翘曲高度、翘曲长度、翘曲角度以及翘曲的拐点位置，并开发了钢板头部翘曲检测系统，如图11-3 所示，为板坯的翘曲控制提供准确的数据依据。

11.1.3　基于机器视觉的平面及侧弯形状检测

平面形状控制及侧弯控制的新技术已经在本书第 7 章进行了详尽的介绍。传统板形的检测方法是轧后钢板达到冷床冷却之后，经人工测量，再反馈到轧机的二级系统，然后由二级系统给出新的控制策略。显然，传统的检测方法具有极大的滞后性，而且费时费力，无法对当前在轧钢板的板形进行实时调整。而在轧钢板的侧弯调整则完全依靠人工控制，操作工根据经验调整轧机辊缝的倾斜来消除和控制侧弯。

采用机器视觉技术，利用其非接触、快速、准确的检测特性，实现在轧钢板板形和侧弯的在线测量成为可能。如北京科技大学徐冬提出的通过基于机器视觉技术的镰刀弯在线测量方案：将图像采集系统布置在粗轧机出口，抓取通过相机

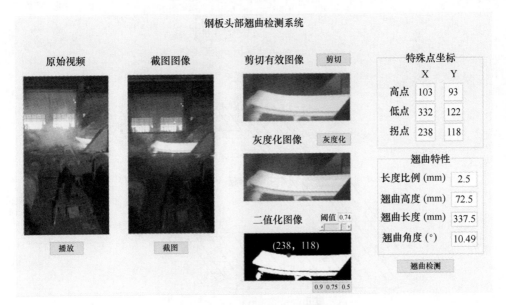

图 11-3　中厚板头部翘曲检测系统

视野的中间坯图像，利用图像形态学技术对中间坯平面图进行重新拼接，获得板坯的实际形状，从而计算出中间坯侧弯信息。燕山大学的黄贯华、杨志强等人在铝板热轧产线上也采用了类似技术对于铝合金厚板轧制过程中的头尾缺陷，利用机器视觉中 Blob 分析方法对"鳄鱼嘴"缺陷进行提取和测量。

　　为了能够得到轧制过程中中厚板平面形状的变化规律，优化和修正数学模型，必须测量得到轧制过程中钢板的头部、尾部和边部的形状，东北大学中厚板课题组也设计了一套机器视觉平面形状感知系统，在轧机后辊道上方安装工业相机，相机与计算机相连接，拍摄数据在计算机中进行处理，相机安装示意图如图 11-4 所示。

　　针对中厚板轧制过程中钢板图像的特点，采用国际上最新技术的千兆以太网相机采集钢板图像，经交换机和千兆光缆送至图像处理计算机中，基于图像处理算法对钢板图像进行直方图均衡、灰度变换、噪声过滤、边缘检测、边界跟踪、亚像素边缘定位以及轮廓测量等方面进行研究，优化识别算法，在识别速度和测量精度上达到平衡。对采集图像的平面尺寸计算过程如图 11-5 所示。

　　平面形状检测系统实现了完整的图像采集、轮廓识别、数据通讯等功能，其具体包括：

　　（1）自适应图像对比度，智能调整图像分割阈值。

　　（2）亚像素边缘细分算法，识别精度可达单个像素的 1/50。

　　（3）轮廓尺寸的矢量化细分算法，不丢失轮廓细节。

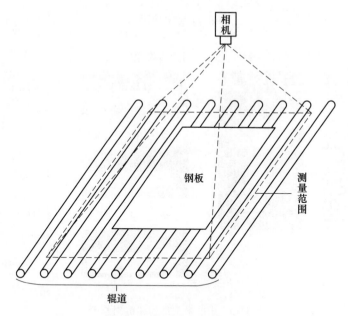

图 11-4　中厚板平面形状检测系统相机安装示意图

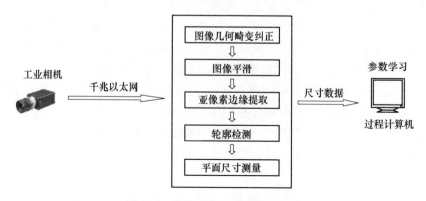

图 11-5　图像采集处理流程示意图

（4）采用图像自定义区域识别，识别计算速度不大于 100ms。

（5）提供完善的网络通讯服务接口。

（6）每块钢板的图像数据和轮廓数据自动进行数据存储。

基于机器视觉的在线板形实时测量，可以为轧机的过程控制系统提供必要的板形修正数据，实现对轧制控制参数的修正补偿，改善钢板轧后成品的形状。采用先进的基于机器视觉的图像处理算法，其核心算法采用亚像素边缘检测，极大地提高了测量精度。图 11-6 为图像处理过程的示例，通过对图像处理算法的优化研究，开发了满足连续动态测量的平面尺寸智能感知系统。

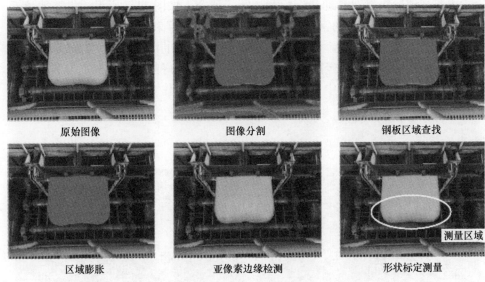

图 11-6　中厚板头部形状图像处理过程示意图

11.1.4　基于机器视觉的板坯转钢角度检测

钢板轧制规程策略和轧制规程分配基本包含成型轧制、展宽轧制和延伸轧制。成型阶段和展宽阶段之后钢坯往往需要进行转钢操作。轧制策略或转钢次数在排定生产计划时确定，不同轧制策略定义如下：

（1）纵横纵轧制：两次转钢，三个阶段。

（2）横纵轧制：两次转钢，两个阶段，开轧前转钢。

（3）全横轧制：一次转钢，一个阶段，开轧前转钢。

（4）全纵轧制：无转钢，一个阶段。

（5）纵横轧制：一次转钢，两个阶段。

由此可见，转钢操作是轧钢生产中一个重要环节。转钢操作是由轧机操作人员在将板坯运送到转钢辊道中部后，再控制间隔排列的两组锥形转钢辊道相反方向运行，最终实现钢板旋转，当钢板旋转 90°后，完成转钢动作。

不论是国际还是国内，中厚板产线的自动化程度已经很高，特别在轧区，除了转钢操作均已实现自动控制。转钢的操作成为中厚板轧区全自动控制的唯一瓶颈。其主要原因是如何实现转钢位置的自动检测还没有成熟的产品；同时板坯在转钢时极容易打滑，需要控制板坯前后运动配合转钢，因此转钢自动控制还没有实现自动。但是很多专家和科技人员都已经关注到这一点，开始自动转钢控制的研究。

舞阳钢铁有限责任公司的门全乐提出了基于数字图像识别的解决方案。东北大学中厚板课题组针对自动转钢检测进行了研究，如图 11-7 所示。机器视觉系统将采用一种基于 CNN 的钢坯位置检测方法，通过卷积神经网络学习钢坯轧制的历史状态特征，构建一个可以根据监控视频中钢坯的活动状态实时计算出钢坯角度，给出相应指令的神经网络模型框架，并将训练好的模型框架整合到中厚板一级基础自动化控制系统中，准确控制钢坯的转钢动作。

图 11-7　中厚板自动转钢检测系统

11.1.5　基于机器视觉的中厚板轧线板坯位置跟踪

中厚板轧线物料跟踪是实现一级、二级控制的基础，快速、准确地跟踪信息，是投入过程控制的基础。中厚板轧制线上会同时存在多块钢在线，如果不能有效进行精确跟踪，生产将无法正常进行。随着自动化程度的提高，当前的物料跟踪系统已经发展成以检测仪表为触发信号或自动或半自动形式。用于跟踪判断的检测仪表包括：轧线上所有热金属检测器、冷金属检测器、测厚仪、红外测温仪、轧制力传感器、主传动速度以及各辊道控制信号等。在自动跟踪模式下，物料跟踪系统根据基础自动化判断的跟踪触发信号，对跟踪区进行自动维护。在半自动跟踪模式下，跟踪系统根据操作工在 HMI 上给出的跟踪动作信号，对跟踪区进行维护。

为了实现准确的物料跟踪，轧线必须配置大量的检测仪表，尤其是热金属检测器和冷金属检测器。根据中厚板生产的工艺过程，从出炉到冷却入口，板坯温度高，基本采用热金属检测器；加热炉前和精整区大多采用冷金属检测器。在涉及板坯准确定位的工况时，所需要配置的冷、热金属检测器就更多，维护起来难度更大。一旦轧线仪表出现故障将大大降低物料跟踪的精度。特别对于冷床区，由于面积大，轧后钢板在冷床上排布不规律，钢板温度变化大，检测仪表安装维护困难，因此冷床区的物料跟踪以逻辑跟踪为主，一旦出现错误纠正困难。

基于机器视觉的轧线板坯辨识跟踪无疑是一种新型、便捷的检测方式。这种方式可以有效地减少轧线检测仪表的数量，而且对于轧线的热区和冷区均适用，特别是对于缺少检测手段的冷床区的物料跟踪，更是一种有效的手段。如北京科技大学的徐正光针对冷床区钢坯自动跟踪系统关键技术进行了研究。东北大学中厚板课题组特别针对轧区待温区钢板的机器视觉识别进行了相关研究，证明通过机器视觉技术可以有效检测热轧板坯在轧线上的位置，如图 11-8 所示。

图 11-8　中厚板轧线板坯位置检测

11.2　轧制过程大数据平台的建立和管理

我国中厚板的生产装备及控制系统已达世界先进水平，随着产品定制化的发展，中厚板生产开始向多品种、多规格、小批量转化。在这种新形势的生产要求下，对中厚板产品质量及其稳定性要求更高，依托于大数据的定制生产的智能优化决策技术也更加重要。目前中厚板生产线主要存在工业数据利用水平低、数据缺失和信息孤岛等问题，工艺技术与经验积累困难，不能支持生产全过程工艺参数深度优化，更无法借助信息化、智能化技术提升企业定制化生产的需要。本节将对中厚板生产线的轧制过程大数据平台的建立和管理进行讨论。

11.2.1　大数据平台通讯结构设计与开发

中厚板轧制是典型的长流程工业，生产工序众多，工艺流程复杂，工艺参数繁多，多工序多参数间耦合性强。中厚板产线的生产过程数据均存放在各工序独立的 L1（一级基础自动化控制系统）、L2（二级过程自动化控制系统）中，L3（MES 系统）也会收集一些重要的生产数据。由于数据架构、技术平台和数据采集技术的局限，使得日累计达几十，甚至上百 GB 的生产数据形成信息孤岛，无法共享、融合，更有大量诸如视频、图片的非结构数据无法被利用参与分析。这些数据蕴含了大量生产信息，是极为重要的数据财富。针对中厚板产线的信息孤岛、数据缺失等问题以及生产全流程工业大数据的多源异构、质量遗传、数据不精确、时空关系复杂、多变量和强耦合、实时性高等特点，中厚板轧制过程工艺大数据平台的构建方案如图 11-9 所示，该平台在其他生产区域控制系统连接后，最终可拓展成中厚板轧制生产全流程的工艺大数据平台。

该平台方案融合了数据采集、数据存储、数据分析和数据优化四个部分，能够完整地支撑中厚板生产的工艺参数深度优化、智能化工艺模型库构建和生产组织优化决策等工业应用，为中厚板生产全生命周期的数据管理提供了解决方案。

11.2.2　自动化系统数据采集方法

11.2.2.1　中厚板轧区控制系统数据采集方案

数据采集是现代智能工厂建设大数据平台的痛点所在。在中厚板轧制生产过程中，从数据接口上看，自动化控制设备种类繁多、数据接口各异、年代跨度大，有些设备根本就没有数据接口，也就更无从谈及数据采集；从数据类型上看，包含设备和传感器采集数据、文本数据、数据库数据，甚至是视频和音频数据；从数据采集周期上看，包含以毫秒为单位实时生产数据、以分钟或小时为单位的板坯生产过程数据、以天为单位的综合统计报表数据、以周或月为单位的统

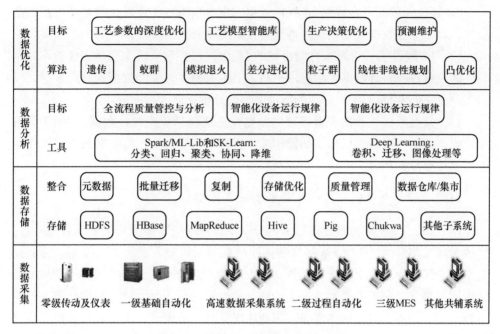

图 11-9 轧钢产线大数据平台架构

计能耗数据等。

常规的数据采集以工业以太网为主干网络，针对 L0 级、L1 级、L2 级设备进行采集。针对中厚板轧制区域设备的特点，数据采集的方案总结如下：

（1）L0 级设备。中厚板轧制区域的 L0 级设备，主要包括轧线传感器和执行机构两类。其中，轧线传感器主要包括热检、测温仪、轧制力传感器、测厚仪、测宽仪、液压缸油压传感器、位移传感器、热电阻、各类绝对值或相对值编码器等。轧线执行机构主要包括气动阀、液压阀、电机传动调速装置、电机 MCC 控制装置等。由于轧线仪表及执行机构大多已通过硬线连接或总线通讯的方式连接至 L1 级基础自动化控制系统，因此这类设备的数据采集和上传任务，由 L1 级完成。若检测设备涉及高速采集时，可由安装在工控机内的高速数据采集卡进行数据采集，然后由计算机系统完成数据上传任务。因此，大数据平台针对 L0 级的数据采集由 L1 级中转完成或直接访问数据采集计算机。

（2）L1 级设备。中厚板轧制区域的 L1 级控制系统基本以 PLC 控制器+分布式 IO 的形式组成，PLC 在负责完成区域内控制任务的同时，还将 L0 级设备的反馈和控制信息进行数据处理后上传至 L2 或 L3 控制系统。由于 PLC 控制器 CPU 和内存的限制，需要进行毫秒级高速的实时的数据采集时，会将数据发送至专业数据采集系统，如 IBA 等，该数据系统会将采集数据以某种特定格式存储，如

txt、dat 等。大数据平台针对 L1 级的数据采集可以通过工业以太网直接进行数据交换，对于专业数据采集系统可通过直接访问读取数据文件。

（3）L2 级设备。中厚板轧制区域的 L2 级过程控制系统主要是完成板坯轧制策略的控制任务，其数据实时要求不高，上传数据多为统计数据和设定数据，以 TXY 格式进行存储。因此，L2 的数据上传通过工业以太网完成。

（4）其他数据。数据平台需要的数据往往还包括生产统计数据，由 L3 级给出。生产的监控视频、操作员的操作采集视频等都分析生产的重要数据，往往也需要上传至数据平台。

11.2.2.2　中厚板轧区边缘云数据采集方案

L0、L1、L2 系统通过工业以太网分别将自身系统数据上传至数据管理平台，完成数据采集。由于 L1 级基础自动化控制系统的控制方式为实时控制，因此仅轧制一个区域便会产生庞大的数据集合。中厚板生产是一个典型的长流程生产，流程区域多，众多流程叠加所产生的数据是海量的。如此大量的数据全部上传至数据平台，会极大占据网络资源，因此边缘计算、边缘云、边缘处理的概念被提出，配合数据平台、云端，成为一种更加合理的数据采集方案。数据平台+边缘计算的混合方案具有延时小、反应迅速、拓展灵活、增强信息访问量的控制、有效地节省网络资源等优点。

经过多年的升级改造，国内的各大中厚板厂轧线的一级基础自动化控制系统基本统一成 Siemens 公司的 PLC 产品，这些 PLC 也基本实现了工业以太网的链接，这就为边缘云设备的访问提供了比较好的网络基础。以此为基础设计的中厚板轧区边缘计算平台如图 11-10 所示。

边缘云平台的主体设备可采用 Siemens 的专用边缘设备 Simatic IPC227E。向下 Simatic IPC227E 与西门子 PLC 为同一厂商设备，设备间访问良好，能够有效减少因系统冲突调试造成的时间损失，易实现边缘云与基础控制设备间的无缝连接。向上 Simatic IPC227E 支持 MindSphere 的云传输协议，MindSphere 是西门子基于云的开放式物联网操作系统。它还支持消息队列遥测传输 MQTT 协议，以进一步确保与其他系统和云平台进行灵活的数据交换。

11.2.2.3　中厚板轧区无线数据通讯技术应用

近年来，随着计算机网络、Wi-Fi 和智能传感器技术的相互渗透与结合，无线通讯技术在工厂环境下，能够为各种智能现场设备及各种自动化设备之间的通讯提供高带宽的无线数据链路和灵活的网络拓扑结构，在一些特殊环境下有效弥补了有线网络的不足，进一步完善了工业控制网络的通讯性能。下面针对有线、

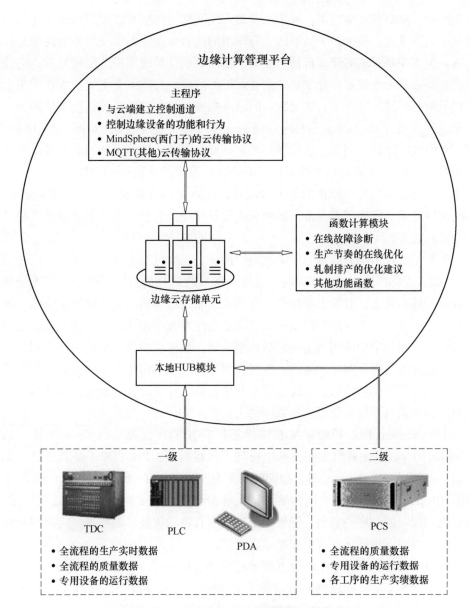

图 11-10 中厚板轧区边缘云数据平台结构

无线融合的工业以太网平台建设和基于移动网络的生产数据访问系统开发进行讨论。

工业无线技术是一种新兴的，面向现场应用的，短程信息交互的无线通迅技术。工业用无线传感器网络，是指为传感器、执行器和控制器之间提供冗余、容错的无线通讯连接的嵌入式通讯网络，在工业自动化和控制环境中的无线应用划分为监控、控制和安全应用。基于工业的无线网络与传统有线测控系统相比具有低成本、高可靠、易维护、高灵活、易使用的优势，工业无线技术是继现场总线之后，工业控制领域的降低自动化成本、提高自动化系统应用范围最有潜力的技术之一。工业无线技术正处于一个高速发展的阶段，目前工业无线技术在应用上受到限制的关键问题在于它缺乏统一的国际标准。目前在工业控制领域使用的主要无线网络技术有 ZigBee、无线局域网（Wi-Fi）、蓝牙（Bluetooth）、WIA-PA等，它们被广泛地应用于工业检测与控制领域。工业无线技术的国际标准已形成了由 IEC TC65（工业测量和控制技术委员会）推出的 Wireless HART 标准、美国仪表系统与自动化协会推出的 ISA 100.11a（ISA）标准和我国的 WIA-PA 标准。无线网络技术的发展拥有非常广阔的应用前景和经济效益，在控制领域的应用已成为必然趋势。

　　基于无线技术建立的新型网络化测控系统，是通过对工业全流程的"泛在感知"，实施优化控制，以达到提高产品质量和节能降耗的目标。由于工业无线技术特征差异比较大，对于工业生产过程来说，无线通讯只是有线通讯系统的一种发展和重要补充，工业控制网络的趋势将是有线和无线相结合的发展方向。无线技术在工业控制中的应用，主要包括数据采集、数据监控等，帮助用户实现传感器、移动设备与固定网络的通讯，能够在恶劣的环境下保证网络的可靠性和安全性，在设备层将现场传感器、检测器或其他设备，互联形成一个无线传感器控制网络，作为信息系统内管理收集数据的工具。

　　由于 Siemens PLC 控制系统在中厚板厂应用的广泛性，由 Siemens 推广的PROFINET 实时性工业以太网技术也得到了迅猛发展，PROFINET 是真正的、实时的、开放的工业以太网，PROFINET 使用 TCP/IP 和 IT 标准，涵盖了PROFIBUS 原有现场控制应用领域，是一种符合工业以太网的实时自动化体系，真正地实现一网到底的革命，能够完全满足所有自动化技术的要求，完全与现场总线进行集成，保证了兼容性和扩展性。

　　PROFINET 总线技术可以很方便地通过 WLAN 802.11 这样的主流无线技术传输。WLAN（无线局域网）标准运行在 ISO/OSI 参考模型的物理层，意味着PROFINET RT 帧可以通过这个透明的协议进行传输。PROFNET 是在 100Mbps 全双工通讯、有线交换基于网络技术基础上设计的，目前，随着基于优先级的协议WLAN 802.11e 标准的制定，在通讯方式上具有了增强型分布式协调功能，在网络数据传输过程中可以定义不同优先级的信息种类，每一种信息都依照不同的优先级进行处理。这样，在自动化控制过程中基于轮流检测的混合协调功能会分配给自动化设备固定的通讯时间段，保证了较短的，并且确切的响应时间，实现了同一控制网络中多个设备的快速无线通讯。

目前钢铁生产过程的控制网络常以有线的现场总线和以太网络为基础进行互联，数据通讯方式固定，网络组态模式复杂，难以适应工艺灵活变化和智能化生产的需求。在传统生产过程有线控制网络基础上，考虑实际生产需求，对传统的控制网络系统结构进行重新设计规划，引入工业无线网络，包括无线传感器网络、无线现场总线网络和无线 Wi-Fi 网络。工业无线网络结构设计根据生产过程中不同的工艺特点和实际需求进行设置，简化各工艺区域的控制设备的相互连接与信息互通，将有线无线网络相互融合，共同完成复杂工艺条件下产品质量和性能的综合控制。基于工业无线网络技术对钢铁生产过程中多工艺区控制网络进行设计和开发，将多工艺区域控制设备连接成可以相互沟通信息，建立以最终质量作为控制目标的工业控制系统。

对于生产过程中现场可能经常变动位置或随时增删的传感器，如板形、扭矩、温度、应变、压力等运动部件上信号检测，以及需要信息智能化处理的传感器，搭建无线传感器网络。无线采集传感器网络中各节点的信息，考虑采集速度和精度的要求，将这些传感器处理后的信息汇集至接收节点，进而送至控制网络完成数据采集，实现设备及产品的控制；对于现场恶劣环境下不易布线场合的设备或移动设备的控制，基于 TCP/IP 协议对 PROFIBUS DP、PROFINET 现场总线进行扩展，采用无线 PROFINET 方式对这些难以实现有线连接的远程 IO 进行无线组态，设计信息自动化通讯方案，简化工厂控制系统结构，整合底层的控制信息至全线工业控制网络中，通过工业通讯网络实现远程站的服务和维护；Wi-Fi是一种可以将个人电脑、手持设备等移动终端以无线方式互相连接的技术，将Wi-Fi 网络加入工业控制网络中，连接移动设备、智能设备、视频设备或生产过程中的支持标准通讯协议的无线终端。通过无线互联，网络中的节点可以随时访问生产过程中产生的生产信息与数据，这些信息由智能设备进行分析、判断、决策、调整、控制并继续开展智能生产，提高生产效率和产品性能，为钢铁企业的研发、生产、营销和管理方式带来了创新和变革。

钢铁加工过程属于连续型流程工业生产，随着工业无线网络的加入，生产过程中会产生更大量与工艺、设备及自动化系统相关的数据，这些大量数据不但需要以图表、数据、模型等多种形式进行存储，并需要基于过程模型控制进行快速运算处理以适合生产工艺灵活变化的需求。在工业有线、无线网络环境中，对生产过程中大量分布式网络节点的数据采集、协调过程控制模型对生产工艺优化计算以及面向工程应用数据的挖掘分析都需要构建一个能够有效支撑钢铁生产过程信息智能化处理平台，简化对钢铁加工过程中全生命周期内生产数据的采集、存储、管理和分析处理等过程。

在工业无线网络环境下，钢铁生产各工艺区域的传感器、控制系统、计算机、移动终端和网络设备连接起来形成生产数据综合网络，通过有线、无线网络间的信息采集与数据融合，将区域化、终端化的传感器数据和工艺数据集成起来构成生产数据中心，并以数据中心为基础，让整个车间形成共享的信息资源中心。分布式数据信息处理平台针对工业网络中信息资源和与工艺设定密切相关的计算模型，开发分布式信息处理架构，对生产过程数据进行整合，规范信息共享与管理，实现可靠、高效的数据存储和处理，并在信息处理架构内建立统一的触发、事件与调度机制，为过程控制模型的优化计算、自学习和数据深度挖掘提供更为全面的信息支撑，最终为钢铁产品的精益化生产提供可靠基础。典型的中厚板轧区有线、无线网络数据传输架构如图 11-11 所示。

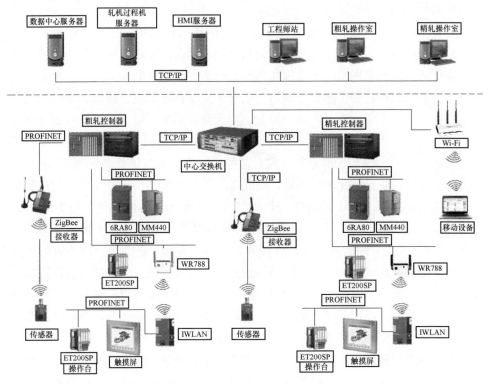

图 11-11　典型中厚板轧区有线、无线网络数据传输架构

11.2.3　海量数据库管理

海量数据库的管理是艰巨而又复杂的，其原因在于：包含毫秒级数据，数据海量；包含流程环节多，数据复杂；数据处理时系统资源占用率高，要求硬件配置高；数据处理方法的优劣直接影响数据处理的效率。针对中厚板轧制过程数据的特点，必须从硬件和软件两个方面设计。

11.2.3.1 数据平台硬件设计方案

数据平台的硬件需要配置多台高档次服务器组成服务器集群，分别完成存储集群、数据分析集群和应用服务集群的控制任务。对于服务器计算机的要求是在寻求最优性价比基础尽可能提高服务器计算机的配置。如服务器需采用 64 位机，因为 32 位机对程序编写限制大，建议服务器内存不小于 64G，因为海量处理需要耗费大量内存。适当增大服务器虚拟内存设计，以免出现内存不足的情况。

11.2.3.2 数据平台软件设计方案

数据平台软件主要基于 Hadoop 架构进行设计。Hadoop 作为系统基本架构，Hadoop 的核心分布式文件系统（Hadoop Distributed File System，HDFS）对文件进行存储，集群的任务调度由 Yarn 负责分配，状态管理由 Mesos 组件负责监控，既能解决数据不集中、勾链性差的问题，同时又能与大数据平台硬件相结合。数据存储层作为系统的数据存储中心，通过数据采集软件，主要实现 PLC、IBA 和EXCEL 数据来源的数据采集，在 Hadoop 架构上运行数据库 Hbase，并依照数据存储结构存储在 Hbase 中，对数据进行管理。使用 Spark 架构搭建数据分析方法，建立中厚板生产流程各环节和大数据平台之间的链接，从 HBase 中抽取数据对生产数据进行分析，得出结果。计算出的结果展示通过系统的数据可视化工具，将数据和分析结果以不同的方式展现出来，让用户易于理解并帮助判断，同时对大数据平台进行操作和管理。

在海量数据处理过程中如何高效与便捷地存储、查询、分析是评价数据平台建设的关键，也是数据处理的主要工作，主要体现在以下几个方面：

（1）根据数据性质、周期进行分区存储。根据前文所述的 L0~L2 的数据采集方案，我们把数据分为四种类型：1）通过以太网，从 PLC 直接读取实时数据，并存储到 Hbase 上；2）通过.dat 文件或.txt 文件读取，从 IBA 或 L2、L3服务器计算机中批量导入数据，并存储到 Hbase 上；3）通过.xslx 文件读取，从EXCEL 文件导入数据，并存储到 Hbase 上；4）其他文件，如监控录像、音频等。将上述四类数据进行分区操作，有利于减少磁盘的 IO 操作，减少系统负荷，工作日志和索引等也可以放在各自分区。

（2）合理设计表结构。中厚板大数据平台所采集数据以生产实时数据为主，具有数据维度大、采样周期短、密度高、数据含义差异大等特点。针对该特点，采用 Hbase 数据库存储，可建立相关数据表如下：

1）生产过程实时数据表。其行键反应为设备+产品+时间，在存储过程中，行键前几位字符不同可以让 Hbsae 将数据分开存储。为了利用分布式数据存储的优点，提升存储效率，将组成行键的时间字段提前并倒序，解决了读写速度慢和数据结构复杂的问题。

2）设备运行实时数据表。其行键为设备+时间，设备代码采用通用代码，时间由系统给定，可与生产过程实时数据结构一致。列簇分为慢速数值列簇和快速数值列簇。慢速数值列簇每秒一条记录，快速数值列簇每秒 n 条记录，解决了数据维度大和采样周期短的问题。

3）单个工艺设备索引表。将单个工艺对应的所有设备存储在一张表中，表内存储了设备加工的基本信息。设备代码采用通用代码，时间由系统给定。列族只有一个 Basic 列族，存储基本信息，在查询时利用单个工艺设备索引表可以快速定位设备生产的开始时间及基本统计信息，免去了从设备运行实时数据表和生产过程实时数据表重新统计提取，缩短了数据筛选的时间。

4）数据库索引表。由于行键主要为设备+时间，因此对于关联性的搜索能力不足。产品号是产品所经历一系列设备的序列和分支产品结合的编码，查到产品号就能查到对应生产信息。通过工艺序号和工序编号的组合可以确定产品经过的所有设备和开始时间，同时和工艺路径组合方便快速定位产品号，解决了数据定位困难和数据勾链性差的问题。

5）字段查询频度统计表。生产过程中产生的数据由数据表进行存储，但分析时，往往针对某一类问题进行分析，在数据调用上并不会调动整个数据库。因此，根据用户需求，迅速筛选出有用的数据，有利于数据分析和问题解决。

（3）建立广泛的、高效的查询索引。对海量数据处理、对大表建立索引是必须进行的，例如针对大表的分组、排序等，还可以建立复合索引。建立索引必须结合中厚板轧制的生产流程，因此指定了以下三种数据检索方式。

1）产品 ID 号检索方式：通过产品号可以直接对数据进行精确查询，系统根据查询结果直接在相应表中选取对应的数据，可进行数据清洗、数据分析等下一步操作。

2）设备号+时间检索方式：这种搜索一方面可以直接对指定设备进行历史性查询，通过分析历史运行数据进行故障原因分析；另一方面通过设备号和时间可以检索出查询时间段内经过的产品号，对产品号进行快速定位。

3）工艺路径+时间检索方式：工艺路径表示产品从加工开始到生产完毕所经历的一系列设备号组成的序列，经历不同工艺路径的产品也可以进行横向比对。工艺路径可以反向查询产品号，有利于对产品号进行分类；针对某一时段，产品经过的某一类工艺路线，进行精确或模糊搜索。

11.2.4 人工智能算法在中厚板轧制过程模型应用的探索

如何将人工智能应用于轧制控制领域，实现对轧制过程的在线智能控制，是现阶段轧制控制的主要研究方向。轧制力预报是中厚板二级过程控制模型的核心，基于轧制力机理模型的轧制力计算在前文中已经进行了充分论述。但是，由于现场各种因素的千变万化、坯料中合金元素含量的变化、轧制工艺参数的不稳定等实际情况，传统轧制机理模型根据加热炉设备状态、钢坯在炉加热曲线、轧机设备当前状态、轧件成分及目标产品进行轧制力预报计算。预报值由于机理模型不能完全描述物理轧制过程，必然会存在一定预报偏差。

在机理模型的基础上采用自适应、自学习、模糊等算法进行在线补偿修正，可以实现轧制力的快速、准确预报，这是当前中厚板轧制二级控制系统最常用控制方案。但是上述的修正算法都停留在浅层神经网络的层面，对复杂函数的表示能力有限。随着人工智能算法研究的不断深入，各种智能算法不断发展，人工智能算法在轧制过程系统的研究、应用和推广必然是未来发展的热点。本节通过搭建 TensorFlow 深度学习框架，建立深度前馈网络轧制力预测模型，对人工智能在中厚板轧制过程模型已经进行探索。

TensorFlow 是谷歌于 2015 年 11 月 9 日正式开源的计算框架，TensorFlow 是一个采用数据流图（Data Flow Graphs），用于数值计算的开源软件库。TensorFlow 主要用于机器学习和深度神经网络方面的研究，是当今最为流行的深度学习库之一，主要具有以下优点。

（1）高度的灵活性：TensorFlow 可以将你的计算表示为一个数据流图，描写驱动计算的内部循环。既可以自己在 TensorFlow 基础上写自己的"上层库"，也可以自己写 C++代码来丰富底层的操作。

（2）真正的可移植性：可以在台式机、笔记本计算机、服务器、手机、移动终端等多种平台运行。

（3）科研成果转化快捷性：在 TensorFlow 框架下，新研发的算法模型可以通过少量的代码重写直接转化为实际工程系统，提高了科研的转化率。

（4）微分自动计算：TensorFlow 具备自动求微分的功能，极大地简化了基于梯度的学习算法，新增偏导数计算可以通过扩展计算图实现。

（5）多编程语言接口：支持 Python、C++、Go、Java、Lua、Javascript、R 等编程语言。

（6）硬件计算能力使用最大化：可以自由分配计算元素到 CPU、GPU 等硬件设备，释放计算系统的计算潜能。

　　为了提高人工智能算法的实用性与推广性，TensorFlow 框架编程与传统编程有较大的区别，其设计流程主要分为以下几个步骤。

　　（1）获取数据集：根据工艺要求收集和建立数据集，主要包括训练集、验证集、测试集，数据格式主要为 cvs、idbm、hdf5 等。由于智能控制算法和控制框架的不断成熟，数据集的获取往往成为项目成败的关键，有效训练数据的确定、收集和标准化成为一个项目耗时最长、需求资金最大的一个环节。

　　（2）定义算法：根据输入、输出张量的数量和性质创建网络层，并选取激活函数。由于 TensorFlow 框架对于通用的神经网络算法封装已经非常完善，不需要使用者对算法的细节过于关注，只需要简单的调用 API，完成自己业务算法即可，主要的神经网络算法有 tf. sigmoid、tf. nn. softmax。

　　（3）算法训练：根据数据和任务特性，定义损失函数，设计或选用优化器。常见的损失函数有：sigmoid_ cross_ entropy_ with_ logits、softmax_ cross_ entropy_ with_logits、sparse_ softmax_ cross_ entropy_ with_ logits 等。常见的优化器包括：Gradient Descent Optimizer、Adagrad Optimizer、Adagrad DA Optimizer、Momentum Optimizer、Adam Optimizer、Ftrl Optimizer、RMSProp Optimizer 等。

　　（4）循环训练：设计会话，并完成训练。

　　（5）评估模型：对训练完成的模型使用测试数据集，进行测试评估。评估不合格修正算法并重新训练。

　　（6）封装：对训练合格的模型进行封装，与应用系统对接，投入使用。

　　下面对如何构建基于 TensorFlow 框架的轧制力预报模型进行简单示例。

　　首先确定和获取合适的训练数据集，结合中厚板轧制过程的特点，确定模型输入变量：入口厚度 H、出口厚度 h、入口温度 T、宽度 W、轧制速度 spd、C 含量、Si、Mn、P、S、机理模型计算值 F_c，共 11 个输入变量。轧制力 F_m 为模型的输出。

　　然后确定构建算法。在本示例中构建常规的前馈全节点神经网络，网络层数为 4，各层网络节点数为 11。由于轧制力预报结果非负，因此选取函数 Relu 为激活函数。损失函数和优化器分别选择均方差误差函数和 Gradient Descent Optimizer。选取构建模型计算图，如图 11-12 所示。其中输入数据和各层神经网络的计算图结构如图 11-13 所示。在 TensorFlow 框架下启动会话即可训练该模型。模型训练完毕后，可通过测试集数据对模型进行评估，若结果不满意可调整模型参数或算法结构，重新训练直至满意。

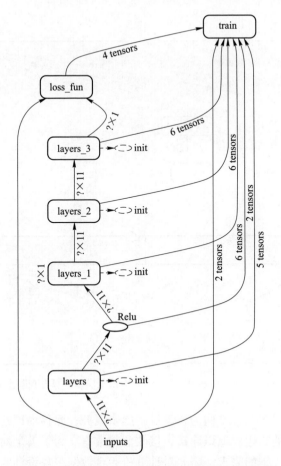

图 11-12　基于 TensorFlow 的轧制力预报模型计算图

11.3　基于移动网络的数据通讯系统开发

随着 5G 网络的不断完善，智能移动设备的计算能力和存储能力越来越强大，数字化的设计和制造工作从单一 PC 平台转变为服务器云端和智能移动终端的多平台是大势所趋，基于移动终端的信息快速存储、交互、共享和处理，可以为工业生产过程提供即时信息和实时的产品数据及分析。基于钢铁生产过程数据通讯网络，开发设计移动 APP 架构，与生产自动化系统、大数据系统相融合，研发产品质量检测、诊断与设备智能监测远程管理系统，以智能移动设备和高速移动网络实现钢铁生产流程的智能化、数字化和网络化，实现对钢铁生产过程信息智能感知的动态监控。

基于移动设备对生产数据实时监控的需求，需要将开发前台应用 APP 和后台数据服务程序相结合，建立了数据监控架构。后台服务程序与 PLC 和生产数

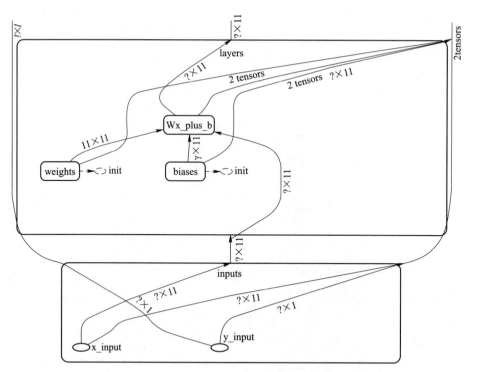

图 11-13　基于 TensorFlow 的轧制力预报模型计算图典型层结构

据库实时通讯，以多线程结构为移动设备提供服务；而移动设备一端的 APP，基于网络访问服务器，建立通讯连接，接收监控数据。为了满足对多个移动设备同时获取实时生产数据的需求，需要对计算机后台数据服务设计为多线程模式，以应对多客户端的并发访问。

后台数据服务程序主要功能设计：

（1）生产数据采集。与 PLC 直接进行通讯，获取线程实时数据，采集数据以特定结构放置在服务器共享内存中。

（2）数据封装。按照人机界面的变量设计和数据量的大小，为移动设备的 APP 设计不同的数据包，每个数据包对应一个标志，由移动端 APP 发送请求。

（3）访问请求应答。当移动端进行连接请求时，后台数据服务程序建立一个新线程与其连接，新建立的通讯线程由线程池统一管理。

（4）线程池管理。对所有的实时通讯连接线程的建立、终止过程进行管理，保证程序的健壮性。

（5）移动设备连接状态监控。在后台服务程序中周期地检测每个移动设备的连接状态，对于错误的连接自动断开并收回通讯连接资源。

移动端 APP 开发需要紧密结合钢铁生产实际，以关键工艺参数的监控、设定和设备的健康感知为需求，设计生产流程的移动端 APP 无线监控结构，移动端 APP 软件架构设计功能如下：

（1）基于生产过程画面，设计适应于移动端 APP 的生产过程主画面，通讯变量与生产系统保持一致。

（2）移动端 APP 具备可扩充结构，可动态调整数据显示方式。

（3）设计生产过程大数据采集数据库结构，开发移动端数据库访问接口。

（4）根据生产过程对移动终端监控的需求优化通讯结果，保证客户端与服务端之间的通讯速度以及稳定性。

开发的移动端 APP 示例画面如图 11-14 所示，画面设计风格与生产实际保持一致，所设计的数据传输模式及软件结构经过测试，数据传输稳定，实现了对生产过程数据的智能化监控与感知。

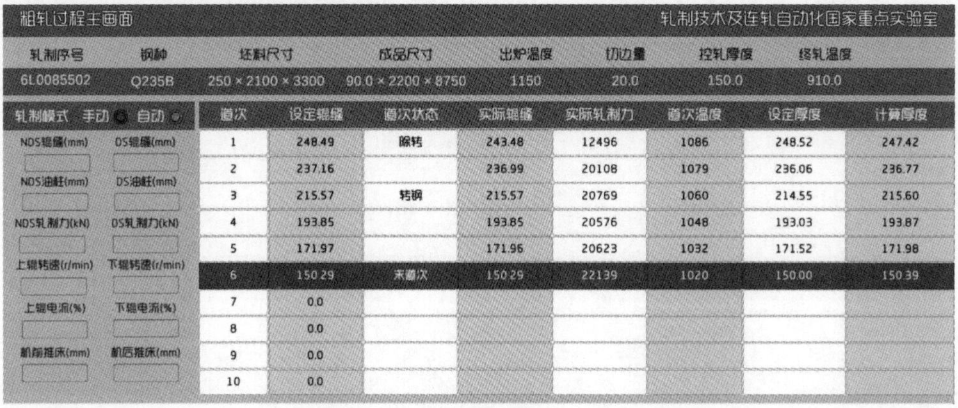

粗轧过程主画面						轧制技术及连轧自动化国家重点实验室			
轧制序号	钢种	坯料尺寸	成品尺寸	出炉温度	切边量	控轧厚度	终轧温度		
6L0085502	Q235B	250×2100×3300	90.0×2200×8750	1150	20.0	150.0	910.0		
轧制模式 手动 自动		道次	设定辊缝	道次状态	实际辊缝	实际轧力	道次温度	设定厚度	计算厚度
NDS辊缝(mm)	DS辊缝(mm)	1	248.49	展钢	243.48	12496	1086	248.52	247.42
NDS油柱(mm)	DS油柱(mm)	2	237.16		236.99	20108	1079	236.06	236.77
		3	215.57	转钢	215.57	20769	1060	214.55	215.60
NDS轧力(kN)	DS轧力(kN)	4	193.85		193.85	20576	1048	193.03	193.87
		5	171.97		171.96	20623	1032	171.52	171.98
上辊转速(r/min)	下辊转速(r/min)	6	150.29	末道次	150.29	22139	1020	150.00	150.39
上辊电流(%)	下辊电流(%)	7	0.0						
		8	0.0						
机前推床(mm)	机后推床(mm)	9	0.0						
		10	0.0						

图 11-14　移动端 APP 在线监控画面

参 考 文 献

[1] 殷瑞钰. 关于智能化钢厂的讨论——从物理系统一侧出发讨论钢厂智能化 [J]. 钢铁，2017，52（6）：1.

[2] 王璐. 宽厚板轧制过程中基于图像处理系统的全自动转钢和展宽技术 [J]. 山西冶金，2018，171（1）：88~89.

[3] 燕猛，等. 基于机器视觉的铝合金厚板粗轧头/尾平面形状检测与分析 [J]. 塑性工程学报，2019，26（3）：257~261.

[4] 田勇，等. 一种基于近红外图像的板材头部弯曲形状检测装置及方法，CN101224472.

[5] 沈际海. 一种板坯翘扣头控制方法，CN102836883B.

[6] 门全乐. 基于图像识别的宽厚板轧机自动转钢方案 [J]. 冶金自动化，2010，36（6）：55-60.

［7］徐冬．基于机器视觉的热轧中间坯镰刀弯在线检测系统［J］．中南大学学报（自然科学版），2018，49（7）：1657~1665.

［8］杨志强．铝板热轧中间坯边部和头尾缺陷机器视觉检测［D］．秦皇岛：燕山大学，2018.

［9］钱文光，李小竹．基于轮廓尖锐度的图像角点检测方法［D］．北京：北京化工大学，2008.

［10］徐正光，管艳霞．冷床区钢坯自动跟踪系统关键技术的研发［J］．计算机应用与软件 2009，26（4）：152~154.

［11］朱建芸．西门子推出针对边缘应用的 Simatic IPC227E 硬件平台［J］．轻工机械，2019，37（1）：54.

［12］马威，李维刚，赵云涛，等．基于深度学习的热连轧轧制力预测［J］．钢铁研究学报，2020，21（9）：805~815.

［13］郑哲宇，梁博文．Tensorflow 实战 Google 深度学习框架［M］．2 版．北京：电子工业出版社，2017.

［14］http：//www.tensorfly.cn/.

索　引